LE LAIT

LA CRÈME, LE BEURRE, LES FROMAGES

PAR

L. LINDET,

Docteur ès Sciences,
Professeur à l'Institut national agronomique.

PARIS,

GAUTHIER-VILLARS, IMPRIMEUR-LIBRAIRE

DU BUREAU DES LONGITUDES, DE L'ÉCOLE POLYTECHNIQUE,
Quai des Grands-Augustins, 55.

—

1907

LE LAIT

LA CRÈME, LE BEURRE, LES FROMAGES

PARIS. — IMPRIMERIE GAUTHIER-VILLARS,

38775   Quai des Grands-Augustins, 55.

LE LAIT

LA CRÈME, LE BEURRE, LES FROMAGES

PAR

L. LINDET,

Docteur ès Sciences,
Professeur à l'Institut national agronomique.

PARIS,

GAUTHIER-VILLARS, IMPRIMEUR-LIBRAIRE

DU BUREAU DES LONGITUDES, DE L'ÉCOLE POLYTECHNIQUE,
Quai des Grands-Augustins, 55.

1907

AVANT-PROPOS.

Quand on étudie le développement industriel et commercial d'une production agricole, l'attention se porte naturellement sur deux points, qui sont d'ailleurs étroitement liés : d'une part, sur les quantités mises par la production à la disposition de l'industriel ou du consommateur, d'autre part, sur les transformations que cet industriel fait subir aux produits élaborés, avant de les présenter à ce consommateur.

Sans aucun doute, ce n'est pas du côté d'une plus grande production qu'il faut envisager les progrès accomplis, pendant ces dernières années, par l'industrie laitière ; c'est bien plutôt le développement scientifique de cette industrie qu'il convient d'admirer. Sans doute, on récoltait du lait, on faisait du beurre et du fromage avant que la Science ne se soit introduite dans la laiterie ; mais le travail était soumis à des incertitudes dont on s'affranchit de plus en plus aujourd'hui. A une technique, souvent habile, toujours routinière, succède tous les jours une direction scientifique, et aucune industrie n'emprunte à un plus grand nombre de sciences les conseils dont elle a besoin. L'agriculture et la zootechnie lui assurent la production d'un lait riche et sain ; la Mécanique, la Physique, la Chimie, la Bactériologie président à la conservation de ce lait, à sa transformation en crème, en beurre, en fromages, en sous-produits : caséine, laits fermentés, etc., à l'analyse des produits et à la recherche de leur pureté. Enfin, au moment même de la fabrication et de la vente des produits, la Science sociale intervient, et c'est à l'organisation des Sociétés coopératives, des moyens de transport, etc., que certains centres de production doivent leur prospérité.

Cet Ouvrage a pour but de faire ressortir l'état actuel de nos connaissances sur la constitution du lait, sur les méthodes d'analyse qui permettent de déceler sa valeur et sa pureté, sur les principes scientifiques et les pratiques des différentes transformations que l'industrie lui fait subir.

Mais on ne saurait perdre de vue cependant la première question qui vient d'être soulevée, et négliger de faire connaître, au début même de ce travail, les statistiques de production.

L'enquête, poursuivie en 1902, par le Ministère de l'Agriculture, fournit des chiffres intéressants, sur lesquels il convient d'appuyer les considérations qui vont suivre.

1° LAIT. — L'agriculture française produit, chaque année, environ 80 000 000^{hl} de lait (77 242 000 en 1902), soit 2^{hl} par tête et par an. Suivant une comparaison due à Hervé-Mangon, cette quantité suffirait pour alimenter une rivière de 1^m de large, 33^{cm} de profondeur et coulant avec une vitesse de 1^m par seconde.

Cette quantité se répartit par départements de la façon suivante :

Production annuelle du lait en France. — Départements produisant ([1]) :

De 5 à 4 000 000^{hl}. — Nord.

De 4 à 3 000 000^{hl}. — Manche.

De 3 à 2 000 000^{hl}. — Seine-Inférieure, Pas-de-Calais, Calvados, Finistère.

De 2 000 000 à 1 500 000^{hl}. — Ille-et-Vilaine, Vendée, Puy-de-Dôme, Côtes-du-Nord, Ain, Seine-et-Marne.

De 1 500 000 à 1 000 000^{hl}. — Aisne, Loiret, Loire-Inférieure, Eure-et-Loir, Isère, Oise, Eure, Sarthe, Morbihan, Seine-et-Oise, Haute-Savoie, Somme, Orne, Deux-Sèvres, Vosges, Maine-et-Loire, Doubs, Jura, Indre-et-Loire, Loire, Marne, Saône-et-Loire, Savoie.

De 1 000 000 à 500 000^{hl}. — Charente-Inférieure, Cantal, Ardennes, Haute-Loire, Côte-d'Or, Haute-Saône, Aube, Meuse, Meurthe-et-Moselle, Creuse, Loir-et-Cher, Seine, Rhône, Allier, Mayenne, Haute-Marne, Cher, Nièvre, Ardèche.

De 500 000 à 30 000^{hl}. — Aveyron, Yonne, Bouches-du-Rhône, Basses-Pyrénées, Indre, Gironde, Corrèze, Lozère, Drôme, Ariège, Charente, Landes, Hautes-Pyrénées, Haute-Garonne, Hérault, Haut-Rhin, Hautes-Alpes, Gard, Alpes-Maritimes, Haute-Vienne, Tarn, Dordogne, Var, Aude, Lot, Lot-et-Garonne, Basses-Alpes, Corse, Vaucluse, Pyrénées-Orientales, Gers, Tarn-et-Garonne.

2° BEURRE. — Le Service compétent du Ministère de l'Agriculture considère que la production du beurre s'élève annuellement à 130 000 000^{kg}, soit plus de 3^{kg} par tête et par an.

([1]) Dans chaque catégorie, les départements sont classés suivant l'importance de leur production.

Si l'on admet qu'il faut, pour fabriquer 1^{kg} de beurre, de 23^l à 27^l de lait, on constate que près de la moitié du lait produit, c'est-à-dire environ 30 à 35 000 000 d'hectolitres de lait, passe à la fabrication du beurre.

Production annuelle du beurre en France. — Départements produisant (¹) :

De 13 à 12 000 000^{kg}. — Calvados, Nord, Manche.

De 7 *à* 5 000 000^{kg}. — Orne, Seine-Inférieure, Somme, Pas-de-Calais.

De 4 à 3 000 000^{kg}. — Ille-et-Vilaine, Sarthe.

De 3 à 2 000 000^{kg}. — Loir-et-Cher, Loiret, Indre-et-Loire, Côtes-du-Nord, Haute-Savoie.

De 2 *à* 1 000 000^{kg}. — Haute-Loire, Finistère, Eure-et-Loir, Loire, Maine-et-Loire, Oise, Aube, Morbihan, Saône-et-Loire, Cher, Puy-de-Dôme, Meurthe-et-Moselle, Yonne, Jura, Haute-Marne, Côte-d'Or, Allier, Ardèche, Vienne.

De 1 000 000 *à* 500 000^{kg}. — Loire-Inférieure, Nièvre, Savoie, Creuse, Doubs, Charente.

Les départements non dénommés fabriquent annuellement moins de 500 000^{kg} de beurre, à moins que tous leurs chiffres de production n'aient pas été adressés aux enquêteurs de 1902.

L'importation des beurres ne dépasse guère annuellement 5 000 000^{kg}, et l'exportation, 23 000 000^{kg}.

3° Fromages. — On peut estimer, au minimum, à 80 000 000^{kg} la quantité de fromages produite annuellement en France, soit environ 2^{kg} par tête et par an.

Production annuelle du fromage en France. — Départements produisant (¹) :

Plus de 7 000 000^{kg}. — Calvados.

De 7 *à* 6 000 000^{kg}. — Jura.

De 5 à 4 000 000^{kg}. — Aveyron, Orne, Haute-Savoie, Puy-de-Dôme.

De 4 à 3 000 000^{kg}. — Seine-Inférieure, Marne.

De 3 à 2 000 000^{kg}. — Doubs.

(¹) Dans chaque catégorie, les départements sont classés suivant l'importance de leur production.

De 2 à 1 000 000[kg]. — Savoie, Haute-Marne, Pyrénées-Orientales, Meuse.

De 1 000 000 à 500 000[kg]. — Cantal, Allier, Isère, Lot, Corrèze, Eure, Ain, Ille-et-Vilaine.

Les départements non dénommés fabriquent annuellement moins de 500 000[kg] de fromages, à moins que tous leurs chiffres de production n'aient pas été adressés aux enquêteurs de 1902.

La statistique relative à la production des fromages peut être établie d'une façon différente; alors que le lait et le beurre se présentent toujours identiques à eux-mêmes, d'une région à l'autre, les fromages forment de nombreuses variétés, et, si l'on peut réunir sous une même dénomination les beurres fabriqués en Normandie, dans les Charentes et le Poitou, dans le Nord, etc., il convient de ne pas rapprocher d'une façon absolue, le Camembert, le Brie, le Roquefort et le Gruyère, et il y a un certain intérêt, surtout pour l'étude du Chapitre de cet Ouvrage relatif à la fabrication, de connaître les différentes régions où l'on prépare tels et tels fromages.

Gruyère et *Emmenthal* (prod. : 15 708 000[kg]).
Jura (5 638 000[kg]), Haute-Savoie (4 414 000[kg]), Doubs (2 500 000[kg]), Haute-Marne, Haute-Saône, Saône-et-Loire, Ain, Alpes-Maritimes, Isère, Côte-d'Or, Ariège, Yonne, Seine-Inférieure, Ille-et-Vilaine, etc.

Camembert et *imitations* (prod. : 12 548 000[kg]).
Calvados (7 000 000[kg]), Orne (3 542 000[kg]), Eure (2 000 000[kg]), Marne, Ariège, Maine-et-Loire, Charente-Inférieure, Charente, Indre-et-Loire, Loir-et-Cher, Finistère, Côtes-du-Nord, Vosges, etc.

Brie, Coulommiers, Melun et *imitations* (prod. : 9 250 000[kg]).
Marne, Meuse, Seine-Inférieure, Seine-et-Marne, Oise, Ardennes, Calvados, Eure, Aisne, Yonne, Loir-et-Cher, Côte-d'Or, Allier, Finistère.

Roquefort, Sassenage, Gex, Septmoncel, etc. (prod. : 8 500 000[kg]).
Aveyron (5 000 000[kg]), Pyrénées-Orientales, Ain (Gex), Rhône, Jura (Septmoncel), Hérault, Lozère, Loire, Isère (Sassenage), Tarn, Corse (Roquefort).

Mont-d'Or ou *Vacherin, Saint-Nectaire, Pontgibaud, etc.* (production : 4 684 000[kg]).
Puy-de-Dôme (4 257 000[kg]), Rhône, Drôme, Doubs, etc.

Fromages suisses, de Neuchâtel ou *de Gournay, bondons, demi-sels, etc.* (prod. : 3 400 000^{kg}).
Seine, Seine-Inférieure.

Livarot et *Pont-l'Évêque* (prod. : 1 884 000^{kg}).
Orne (1 234 000^{kg}), Calvados, Eure, etc.

Cantal et *Laguiole* (prod. : 1 854 000^{kg}).
Cantal (960 000^{kg}), Aveyron, (Laguiole, 500 000^{kg}), Corrèze, Lozère.

Tome et *Reblochon* (prod. : 1 000 000^{kg}).
Haute-Savoie, Savoie, etc.

Rocamadour (prod. : 700 000^{kg}).
Lot.

Hollande ou *Edam* ou *Tête de Maure* (prod. : 532 000^{kg}).
Vendée, Charente-Inférieure, Charente.

Port-Salut (prod. : 500 000^{kg}).
Ille-et-Vilaine, Mayenne, Nord, Côtes-du-Nord, Finistère.

Marolles ou *Maroilles* (prod. : 200 000^{kg}).
Nord, Ardèche.

Saint-Rémy et *Munster* (prod. : 190 000^{kg}).
Doubs, Côte-d'Or.

Géromé ou *Gérardmer* (prod. : 141 000^{kg}).
Vosges.

Olivet (prod. : 40 000^{kg}).
Loiret.

Fromages divers (prod. : 5 000 000^{kg}).
Haute-Marne (Langres, Chaumont), Allier, Isère (Saint-Marcellin), Pyrénées-Orientales, Haute-Garonne (fromages des Pyrénées), Savoie (Mont-Cenis), Hautes-Alpes (Alpin), Yonne, Somme (Le Rollot), Aube (fromages de Troyes, d'Ervy), Bouches-du-Rhône, Cher, Mayenne, etc., Seine-Inférieure (fromages de foin), Calvados (Le Mignot), Oise (Maquelines et Thury), etc...

Total approximatif et minimum de la production française : 79 000 000^{kg}.

L'importation des fromages correspond aux chiffres suivants (1905) :

Allemagne	448 000 ^{kg}
Angleterre	63 000
Italie	1 920 000
Pays-Bas	6 682 000
Suisse	10 290 000
Autres pays	125 000
Colonies et protectorats	4 000
	19 532 000

Les fromages importés sont les suivants :

Gruyère et Emmenthal (Suisse, Pays-Bas, Italie, etc.).
Hollande ou Tête de Maure et fromages de Gouda (Pays-Bas).
Chester (comté de Cheshire), Stilton (comté de Northampton, etc.),
   et Cheddar (comté de Sommerset, Angleterre).
Gorgonzola (environs de Milan, Italie).
Parmesan (vallée du Pô, Italie),
Bellelay ou Tête de Moine (Jura Suisse).
Holstein (duché de Schleswig-Holstein).
Rhamatour (Bavière).
Munster (environs de Colmar, Allemagne).
Limbourg (province de Liége, Belgique).
Glaris (Suisse).
Etc., etc.

L'exportation des fromages s'est élevée en 1905 à 17 250 000^{kg}.

LE LAIT

LA CRÈME, LE BEURRE, LES FROMAGES

CHAPITRE I.

LE LAIT.

I. — LES ÉLÉMENTS DU LAIT; SA CONSTITUTION.

On ne saurait connaître la constitution du lait, de ce liquide légèrement visqueux, opaque et porcelané, sans rechercher d'abord les éléments chimiques qui le constituent et sans étudier la forme sous laquelle chacun d'eux s'y rencontre.

Divers procédés, tels que la dessiccation, la coagulation, etc., qui rompent l'équilibre des parties en suspension vis-à-vis des parties dissoutes, permettent de constater, par l'application de réactifs appropriés, l'existence de quatre principaux groupes de corps : une matière grasse, un sucre, des matières azotées et des matières minérales. Ce sont ces groupes de corps qu'il convient tout d'abord de caractériser et de faire connaître, en même temps que certains produits, plus accessoires, tels que l'acide citrique, les diastases, etc.

LA MATIÈRE GRASSE.

La matière grasse, contenue aussi bien dans le corps des animaux que dans les tissus végétaux, est constituée par un mélange d'éthers gras de la glycérine, ou glycérides, c'est-à-dire de combinaisons de la glycérine, alcool triatomique, avec les acides de la série grasse, et spécialement avec ceux qui sont les plus élevés dans la série, dont le poids moléculaire est le plus considérable et qui renferment la plus grande quantité de carbone. Ces acides, ce sont les acides stéarique, palmitique, oléique; ce dernier est un acide dit *non saturé*, c'est-à-dire qu'il peut encore absorber soit de l'oxygène, soit un métalloïde, comme du brome et de l'iode; certains de ses atomes sont en double liaison avec leurs voisins, et la saturation a pour objet de ramener celle-ci à une liaison simple.

Les éthers gras sont toujours constitués par 3 molécules d'acides combinées à 1 molécule de glycérine; ce sont des tristéarine, tripalmitine, trioléine.

La glycérine étant

$$CH^2OH$$
$$|$$
$$CH\ OH$$
$$|$$
$$CH^2OH$$

et l'acide stéarique, par exemple, étant

$$C^{18}H^{36}O^2,$$

la tristéarine se forme par l'élimination de trois fois H^2O, trois des OH étant pris à la glycérine et trois H étant pris à l'acide; la tristéarine devient

$$CH^2 - C^{18}H^{35}O^2$$
$$|$$
$$CH\ \ - C^{18}H^{35}O^2$$
$$|$$
$$CH^2 - C^{18}H^{35}O^2;$$

l'acide palmitique, $C^{16}H^{32}O^2$, et l'acide oléique, $C^{18}H^{34}O^2$, se combinent de même à la glycérine.

En général les corps gras sont d'autant plus liquides que la proportion d'oléine, liquide à la température ordinaire, est plus considérable.

Les matières grasses du beurre répondent à cette définition; ce sont des mélanges de tristéarine, tripalmitine, trioléine, sans que l'on puisse, avec quelque certitude, connaître les proportions relatives de chacun de ces éléments. Blyth estime que la quantité d'oléine est sensiblement égale à la somme de la stéarine et de la palmitine.

Mais ces différents éthers ne représentent guère que 92 à 93 pour 100 de la matière grasse, supposée sèche, et il y a lieu de faire figurer dans la composition de celle-ci les triglycérides de l'acide butyrique $C^8H^{14}O^3$, ou butyrine, de l'acide caproïque $C^6H^{12}O^2$, ou caproïne, de l'acide caprylique $C^8H^{16}O^2$, ou capryline, et de l'acide caprique $C^{10}H^{20}O^2$, ou caprine.

Ces glycérides constituent, d'après Blyth, 7 à 8 pour 100 de la graisse supposée sèche. On verra plus loin, à propos de la composition du beurre, que ces nombres sont un peu élevés; on verra également la nature et la proportion de chacun de ces éthers.

Il y a entre le premier groupe de glycérides (stéarine, palmitine, oléine) et le dernier (butyrine, caproïne, capryline et caprine), une distinction importante à établir; les acides du dernier groupe sont volatils en présence de la vapeur d'eau, les acides du premier sont fixes au contraire; de plus, parmi les acides volatils, les uns (butyrique, caproïque) sont solubles dans l'eau; les deux autres (caprylique, caprique) sont insolubles. C'est en partie sur ces caractères que l'on a basé, comme il sera dit plus loin, l'analyse des beurres et la recherche de leurs falsifications.

Ces acides gras volatils préexistent bien dans la matière grasse du lait, et ne se forment pas pendant la maturation de la crème qui précède la fabrication du beurre. Lindet, en dosant les acides volatils dans la matière grasse du lait, isolée par la résorcine, a trouvé les chiffres que l'on rencontre normalement dans les beurres.

La matière grasse du lait fond à une température voisine de 35°, 33° à 35°, d'après Lavenir et Duclaux.

Sa densité, à la température de 37°,6, est, d'après Bell, de 0,9100 à 0,9122 et, à 100°, de 0,865 à 0,868, d'après Königs, et de 0,866 à 0,868, d'après Mayer et Gutzeit (*Congrès int. lait.*, 1905, Paris).

LE SUCRE DE LAIT, LACTOSE OU LACTINE.

Le seul sucre que le lait paraisse renfermer est parfaitement défini : c'est le lactose.

Ce sucre se présente sous la forme de cristaux durs et craquants, appartenant au système orthorhombique; ils sont hémiédriques et hémimorphes.

Leur densité est d'environ 1,53.

Ces cristaux perdent leur eau à 140°-145° et deviennent $C^{12}H^{22}O^{11}$. Ils fondent à 204°; au delà ils se décomposent.

Le lactose cristallise avec 1 molécule d'eau et présente la formule $C^{12}H^{22}O^{11}.H^2O$.

Une partie de lactose exige pour se dissoudre environ 6 parties d'eau froide et 2,5 parties d'eau bouillante.

Le lactose est insoluble dans l'alcool absolu et l'éther.

Son pouvoir rotatoire a été déterminé pour la première fois par Berthelot. Celui-ci opérait avec la lumière blanche, polarisée, et les chiffres qu'il a donnés se rapportent à la teinte dite *sensible;* il a obtenu ainsi pour la molécule anhydre $C^{12}H^{22}O^{11}$, $\alpha_j = +59°,3$.

Aujourd'hui on préfère se rapporter aux mesures faites avec la lumière jaune fournie par le gaz salé, c'est-à-dire avec la lumière correspondant à la dispersion des raies D du sodium. Dans ces conditions, le pouvoir rotatoire pour la molécule hydratée, pris à la température de 20°, devient $\alpha_D = + 52°,5$, d'après Parkins et Tollens (*Liebig's Ann. der Ch.*, t. CCLVII, p. 160) et $+ 53°$ à la température de 15°, d'après Tanret (*Soc. chim.*, 1896, t. XV, p. 349). Le pouvoir rotatoire, comme cela a lieu pour la plupart des sucres, diminue quand la température augmente, d'environ 0°,055 par chaque degré au-dessus de 15°C., en sorte que la formule doit être, d'après Tanret, représentée par ce binome :

$$\alpha_D = 53° + 0,055(15 - t).$$

Il est à remarquer que, rapporté à la molécule anhydre, ce pouvoir rotatoire atteint $+ 56°$ pour α_D, et $+ 59°,3$ pour α_j.

Le lactose, ainsi qu'un grand nombre de sucres, est doué de la *multirotation*, c'est-à-dire que, si l'on examine le pouvoir rotatoire d'une solution fraîchement préparée de lactose, on constate que ce pouvoir rotatoire est plus élevé que celui indiqué ci-dessus, puis, si on l'abandonne quelque temps à elle-même, que la rotation s'abaisse et redevient normale. Une solution récente de lactose donne un pouvoir rotatoire de $+ 82°,9$, d'après Parkins et Tollens; de $+ 88°$, d'après Tanret; puis ce pouvoir rotatoire diminue progressivement avec le temps et tombe à $+ 52°,5$ pour la molécule hydratée, et en présence de la lumière jaune.

Tanret (*loc. cit.*) a reconnu qu'à côté de la variété ordinaire de lactose, à laquelle il a réservé la dénomination de lactose α, il y en a deux autres :

L'une d'elles, le lactose β, est obtenue soit en faisant cristalliser le lactose à la température de 85°-86°, soit en le précipitant à froid par l'alcool absolu, d'une solution concentrée. Dans ces conditions, il cristallise avec une demi-molécule d'eau; son pouvoir rotatoire, pris aussitôt après sa dissolution, est de $+ 55°$; il s'abaisse à $+ 54°,6$, ce qui correspond à $+ 56°$ pour la molécule anhydre; cette variété se dissout dans 3 parties d'eau froide, et 39 parties d'alcool à 60°.

L'autre variété, le lactose γ, se produit quand on fait cristalliser le lactose en solution bouillante; il cristallise dès lors anhydre. Son pouvoir rotatoire est, au début, de 34°,6 pour α_D, puis il se relève et atteint le pouvoir rotatoire du lactose β. Cette variété est soluble dans 2,2 parties d'eau à 15°C.

Le lactose traité à l'ébullition par le tartrate de cuivre et de potasse (liqueur de Fehling) réduit le cuivre à l'état d'oxydule Cu^2O; son pouvoir réducteur est d'environ 70, c'est-à-dire que 100 de lactose réduisent autant que 70 de glucose.

Le lactose peut être hydrolysé, c'est-à-dire dédoublé en 2 molécules sucrées avec fixation de 1 molécule d'eau; ces 2 molécules représentent des sucres réducteurs de la formule $C^6H^{12}O^6$, et, de ce fait, le lactose, qui se rapproche par sa formule et par ses propriétés du saccharose, est compris dans la classe des *bioses*, c'est-à-dire des sucres capables de se dédoubler.

Ce dédoublement avec fixation d'eau se fait d'ordinaire sous l'influence des acides, minéraux ou organiques; les premiers possèdent une puissance hydrolysante plus considérable. Tollens a montré que cette action augmente, vis-à-vis du saccharose du moins, avec la conductibilité électrique, c'est-à-dire l'état de dissociation des acides employés; il n'y a aucune raison pour qu'il n'en soit pas de même pour le lactose.

Le lactose n'est pas hydrolysé par l'*invertine*, c'est-à-dire le ferment soluble de la levure ou de certains champignons, qui agit si nettement sur le saccharose; mais il est attaqué par l'*émulsine*, c'est-à-dire le ferment soluble contenu dans les amandes amères.

On rencontre, dans les tissus végétaux et dans les tissus animaux, un ferment soluble, la lactase, susceptible de déterminer le dédoublement du lactose; l'étude de la lactase, dans les différentes plantes, a été faite par Bourquelot (*J. Ph. et Ch.*, t. II, 1903, p. 151) et par Brachin (*Id.*, t. II, 1904, p. 195 et 300). Cette même lactase a été isolée de l'intestin grêle de plusieurs animaux (chien, veau, mouton, lapin), par Bierry et Gmo-Salazar (*C. R. Soc. biol.*, 1904, p. 181) et par Porcher (*Soc. chim.*, t. XXXIII, 1905, p. 1285).

Les premières observations relatives au dédoublement du lactose ont été faites par A. Bouchardat (*Rép. de Phys.*, t. VIII, p. 163); puis Pasteur retira, des produits de dédoublement, le galactose (*Comptes rendus,* t. XLII, 1856, p. 347).

Le second sucre provenant du dédoublement fut retiré et étudié par G. Bouchardat (*Ann. de Ch. et de Ph.*, 4e série, t. XXVII, p. 68), qui le nomma β. *galactose* et constata que ses propriétés le rapprochent du glucose ordinaire ou dextrose. Kent et Tollens reconnurent que le β. galactose était identique au glucose (*Ann. de Liebig,* t. CCXXVII, p. 221). Le lactose se dédouble donc en galactose et en glucose droit.

Le pouvoir rotatoire du glucose est identique à celui du lactose,

$\alpha_D = + 52°,5$; celui du galactose est plus élevé, $\alpha_D = + 81°,6$ à $86°,6$ pour des solutions dont la concentration varie de 5 à 56 pour 100 (TANRET, *Soc. chim.*, 1896, t. XV, p. 195); la somme des rotations des sucres réducteurs est donc plus élevée que la rotation exercée par le sucre primitif, et de même sens; on ne peut donc pas appliquer au dédoublement du lactose le nom d'*inversion*, qui a été imaginé pour le saccharose; les sucres provenant du dédoublement du saccharose ont en effet des pouvoirs rotatoires dont la somme est lévogyre; le pouvoir rotatoire change de sens; on dit que le sucre s'invertit.

Le lactose est fermentescible sous l'influence de certaines levures qui président à la fabrication du képhir, koumys et boissons analogues.

LES MATIÈRES AZOTÉES.

Les matières azotées dont on constate la présence dans le lait appartiennent, sinon pour la totalité, du moins pour la majeure partie, au groupe des albuminoïdes.

Les premières études qui ont été faites sur la question ont amené la description d'un très grand nombre de matières albuminoïdes, dont les caractères distinctifs ont été consciencieusement établis par différents expérimentateurs. Duclaux n'a pas admis, comme on le verra plus loin, la pluralité des albuminoïdes du lait et a affirmé que celui-ci ne renferme qu'un albuminoïde, la caséine. L'opinion de Duclaux paraît aujourd'hui avoir été aussi excessive dans un sens, que celle des auteurs qui l'ont précédé l'avait été dans le sens contraire, et il convient d'énumérer toutes ces matières albuminoïdes qui ont été isolées du lait, d'en décrire les propriétés et de rechercher si elles ont une individualité, si elles doivent se confondre avec d'autres, précédemment décrites, ou si elles sont les produits d'une transformation que l'on ignorait autrefois.

Mais cette discussion ne saurait être utilement suivie si l'on ne rappelait pas auparavant les noms et les propriétés principales des matières albuminoïdes animales.

On peut diviser les albuminoïdes en trois groupes principaux (Cours de G. Bertrand à l'Institut Pasteur, 1905) :

1° LES PROTÉINES, comprenant les *albumines* et les *globulines*.

Les *albumines*, que l'on rencontre dans le sérum du sang, dans le sérum du lait, dans l'œuf, etc., sont solubles dans l'eau, sans le secours de bases ou de sels alcalins; elles coagulent par la chaleur, surtout en milieu légèrement acide, à des températures variables pour chacune d'elles; elles ne sont pas précipitées à froid par l'acide acétique; convenablement purifiées, beaucoup d'entre elles cristallisent.

Les *globulines* sont insolubles dans l'eau, solubles dans des solutions de sels neutres (chlorures de sodium, de potassium, d'ammonium, sulfate de magnésium, etc.). En général, une dose déterminée de ces sels les dissout, alors qu'une dose plus faible ou une dose plus élevée les précipite. Plusieurs de ces globulines sont cristallisables.

Les albumines et les globulines, qui se trouvent d'ailleurs souvent associées, appartiennent donc toutes à cette classe de matières azotées que l'on a désignées sous le nom de *protéines*. Ces protéines donnent par l'hydrolyse, en présence des acides ou en présence des microbes et de leurs diastases, d'abord des albumoses ou protéoses, et des peptones, puis des acides aminés (glycocolle, alanine, acide amino-valérique, leucine, sérine, acides aspartique et glutamique, asparagine), des acides diaminés (arginine, lysine, hystidine), des dérivés sulfurés (cystine), des dérivés aromatiques (tyrosine, tryptophane, phénylalanine, acide pyrolidine-carbonique, indol). Ces produits se rencontrent ou peuvent se rencontrer dans les produits de la digestion microbienne de la caséine du fromage, attendu que la caséine, ainsi qu'il va être dit ci-dessous, fournit, en se dégradant, une ou plusieurs protéines.

Parmi ces matières de décomposition, celles qui peut-être offrent ici le plus d'intérêt sont les peptones; les peptones sont très solubles dans l'eau, précipitables par l'acide nitrique, l'iodure ioduré de potassium, l'iodomercurate de potassium, les acides phosphomolybdique et phosphotungstique, l'acide métaphosphorique, l'acide picrique, le tanin, l'alcool, etc.; elles donnent, avec le sous-nitrate de mercure (réactif de Millon), une coloration rouge.

Les albumoses ou protéoses sont des produits intermédiaires entre les protéines et leurs peptones.

2° LES PROTÉIDES, comprenant les phosphoprotéides ou nucléoprotéides, les pseudonucléoprotéides, les lécitoprotéides, les glucoprotéides, les protéides dans la constitution desquelles entrent des métaux (hémoglobine, hémocyanine, etc.); les deux premières de ces matières albuminoïdes doivent seules être ici retenues.

Les nucléo et les pseudonucléoprotéides sont insolubles dans l'eau et peu solubles dans les solutions salines, ce qui les distingue assez nettement des albumines et globulines; mais elles sont solubles en présence des alcalis et précipitables de leurs solutions par les acides.

Elles se dédoublent, par hydrolyse acide ou par hydrolyse biologique, en protéine et nucléine, puis la nucléine se dédouble à son tour en protéine et en acide nucléique; mais cette dernière transformation n'a lieu que pour les nucléoprotéides, et les pseudonucléoprotéides ne fournissent pas d'acide nucléique. La nucléine est plus acide et renferme plus de phosphore que la protéide dont elle dérive; quant à l'acide nucléique, il est dépourvu de soufre, mais possède une teneur en phosphore plus élevée encore que la nucléine.

3° LES PROTÉOÏDES, insolubles dans l'eau et les solvants ordinaires, comprenant la gélatine, la kératine, l'élastine, la spongine, etc. Ces composés ne se rencontrent jamais dans les produits du lait et n'offrent, par conséquent, dans la discussion qui va suivre, aucun intérêt.

Cette classification permet maintenant de décrire plus sûrement les albuminoïdes que l'on a signalés comme produits constituants du lait, et de rechercher leur individualité.

Caséine. — La caséine est la mieux connue de ces matières albuminoïdes; c'est celle que l'on obtient toujours en plus grande quantité et dans le plus grand état de pureté.

Elle appartient au groupe défini plus haut des pseudonucléoprotéides.

La caséine est précipitée par un très grand nombre de réactifs, les sels et spécialement le sulfate de magnésium, les acides et spécialement l'acide acétique, la présure de l'estomac des mammifères, celle des microbes, etc.

Elle ne se coagule pas par la chaleur.

Hammarsten, à qui l'on doit les plus importants travaux qui aient été faits sur la caséine (*Zeit. Phys. Ch.*, t. VII, p. 227), la prépare en ajoutant au lait étendu d'eau, 0,75 à 1 pour 100 d'acide acétique; le dépôt recueilli est dissous dans la soude ou mieux dans l'ammoniaque étendue; la liqueur filtrée est de nouveau additionnée d'acide acétique, et le traitement répété à quatre ou cinq reprises. Le magma est ensuite broyé en présence de l'alcool, puis de l'éther, et desséché sous une cloche, à froid, en présence d'acide sulfurique.

La caséine ainsi purifiée et desséchée présente la composition élémentaire suivante [HAMMARSTEN, *loc. cit.*, p. 269; VOLKER, LIEBERKUHN (*Dict. Wurtz*, t. I, p. 775)] :

	Hammarsten.	Volker.	Lieberkuhn.
Carbone	52,96	53,43	53,53
Hydrogène	7,05	7,12	7,06
Azote	15,65	15,36	15,61
Oxygène	22,65	21,92	22,80
Soufre	0,78	1,11	1,00
Phosphore	0,85	0,74	»
	99,94	99,68	100,00

Les nombres fournis par Millon et Commaille (*C. R.*, t. LX, 1865, p. 859) s'éloignent sensiblement de ces derniers.

La caséine est insoluble ou presque insoluble dans l'eau pure, insoluble dans l'alcool, l'éther, etc., à peine soluble dans l'acide acétique en excès.

Elle présente une réaction acide quand on l'étale sur du papier de tournesol humecté d'eau, et Hammarsten a démontré qu'elle décompose les carbonates alcalins, et dégage de l'acide carbonique.

La fonction acide de la caséine lui permet de se dissoudre en présence des alcalis, des carbonates et des phosphates alcalins, et même des phosphates terreux; les phosphates terreux et la caséine semblent se maintenir mutuellement en solution (Hammarsten); d'ailleurs, les acides faibles ne dissolvent-ils pas les phosphates sans altération?

On peut, d'après Hammarsten, dissoudre de la caséine (fraîchement précipitée par l'acide acétique) dans l'eau de chaux, et saturer la chaux en excès par l'acide phosphorique, sans que la caséine se précipite.

Lindet et Ammann (*Ann. Inst. agr.*, 1906, p. 283) ont pu recharger un lait en phosphate de chaux, et obtenir, par filtration sur kaolin, un sérum dans lequel la teneur en matières azotées et la teneur en acide phosphorique étaient de 5 pour 100 supérieures à celles du lait témoin.

En tout cas, cette combinaison de caséine et de phosphate de chaux, ce phosphocaséinate de chaux, que l'on retrouve dans le sérum de lait filtré, dans le sérum de lait caillé, à la présure, à l'acide, par les sels, etc., s'y montre à l'état soluble, partiellement précipitable par l'acide acétique, coagulable à la chaleur. Le coagulum ainsi obtenu entraîne environ 7 pour 100 de phosphate de chaux (LINDET et AMMANN, *loc. cit.*).

L'action dissolvante des sels alcalins et des alcalis ne se produit que si la caséine est fraîchement précipitée, et non encore contractée en flocons; un excès de sels alcalins, surtout en présence de la chaux, précipite la caséine, au lieu de la dissoudre (Hammarsten).

Les solutions artificielles de caséine dans les alcalis précipitent par les acides, même par l'acide carbonique; c'est l'action d'un acide qui en déplace un autre; un poids déterminé d'acide chlorhydrique précipite plus de caséine que le poids équivalent d'acide acétique, parce que la saturation de la solution alcaline de caséine a fourni du chlorure de sodium, dans le premier cas, de l'acétate, dans le second; or la caséine est, d'après Hammarsten, plus soluble dans les acétates que dans les chlorures.

Si la solution artificielle de caséine renferme des phosphates et si on la traite par l'acide acétique, la quantité qui en est précipitée dépend, pour une même dose d'acide, de la teneur de la solution en phosphates. De même, une solution de caséine dans l'eau de chaux ou l'eau de baryte peut être neutralisée par l'acide phosphorique, sans que ni la caséine, ni le phosphate terreux se précipite, tout au moins au début de la saturation. Mais les solutions restent louches; les corps y sont, en partie du moins, à l'état de suspension colloïdale.

Les solutions artificielles de caséine dans les alcalis, les caséinates présentent une partie des propriétés du lait. On vient de voir qu'elles précipitent par les acides; en outre, elles caillent par la présure; enfin, elles peuvent être chauffées sans se coaguler, et, soumises à l'évaporation, elles forment, comme le lait, une peau superficielle.

Les propriétés acides de la caséine avaient été d'ailleurs mises en évidence par Millon et Commaille (*C. R.*, t. LX, 1865, p. 118 et 859), qui, en délayant la caséine avec de la magnésie, de la chaux ou de la baryte, et en précipitant la liqueur filtrée par de l'alcool fort, avaient obtenu des précipités blancs, prenant l'aspect corné par la dessiccation et répondant à la formule : 2 caséine $+ 2MgO, 4H^2O$, 2 caséine $+ 5CaO$, $4H^2O$, et 2 caséine $+ BaO, 4H^2O$. Ces composés se combinent à l'oxyde de cuivre, pour former des sels doubles. Millon et Commaille ont en outre signalé l'existence de combinaisons de la caséine avec l'oxyde de cuivre et la potasse (2 caséine $+ CuO, 6K^2O$); avec l'oxyde de cuivre et la soude : 2 caséine $+ 2CuO, 5Na^2O$; avec l'oxyde de cuivre et l'ammoniaque : 2 caséine $+ 3CuO, AzH^4O$; avec l'oxyde de zinc et la potasse, etc. L'existence de ces composés est contestable.

Roehmann et Hirschstein ont décrit une combinaison soluble de la caséine avec l'argent (*Soc. chim.*, t. XXX, 1903, p. 1284): cette combinaison est acide et donne des sels de fer et de cuivre; l'argent n'y est pas précipité par le chlorure de sodium, la potasse, etc.

Millon et Commaille ont obtenu en précipitant, par les acides, les solutions alcalines de caséine (*C. R.*, t. LXI, 1866, p. 221), et en lavant les précipités à l'eau, à l'alcool et à l'éther, des combinaisons de la caséine avec les acides sulfurique, chlorhydrique, nitrique, chromique, phosphorique, arsénique, oxalique. Ces composés sont, d'après les auteurs mêmes, dissociables par l'eau, et il semble que la présence des acides dans la molécule soit due à un simple entraînement.

La caséine possède la propriété de faire dévier à gauche, comme d'ailleurs toutes les matières albuminoïdes, le plan de vibration de la lumière polarisée.

La grandeur du pouvoir rotatoire ne peut être déterminée exactement, en ce sens qu'elle varie avec la réaction du milieu dans lequel la caséine est dissoute.

Les dissolvants qui semblent le moins modifier la nature de la caséine sont certainement les sels neutres: Hoppe-Seyler (*Soc. chim.*, t. V, 1866, p. 138) a indiqué que le pouvoir rotatoire de la caséine dissoute dans le sulfate de magnésium est, pour la teinte donnée par le sodium, de $\alpha_D = -80°$. La faible solubilité de la caséine dans le sulfate de magnésium, dans le chlorure de sodium, etc., rend les chiffres qui ont pu être obtenus trop peu précis.

La solubilité que la caséine possède dans les acides permet également de déterminer son pouvoir rotatoire; mais là encore la solubilité est faible et les déterminations manquent peut-être de précision. Voici en tout cas les chiffres obtenus par Hoppe-Seyler (*loc. cit.*), par Béchamp (*C. R.*, t. LXVII, 1873, p. 1528), et par Lindet et L. Ammann (*loc. cit.*).

Dans l'acide chlorhydrique étendu...	$\alpha_D = -87$	(Hoppe-Seyler)
Dans l'acide acétique...............	$\alpha_D = -86,4$	(Béchamp)
»	$\alpha_D = -90,5$	(Lindet et Ammann)
Dans l'acide phosphorique..........	$\alpha_D = -99,1$	(Id.)

Les dissolvants qui permettent de concentrer la caséine et d'obtenir le maximum de sensibilité sont certainement les alcalis ou les sels alcalins. Mais ceux-ci modifient singulièrement le pouvoir rotatoire de la caséine. Le fait a été signalé par Béchamp (*loc. cit.*), pour la caséine, mais il a été signalé avant lui pour l'albumine d'œuf (PETIT, *Soc. chim.*, t. XIV, 1870, p. 148), et la règle paraît générale vis-à-vis des matières albuminoïdes.

En présence du carbonate de soude :

Caséine du lait caillé............	$\alpha_D = -120,6$	(Béchamp)
» du lait frais.............	$\alpha_D = -118,5$	(Id.)
» du fromage de Munster...	$\alpha_D = -117,6$	(Id.)
» de la caillette d'agneau...	$\alpha_D = -110,4$	(Id.)

En présence de la soude :

Caséine du lait frais............ $\alpha_D = -116,6$ (Lindet et Ammann)
   »   .... $-116,9$ (Id.)
   »   .... $-118,0$ (Id.)

En présence de la chaux :

Caséine du lait frais............ $\alpha_D = -116,0$ (Lindet et Ammann)

On a vu plus haut que la caséine et le phosphate de chaux se dissolvent mutuellement; on peut, après avoir dissous la caséine dans l'eau de chaux, saturer exactement celle-ci par l'acide phosphorique sans que la caséine se précipite. Les solutions, ainsi obtenues, sont louches, c'est-à-dire renferment une partie du phospho-caséinate de chaux, à l'état colloïdal; on ne peut les polariser; mais, si l'on précipite cette partie colloïdale par la présure, on obtient un sérum très limpide, dans lequel la caséine a précisément le pouvoir rotatoire du caséinate de chaux (LINDET et AMMANN, *loc. cit.*). Caséine dissoute dans le phosphate de chaux : $\alpha_D = -116°,2$.

D'autre part, Lindet et Ammann ont rencontré dans les boues d'écrémeuses, dont il sera parlé plus loin, à l'état soluble, cette combinaison de phospho-caséinate de chaux, dont le α_D a été estimé $= -119°,4$, $-119°,5$.

D'autre part encore, Lindet et Ammann ont retrouvé la même combinaison, avec ce pouvoir rotatoire, dans le sérum d'un lait caillé par la présure, par l'alcool, par les sels, puis filtré sur kaolin. Ce pouvoir rotatoire a été calculé en étudiant la rotation du sérum filtré avant et après caillage.

Caillé d'un sérum de lait filtré :

Par la présure .... $-121,6$
Par l'alcool............................ $-124,9$
Par le sel marin à 10 pour 100............. $-121,6$
Par le chlorure de calcium à 6 pour 100....... $-112,6$

Ces différentes déterminations laissent à penser que la caséine contenue dans le lait, à l'état colloïdal, et à l'état dissous, mais toujours combinée au phosphate de chaux, s'y présente avec le pouvoir rotatoire des caséinates, c'est-à-dire de $-116°$ à $-124°$.

La caséine, obtenue dans les conditions qui viennent d'être précisées, est-elle une substance unique, un mélange, ou un produit dédoublable?

Les travaux de Hammarsten, confirmés par ceux de Lubavine (*Soc. chim.*, t. XXIX, 1878, p. 213, et t. XXXIII, 1880, p. 295, et t. XXXIV, p. 44) permettent de conclure que la caséine est un corps défini ; sa personnalité peut être affirmée par ce fait, que des précipitations successives ou fractionnées ne modifient pas sa teneur en phosphore (0,85 pour 100) ; mais, comme la nucléine et les autres albuminoïdes, elle perd, d'après Lubavine (*Soc. chim.*, t. XXXIII, 1880, p. 295), son phosphore, par une ébullition prolongée.

La caséine peut-elle, bien que substance caractérisée, affecter, dans le lait, deux états différents, l'état soluble et l'état insoluble (MILLON et COMMAILLE, *loc. cit.*), ou trois états différents, l'état solide, l'état colloïdal et l'état liquide (DUCLAUX, *Ann. Inst. agr.*, 1883, p. 51)? C'est là un sujet qui trouvera sa place dans la discussion relative à la constitution du lait.

Mais de ce qu'une substance est pure, il ne s'ensuit pas qu'elle ne puisse être dédoublée, et c'est précisément ce dédoublement qui permet de conclure que la caséine appartient au groupe des nucléo-protéides.

Ce dédoublement s'observe dans l'action de la pepsine chlorhydrique, dans l'action de la présure, dans l'action de la chaleur, dans l'action de l'alcool et dans l'action des acides.

1. La pepsine agissant sur la caséine dissoute en présence de l'acide chlorhydrique donne à celle-ci, après quelques heures, l'apparence d'un empois et fournit un dépôt de nucléine ; la solution renferme une substance soluble (caséine peptone) ; le fait a permis à Hammarsten (*loc. cit.*) et à Dreschel (*Ladenburg's Handwörterb. der. Chem.*, t. III, p. 565) de ranger la caséine parmi les nucléo-protéides.

2. L'action coagulante de la présure a été étudiée par Hammarsten (*Maly's Jahresb.*, t. IV, p. 155) et il a reconnu que la caséine se dédouble, sous l'action de la présure, en une substance qu'il a appelée *Käse* ou paracaséine, peu soluble, d'autant moins soluble que le liquide renferme plus de phosphate de chaux, soluble dans les alcalis, comme la caséine, mais dont les solutions alcalines cessent d'être précipitées par la présure, et en une autre substance soluble, la *Molkeneiweiss*, ou albumine du petit-lait ; la quantité de paracaséine représente les $\frac{9}{10}$, et l'albumine le $\frac{1}{10}$ de la caséine dédoublée. La terminologie adoptée nous permet de concevoir dans cette réaction l'existence d'une nucléine ou d'une autre protéide riche en nucléine, et d'une protéine soluble.

D'après Hammarsten, c'est la combinaison de cette paracaséine avec la chaux ou le phosphate de chaux, qui détermine le coagulum ou caillé. L'addition d'oxalate d'ammoniaque au lait s'oppose au caillage, parce que ce réactif précipite les sels de chaux; une dialyse prolongée du lait, en éliminant les sels de chaux, s'y oppose également; on sait enfin que le lait, préalablement bouilli, cesse de cailler en bloc et ne laisse précipiter, sous l'action de la présure, que la matière azotée en flocons; d'après Hammarsten, l'ébullition a pour effet de produire une répartition différente des éléments du phosphate de chaux.

Cette hypothèse du dédoublement de la caséine a été combattue par Duclaux (*Ann. Inst. agr.*, 1883, p. 77 et 126), et les travaux de celui-ci ainsi que ceux de Lindet et Ammann seront exposés, plus loin, à propos de la théorie du caillage.

Engling (*Maly's Jahresb.*, t. XV, p. 181) admet que la présure décompose la combinaison soluble que forme, dans le lait, la caséine et le phosphate de chaux, et qu'elle a pour effet de faire passer dans le sérum une partie de la chaux : celle-ci précipite par l'oxalate d'ammoniaque, alors qu'elle ne précipitait pas auparavant, quand elle était combinée à la caséine.

3. La chaleur exerce une action parallèle à celle qui vient d'être signalée; les solutions artificielles de caséine, chauffées en tubes scellés à 130°-150°, se coagulent et se dédoublent encore en une substance insoluble et en une substance soluble.

Béchamp avait constaté (*C. R.*, t. LXXVIII, 1874, p. 1575) que la température de 130° dédouble la caséine.

Dreschel (*Ladenburg's Handwörterb. der Chem.*, t. III, p. 365) a poussé plus loin la décomposition de la caséine par la chaleur. Par une ébullition de 3 jours en présence de l'eau, Dreschel a dissocié la caséine et préparé deux bases qu'il a combinées à l'acide chlorhydrique, puis au chlorure de platine; les chloroplatinates de ces bases ont pour formules :

$$C^7 H^{14} Az^2 O^2 Cl^2, Pt\, Cl^4 + 4 H^2 O,$$
$$C^8 H^{16} Az^2 O^2 Cl^2, Pt\, Cl^4 + 4 H^2 O.$$

Il a rencontré en outre, dans les eaux mères de cristallisation de ces chloroplatinates, une base qu'il a transformée en nitrate double,

$$C^6 H^{13} Az^3 O^2, Az\, O^3 H, Az\, O^3 Ag,$$

qui est l'homologue de la créatine et de la créatinine et qui, sous l'influence des alcalis, se transforme en urée; Dreschel a nommé cette base la *lysatine*.

4. Danilewski et Radenhausen (*Maly's Jahr.*, t. X, p. 186, t. XII, p. 14, et *Zeit. phys. Chim.*, t. VII, p. 427) ont réalisé le dédoublement, en présence de l'alcool, de la caséine, préalablement précipitée par l'acide chlorhydrique; ils ont obtenu une matière albuminoïde (caséo-albumine), insoluble après plusieurs traitements, et une matière (caséo-protalbine) soluble au contraire dans l'alcool, et susceptible de s'y déposer au bout d'un certain temps. Là encore, on retrouve le principe du dédoublement de la caséine en deux matières albuminoïdes, l'une soluble, l'autre insoluble, dédoublement que déterminent également la pepsine ou la chaleur.

5. Enfin Skraup a dédoublé par l'hydrolyse chlorhydrique la caséine (*Soc. chim.*, t. II, 1905, p. 309 et 567) et il a obtenu :

1° Des acides diaminodicarboniques :

Diaminoglutarique	$C^5H^{12}Az^2O^4$
Diaminoadipique	$C^6H^{14}Az^2O^4$
Dioxyaminosubérique	$C^8H^{16}Az^2O^6$

2° Des acides aminopolyoxycarboniques :

Aminooxysuccinique	$C^4H^7AzO^5$
Caséanique	$C^9H^{16}Az^2O^6$
Caséinique	$C^{12}H^{16}Az^2O^5$

On constate ainsi la production des acides aminés, dont il a été parlé plus haut à propos de la décomposition, par l'hydrolyse, des protéines et de leurs générateurs.

Lacto-albumine. — Doyère (*Ann. Inst. agr.*, 1853, 1re livr., p. 235), puis Doyère et Poggiale (*C. R.*, 1853, t. XXXVI, p. 430), ont signalé l'existence de l'albumine dans le lait; ils basaient leur opinion sur la différence de rotation que présente le lait filtré avant et après défécation par l'acétate de plomb, c'est-à-dire avant et après l'élimination de la matière albuminoïde soluble du lait filtré; celle-ci, douée de pouvoir rotatoire gauche, diminue en effet la rotation droite imprimée par le lactose.

Bouchardat et Quévenne (*Du lait*, Paris, 1857) filtraient le lait sur du papier, jusqu'à ce que la liqueur passe limpide; celle-ci coagulait par la chaleur, comme l'albumine de l'œuf.

Hoppe-Seyler (*Virschow's Arch.*, 17) employait à la filtration du lait un uretère humain, lavé à l'eau et à l'alcool, et il constatait dans les liquides filtrés un albuminoïde, coagulable à 70°-75°.

Zahn (*Arch. f. d. ges. Phys.*, Bonn, t. II, 1869, p. 598) substituait enfin au filtre en papier un cylindre de terre poreuse; il dosait l'albumine précipitée par la chaleur.

Le fait que le lait renferme un albuminoïde soluble et coagulable n'a pas été contesté par Duclaux, ainsi qu'il a été dit plus haut (*Ann. Inst. agr.*, 1879-1880, p. 30 et 1883, p. 38); mais celui-ci l'a dénommé *caséine soluble*, exprimant ainsi qu'il n'est qu'une modification de la caséine primitive.

Les raisons que Duclaux donnait pour combattre la tendance générale qui faisait admettre l'albumine comme un des constituants du lait ne nous semblent plus aujourd'hui aussi décisives qu'elles l'ont paru à cette époque.

Duclaux reprit (*loc. cit.*, 1879-1880, p. 31) une expérience classique qui consiste à saturer le lait à froid par le sulfate de magnésium; un caillot se forme que l'on considère comme de la caséine. Si l'on filtre et si l'on fait bouillir le liquide, on coagule une matière albuminoïde, et, si dans la liqueur filtrée on ajoute de l'acide acétique à chaud, on obtient une nouvelle précipitation. Pour Duclaux, les divers précipités sont de la caséine, et en effet l'expérience lui a montré que du lait, saturé de 50 pour 100 de sulfate de magnésium, se coagule à froid; à 60°, il ne lui en faut que 20 pour 100, et, à 100°, il ne lui en faut que 10 pour 100. Duclaux conclut alors que la solution de caséine dans le sulfate de magnésium, après précipitation à froid, précipite par la chaleur, parce que la caséine se trouve en présence d'une quantité de sel supérieure à celle qui lui est nécessaire pour se coaguler à la température choisie; cela lui paraît d'autant plus vraisemblable que tous les sels examinés par Duclaux (chlorures, sulfates, nitrates de sodium, de potassium, d'ammonium, de magnésium, de baryum, etc.) se conduisent de même, et qu'ils précipitent la matière azotée, à une dose d'autant plus faible que la température est plus élevée.

On peut évidemment admettre que les divers précipités, obtenus successivement par la chaleur, représentent la même caséine que celle qui a été précipitée à froid; mais on se demande si c'est là une raison suffisante pour exclure l'albumine ou plutôt pour ne pas dénommer *albumine* la matière azotée qui se précipite, tout au moins à la fin, par addition d'acide acétique. On sait que l'albumine se coagule à chaud en liqueur légèrement acide.

Duclaux (*loc. cit.*, 1879-1880, p. 35) a obtenu la précipitation del'albumine de l'œuf dans les mêmes conditions, c'est-à-dire que la température de coagulation de cette albumine varie dans le même sens avec la concentration en sels. Mais, devant cette expérience, convient-il « de dépouiller l'albumine de tout caractère spécifique » ?

Il est évidemment probable qu'aucun précipité obtenu par le sulfate de magnésium ne représente de la caséine pure et que celle-ci est mélangée avec de l'albumine.

Ce que l'on ne peut nier, c'est que du lait simplement filtré à travers une bougie ou à travers du kaolin (Lindet et Ammann), que du lait caillé à la présure et filtré, que du lait coagulé à l'acide acétique et filtré, etc. fournissent un liquide clair qui ne précipite pas par l'acide acétique à froid, qui coagule à chaud et surtout en liqueur acide ; ce sont là les caractères spécifiques des albumines.

Duclaux revint en 1883 (*loc. cit.*) sur la question de l'albumine ; en reprenant le dépôt de caséine adhérent à la bougie, et en le délayant dans l'eau, il obtint un liquide qui, filtré de nouveau à la bougie, se troublait par l'ébullition et qui donnait les caractères de l'albumine : fallait-il admettre que la caséine s'était transformée en albumine ? Lindet et Ammann ont, en redissolvant dans l'eau des *boues d'écrémeuses,* constituées, en partie, par un mélange de caséine et de phosphate de chaux, obtenu de même un coagulum à chaud ; c'est que la combinaison de caséine et de phosphate de chaux jouit de la propriété d'être coagulable ; il est fort possible que le liquide obtenu par Duclaux ne soit autre que celui obtenu par le traitement des boues d'écrémeuses. c'est-à-dire du phosphocaséinate de chaux.

La présence d'une albumine dans le lait a été constatée nettement par Sebelien (*Zeitschr. für physiol. Chemie,* t. IX, 1885, p. 445). L'auteur la prépare, en suivant la méthode indiquée par Hammarsten, pour la séparation de l'albumine du sang.

On commence par saturer le lait de sel marin, et l'on filtre ; une addition de sulfate de magnésium dans le filtrat précipite un corps albuminoïde, que Sebelien considère comme de la lactoglobuline ; le nouveau filtrat est additionné de 0,25 pour 100 d'acide acétique, et la lacto-albumine se dépose. En somme, c'est là la méthode de séparation critiquée par Duclaux ; il faut reconnaître cependant qu'elle aboutit à la récolte d'un principe différent de la caséine.

En effet, ce précipité est redissous dans la soude, réadditionné de sulfate de magnésium ; la liqueur filtrée est, de nouveau, précipitée par de l'acide acétique ; on la dissout dans l'eau, on la purifie de ses sels par dialyse, puis par des précipitations au moyen de l'alcool.

Sebelien a indiqué une autre méthode de préparation de la lacto-albumine, sans l'emploi d'acide, et analogue à la méthode de Starke pour la préparation du sérum albumine du sang. Le lait est précipité par du sulfate de magnésium, la liqueur filtrée, saturée à 40° par du sulfate de sodium, et le précipité recueilli à cette même température. Le précipité est redissous dans l'eau, et l'on recommence la précipitation de l'albumine, à 40°, par le sulfate de sodium.

Sebelien a pu ainsi étudier les propriétés de l'albumine retirée tant du lait que du colostrum.

Le pouvoir rotatoire de la lactalbumine a varié pour α_D de $-30°$ (albumine obtenue par la seconde méthode), à $-37°$ (albumine obtenue par la première méthode).

La lactalbumine présente la composition élémentaire suivante :

Carbone....................	52,19
Hydrogène.................	7,18
Azote.....................	15,77
Soufre....................	1,73 à 1,96
Oxygène........	Différence
Cendres..................	1,13 à 2,60

Les solutions de lactalbumine ne sont pas précipitées à 40° par le sulfate de magnésium; mais elles le sont, comme on l'a vu dans la préparation ci-dessus, par le sulfate de sodium à la température de 30°-40°, et par le sulfate d'ammonium, à la température ordinaire.

Elles se coagulent à 72° quand elles sont exemptes de sels; à 78° quand elles renferment 0,5 pour 100 de chlorure de sodium, à 80° quand elles en renferment 2,5 pour 100, à 84° quand la dose atteint 5 pour 100.

Il est téméraire cependant de ne pas se contenter de cette notion de l'existence d'une albumine, et de chercher à reconnaître, par des caractères incertains, plusieurs albumines dans cette albumine; c'est ce qu'ont fait Danilewski et Radhenhausen (*Untersuch. über d. Eiweisstofe d. Milch : Petersen's Forschungen,* 1880). Après avoir séparé par la chaux, dans le sérum provenant de l'égouttage de la caséine, une matière azotée, qu'ils appellent *orroprotéine,* et qui est probablement un mélange, ils précipitent par l'acide acétique, et obtiennent l'ancienne albumine des auteurs; celle-ci, purifiée par l'alcool, donne successivement la *lactosyntoprotalbine,* se déposant dans les liquides alcooliques, abandonnés à froid, et le *syntogène,* se déposant dans les eaux mères concentrées des liquides précédents.

En outre, et pour mémoire, Danilewski et Radhenhausen distinguent l'albumine des globules gras, c'est-à-dire celle qui les enveloppe mécaniquement, toutes réserves faites sur l'existence de cette membrane albumineuse; pour l'obtenir, ils lavent les globules butyreux à l'ammoniaque, puis à l'alcool et à l'éther; ils enlèvent ensuite les phosphates par l'acide chlorhydrique faible, ajoutent de nouveau l'ammoniaque, lavent à l'alcool et à l'éther. Le résidu albuminoïde est peut-être une caséine ou une globuline; mais ce n'est pas une albumine, puisqu'elle est insoluble dans l'eau.

La recherche et même le dosage de l'albumine du lait ont donné lieu à des erreurs manifestes, contre lesquelles Duclaux a le premier protesté. Beaucoup d'auteurs ont employé, pour séparer la caséine de l'albumine, le sulfate de magnésium; la liqueur filtrée, saturée de ce sel, fournit par le chauffage une matière azotée que l'on a dénommée *albumine;* on a vu plus haut que la séparation de ces différents albuminoïdes par le sulfate de magnésium est incomplète. Un dosage d'azote dans le précipité, un autre dans le liquide, donnent bien deux chiffres, mais ceux-ci n'ont aucune valeur.

Cette méthode, qui a été imaginée par Mitscherlisch en 1874, a été reprise par Sebelien (*Soc. Ch.,* 1890, t. III, p. 228), par Van Slyke (*Mon. scient.,* 1895, p. 462-467), par Thiemann, par Simon (*Zeitschrift f. phys. Ch.,* t. XXXIII, 1901, p. 466 et *Rev. gén. du lait,* 1902-1903, p. 150), etc.

Simon a même admis que le sulfate de magnésium précipite la globuline en même temps que la caséine, et ne laisse que l'albumine, tandis qu'il existe un autre procédé, dû à Schlossmann, qui consiste à chauffer à 40° du lait étendu de 4^{vol} à 5^{vol} d'eau, et additionné d'une solution d'alun de potasse; celui-ci ne précipiterait pas la globuline, en sorte que la liqueur filtrée renfermerait l'albumine et la globuline; le résultat obtenu par le procédé au sulfate de magnésium ne fournissant que de l'albumine, permettrait de déduire la globuline par différence. Il convient de ne pas s'arrêter à critiquer de semblables procédés qui pèchent par la base, puisque les précipitations ne peuvent donner que des mélanges.

La précipitation du lait par la présure ou par l'acide acétique donnerait des résultats plus exacts. Mais les sérums ne renferment pas que de l'albumine; ils renferment également du phospho-caséinate de chaux [LINDET et AMMANN (*loc. cit.*)]. On verra plus loin, à propos du dosage de l'albumine, comment on peut baser sur cette observation un procédé approché de dosage.

Lacto-globuline. — On a vu plus haut, à propos de la préparation de la lacto-albumine, que Sebelien (*loc. cit.*), en saturant par le sulfate de magnésium le sérum d'un lait caillé par le chlorure de sodium, a obtenu un coagulum ; celui-ci, redissous et purifié par le sulfate de magnésium, dialysé et finalement précipité par une addition ménagée de chlorure de sodium ou d'acide acétique, paraît être une lacto-globuline.

La solution de lacto-globuline, en présence de 5 à 10 pour 100 de sel marin, se trouble vers 72°, et se coagule à 75°-76°.

L'auteur distingue cette globuline de la caséine, en s'appuyant précisément sur la façon dont les deux substances albuminoïdes se comportent vis-à-vis des sels.

Malgré tout, ces différences peuvent être influencées par tant de causes, encore mal connues, qu'il est difficile d'affirmer la personnalité de cette lacto-globuline.

En perfectionnant un procédé dû à Hofmeister, Moraczewski (*Soc. chim.*, 3ᵉ série, t. XVI, 1896, p. 1208) a cru reconnaître l'existence dans le lait de globulines. La caséine ordinaire est dissoute dans l'ammoniaque et additionnée de sulfate de magnésium et d'ammoniaque en excès ; après plusieurs semaines de repos, on trouve, dans le fond des vases, précipité sous forme de petites boules à cassure rayonnée, un corps qui présente les réactions des albuminoïdes ; ces boules se transforment ensuite en cristaux aiguillés, isolés ou groupés ; elles se dissolvent dans l'eau, dans l'eau légèrement acide, dans l'eau salée ; la chaleur et les acides précipitent la globuline. Digérées par la pepsine, elles fournissent un dépôt riche en phosphore et offrant de grandes analogies avec les nucléines. La quantité de cristaux représente 1 pour 100 de la caséine employée.

La présence de la globuline dans le lait n'a pas été confirmée.

Peptones. — Ces composés ont été reconnus par plusieurs expérimentateurs et décrits sous des noms différents.

Bouchardat et Quévenne ont constaté (*loc. cit.*) que du lait, séparé de la caséine par l'acide acétique, puis de son albumine par la chaleur, précipite encore par le tanin ou par l'alcool (3ᵛᵒˡ pour 1ᵛᵒˡ de liquide) ; le précipité ainsi obtenu, et qui n'est qu'une peptone, a reçu le nom d'*albuminose*.

Millon et Commaille (*C. R.*, t. LIX, 1864, p. 301) ont reconnu, dans le lait, l'existence d'un nouveau corps, la *lactoprotéine*, en faisant succéder à l'action de l'acide acétique, puis de la chaleur, celle du réactif de Millon (solution de nitrate de mercure) ; la substance précipite par le nitrate acide de mercure, mais ne précipite pas par le bichlorure de mercure. Elle semble se confondre avec l'albuminose.

La *protéine* ou *albumine du petit-lait* d'Hammarsten paraît identique aux deux corps précédents: mais cet auteur lui a donné un nom nouveau, parce qu'elle ne préexiste pas, et que, ainsi qu'il a été dit plus haut, elle se formerait aux dépens de la caséine sous l'influence de la présure; Hammarsten a reconnu lui-même que sa protéine possède les caractères des peptones.

Il est fort probable que ces peptones n'existent pas dans le lait frais et constituent des produits élaborés par les microbes qui pullulent dès les premières heures après la traite.

Nucléines, nucléones. — On a vu que l'on désigne sous ce nom des albuminoïdes riches en phosphore.

La nucléine se rencontre spécialement dans les noyaux des cellules animales; il est assez surprenant de la rencontrer dans le lait, qui ne présente pas ces noyaux cellulaires. Lubavine (*D. ch. Gesell.*, 1877, p. 2237) l'a extraite du fromage blanc, épuisé à l'éther, puis traité par le suc gastrique; le résidu est redissous dans les alcalis, puis précipité par l'acide chlorhydrique, lavé à l'eau, à l'alcool et l'éther; analysée par cet auteur, elle a fourni 4,6 pour 100 de phosphore pour une teneur de 13,3 pour 100 d'azote et 48,5 de carbone.

Lubavine a fait une étude très complète de la nucléine du lait (*Soc. chim.*, 2e série, t. XXIX, 1878, p. 213, t. XXXIII, p. 295, et t. XXXIV, p. 44). Elle est insoluble dans l'eau, et dans les acides faibles, ce qui la distingue de la caséine. Elle possède des propriété acides faibles et insolubilise l'acétate de plomb; dans le précipité plombique on trouve, quelle que soit la teneur de la nucléine en phosphore, un rapport constant de 3^{mol} de plomb pour 2^{mol} de phosphore. Une ébullition prolongée fait perdre à la nucléine une grande partie de son phosphore, environ 80 pour 100 au bout de 86 heures. Dissoute dans la soude étendue et précipitée par l'acide chlorhydrique, elle se transforme en produits phosphorés solubles dans l'eau, et présentant les caractères des albuminoïdes. D'après Lubavine, la nucléine que l'on peut extraire est un mélange d'au moins deux nucléines, contenant des quantités de phosphore différentes; ce sont peut-être des combinaisons éthérées ou amidées de l'acide phosphorique.

Ce que Hammarsten et Dreschel ont dit de l'action de la pepsine sur la caséine montre que cette nucléine n'est autre chose que le résidu de la digestion de la caséine. Elle ne constitue donc pas un élément du lait.

Le nom de *nucléone* a été donné par Wittmack (*Soc. chim.*, t. XVIII, 1897, p. 942) aux composés azotés riches en phosphore que l'on trouve dans le lait après avoir séparé la caséine par l'acide acétique, l'albumine et les globulines par l'ébullition, les phosphates par le chlorure de calcium et l'ammoniaque; la liqueur est traitée ensuite par le perchlorure de fer et l'ammoniaque à l'ébullition; le précipité renferme la nucléone, dont on peut connaître la quantité par un dosage d'azote. D'après Wittmack, le lait de vache en renferme moins que le lait de femme.

Siegfried (*Soc. chim.*, t. XVIII, 1897, p. 942) fait remarquer que la presque totalité du phosphore, soit 75 pour 100, est, dans le lait de femme, à l'état organique, c'est-à-dire à l'état de nucléones et de lécithines, tandis que le phosphore organique ne représente que 50 pour 100 environ du phosphore total dans le lait de vache.

L'existence de ces nucléones, dans le lait frais, ne paraît pas démontrée.

Lécithines. — Les lécithines sont des produits complexes, dont le noyau est formé par de l'acide phosphoglycérique $PO^4H^2 . C^3H^5(OH)^2$, dans lequel les oxhydriles alcooliques de la glycérine sont saturés par des acides gras, oléique, palmitique, etc., tandis que ceux de l'acide phosphorique sont unis à une base, la névrine ou la choline.

La lécithine oléomargarique a pour formule $C^{40}H^{86}O^9AzP$, et la lécithine oléobutyrique, $C^{30}H^{60}O^9AzP$.

Les lécithines sont insolubles dans l'eau, elles se dissolvent dans l'alcool et l'éther. Elles sont détruites par la chaleur (Bordas et de Raczkowski, *C. R.*, t. CXXXVI, 1903, p. 56).

Acide orotique et urée. — Il convient encore de signaler le travail de Biscaro et Belloni, relatif à la présence dans le lait d'un nouveau sel, l'orotate de potassium, $C^5H^3Az^2O^4K$ (*Rev. gén. du lait*, 1994-1905, p. 332). Les auteurs ont rencontré ce sel dans les eaux mères de la cristallisation du sucre de lait et même dans le sérum du lait caillé à la présure, ce qui exclut l'idée qu'il serait le résultat d'une décomposition; 200 quintaux de lait en ont fourni environ 60^g.

L'acide orotique, comme d'ailleurs son sel de potasse, est peu soluble dans l'eau froide, et plus soluble dans l'eau chaude, insoluble ou peu soluble dans les dissolvants ordinaires, alcools, éthers, etc. Cet acide serait, d'après Biscaro et Belloni, une mono-uréide.

C'est peut-être le même produit que, sous la forme d'urée, Lefort a rencontré autrefois dans le lait de vaches saines (*C. R.*, t. LXII, 1866, p. 199).

En résumé, on peut, de ce qui vient d'être exposé, tirer des conclusions assez fermes.

La caséine, c'est-à-dire la matière azotée telle qu'on l'extrait par l'acide acétique, a une personnalité bien établie, et a été étudiée aussi complètement que le comportent nos connaissances sur les matières azotées en général. L'existence des globulines dans le lait est beaucoup plus problématique; celle d'une albumine, en tant que matière albuminoïde soluble dans l'eau, même additionnée d'acide acétique, coagulable par la chaleur, ne saurait faire de doute.

Les peptones n'existent pas dans le lait frais, et doivent être considérées comme des produits de digestion interne; la nucléine a nettement une origine secondaire, puisqu'elle est le produit du dédoublement de la caséine. Il en est peut-être de même de la nucléone. On peut enfin admettre l'existence des lécithines.

On verra dans la suite en quel état se trouvent, dans le lait, ces différents éléments, et spécialement la caséine.

L'ACIDITÉ.

Le lait est *amphotère,* c'est-à-dire qu'il est à la fois alcalin et acide, qu'il bleuit légèrement le papier rouge de tournesol, et rougit le papier bleu.

L'acidité du lait a été étudiée par Vaudin (*Soc. chim.*, t. VII, 1892, p. 283 et 483), dans diverses circonstances dont il sera question à propos des variations du lait. Il a constaté que le petit-lait, séparé par l'alcool ou par la présure, de même que le sérum, filtré à la bougie de porcelaine, présente, à la phénolphtaléine, une acidité deux fois moindre que le lait; l'acidité est donc due en grande partie à la matière protéique. La matière azotée insoluble qui reste sur la paroi de la bougie, délayée dans l'eau, est très nettement acide. L'acidité varie, en outre, du fait de la présence des sels alcalins et du phosphate de chaux.

Ce travail a été repris par Dornic (*Rev. gén. du lait,* 1901, p. 218) et les résultats ci-dessus ont été confirmés par lui. Le Tableau suivant, dû à Dornic, donne, en même temps que l'acidité de différents laits, leur teneur en caséine et en cendres, pour le lait pur et pour le lait filtré à la bougie de porcelaine; les acidités sont mesurées en degrés Dornic, qui seront définis plus loin .

	Lait complet.			Lait filtré.			
	Acidité.	Caséine pour 100$^{cm^3}$.	Cendres pour 100$^{cm^3}$.	Acidité.	Caséine pour 100$^{cm^3}$.	Cendres pour 100$^{cm^3}$.	Écart des acidités.
	o			o			o
I.........	19,0	3,73	0,72	9,0	0,66	0,58	9,5
II........	12,5	5,04	0,99	2,0	0,44	0,73	10,5
III.......	20,0	3,45	0,75	10,0	0,73	0,47	10,0
IV........	19,0	3,40	0,74	9,2	0,71	0,51	10,3

LES SELS, LES PHOSPHATES ET LES CITRATES.

Les bases minérales que l'on rencontre dans le lait sont: en premier lieu la chaux, puis la magnésie, l'alumine et le fer; ces éléments sont combinés principalement à l'acide phosphorique, mais aussi à l'acide sulfurique, à l'acide chlorhydrique, et enfin à des acides organiques, parmi lesquels le seul qui ait été nettement défini est l'acide citrique.

La caractérisation de ces éléments n'offre rien de particulier, et il est facile de déceler la présence, dans les cendres du lait, de l'acide phosphorique, du chlore, de l'acide sulfurique, de la chaux, de la magnésie et du fer.

La caractérisation de l'acide citrique est plus délicate.

La présence de cet acide a été reconnue par Hœckel, puis par Soxhlet (*Mon. scient.*, 1890, p. 211) et confirmée par Vaudin (*Ann. Inst. Pasteur*, 1894, p. 502).

Vaudin a indiqué de traiter environ 20^l de lait écrémé par la présure, de faire bouillir le sérum avec 4^g à 5^g d'acide acétique, et de le purifier par la craie. Le liquide filtré est précipité par le sous-acétate de plomb, et le citrate de plomb, ainsi obtenu, est traité par l'hydrogène sulfuré pour remettre l'acide citrique en liberté. La liqueur est évaporée dans le vide, agitée avec de l'éther, et la couche éthérée, évaporée à son tour, laisse un liquide aqueux au sein duquel l'acide citrique cristallise.

Lindet a vérifié la présence de l'acide citrique dans le lait, en employant une méthode différente de celle indiquée par Soxhlet, Vaudin, etc., qui est basée sur la précipitation de l'acide citrique par la quinine en présence d'alcool méthylique (*C. R.*, t. CXXII, 1896, p. 1135); le lait, débarrassé de ses matières azotées par le bisulfate de mercure, puis additionné de baryte, jusqu'à saturation, est légèrement concentré; on précipite l'acide citrique par le sous-acétate de plomb; on attaque le précipité recueilli et lavé par l'hydrogène sulfuré, et les liquides évaporés jusqu'à consistance sirupeuse sont traités par l'alcool méthylique concentré; celui-ci donne un précipité que l'on sépare, et les liquides alcooliques sont additionnés de quinine, qui, au bout de quelques minutes, fournit un abondant précipité caractéristique de citrate de quinine; on peut, par les procédés que Lindet a indiqués, extraire l'acide citrique de son sel de quinine.

Porcher a appelé l'attention (*Rev. gén. du lait*, 1905-1906, p. 193) sur la relation qui existe entre les cendres et le sel marin d'un lait, d'une part, et le lactose, d'autre part. Le sel marin règle l'équilibre osmotique qui préside à la sécrétion et il se rencontre dans le lait en proportions d'autant plus grandes que la teneur en lactose est plus faible; il en est de même des cendres :

	Dans 100$^{cm^3}$.			
	I.	II.	III.	IV.
Lactose	5,07	4,10	3,12	2,17
Cendres	0,77	0,81	0,86	0,85
Sel marin	0,15	0,24	0,32	0,35

LES FERMENTS SOLUBLES DU LAIT.

On connaît aujourd'hui l'existence, dans les produits animaux et végétaux, de nombreux ferments solubles ou enzymes, qui oxydent, hydrogénisent, saponifient et hydrolysent les matières au contact desquelles ils se trouvent.

, Il n'y a pas, à proprement parler, de diastase oxydante, d'*oxydase*, dans le lait. Il y a une *catalase* ou *clastase* et une *peroxydase* ou *peroxyclastase*. Pour comprendre ces termes, il convient tout d'abord de les définir et de les distinguer les uns des autres.

Une oxydase prend l'oxygène de l'air, le dédouble en ses deux atomes (on admet aujourd'hui que la molécule oxygène est formée de deux atomes) et transporte cet oxygène, dont les propriétés oxydantes sont plus actives à l'état atomique qu'à l'état moléculaire, sur les corps à oxyder.

Une catalase ou clastase décompose l'eau oxygénée, en dégage l'oxygène, mais à l'état moléculaire, tandis qu'une peroxydase ou peroxyclastase dégage l'oxygène de l'eau oxygénée, à l'état d'oxygène atomique, c'est-à-dire d'oxygène actif, susceptible d'oxyder certains corps. Aucune ne prend l'oxygène de l'air, comme l'oxydase; toutes deux prennent l'oxygène de l'eau oxygénée qu'elles ont décomposée.

Le lait frais renferme de la catalase; 100$^{cm^3}$ décomposent 0^g,050 d'eau oxygénée en une heure (KONING. *Rev. générale du lait*, 1905-1906, p. 186). Mais la quantité de catalase augmente avec l'âge du lait, par suite de l'invasion bactérienne. Elle se concentre dans la crème au moment de l'écrémage. L'eau oxygénée, en présence de la catalase et de l'iodure de potassium, met l'iode en liberté, et cet iode peut être aisément reconnu au moyen de l'empois d'amidon.

Le lait frais renferme également de la peroxydase, susceptible d'être décelée en présence de l'eau oxygénée au moyen de réactifs, colorables par oxydation (teinture de résine de gaïac, gaïacol, para-phénylènediamine, naphtols, etc.), réactifs dont il sera question plus loin à propos de la distinction que l'on peut faire des laits crus et des laits cuits.

En général la nature présente, à côté de diastases capables d'oxyder directement ou indirectement, des diastases dont le rôle est inverse pour ainsi dire, en ce sens qu'elles hydrogénisent ; or on a constaté, dans le lait frais, la présence d'hydrogénase ou réductase ; on peut déceler celle-ci au moyen du réactif de Schardinger (aldéhyde formique ou aldéhyde éthylique, en présence du bleu de méthylène); l'aldéhyde est hydrogénée, passe à l'état d'alcool, et la coloration bleu turquoise devient lilas clair. Cette réductase, d'après Koning (*loc. cit.*), augmente avec le développement des bactéries ; le lait écrémé en renferme moins que la crème ; le colostrum s'en montre dépourvu. Les boues d'écrémeuses, c'est-à-dire le dépôt qui se forme sur les parois des écrémeuses centrifuges, présentent une assez forte quantité de réductase, comme d'ailleurs une assez forte quantité de catalase.

Babcok et Russel ont admis la présence d'une trypsine capable d'hydroliser, c'est-à-dire de dissoudre la caséine et de produire de l'ammoniaque. A cette diastase ils ont donné le nom de *galactase,* qu'il est permis de considérer comme impropre, si l'on se reporte à la nomenclature des diastases, telle qu'elle a été formulée par Duclaux. La présence de cette diastase dans le lait cru a été confirmée par Neumann-Wender (*Monit. scient.*, 1903, p. 768) et par Spolvérini (*Journ. de Pharm. et de Ch.*, 1903, t. I, p. 119). La galactase est très active dans le lait de vache et de chèvre, moins active dans le lait de femme.

Il existerait encore dans le lait une amylase, c'est-à-dire un ferment glycolytique, transformant l'amidon en sucre, que Spolvérini (*loc. cit.*) a rencontré dans le lait de femme, et qui ne se trouve pas dans le lait de vache.

Gillet a posé la question de savoir s'il existe, dans le lait, une lipase (*Rev. générale du lait,* 1903-1904, p. 89), ce ferment soluble capable de saponifier les matières grasses, analogue à la lipase qu'Hanriot a découverte dans le sang ; il a montré que, si ce ferment existe, il n'est susceptible que de saponifier la monobutyrine.

On peut rapprocher de ce ferment une diastase hydrolysante, susceptible de saponifier le salol et de dédoubler celui-ci en phénol et acide salicylique. Spolvérini (*loc. cit.*) a signalé cette diastase dans le lait d'ânesse : le lait de vache, le lait de chèvre en sont dépourvus.

Stoklasa a également isolé une diastase qui fait fermenter le lactose (*Rev. générale du lait*, 1903-1904, p. 426), qui serait analogue à la zymase de Buchner.

On n'a pas jusqu'ici signalé dans le lait la présence de la lactase, c'est-à-dire du ferment soluble qui transforme le lactose en glucose et galactose, et qui existe, ainsi qu'il a été dit plus haut, dans les plantes et dans certains tissus animaux.

La conclusion que l'on serait en droit de tirer de ces faits, le jour où ils seront définitivement prouvés, c'est que le lait est non seulement un aliment, mais aussi une source de ferments susceptibles de régulariser l'alimentation, qu'il vaut mieux consommer du lait cru que du lait cuit, dans lequel ces diastases sont détruites, et que la conservation du lait doit être demandée à la réfrigération plutôt qu'à la pasteurisation et à la stérilisation ; toute réserve faite, bien entendu, sur la question de transmissibilité des maladies par le lait non bouilli.

CONSTITUTION DU LAIT.

Il ne suffit pas de définir les éléments chimiques du lait pour connaître la constitution de ce liquide ; il convient de rechercher maintenant comment ces éléments sont groupés et en quel état ils se trouvent.

Les premières constatations relatives à la constitution du lait ont été faites par Donné (*C. R.*, t. V, 1837, p. 397), par Grimaud de Caux (*C. R.*, idem, p. 70 et 455), par Turpin (*C. R.*, idem, p. 822 et 1838, t. VI, p. 250 et 309). Elles ont abouti à cette conclusion que le lait est constitué par un sérum dans lequel nagent des éléments insolubles faciles à retenir par un filtre approprié.

Mais cette notion est aujourd'hui insuffisante ; on sait qu'à côté des éléments solubles (lactose, phospho-caséinate de chaux, albumine, sels) il y a des corps en suspension (globules gras) et des corps en solution ou suspension colloïdale (caséine et phosphate de chaux).

Éléments en suspension : globules gras. — La matière grasse est entièrement en suspension dans le sérum, ou plutôt en émulsion.

Elle se présente sous forme de petits globules, absolument sphériques, transparents, d'un diamètre qui varie entre $\frac{1}{100}$ et $\frac{1}{1000}$ de millimètre.

La grosseur des globules paraît dépendre de la race à laquelle appartient la vache qui les a fournis ; d'après d'Hont (*Jour. ind. laitière,* 1890, p. 283), c'est dans le lait des vaches de race Hollandaise, Flamande, Fémeline, de Cassel, etc. que l'on rencontre les globules les plus petits ; les vaches de la race Montbéliarde, Bretonne, Schwitz, donnent des globules plus gros, et celles des races Jerseyaise, Durham, etc., des globules encore plus gros. Gutzeit (*Ann. agr.,* 1896, p. 251) a fait une étude de la grosseur de ces globules et il a pris pour unité la grosseur de ceux qu'il a rencontrés dans le lait des vaches Jerseyaises :

Jerseyaises	100
Angler	52
Durham	44
Montavouer	38
Hollandaises	36
Breitenburger	31

Il a en outre montré que la grosseur des globules diminue, pour une vache de race déterminée, du commencement à la fin de la lactation, qu'aucun élément n'est susceptible de modifier la grosseur des globules, et que par conséquent celle-ci constitue un caractère de race.

Turpin, qui a le premier examiné ces globules butyreux (*C. R.,* t. V, 1837, p. 822), avait supposé que les globules « vivent et se développent en commun, comme une véritable population au sein de l'eau, dans laquelle ils sont suspendus et baignés, dans laquelle se trouvent les éléments de nutrition qu'ils absorbent, qu'ils s'assimilent pendant leur accroissement, et tant que dure leur existence. Ils se comportent comme les globules du sang et ceux de la lymphe. Chaque globule vit pour son propre compte ; il n'a rien de commun avec les autres globules de l'association lactée. Sa structure consiste en deux vésicules sphériques, incolores et translucides, qui s'emboîtent, et dont l'intérieur renferme tout à la fois des globules très fins et l'huile butyreuse de laquelle résultera plus tard le beurre. »

Cette conception de la constitution du lait, qui paraît aujourd'hui un peu naïve, comporte une idée qui est restée longtemps soutenue, contestée, puis défendue dans la Science, celle de l'existence autour de chaque globule d'une enveloppe perceptible.

Cette idée a été formulée en 1842, par de Romanet (*C. R.*, t. XIII, 1842, p. 604). « Le beurre se trouve sous la forme de pulpe, enveloppée d'une pellicule blanche, élastique et résistante. »

Semblable opinion s'appuyait aussi sur la grande autorité scientifique de Dumas, qui avait constaté (*C. R.*, t. XXI, 1845, p. 717) que le lait, traité par du sel marin à saturation, laissait remonter les globules de crème, et que ceux-ci, malgré un lavage prolongé à l'eau salée, susceptible d'enlever les matières azotées, renfermaient toujours de l'azote ; cet azote ne pouvait provenir que des membranes.

Dumas avait montré en outre (*loc. cit.*) que l'éther, agité au contact du lait, ne se charge pas de matière grasse, et il avait, de ce fait, attribué à la membrane un rôle protecteur et isolant ; mais, si l'on fait agir l'éther en présence d'une petite quantité de soude, de potasse ou d'ammoniaque, les choses changent ; l'éther pénètre la matière grasse et la dissout. Le même phénomène se présente quand, dans cette expérience, on substitue aux alcalis de petites quantités d'acides, et spécialement d'acide acétique (Dumas) ; on supposait alors que les alcalis comme les acides jouissaient de la propriété de dissoudre la membrane et permettaient à l'éther d'entrer en contact avec les globules gras, ainsi mis à nu.

L'hypothèse de l'existence de la membrane fut encore soutenue par nombre de savants, par Henle (*Allgem. Anatomie,* 1840), par Gros (*C. R.*, t. XXII, 1846, p. 40), qui la comparait à celle du vitellus et montrait qu'elle se colorait par l'iode, par Trommer (*Journ. für prak. Ch.*, 1861), par Müller (*Landw. Versuchstation*, 1867), par Sanson (*C. R.*, t. LXXII, 1871, p. 123), etc.

En 1880, Danilewski et Radenhausen (*Untersuchungen über die Eiweisstoff der Milch ; Petersen's Forschungen,* 2ᵉ sér., t. IX, 1880), indiquèrent une méthode pour isoler la matière azotée des globules ; le lait, additionné d'ammoniaque, est filtré, et les globules recueillis, traités successivement par l'éther, pour enlever la matière grasse, par l'acide chlorhydrique à 1 pour 100 pour dissoudre la caséine, puis par l'éther ammoniacal, laissent un résidu azoté, renfermant 3,5 pour 100 de cendres, et 1,3 pour 100 de soufre ; c'est le squelette du globule (*stromaeiweisstoff*).

A peu près au même moment, Béchamp (*Soc. ch.,* 2ᵉ sér., t. L, 1888, p. 657, et 3ᵉ sér., t. I, 1889, p. 769), extrayait une matière albuminoïde, en traitant le lait par le sesquicarbonate d'ammoniaque, matière albuminoïde différente de la caséine en ce sens qu'elle est insoluble dans ce dernier réactif et même dans une solution étendue de potasse.

Plus récemment, Storch, de Copenhague (*Mikroscopiske og*

kemiske undersögelser over Smördannelsen ved Kjærningen, Copenhague, 1883), en dissolvant par l'alcool et l'éther la matière grasse du beurre, a obtenu une matière gélatineuse infiltrable, qui fournit à la dessiccation une poudre insoluble dans l'eau, l'alcool, l'acide acétique et les acides faibles, qui se gonfle dans l'ammoniaque et dans les alcalis, donne la réaction de Millon, réduit la liqueur de Fehling, après ébullition en présence d'acide chlorhydrique, renferme enfin 14,2 à 14,8 pour 100 d'azote, alors que la caséine en contient de 15,7 à 15,8 pour 100.

Storch retrouve dans le lait cette substance, à laquelle il donne (en langue danoise) le nom de membrane gélatineuse (*slimmembran*), et que Beau, à qui l'on doit l'analyse de ce travail (*Rev. générale du lait.* 1902-1903, p. 341, 372, 395, 417, 441), appelle *Globalbumine.* Il remarque que des lavages prolongés des globules à l'eau salée ne peuvent enlever complètement la matière azotée.

D'autre part, Müller, de Stockholm, avait, en 1865 (*Landw. Versuchstation*) montré que le beurre est plus riche en matières azotées que la crème, et la crème plus riche que le lait; la quantité de matière albuminoïde, retenue par les globules, dépend donc de la concentration du produit en matière grasse, et la matière azotée des globules semble inséparable de celle-ci.

L'idée d'une enveloppe entourant le globule est encore, comme on le voit, acceptée par un certain nombre de micrographes; mais il faut reconnaître que la notion d'un sac membraneux est de plus en plus remplacée par celle d'une enveloppe de matière azotée, qui serait fixée sur le globule par attraction moléculaire.

Les lois de la capillarité permettent d'expliquer le phénomène dont il s'agit sans avoir recours à l'hypothèse de l'existence d'une membrane.

Dubrunfaut avait, le premier, émis des doutes sur cette existence de la membrane (*C. R.,* t. LXXII, 1871, p. 84) et avait indiqué que la matière grasse est en émulsion dans le sérum.

C'est cette idée que Duclaux a fait sienne (*Ann. Inst. agr.,* 1879-1880, p. 25), en s'appuyant sur les lois qui régissent les corps en émulsion; il a montré que le lait obéit aux lois de stabilité dont l'étude des phénomènes capillaires permet d'établir l'existence. Ce sont ces phénomènes capillaires qui donnent aux globules leur forme sphérique, qui leur communiquent à la surface une force élastique et rétractile; et cette force les oblige, tant que le liquide reste au repos et que l'agitation est modérée, à rebondir les uns sur les autres; en outre le sérum est visqueux, mucilagineux et il crée un obstacle à la réunion des globules; les constantes capillaires du sérum sont voisines de celles de la matière grasse, conditions excellentes pour assurer la stabilité de l'émulsion des deux liquides.

Plusieurs observateurs ont été d'ailleurs guidés dans leurs conclusions au sujet de l'existence de la membrane par ce fait, que l'examen microscopique permet de voir, autour de chaque globule, un liséré brillant, une petite ligne fine, isolée du globule voisin par un espace clair. Faye avait, en 1871, réfuté cette interprétation, en invoquant l'expérience de Plateau, dans laquelle les gouttes d'eau s'entourent d'une lame mince formée par le liquide visqueux dans lequel elles plongent. (*C. R.*, t. LXXII, 1871, p. 124.)

On peut en effet reproduire ce phénomène du liséré en émulsionnant, par exemple, de la matière grasse avec de l'eau de panama ou de saponaire. (Duclaux, *Ann. Inst. agr.*, 1879-1880, p. 27).

Reste donc à expliquer l'expérience relative à l'action de l'éther. Soxhlet (*Nobbe's Landwirth. Versuchstat.*, t. XIX, 1876) a contesté l'interprétation que l'on donnait de cette expérience ; le lait que l'on traite par un mélange d'alcool et d'éther ou d'acide acétique et d'éther et dans lequel on fait ensuite barboter de l'acide carbonique pour renouveler les surfaces de contact, cède la matière grasse à l'éther, sans que l'on puisse admettre que l'acide acétique ou que l'alcool et l'acide carbonique dissolvent la membrane ; au contraire, on sait que l'alcool et l'acide acétique précipitent la caséine; il faut donc que la caséine qui entoure le globule soit précipitée et non dissoute, pour que l'éther pénètre.

Duclaux a d'ailleurs montré que l'éther, dans l'expérience précédente, a la propriété de coaguler la caséine ; celle-ci englobe la matière grasse, et l'éther, émulsionné dans le précipité, ne s'en échappe que lentement ; mais la couche éthérée, qui remonte au bout d'un certain temps de repos, se montre riche en matière grasse ; l'alcali, en rendant la caséine plus soluble, favorise l'action de l'éther.

Il est donc inutile de supposer l'existence d'une membrane organisée ou caséeuse pour comprendre la stabilité des globules dans le lait; le lait est une émulsion, et tous les agents chimiques, physiques et mécaniques, susceptibles de modifier la tension superficielle que prennent les globules au contact du sérum et de modifier leur adhérence à ce sérum, sont de nature à faire cesser l'émulsion. Les alcalis, les acides, la résorcine, le mélange d'alcool, d'éther et d'ammoniaque, etc., permettent de séparer la matière grasse. Le lait desséché, même dans le vide, se laisse reprendre par l'éther, alors que, comme il a été dit plus haut, l'éther seul ne produit aucun effet immédiat, sur le lait en nature, et même sur le lait, évaporé dans le vide et ré-émulsionné dans l'eau (Soxhlet).

Une autre notion a été introduite dans la Science par Soxhlet. (*Landw. Versuchstation*, 1876). La matière grasse se trouve, dans le lait, à l'état de surfusion, c'est-à-dire liquide, bien que le beurre, dans les conditions ordinaires, soit solide jusqu'à la température de 35° environ; cette conception permet d'expliquer que les globules conservent toujours, dans le lait, leur forme sphérique. Il conviendra de revenir sur cette théorie, ainsi que sur les théories précédentes, quand on cherchera à interpréter les phénomènes qui ont lieu pendant le barattage.

Éléments colloïdaux. — La Science n'est pas encore bien fixée sur la nature exacte des solutions dites *colloïdales*. On s'accorde cependant à reconnaître que ce sont des solutions imparfaites, discontinues, où les corps, extrêmement divisés, se présentent sous forme de *granules* d'une petitesse extrême et dont la dimension est peut-être de l'ordre du $\frac{1}{100000}$ de millimètre.

Ces solutions sont en général un peu louches; la lumière les traverse, ce qui prouve que les granules sont plus petits que la longueur d'onde, mais assez gros cependant pour qu'une partie de cette lumière soit rejetée et diffusée latéralement. Dans les véritables solutions, un rayon de lumière traverse sans être aperçu; celles-ci sont *optiquement vides*, tandis que les solutions colloïdales renferment des particules insolubles et celles-ci se présentent vis-à-vis de la lumière, comme les poussières atmosphériques dans un rayon de soleil.

Cependant un grand progrès a été réalisé en 1903, dans cet ordre d'idées, par Siedentopf et Zsigmondy, et par Cotton et Mouton (*Rev. gén. Sciences*, 1903, p. 1184). Les corps colloïdes représentent des masses très petites, en suspension, et, si on ne les aperçoit pas dans le liquide, c'est que, par un phénomène de diffraction, chaque molécule, contournée par la lumière, se trouve noyée et disparaît dans le champ lumineux. Cependant, elles diffusent et réfractent une partie de la lumière qui les traverse. Mais, si l'on parvient à écarter, pour ainsi dire, chaque molécule de la molécule voisine, et à éclairer très fortement les molécules, de façon à les rendre lumineuses, sans que l'œil de l'observateur soit gêné par la lumière qui les éclaire, on peut, au moyen d'un bon microscope, se rendre compte de leur existence au sein du liquide; à ces corps, dont la grandeur se rapproche du $\frac{1}{100000}$ de millimètre, on donne le nom de corps *ultra-microscopiques*. On obtient cet écartement des molécules en examinant celles-ci au foyer d'un faisceau très divergent, et en n'opérant que sur des liquides très dilués; on obtient l'éclairage exclusif des molécules, en recevant le faisceau dans un prisme à réflexion totale, à la surface duquel on dépose une goutte du liquide colloïdal, que l'on recouvre ensuite d'une lamelle de verre. Le prisme est placé sur la platine du microscope. Les choses sont disposées de façon que le faisceau, après avoir touché la partie supérieure du prisme, se *réfléchisse totalement,* c'est-à-dire disparaisse, sans frapper l'œil de l'observateur. Dans ces conditions, on voit les molécules colloïdes animées d'un *mouvement Brownien* extrêmement rapide, s'agiter en tout sens comme des fourmis dans une fourmilière, se heurter et rebondir les unes sur les autres.

C'est avec cet aspect que se présente la caséine quand on l'examine, dans un lait frais, très étendu; elle prend l'état vibrant comme de l'argent colloïdal, de l'hydrate de fer colloïdal, etc. La caséine est donc bien, dans le lait, en suspension colloïdale.

Mais, si le lait est altéré par la fermentation lactique, à cet état vibrant succède un état immobile; la caséine se caille et les particules se rassemblent en un réseau coagulé.

Une des propriétés des corps colloïdaux est de se coaguler; la caséine se coagule sous l'influence de nombreux agents.

La question de la coagulation de la caséine colloïdale sera d'ailleurs examinée avec plus de détails, à propos de la théorie de l'emprésurage.

Comment expliquer que la caséine prend, dans le lait, la forme colloïdale? De nombreux composés se chargent de la distendre, de la diviser, de lui faire prendre l'état demi-soluble, c'est-à-dire colloïdal, et même tout à fait soluble; car il n'y a pas de limite absolue entre l'état colloïdal et l'état soluble; celui-ci ne peut être pratiquement reconnu que par la facilité avec laquelle les liquides traversent les filtres; mais rien ne définit le filtre, et même, à travers les filtres les plus fins, comme une couche de kaolin, on laisse passer, en même temps que l'albumine, un peu de caséine; les granules n'ont pas tous la même dimension et l'on ne peut pas affirmer que l'albumine même ne soit pas formée de granules encore plus fins que ceux de la caséine, et ne se présente pas sous forme colloïdale.

Au premier rang des substances qui sont susceptibles de distendre la caséine, se trouve le phosphate de chaux, qui, à l'état muqueux, ainsi qu'il a été dit plus haut, présente une action solubilisante, vis-à-vis de la caséine, identique à celle que la caséine exerce vis-à-vis de lui.

Vaudin considère qu'il est inutile de faire intervenir la caséine pour expliquer la solubilité du phosphate (*Ann. Inst. Past.*, 1894, p. 502 et 855, et *Soc. chim.*, 1895, t. **XIII**, p. 469). Selon lui, c'est le phosphate bisodique et le citrate de soude, qui seuls dissolvent le phosphate de chaux ; la présence du lactose en augmente encore la solubilité. Il a préparé des solutions artificielles de phosphate de chaux dans le phosphate bisodique et le citrate de soude, mélangé ou non de lactose, et il a constaté qu'il faut, pour dissoudre un poids déterminé de phosphate de chaux, quatre à cinq fois moins de citrate quand on ajoute du lactose que quand le liquide en est dépourvu ; il a constaté en outre que les solutions se troublent par le chauffage et s'éclaircissent par le refroidissement ; qu'en présence d'une trace d'acide ou d'une trace d'alcali, les liquides artificiels deviennent louches à une température inférieure à celle qui détermine le trouble dans les liquides neutres et que le trouble ne se redissout pas aussi facilement que si les liquides étaient neutres ; que le sel marin et surtout les alcalis provoquent, dans ces liquides artificiels, la précipitation du phosphate de chaux. Toutes ces réactions se produisent avec le sérum du lait coagulé par la présure. Le phosphate de soude, le citrate et le lactose suffisent donc pour dissoudre, dans le lait, le phosphate de chaux.

La précipitation de la caséine, par la présure, englobe le phosphate de chaux et même du lactose ; ce phénomène, constaté par Duclaux, a été expliqué par Vaudin (*loc. cit.*) : le phosphate de chaux entraîne son dissolvant dans sa précipitation, et l'on trouve une preuve de cette interprétation dans le fait que la précipitation de la caséine par les acides, qui dissolvent le phosphate, ne retient pas de lactose dans le magma de caséine ; celui-ci se retrouve tout entier dans les liquides d'égouttage.

Quand on chauffe du sérum de lait filtré, ou du sérum de lait caillé, on obtient un coagulum azoté qui renferme jusqu'à 8 pour 100 de phosphate de chaux [Lindet et Ammann (*loc. cit.*)]. Dans ce cas, il est admissible que ce phosphate ait été dissous dans le sérum en partie par le citrate alcalin et le lactose. Mais il est évident aussi que ce phosphate de chaux, dissous ou tout au moins gonflé, doit réagir sur la caséine et maintenir celle-ci, pour une faible part, à l'état dissous, pour la plus grande part, à l'état colloïdal.

Que devient alors l'interprétation formulée par Duclaux au sujet des trois états de la caséine : l'état soluble, l'état colloïdal, l'état insoluble (*loc. cit.*, 1883) ?

On a démontré déjà que la caséine soluble de Duclaux est, en grande partie du moins, de l'albumine, mélangée de caséine, ou plutôt de phosphocaséinate de chaux en granules extrêmement fins et passant à travers les filtres.

La plus grosse partie de la caséine est à l'état colloïdal, et à Duclaux revient le mérite de l'avoir signalé le premier.

Quant à la caséine solide dont Duclaux a constaté le dépôt, au bout d'un temps très long, elle n'est peut-être que de la caséine colloïdale; on sait aujourd'hui que les solutions colloïdales ne sont pas immuables et qu'elles se modifient avec le temps; les granules grossissent et tendent à se déposer. On sait aussi, d'après les travaux de Lobry de Bruyn et Van Calcar (*Recueil trav. Ch., Pays-Bas,* t. XXIII, 1904, p. 218) que même des solutions de corps à molécules élevées (sulfocyanate de potassium, iodure de potassium, saccharose, etc.), et à plus forte raison les solutions colloïdales, se concentrent et déposent des particules sous l'influence de la force centrifuge.

Éléments en solution. — Sous les réserves indiquées plus haut, relativement à la faible limite qui existe entre les corps en solution véritable et en solution colloïdale, on doit admettre que l'albumine figure parmi les éléments en solution; mais cette albumine est mélangée à du phosphocaséinate de chaux. Lindet et Ammann (*loc. cit.*) ont filtré des laits sur du kaolin, et ils ont constaté que la matière azotée du sérum possède un pouvoir rotatoire, α_D, d'environ —70°, qui, si l'on admet les pouvoirs rotatoires indiqués plus haut pour le phosphocaséinate ($\alpha_D = -116$) et pour l'albumine ($\alpha_D = -30$), montre que le sérum filtré renferme à peu près autant de caséine que d'albumine. Ce sérum contient cependant encore un peu de phosphocaséinate de chaux, à l'état colloïdal; car, si l'on y ajoute de la présure, le pouvoir rotatoire de la matière azotée non caillée tombe à —60° environ, ce qui indique environ $\frac{1}{3}$ de caséine soluble et $\frac{2}{3}$ d'albumine.

Les sels, tels que chlorures, phosphates et citrates alcalins, d'une part, le lactose, d'autre part, sont, sans aucun doute, solubles, et ce sont eux qui, avec l'albumine et une partie de phosphate de chaux solubilisé, constituent les principaux éléments du sérum.

II. — ANALYSE DES CARACTÈRES DU LAIT ET DOSAGE DE SES ÉLÉMENTS CHIMIQUES.

DENSITÉ.

La densité du lait varie de 1029 à 1033.

Densimètres. — On apprécie cette densité au moyen d'un aréomètre, introduit dans le commerce par Bouchardat et Quévenne. La graduation est simplifiée et porte, par exemple, 29° et 33° au lieu de 1029 et de 1033.

La prise de la densité doit toujours être accompagnée de la mesure de la température, et la densité doit toujours être rapportée à ce qu'elle serait à 15° C. Les Tables, dressées par Bouchardat et Quévenne, et que nous donnons ci-dessous, permettent de faire cette correction.

Degrés du densimètre.	8.	9.	10.	11.	12.	13.	14.	15.	16.	17.	18.	19.	2
28	27,1	27,2	27,3	27,4	27,5	27,6	27,8	28,0	28,1	28,3	28,5	28,7	28
29	28,1	28,2	28,3	28,4	28,5	28,6	28,8	29,0	29,1	29,3	29,5	29,7	29
30	29,1	29,2	29,3	29,4	29,5	29,6	29,8	30,0	30,1	30,3	30,5	30,7	30
31	30,1	30,2	30,3	30,4	30,5	30,6	30,8	31,0	31,2	31,4	31,6	31,8	3
32	31,1	31,2	31,3	31,4	31,5	31,6	31,8	32,0	32,2	32,4	32,6	32,8	3
33	32,1	32,2	32,3	32,4	32,5	32,6	32,8	33,0	33,2	33,4	33,6	33,8	3
34	33,1	33,2	33,3	33,4	33,5	33,6	33,8	34,0	34,2	34,4	34,6	34,8	3

Si, par exemple, un lait marque 31° (1031) à 18°, la correction indiquera que la densité vraie est de 1031,6; s'il marque 30° (1030) à 12°, la correction indiquera qu'elle est de 1029,5.

Cette correction est d'environ 0°,1 par degré de température, au-dessous de 15° et de 0°,2 par degré, au-dessus de 15°.

Cette observation a permis de construire des instruments dits *densimètres correcteurs,* qui portent avec eux un thermomètre et sur celui-ci se trouve marquée, non pas les degrés centigrades, mais la correction à apporter à la lecture.

La description des lacto-densimètres, c'est-à-dire des densimètres qui sont gradués de façon à connaître approximativement, par la densité d'un lait et la densité de ce même lait préalablement écrémé, la quantité d'eau dont il a été additionné, trouvera sa place dans un Chapitre suivant.

ODEUR ET SAVEUR.

L'odeur et la saveur du lait peuvent donner des indications précieuses sur sa qualité et sur sa fraîcheur. Beaucoup de laiteries et de beurreries possèdent un personnel exercé qui se contente, dans la plupart des cas, d'un examen purement organoleptique.

OPACITÉ.

Donné avait imaginé d'estimer la valeur alimentaire d'un lait en mesurant son opacité, celle-ci étant fonction de la quantité de globules accumulés sur une épaisseur déterminée (*C. R.*, 1843, t. XVI, p. 451 et t. XVII, p. 585); il avait construit un instrument dit *lactoscope,* qui n'est plus en usage aujourd'hui; cet instrument est formé par une caisse cylindrique à glaces parallèles; celles-ci, montées sur un pas de vis d'un demi-millimètre, peuvent se rapprocher l'une de l'autre et parallèlement; sur le limbe de l'une d'elles sont marquées 50 divisions; on remplit la caisse du lait que l'on veut examiner, on la place devant la flamme d'une bougie, puis on tourne le limbe mobile jusqu'à ce que le lait ne laisse plus passer la lumière; le nombre de tours dont on a tourné, multiplié par 50, plus le nombre de divisions du limbe, donne ce que Donné a appelé le *degré lactoscopique.*

L'opacité du lait tient non seulement aux globules gras, mais aussi à la caséine: Doyère a proposé (*Ann. de l'Inst. agr.*, 1852, p. 235) de faire disparaître cette cause d'erreur en dissolvant au préalable la caséine par l'acide acétique.

VISCOSITÉ.

La viscosité du lait, c'est-à-dire la tension superficielle de ses molécules, dépend de la nature du sérum et de la qualité des matériaux en suspension. D'après Babcok et Russel (*J. Ind. lait.*, 1897, p. 33) les agglomérations de matière grasse donnent plus de viscosité que les globules séparés; la crème de centrifuge est moins épaisse, à teneur égale en matières grasses, que celle obtenue par l'écrémage spontané; elle s'épaissit pendant le barattage, au fur et à mesure de l'agglomération des globules. Les produits pasteurisés sont moins visqueux que ceux qui n'ont pas subi l'action de la chaleur. L'addition ou la production des acides, au sein des produits de la laiterie, en augmente la viscosité, parce que la caséine se précipite en petits grumeaux.

D'après ces auteurs, on peut estimer la viscosité d'une crème en versant, avec une pipette, des gouttes de celle-ci sur une plaque de verre inclinée et en mesurant la longueur d'écoulement de ces gouttes; l'instrument porte le nom de *viscogène*.

La viscosité du lait ou de la crème peut être mesurée au moyen d'appareils dits *viscosimètres,* constitués par des éprouvettes à écoulement capillaire. Celui qui a été décrit par Varenne sous le nom de *chronostillatiscope* (*C. R.*, t. CXXXVIII, 1904, p. 79) peut être employé à cette opération. On reviendra plus loin sur ce sujet.

DOSAGE DES MATIÈRES SOLIDES OU EXTRAIT.

La quantité de matières solides contenues dans le lait se dose soit par des procédés directs, soit par des procédés indirects.

Procédés directs. — La nature du lait, la tendance que celui-ci possède à se recouvrir à sa surface, par suite de son évaporation, d'une peau imperméable à la vapeur d'eau qui se dégage, crée, dans le dosage de son extrait, des difficultés que le chimiste ne rencontre pas dans le dosage de l'extrait du vin ou de la bière. De plus, un chauffage trop prolongé amène fatalement une caramélisation de l'extrait et une oxydation de la matière grasse, ainsi que l'a montré Magnier de La Source (*Soc. chim.*, t. XXV, 1876, p. 505).

Si l'on veut obtenir des résultats concordants, il convient de fixer la durée du chauffage, ainsi que les conditions de l'évaporation. Au laboratoire municipal de Paris, on chauffe pendant 8 heures au bain-marie 10^{cm^3} de lait placés dans des capsules de platine de 7^{cm} de diamètre.

L'évaporation du lait dans le vide, en présence de l'acide sulfurique, demande un temps beaucoup trop long pour que l'on puisse la conseiller.

On peut d'ailleurs, pour activer l'évaporation et augmenter les surfaces de contact, mélanger le lait avec une substance inerte, comme du sable et même agiter pendant l'évaporation. Dans une capsule de porcelaine ou de platine on dépose environ 5^g de sable dit de Fontainebleau, que l'on a eu soin, au préalable, de calciner; on y introduit un petit agitateur en verre, assez long pour que son extrémité dépasse légèrement le bord de la capsule; on pèse le tout, puis on verse, en les répartissant le plus également possible, 5^{cm^3} ou 10^{cm^3} de lait; on brasse

avec l'agitateur; on place la capsule sur le bain-marie et l'on chauffe
en brisant avec l'agitateur, de temps à autre, les grumeaux de sable
et de lait; au bout de 4 heures environ, on essuie le fond de la capsule et l'on pèse; puis on rapporte le poids trouvé à 100^{cm^3} de lait.

Duclaux (*Ann. Inst. agr.*, 1883, p. 70) a proposé de répartir le lait
sur des fragments d'éponge et de sécher le tout dans un bain de chlorure de calcium, bouillant à 108°, en présence d'un courant d'air. Les
éponges doivent être, au préalable, lavées à l'eau, puis à l'éther et
séchées; elles sont introduites dans un tube large, fermé à la partie
supérieure par un bouchon de caoutchouc à un trou, et terminé, à sa
partie inférieure, par un tube recourbé en S; celui-ci communique
avec un barboteur à acide sulfurique qui débarrasse le courant
d'air de son humidité; d'autre part, le bouchon de caoutchouc est
muni d'un tube qui communique avec une trompe à eau aspirante;
le gros tube, avec son ajutage en S et garni de ses fragments d'éponge,
est pesé; puis on verse sur les éponges 10^{cm^3} de lait; le tout est plongé
et chauffé dans le bain de chlorure de calcium, et l'on fait circuler le
courant d'air, jusqu'à ce que le tube ne change plus de poids.

La matière grasse constituant l'élément le plus variable de la
composition du lait, il est souvent préférable de considérer l'extrait
du lait dégraissé, au lieu de considérer l'extrait du lait entier. Pour
cela il convient, comme l'a indiqué Meillière (*Journ. de Pharm. et
Ch.*, t. I, 1904, p. 572), de reprendre les liquides hydroalcooliques,
obtenus dans l'essai du lait par la méthode Adam ou Adam-Meillière;
l'évaporation est commencée au bain-marie et achevée dans le vide
à 40°-50° (étuve Courtonne). Ce chiffre d'extrait dégraissé a été appelé,
par Meillière, *indice de Duclaux*.

*Procédés indirects donnant l'extrait en fonction de la densité et de
la teneur en beurre.* — Quelle que soit la rigueur que fournit à l'analyse le dosage direct de l'extrait, plusieurs auteurs ont cru pouvoir,
avec plus de rapidité et autant d'exactitude, obtenir ce même dosage
par un procédé indirect, reposant sur la détermination de la densité
et de la teneur en beurre.

Fleichmann a, le premier, indiqué cette méthode (*Lehrbuch der
Milchwirtschaft*, 1893, p. 329) et la formule qu'il a établie est la suivante :

$$E = 1,2 B + 2,665 \frac{100 D - 100}{D},$$

où E représente l'extrait sec par litre, B la quantité de matière grasse par litre et D la densité ou le poids du litre. Il semble inutile de donner ici les calculs qui ont permis à Fleichmann d'établir la formule. Le lecteur retrouvera plus loin d'autres exemples.

Ackermann a, pour éviter à l'opérateur des calculs longs et fastidieux, imaginé un cadran dont l'aiguille donne immédiatement le poids d'extrait sec en fonction de la densité et de la teneur en beurre (*Ann. Ch. analyt.*, 1904, p. 218).

G. Quesneville a fait connaître, pour l'analyse du lait, une méthode relevant uniquement des données physiques et sur laquelle il sera nécessaire de revenir à plusieurs reprises dans les Chapitres suivants (*Mon. scient.*, 1884, p. 531). Après avoir déterminé le poids de beurre, en se basant sur l'examen de sa crème, ainsi qu'il sera expliqué plus loin, et connaissant la densité du lait, Quesneville calcule l'extrait que celui-ci peut fournir. Il fait usage d'une formule, dont on ne peut ici donner l'origine, où a, b, c sont des coefficients fournis par l'expérience, P le poids de beurre, D les chiffres caractéristiques de la densité, c'est-à-dire les deux derniers chiffres du densimètre (31,5 par exemple, quand la densité est de 1031,5) et E, enfin, l'extrait par litre obtenu à 100°,

$$\frac{E}{D} = a + b\frac{P}{D} + c\frac{P^2}{D^2} + \ldots;$$

à la limite quand $c = 0$, la formule devient

$$E = aD + bP.$$

Il a fixé par expérience $a = 2,75$ et $b = 1,06$; la formule devient alors

$$E = 2,75D + 1,06P.$$

Quesneville a proposé également de calculer l'extrait en fonction du poids de beurre et en fonction des chiffres caractéristiques de la densité du lactosérum d, celui-ci étant obtenu, comme il sera indiqué plus loin, en présence d'une liqueur ammoniaco-sodique; cette liqueur se prépare en ajoutant à 32^{cm^3} de lessive de soude, dite des *savonniers,* 225^{cm^3} d'ammoniaque; la densité de la liqueur est de 1000; on ajoute 4^{cm^3} de cette liqueur à 50^{cm^3} de lait; l'écrémage se fait alors d'une façon plus rapide et plus complète et il ne reste dans le lactosérum qu'une quantité de matière grasse constante et égale à $0^g,60$ par litre. On applique alors la formule

$$E = 1,24P + 2,655\,d - 0,00795\,Pd - 0,75.$$

Quesneville a donné (*Mon. scient.*, 1902, p. 577-579) des Tableaux qui permettent de connaître l'extrait en fonction du poids de beurre et en fonction des chiffres caractéristiques de la densité, soit du lait entier, soit du lactosérum.

Il a, en outre, dans son Mémoire de 1884, appelé l'attention sur ce qu'il a appelé la *caractéristique* d'un lait, c'est-à-dire le rapport de l'extrait à 100°, à la densité du lait, ou plutôt aux chiffres caractéristiques de celle-ci. Cette caractéristique, C, est obtenue par la formule

$$C = 2,75 + 1,06\,\frac{P}{D}.$$

Il est évident que dans un lait complètement écrémé, où le poids du beurre P = 0, la caractéristique devient

$$C = 2,75,$$

et que, dans un lait à 38ᵍ,6 de matière grasse par litre, C est égal à 4. La caractéristique d'un lait varie donc de 2,75 à 4, pour des laits dont la teneur en matière grasse varie entre 0 et 38ᵍ,6 et est supérieure à 4 pour des laits plus riches.

Il est évident également que la caractéristique ne change pas avec le mouillage, puisque dans ce cas P et D sont modifiés de la même façon, sous l'influence d'une addition d'eau; le fait a été d'ailleurs démontré expérimentalement par Quesneville. On reviendra sur ces considérations à propos des fraudes par mouillage et par écrémage.

Démichel a repris, en 1904, la question du dosage de l'extrait ou plutôt de l'extrait, supposé dégraissé, ce qu'il appelle le *non-beurre* en fonction de la densité et de la teneur en beurre (*Ann. de Ch. analyt.*, 1904, p. 305).

Le poids du litre de lait P est évidemment la somme des poids de l'eau A, du beurre B et du non-beurre Nb (matières azotées, minérales, lactose). Si l'on désigne par d la densité du beurre et d' la densité du non-beurre et si l'on convertit les poids en volumes, l'équation

$$P = A + B + Nb$$

devient

$$1000^{\text{cm}^3} = \frac{A}{1} + \frac{B}{d} + \frac{Nb}{d'}$$

ou

$$Nb = \frac{P - 1000 - B\left(1 - \dfrac{1}{d}\right)}{1 - \dfrac{1}{d'}};$$

attribuant à d la valeur 0,95 et à d' la valeur 1,603, l'équation donne, après simplification,

$$N b = 2,659 (P - 1000) + 0,14 B.$$

La somme $N b + B$ donne l'extrait.

Empiétant sur les Chapitres suivants, on peut dire que ces équations sont réversibles et peuvent permettre de calculer le poids du beurre, si l'on connaît la densité et l'extrait d'un lait.

C'est ainsi que Pierre a posé (*Ann. de Ch. analyt.*, 1904, p. 92) l'équation suivante dans laquelle D représente la densité du lait, à 15°, E l'extrait sec, B le taux de matière grasse,

$$100 D = 100 - \left(\frac{E - B}{1,06} + \frac{B}{0,93} \right) + E.$$

Les coefficients 1,06 et 0,93, un peu différents des précédents, expriment la densité du non-beurre et celle du beurre.

On peut, de cette équation, tirer soit la valeur du beurre B,

$$B = 0,84 E - 222 (D - 1000),$$

soit la valeur de l'extrait,

$$E = \frac{B + 222 D - 1000}{0,84}.$$

Les Tables d'Ackermann, citées plus haut, permettent également de connaître rapidement la teneur en beurre, en fonction de l'extrait et de la densité.

DOSAGE DE LA CRÈME.

Le dosage de la crème est souvent substitué au dosage de la matière grasse et peut donner des renseignements utiles sur la teneur du lait en beurre.

Crémomètres. — Le plus simple des instruments destinés à l'estimation de la crème est une éprouvette en verre, graduée en 100 divisions; la division 0 doit être tracée en haut de l'éprouvette et la division 100 dans le bas, ce qui constitue une disposition contraire à celle adoptée dans les instruments de laboratoire. L'éprouvette est remplie de lait, jusqu'au trait 0, puis abandonnée dans un endroit frais; au bout de 24 heures, on mesure le volume occupé par la crème; celle-ci doit représenter, pour un bon lait, de 12 à 17 pour 100 du volume total. Cette méthode a l'inconvénient de demander un temps très long et de ne pas faire connaître, presque aussitôt la réception, la valeur industrielle du lait ; elle exige en outre un matériel coûteux, embarrassant et fragile.

Contrôleur Pjord. — C'est dans le but d'éviter semblable inconvénient que Pjord, de Copenhague, perfectionnant les appareils créés en 1859 par Fusch, de Carlsruhe, et en 1872 par Lefeld, de Schöningen, appliqua la force centrifuge à l'écrémage des échantillons de lait. Le lait est introduit dans de petits tubes de verre, gradués : on les remplit jusqu'au bord, puis, à l'aide d'un petit cylindre de fer-blanc, on fait déborder une quantité déterminée, de façon à affleurer le lait à un trait marqué ; ce sont ces tubes qui vont être soumis à la force centrifuge. Sur le pivot d'une écrémeuse, on dispose un petit plateau métallique, autour duquel sont fixées horizontalement de 2 à 16 fourches métalliques ; celles-ci sont munies à chacune de leurs extrémités d'une encoche. D'autre part, l'appareil comporte des éprouvettes métalliques, nickelées, susceptibles de recevoir à la fois deux tubes de verre ; ces éprouvettes portent à la partie supérieure et horizontalement deux tiges, servant de tourillons et venant se placer dans chacune des encoches, dont il vient d'être parlé ; les éprouvettes sont donc suspendues verticalement ; mais elles se placent horizontales dès que la machine se met à tourner. On voit alors se produire un phénomène sur lequel on insistera à propos de l'écrémage industriel du lait, et qui a pour résultat de séparer rapidement la crème du lait écrémé ; sous l'influence de la force centrifuge, les molécules de matière grasse gagnent la périphérie moins rapidement que celles du lait privé de sa matière grasse, et l'on voit alors celle-ci rester logée dans la partie du tube qui avoisine le centre. Quand on arrête l'appareil, les éprouvettes et les tubes reprennent la position verticale ; on lit alors sur la graduation le volume de la crème. Pour donner plus de liquidité à la crème et hâter l'écrémage, on entoure les tubes d'eau tiède. Si le mouvement est trop lent, la crème ne se sépare qu'imparfaitement ; s'il est trop rapide, si l'on tourne trop longuement, ou si la température est trop chaude, la séparation est nette évidemment, mais la crème se tasse sur elle-même et l'on peut être induit en erreur sur son volume.

D'autres instruments du même genre ont été imaginés, entre autres par la maison Paasch et Larsen, Petersen (*Rev. gén. du lait*, 1902-1903, p. 469).

Masure a reconnu que l'écrémage centrifuge est plus rapide quand le lait est additionné de son volume d'eau.

Le baron Peers a signalé (*Rev. gén. du lait*, 1901, p. 4) que les beurres qui s'écrèment à la centrifuge le plus facilement sont ceux qui fournissent le plus de crème et le meilleur beurre. Il a basé sur cette observation le mode d'achat des laits dans les coopératives belges. On crème au moyen de petits tubes que l'on place dans une écrémeuse tournant à 3500 tours ; après un temps déterminé, on arrête et on enlève les échantillons qui ont crémé ; ce sont les meilleurs ; puis on recommence en tournant à 10000 tours, deux ou trois fois encore de façon à sélectionner les laits. Ce procédé très expéditif et très sûr a été vérifié par Henseval (*Rev. gén. du lait*, 1901, p. 336).

Procédé Quesneville. — On a indiqué plus haut comment, par l'addition de liqueur ammoniaco-sodique, on peut obtenir la crème d'un lait, et ne laisser dans le lactosérum qu'une quantité constante ($0^g,60$ par litre) de matière grasse. Quesneville a fait voir, dans son mémoire de 1884 (*loc. cit.*) que l'on active beaucoup l'écrémage du lait, en le soumettant, dans les conditions précitées, à une température de $40°$; de plus, quel que soit le lait et quelle que soit sa teneur en crème, celle-ci se tasse d'une façon identique, si bien que, connaissant le volume de la crème et sa densité, on peut en déduire la teneur en matière grasse. Quesneville a montré que, dans ces crèmes également tassées, le rapport du poids du beurre au poids de l'extrait est, d'une façon constante, égal à $\frac{81}{100}$. Cette relation permet alors de calculer la densité de la crème, sans avoir à la déterminer expérimentalement. Quesneville, par des considérations qui ne peuvent trouver place ici, établit la formule

$$P = 0^g,0892\,V\Delta\,\frac{1000 - \Delta}{1000} + 0^g,60,$$

où P est le poids du beurre, contenu dans un litre, en fonction du volume de la crème V, et de la densité de celle-ci Δ, qui est alors constante.

Quesneville a construit un crémomètre, délicat, mais très précis, que l'on trouvera décrit dans le Mémoire de 1884, p. 571 ; mais il a indiqué que l'on peut, dans les analyses pratiques, mesurer le volume de crème, en introduisant dans une éprouvette les 250^{cm^3} de lait, chauffés à $40°$, et additionnés des 4^{cm^3} de liqueur ammoniaco-sodique, en soutirant lentement le lactosérum, et en ajoutant de l'eau, sur la crème restante, jusqu'à ce que l'on ait rétabli le volume primitif ; la quantité d'eau ajoutée, en tenant compte des 4^{cm^3} préalablement introduits, donne par différence le volume de la crème.

Il a dressé un Tableau (*Mon. Scient.*, 1884, p. 581 et 1902, p. 575) qui donne, pour un lait pur, la quantité de beurre par litre de lait, en fonction du volume de crème, fourni dans les conditions précises où Quesneville conseille de se placer.

DOSAGE DE LA MATIÈRE GRASSE OU BEURRE.

On peut se proposer, pour connaître la teneur d'un lait en matière grasse, soit de dissoudre celle-ci au moyen d'un réactif approprié, soit de rompre l'émulsion du lait, en employant des réactifs chimiques, et obliger la matière grasse à remonter à la surface des liquides.

Les procédés du premier groupe peuvent agir ou bien sur l'extrait (procédés ordinaires, Duclaux, Lecomte), ou bien sur le coagulum obtenu par l'acide acétique (Baudin, Lindet, Bordas, etc.), ou bien sur le lait entier (Soxhlet, Rœse, Gottlieb, etc.). En général la solution de matière grasse est évaporée et l'on détermine le poids du résidu ; quelquefois, on se contente de prendre la densité de la solution (procédé Soxhlet).

Les procédés du second groupe s'adressent, pour désémulsionner le lait, à l'alcool et à l'éther en présence d'un alcalin (procédés Marchand, Adam, Mangin et Marion, etc.), à la soude (procédés Ramschen, Fouard, Schort, etc.), à l'acide chlorhydrique (procédé Lezé), à l'acide sulfurique (procédés Babcok, Gerber, Laval, Sallaz, etc.), à la résorcine (procédé Lindet).

Épuisement de la matière grasse contenue dans l'extrait. — Ce procédé a été indiqué pour la première fois par Vernois et Becquerel, en même temps qu'une méthode générale d'analyse du lait (*C. R.,* 1853, t. XXXVI, p. 187). La capsule dans laquelle on a évaporé le lait en présence du sable est débarrassée de son contenu et grattée au moyen d'un couteau de platine. La matière est introduite dans un petit mortier de verre et le sable broyé en présence de l'éther, de l'essence, de pétrole, de la benzine ou du sulfure de carbone ; les liquides sont décantés sur un très petit filtre ; la matière est traitée de nouveau, jusqu'à ce qu'une goutte de liquide filtré, versée sur un papier, ne donne plus, après évaporation, de tache persistante ; les liquides, réunis dans une capsule de porcelaine ou de verre, sont évaporés d'abord au bain-marie, puis dans l'étuve à 110° ; l'augmentation de poids de la capsule donne la teneur du lait en matière grasse.

Procédé Duclaux (*loc. cit.*). — Les éponges sèches recouvertes de l'extrait sec du lait, et dont il a été parlé plus haut, sont retirées de l'appareil et broyées comme précédemment avec un dissolvant ; Duclaux a conseillé le sulfure de carbone.

Procédé Lecomte. — Lecomte a eu l'idée d'absorber l'eau du lait, au moyen du sulfate de soude anhydre, de façon à faire, sans évaporation préalable, l'épuisement à l'éther (*Ann. de Ch. anal.*, 1901, p. 104). Dans une capsule, on introduit 20^g de sulfate de soude anhydre, on répand à sa surface 10^{cm^3} de lait ; au bout d'une heure, le sulfate de soude s'est partiellement transformé en sel hydraté et cristallisé, et l'on peut dès lors traiter la masse poreuse par l'éther.

Procédé Baudin. — Quand on caille du lait au moyen de l'acide acétique, on obtient un coagulum qui renferme à la fois la caséine et la matière grasse ; mais le coagulum, recueilli et desséché, ne se laisse pas pénétrer facilement par les dissolvants. Baudin a imaginé (*Journ. Ind. lait.*, 1901, p. 115) de mélanger le lait avec du kaolin avant de le précipiter par l'acide acétique ; 20^{cm^3} de lait sont additionnés de 100^{cm^3} d'eau et de 5^g de kaolin ; celui-ci est mis en suspension, puis le tout est traité par quelques gouttes d'acide acétique ; le précipité est lavé par décantation, recueilli et séché ; il est devenu assez poreux pour abandonner rapidement aux dissolvants toute sa matière grasse.

Procédé Lindet. — On peut obtenir un précipité très poreux en précipitant le lait par du sulfate de bioxyde de mercure (*voir* plus loin : dosage du lactose) ; le précipité est recueilli, lavé, séché et épuisé comme précédemment.

Procédé Bordas et Touplain. — Bordas et Touplain (*C. R.,* t. CXL, 1905, p. 1099 et t. CXLII, 1906, p. 1345), ont indiqué un procédé général d'analyses, dont il sera parlé plus loin, où ils substituent aux filtrations des centrifugations. L'épuisement du précipité par l'acide acétique, en présence de l'alcool, se fait au moyen de l'acétone.

Méthode aréométrique de Soxhlet. — Pour pratiquer la méthode aréométrique imaginée par Soxhlet (*Mon. Scient.*, 1881, p. 236), il convient d'avoir à sa disposition : 1° de l'éther aqueux, en saturant d'eau de l'éther ordinaire ; 2° une solution de potasse dont la densité doit être de 1,26 à 1,27 ; cette solution est obtenue en dissolvant 400^g de potasse caustique dans 500^{cm^3} d'eau, et en amenant la solution à un litre. D'autre part, on se munit d'un bain d'eau, dont on maintient rigoureusement la température à 17°-18° C., et l'on fait en sorte que le lait, l'éther aqueux et la potasse soient maintenus également à cette température. On prend alors 200$^{cm^3}$ de lait que l'on fait couler dans une bouteille allongée, de forme déterminée, et d'une contenance de 300$^{cm^3}$; on ajoute 60$^{cm^3}$ d'éther aqueux et 10$^{cm^3}$ de solution de potasse; on agite en imprimant un certain nombre de secousses dans le sens vertical, et on abandonne la bouteille dans le bain-marie à 17°-18°. La potasse dissout alors la caséine, désémulsionne le lait, et l'on voit une couche éthérée insoluble qui surnage le liquide et qui renferme la matière grasse. Le flacon est fermé d'un bouchon à deux trous; par l'un de ces trous pénètre l'ajutage d'une poire de caoutchouc; par l'autre passe un tube, qui, sous l'influence de la pression d'air qu'il est facile d'exercer au moyen de cette poire, conduit le liquide éthéré dans une éprouvette entourée d'eau à 17°-18°. Au moyen d'un densimètre spécial et d'une table dressée par Soxhlet, on calcule la quantité de matière grasse.

L'aréomètre porte même un thermomètre; si la température n'est pas rigoureusement de 17°-18°, on augmente ou on diminue, pour chaque écart de 1°, la teneur en matière grasse de 1 pour 100.

Procédés Bruno-Rœse, Gottlieb, Hesse, Soltzien. — Pour éviter les manipulations délicates qu'entraîne l'emploi de la méthode aréométrique, Bruno Rœse a proposé (*Journ. Ind. lait.*, 1888, p. 157) de dissoudre la matière grasse comme précédemment, sans se préoccuper de la température des liquides, et d'évaporer une partie de la solution de matière grasse ainsi obtenue. On traite 20$^{cm^3}$ de lait par une petite quantité d'ammoniaque, puis par 5$^{cm^3}$ d'eau, puis par 5$^{cm^3}$ d'alcool absolu, et l'on parfait le volume à 200$^{cm^3}$ avec un mélange d'éther ordinaire et d'éther de pétrole. La solution éthérée remonte à la surface; on en prend un volume connu, qu'on évapore; le résidu de l'évaporation permet de calculer la matière grasse pour 100 du lait.

Gottlieb prélève également une partie du liquide éthéré; mais il n'emploie pas l'éther ordinaire à la dissolution de la matière grasse; 10$^{cm^3}$ de lait sont traités par 1$^{cm^3}$ d'ammoniaque, 10$^{cm^3}$ d'alcool et 25$^{cm^3}$ d'éther de pétrole.

Hesse a modifié encore le mode opératoire; il sépare la solution éthérée, lave le résidu à l'éther de pétrole, décante une seconde fois, et évapore les deux liquides réunis (*Rev. gén. du lait*, 1901, p. 499).

Soltzien a proposé (*Journ. de Pharm. et Ch.*, t. II, 1905, p. 128) d'employer, pour dissoudre la matière grasse, un mélange d'acétone (1 partie) et d'éther (1 partie et demie).

Les procédés qui vont être énumérés maintenant, et qui ont été, au début de ce paragraphe, rangés dans un second groupe, se proposent de rompre l'émulsion du lait et de mesurer le volume de la matière grasse, qui remonte à la surface.

Lactobutyromètre Marchand; Modifications de Démichel. — Le procédé indiqué par Marchand, en 1854 (*Mém. de l'Ac. de Méd.*, t. LXXXVII, p. 425), exige l'emploi de l'alcool à 86°-90°, de l'éther et d'une solution de soude concentrée.

L'appareil est une simple éprouvette de verre de 25^{cm} de long environ, et de 1^{cm} de diamètre, fermée d'un bout ; sur l'éprouvette, trois divisions d'environ 10^{cm^3} chacune ; on verse du lait jusqu'à la première division, marquée **L** ; puis on ajoute une goutte de soude ; on complète d'abord jusqu'à la deuxième division marquée **E**, avec de l'éther, puis jusqu'à la troisième, marquée **A**, avec de l'alcool ; on agite en fermant l'éprouvette avec le pouce et en la faisant basculer, puis on la place dans un bain-marie à 43°. On voit alors une couche de matière grasse remonter à la surface, matière grasse qui, à cette température, se débarrasse de l'éther qu'elle avait entraîné. Pour permettre la lecture du volume occupé par la matière grasse, Marchand a adapté sur l'éprouvette une virole mobile, graduée de telle façon que la lecture fournisse du premier coup la quantité de matière grasse contenue dans un litre. Mais Marchand a constaté qu'une partie de la matière grasse reste dissoute dans la solution éthéro-alcoolique, et que cette quantité, sensiblement constante, peut être estimée à $12^g,6$ par litre ; aussi le zéro de la virole porte-t-il ce chiffre. On déplace la virole de façon à ce que la graduation $12^g,6$ corresponde à la partie inférieure de la couche butyreuse, et on lit le chiffre correspondant à la partie supérieure de celle-ci.

Méhu a proposé de substituer, dans l'emploi du procédé Marchand, l'acide borique à la soude caustique et de faire usage d'alcool saturé d'acide borique.

Démichel, tout en conservant le principe de la méthode Marchand, a modifié l'appareil pour le rendre plus précis (*Ann. de Ch. anal.*, 1897, p. 23). Un ballon conique est, d'une part, surmonté d'un tube gradué, et, d'autre part, muni à sa partie inférieure d'un tube latéral, qui se redresse parallèlement au tube gradué, présente la même hauteur que lui et qui sert au remplissage du ballon. On introduit dans celui-ci 20^{cm^3} de lait et 4 à 5 gouttes de soude, puis 20^{cm^3} d'éther et 20^{cm^3} d'alcool ; on agite, on place le ballon dans un bain d'eau à 40° environ et l'on fait, au moyen d'une addition d'eau tiède par le tube latéral, remonter la matière grasse dans le tube gradué ; une simple lecture donne, comme dans l'appareil Marchand, la quantité de matière grasse contenue dans un litre de lait.

Galactomètre d'Adam. Modifications de Meillière, de Quesneville. — Le Dr Adam a substitué l'emploi de l'ammoniaque à celui de la soude, et il a conservé l'alcool et l'éther à 65° (*C. R.*, t. LXXXVII, 1878, p. 290); la liqueur est préparée d'avance en mélangeant 100 volumes d'alcool à 75° G. L., additionné d'ammoniaque, avec 110 volumes d'éther pur à 65°. L'abaissement du titre alcoolique de la solution employée, par rapport au titre de l'alcool employé dans le procédé Marchand, a pour effet d'insolubiliser le beurre plus complètement que dans celui-ci, et permet d'éviter la correction signalée plus haut.

L'appareil se compose de deux ampoules de verre superposées, à la partie inférieure desquelles est un tube gradué, muni d'un robinet; le zéro de la graduation est à la partie supérieure; le dernier chiffre est 70. L'ampoule supérieure présente un volume de 45^{cm^3} et l'ampoule inférieure un volume de 10^{cm^3} seulement en y comprenant le volume du tube gradué. On commence par ouvrir le robinet inférieur et aspirer, comme on le ferait avec une pipette, du lait dans l'appareil; puis on fait écouler celui-ci jusqu'à ce qu'il affleure au trait qui a été tracé près de l'étranglement des deux ampoules, au trait marqué 10^{cm^3}; le robinet étant fermé, on ajoute de la liqueur éthéro-alcoolique et ammoniacale jusqu'à un trait marqué 32^{cm^3} sur l'ampoule supérieure; on agite, et l'on voit la couche éthéro-butyreuse remonter à la surface; on peut alors opérer de deux façons différentes, suivant que l'on veut doser la matière grasse en volume ou en poids.

Le dosage en volume est le plus simple; il consiste à ajouter un peu d'acide acétique à 15 pour 100 pour redissoudre les flocons de caséine qui se précipitent sous l'influence de l'alcool et l'éther, à mettre l'appareil au bain-marie à 75°, de façon à chasser l'éther, puis à décanter la liqueur sous-nageante, en laissant la matière grasse dans l'appareil; on lave avec de l'eau acétique à plusieurs reprises, on fait écouler l'eau de lavage et, quand tout l'éther a été chassé, on amène la couche butyreuse au zéro de la graduation; on lit ensuite le volume du beurre extrait; le chiffre 40 exprimant 40^g de beurre par litre.

Le dosage en poids est plus exact; il consiste à décanter, avant tout chauffage, la liqueur sous-nageante, puis la couche éthéro-alcoolique; à ajouter de l'eau distillée dans l'appareil, rouler celui-ci, de façon à faire glisser le liquide sur les parois et ramasser les gouttelettes butyreuses, à décanter encore une fois, et à recommencer l'opération jusqu'à

ce que l'on ne voie plus de gouttelettes; les liquides éthéro-butyreux
sont réunis dans une capsule, que l'on place au bain-marie, pour
peser ensuite la matière grasse, après l'évaporation de l'éther.

On reproche souvent au procédé Adam de fournir à l'analyse une
quantité de matières grasses supérieure à celle que donne la reprise
de l'extrait par l'éther. Meillière a montré (*Journ. de Pharm. et
Chim.*, t. I, 1904, p. 572) que le mélange alcool-éther dissout des
matières qui sont insolubles dans l'éther seul, et que l'on évite cette
surcharge en laissant quelque temps en contact la couche éthérée avec
les eaux de lavage qui désalcoolisent celle-ci.

Meillière a modifié la pratique du procédé Adam (*loc. cit.*); il opère
sur 25^{cm^3} de lait, dans une allonge naturellement plus grande que celle
indiquée par Adam; l'ammoniaque n'est pas introduite d'avance dans
la liqueur; on l'ajoute directement (20 gouttes), aux 25^{cm^3} de lait, que
l'on recouvre ensuite de 55^{cm^3} d'un mélange d'alcool et d'éther, préparé en ajoutant, à 1000^{cm^3} d'alcool à 75°, 1100^{cm^3} d'éther à 65°; on
agite en faisant en sorte, comme dans le procédé Adam, d'expulser et
de faire rentrer dans l'appareil le lait qui se trouve contre le robinet;
on maintient 5 à 10 minutes, dans un bain d'eau à 25°; on décante en
laissant 4^{cm^3} à 5^{cm^3} de liqueur sous-nageante. Meillière ajoute alors
dans l'appareil 10^{cm^3} d'éther de pétrole, qui précipite des matières que
l'éther ordinaire avait dissoutes et les fait passer dans les liquides
hydro-alcooliques; on évapore alors la couche éthérée, comme dans le
procédé Adam.

Quesneville applique le procédé d'Adam, non plus sur le lait mais
sur la crème, séparée à 40°, comme il a été dit plus haut, en présence
de liqueur ammoniaco-sodique (*Mon. scient.*, 1904, p. 717). A la crème
de 1^l de lait, il ajoute 200^{cm^3} de liqueur d'Adam, et conseille d'attendre
24 heures avant de soutirer le liquide hydro-alcoolique.

Procédé Manget et Marion. — Manget et Marion emploient, pour
désémulsionner le lait et mettre la matière grasse en liberté, une solution neutre de lactate d'ammoniaque dans l'alcool et l'éther, colorée
avec du violet de méthyle. Pour préparer cette liqueur on ajoute,
à 100^{cm^3} d'éther anhydre, 150^{cm^3} d'une solution de lactate coloré;
celle-ci est elle-même préparée par le mélange de deux liqueurs; la
première est une solution aqueuse de 27^g d'acide lactique, saturé par
l'ammoniaque, dans 250^{cm^3}; la seconde de 1^g de violet dans 1^l d'alcool
absolu; on mélange 150^{cm^3} de la première liqueur avec 15^{cm^3} de la
seconde et 410^{cm^3} d'alcool absolu. De plus, Manget et Marion ont
réduit l'appareil à sa plus simple expression; c'est un flacon de verre

soufflé à col gradué, dont la capacité n'est que de 10$^{cm^3}$ environ; ils ont eu l'idée d'employer, comme source de chaleur, la chaleur même de l'opérateur et de faire placer le flacon bouché sous l'aisselle, de façon à obtenir une température constante de 37° environ. On verse dans le flacon une quantité de lait, mesurée dans un godet qui est vendu avec l'appareil, on le remplit de liqueur jusqu'au trait marqué, on le bouche, on l'agite et on le maintient sous l'aisselle pendant 2 minutes environ; la hauteur de la couche de matière grasse dans le col du flacon indique la richesse du lait.

Procédés Fouard, Sal, Maccagne, etc. — D'autres procédés ont été imaginés qui reposent sur l'emploi des alcalis en présence des alcools.

Le procédé de Fouard constitue un perfectionnement intéressant d'une méthode employée en Allemagne et connue sous le nom de *Rahmschen Verfahren* (*Ann. Chim. analyt.*, 1899, p. 371 et *Rev. de Chim. analyt.*, 1903, p. 268). On prépare d'avance une solution de potasse et d'ammoniaque dans un mélange d'alcool éthylique et d'alcool amylique; pour cela, on prend 10^g de potasse caustique que l'on dissout dans 50$^{cm^3}$ d'alcool ordinaire à 90°; on y ajoute 15$^{cm^3}$ d'alcool amylique, et l'on complète à 100$^{cm^3}$ avec de l'ammoniaque du commerce. On introduit alors, dans un ballon à col gradué, de 50$^{cm^3}$ à 60$^{cm^3}$ de capacité, 36$^{cm^3}$ de lait et 10$^{cm^3}$ du mélange; on chauffe au bain-marie bouillant, puis on ajoute de l'eau distillée chaude, pour faire remonter la matière grasse dans le col gradué.

Siegfeld a fait connaître (*Journ. ind. lait.*, 1906, p. 329 et *Rev. gén. du lait*, 1906, p. 377) l'emploi d'un mélange désigné sous le nom de *sal*, et composé de soude caustique, de sel marin et de sel de seignette, que l'on dissout préalablement dans l'alcool butylique.

Maccagne (*Rev. gén. du lait*, 1906, p. 378) conseille un mélange de 68$^{cm^3}$ d'alcool à 90°, 18$^{cm^3}$ d'alcool amylique et 14$^{cm^3}$ d'ammoniaque.

Procédé Short. — C'est encore sur la dissolution de la caséine par les alcalis qu'est basé le procédé de Short (*Journ. Ind. lait.*, 1888, p. 375); mais ce procédé diffère des précédents en ce sens que l'on pousse l'action de l'alcali jusqu'à la saponification de la matière grasse, et qu'on précipite ensuite celle-ci par un acide: 20$^{cm^3}$ de lait sont chauffés pendant 2 heures à l'ébullition avec 10$^{cm^3}$ d'une solution alcaline, préparée en dissolvant 250^g de soude et 300^g de potasse dans 1500$^{cm^3}$ d'eau. Quand la matière grasse est saponifiée, on neutralise par un mélange à parties égales d'acide sulfurique et d'acide acétique;

les acides gras se réunissent et l'on en mesure le volume; il est facile, ainsi qu'il sera dit à propos du procédé Lezé, de déduire du volume des acides gras le poids que ceux-ci représentent, et même, sachant que le beurre renferme environ 87 pour 100 d'acides gras, d'en déduire le poids de celui-ci.

Procédé Lezé. — Lezé a montré (*C. R.*, t. CX, 1890, p. 647) que l'acide chlorhydrique, employé à dose massive et à l'ébullition, désémulsionne le lait et fait dégager la matière grasse : un volume de lait est additionné d'une quantité un peu supérieure à 2 volumes d'acide chlorhydrique du commerce, et porté à l'ébullition, dans un ballon de verre, surmonté d'un tube allongé et gradué; on opère en général sur 100$^{cm^3}$ de lait; la liqueur devient d'abord blanchâtre, puis rosée, puis rouge, et enfin brune; on ajoute de l'ammoniaque étendue, et l'on voit alors les gouttes huileuses se séparer nettement; on complète avec de l'eau chaude pour affleurer, dans le tube gradué, la couche de matière grasse. On peut, si l'on veut compter celle-ci, non plus en volume, mais en poids, multiplier le volume par 0,90, ou bien prendre pour l'essai 110$^{cm^3}$ de lait au lieu de 100$^{cm^3}$.

Lactocrite de Laval. — Pour faciliter la réunion de la matière grasse, dégagée de son émulsion, Laval, de Stockhlom, a imaginé d'employer la force centrifuge. Le lait, versé dans des tubes spéciaux, est additionné d'un mélange de 95 parties d'acide acétique et de 5 parties d'acide sulfurique, et chauffé, au bain-marie, à 90°, pendant 8 à 10 minutes. Les tubes sont placés dans un bloc d'acier, creusé de façon à les recevoir, et qui peut être animé d'un rapide mouvement de rotation.

Méthode Babcok. — Babcok, du Wisconsin, a fait connaître une méthode, qui, perfectionnée et vulgarisée en Europe par Gerber, de Zurich, a rendu de grands services et a eu un très grand retentissement sur la prospérité de l'industrie laitière. Le principe de la méthode consiste à traiter un volume de lait par un volume d'acide sulfurique, d'une densité de 1,820 à 1,830. La caséine, qui se précipite tout d'abord, se redissout, en donnant une liqueur brune, due en partie à la caramélisation du lactose, et la matière grasse remonte à la surface; quelquefois la dissolution n'est pas complète et l'on trouve en suspension dans le liquide une substance blanchâtre; cela est dû à une addition insuffisante d'acide sulfurique; quelquefois aussi on aperçoit des flocons noirs, qui indiquent au contraire une décomposition trop avancée: l'acide a été employé en quantité trop considérable; les mêmes effets se retrouvent quand l'échauffement produit par l'addition d'acide est insuffisant ou excessif.

Le récipient dans lequel se fait le mélange doit être tenu incliné et l'acide doit tomber dans le fond de celui-ci et non pas dans la masse du lait; on évite ainsi un échauffement trop considérable; aussitôt l'addition faite, il convient d'agiter, de façon à profiter de l'échauffement normal. Aux États-Unis, où le procédé Babcok est très employé, on fait usage de bouteilles en verre, munies d'un tube gradué, et d'un tube de remplissage latéral, permettant d'amener la matière grasse au zéro de la graduation. Babcok a eu, comme Pjord, comme Laval, l'idée d'accélérer la séparation et la montée de la matière grasse en soumettant les liquides à la force centrifuge. Les bouteilles sont alors rangées sur un plateau légèrement conique, où elles sont disposées suivant les rayons. Le plateau, muni au centre d'un arbre vertical, peut tourner avec une grande rapidité, et l'on voit, ainsi qu'il a été expliqué plus haut, à propos du contrôleur Pjord, la matière grasse se concentrer dans la partie des bouteilles qui se trouve voisine du centre du plateau (LINDET, *Rapp.*, Cl. 37, Exp. 1900).

Acido-butyromètre Gerber. — Le principe de la méthode préconisée par Gerber, de Zurich, est le même que celui dont nous venons de parler (*Jour. Ind. lait.*, 1892, p. 398 et 413; 1893, p. 1 et 43). Gerber a ajouté à l'acide sulfurique un peu d'alcool amylique, dont on ne peut expliquer scientifiquement les avantages, et de l'acide acétique. Le récipient, dans lequel se fait le mélange et la séparation de la matière grasse, est une éprouvette de verre de 15^{cm} de longueur environ et de 2^{cm} de diamètre, fermée d'un côté par un bouchon de caoutchouc, et à l'extrémité opposée de laquelle est soudé un tube gradué et fermé. Dans l'éprouvette, on introduit 11^{cm^3} de lait, au moyen d'une pipette spéciale, 1^{cm^3} d'alcool amylique et 10^{cm^3} d'un mélange d'acide sulfurique et d'acide acétique, dans la proportion de 9 à 1; la densité du mélange doit être de 1,820 à 1,825; on agite et on place les éprouvettes dans un bain-marie à $70°$-$75°$, pendant quelques minutes, puis on les dispose sur un plateau rotatif, de telle manière que les tubes gradués soient tournés vers le centre; les éprouvettes sont accrochées par des agrafes spéciales. On met en mouvement le plateau, et la matière grasse remonte lentement dans la partie graduée. Pour éviter le refroidissement pendant l'opération, on munit le plateau de rebords et d'un couvercle. Cette disposition a l'avantage en outre d'éviter les accidents provoqués par la rupture des agrafes qui retiennent les éprouvettes. Après 5 à 10 minutes de rotation, on reprend celles-ci, et, les plaçant verticalement, le tube gradué en haut, on pousse le bouchon de caoutchouc pour affleurer la matière grasse au zéro.

Divers expérimentateurs ont, au début de l'apparition des procédés Babcok et Gerber, étudié la concordance des résultats qu'ils fournissent avec ceux que donne l'épuisement de l'extrait sec par l'éther; d'après Frésénius (*Soc. chim.*, t. XVIII, 1897, p. 604), d'après Dornic (*Journ. Ind. lait.*, 1896, p. 74), cette concordance est très suffisante pour garantir l'exactitude de ces procédés rapides et pratiques. Voici, à titre d'exemple, quelques-uns des chiffres obtenus par Dornic, pour l'évaluation du poids de matière grasse contenue dans 100^{cm^3} de lait, pur ou écrémé.

Acidobutyromètre.	Méthode à l'éther.
5,15	5,19
4,15	4.20
4,05	4,09
3,95	3,98
3,20	3,14
2,62	2,60
0,42	0,55
0,20	0,38
traces	0,17

Plusieurs modifications de détail ont été apportées aux procédés Babcok et Gerber.

C'est ainsi que Sallaz (*Rev. gén. des Sc.*, 1898, p. 841) ajoute du pétrole à l'alcool amylique et traite le lait par son volume d'acide sulfurique à 1,82 et le $\frac{1}{5}$ de son volume du mélange d'alcool amylique et de pétrole.

Kaniss (*Rev. gén. du lait*, 1902-1903, p. 309) substitue, au bain-marie dans lequel on met les tubes après leur remplissage, une étuve chauffée à 65°-70°.

Durant emploie également une étuve dont une paroi est vitrée de façon à pouvoir lire la hauteur de la couche butyreuse, à température constante (Lindet, *Rapp.*, Cl. 37, Exp. univ. 1900).

Procédé Lindet. — Le procédé dont Lindet a proposé l'emploi pour le dosage de la matière grasse dans le lait (*Soc. chim.*, t. XXIII, 1900, p. 409) repose sur la solubilité de la caséine dans une solution concentrée de résorcine.

Cette solubilité très inattendue est réelle; car le liquide chargé de caséine traverse aisément une bougie de porcelaine.

En présence de la résorcine, le lait à la température du bain-marie se désémulsionne immédiatement et la matière grasse remonte à la surface. Il arrive cependant que de petits grumeaux de caséine, simplement gonflés, non dissous, restent émulsionnés avec le beurre; souvent même on voit, à la surface du liquide chauffé, cette émulsion se produire; c'est la vapeur d'eau condensée sur les parois du tube qui retombe et, étendant la solution de résorcine, précipite de la caséine; car la caséine ne reste dissoute que si la solution de résorcine est concentrée. Dès que le liquide est recouvert d'une couche de matière grasse suffisante pour prévenir l'évaporation, pareil incident cesse de se produire.

Pour éviter cet inconvénient, Lindet a conseillé d'alcaliniser légèrement le lait, avec deux gouttes de soude à 36°, pour 5$^{cm^3}$ de lait; dans ces conditions l'alcalinité ne dépasse pas 0,4 pour 100, et ne peut saponifier la matière grasse. Il a conseillé en outre d'agiter fortement au début du chauffage, puis légèrement jusqu'à ce qu'une partie de la matière grasse se soit réunie à la surface.

On peut, dans le but de rassembler la matière grasse, laisser le tube qui renferme le mélange, dans un bain-marie bouillant, pendant 3o minutes ou 1 heure; mais certains laits contiennent des globules butyreux tellement petits et doués, par conséquent, d'une force ascensionnelle tellement insignifiante qu'il faut un temps plus long encore pour obtenir à la surface toute la matière grasse; dans ces conditions, le procédé présente une infériorité sur plusieurs de ceux qui viennent d'être décrits; aussi doit-on conseiller l'emploi de la force centrifuge.

On peut, ainsi que l'a indiqué Forestier, additionner les liquides d'une matière colorante artificielle (violet d'aniline, rouge de fuchsine, etc.); le liquide sous-jacent seul se colore, et la ligne de séparation des deux liquides se voit avec plus de netteté.

La graduation de l'appareil donne, par une simple lecture, le taux de beurre pour 100$^{cm^3}$ de lait.

Dans ce but, on a calculé que 1^g de beurre représente, à la température du bain-marie, un volume, qui, mesuré à 15°, serait de 1$^{cm^3}$,154.

Il convient d'opérer sur 5$^{cm^3}$ de lait; chaque division du tube de l'appareil, correspondant à 1 pour 100 de matière grasse, doit donc contenir, à 15°, 0$^{cm^3}$,0577. Le tube porte 6 divisions. Chaque division est graduée en dixièmes.

L'appareil est une ampoule cylindrique en verre, d'une contenance de 15^g. Il est fermé d'un côté par un bouchon de caoutchouc, dans lequel on peut glisser une baguette de verre, et terminé du côté opposé par un tube étroit et ouvert à son extrémité; ce tube porte la graduation dont il a été parlé plus haut.

Quand il s'agit d'analyser du lait, l'appareil est tout d'abord placé verticalement, le tube gradué est dirigé vers le bas, On commence par boucher l'extrémité du tube gradué par un caoutchouc muni d'une pince et on le remplit de mercure. Cette manière de faire évite que le tube ne soit souillé par de la caséine, qui, étant donnée l'étroitesse du tube, s'y dissoudrait mal.

On introduit alors dans l'appareil 5^g de résorcine, puis 5^{cm^3} de lait, 2 gouttes de soude à 36° et 1 goutte de solution d'une matière colorante; on bouche l'appareil en ayant soin de laisser saillir au dehors la baguette de verre; on assujettit le bouchon au moyen d'un nœud de fil de cuivre; on retourne l'appareil et, après avoir fait tomber le mercure dans l'intérieur, on enlève la pince et le tube de caoutchouc; puis on place l'appareil dans un bain-marie assez élevé pour que le tube gradué plonge presque complètement dans l'eau bouillante. Le mieux est d'entourer grossièrement l'appareil d'un fil de cuivre dont on recourbe à volonté l'extrémité et que l'on suspend à la hauteur voulue, le long de la paroi du bain-marie.

La caséine se dissout rapidement surtout si l'on a soin d'agiter. Pour cela, on bouche l'extrémité du tube gradué avec le doigt et l'on agite horizontalement à deux reprises différentes, en réchauffant chaque fois l'appareil au bain-marie, puis le tube étant vertical, on le roule sur lui-même, de façon à bien redissoudre les grumeaux de caséine qui pourraient se produire à la surface. Dès que l'on aperçoit, les globules gras, on s'attache à les faire remonter et à les loger dans le tube gradué. Si l'agitation du liquide n'était pas nécessaire, on pourrait donner à l'ampoule une capacité telle que le volume de la baguette de verre, qui entre dans cette ampoule pour pousser la matière grasse dans le tube gradué, soit égale à la chambre d'air réservée entre le liquide et ce tube. Dans le cas de l'analyse du lait, on ne peut que difficilement obtenir ce résultat, et l'on est obligé de combler une partie du vide, en ajoutant par le tube gradué du mercure. On se sert dans ce but d'un entonnoir rempli de mercure dont la douille est reliée à un tube effilé par un caoutchouc muni d'une pince.

Quand le mercure a été introduit, on remet l'appareil au bain-marie, en le faisant encore rouler verticalement entre les doigts; puis on pousse la matière grasse dans le tube gradué en enfonçant doucement la baguette de verre. Il faut éviter de faire ce transport trop rapidement, avant que la matière grasse soit nettement séparée de la couche

sous-jacente; car l'étroitesse du tube ne lui permettrait plus que difficilement de se décanter; tout le travail de décantation doit donc se
faire en arrière du tube gradué et toujours à la chaleur du bain-marie,
et l'on ne doit laisser passer dans ce tube le liquide gras qu'au fur et
à mesure qu'il s'éclaircit.

Il convient de laisser l'appareil dans le bain-marie jusqu'à ce que la
hauteur de la couche butyreuse ne change pas entre deux lectures
faites à 10 minutes d'intervalle.

L'opération dure 3o minutes au minimum; on peut, ainsi qu'il a été
dit plus haut, au moment où la matière grasse commence à se rassembler, activer la séparation en plaçant les tubes sur un plateau centrifuge.

Bien entendu, il faut, pour faire la lecture définitive, replacer le
tube au bain-marie, puisque ce tube a été gradué avec du beurre à la
température de 100°.

Au bouchon, muni d'une baguette de verre, on peut substituer un
doigt de gant en caoutchouc, solidement fixé sur l'ouverture. Il suffit
d'exercer entre le pouce et l'index une faible pression sur ce réservoir, pour faire remonter le liquide dans le tube gradué.

Dosage indirect de la matière grasse. — On a vu plus haut, à propos
du dosage indirect de l'extrait en fonction de la densité et de la matière grasse, que l'on peut inversement calculer celle-ci en fonction
de l'extrait et de la densité. On fait alors usage de la formule de
Pierce :

$$B = 0,84 \, E - 222 \, (D - 1000),$$

où B représente le poids de matière grasse, E le poids d'extrait, et D
le poids du litre de lait.

DOSAGE DU LACTOSE.

Ce qui a été dit plus haut des propriétés du lactose permet de conclure que l'on peut doser ce sucre, soit au saccharimètre en prenant
sa déviation polarimétrique, soit en faisant usage de la liqueur de
Felhing. C'est Poggiale qui, le premier, proposa (*C. R.,* t. XXVIII,
1849, p. 5o5 et 584) d'appliquer, au dosage du lactose, l'un et l'autre
de ces procédés. Mais auparavant, et quel que soit le procédé adopté, il
convient de déféquer le lait, c'est-à-dire de séparer la matière grasse
de la plus grande partie de la matière azotée.

Défécation du lait. — La défécation du lait se fait, en général, en ajoutant au lait quelques gouttes d'acide acétique, et en filtrant le coagulum formé ; ce procédé est défectueux, en ce sens que, de tous les réactifs susceptibles de coaguler le lait, l'acide acétique est peut-être celui qui précipite le moins complètement les matières azotées. Il maintient en solution l'albumine et une partie de la caséine, celle qui est dissoute par le phosphate de chaux ; or, on a vu que celles-ci possèdent un pouvoir rotatoire qui leur est propre et qui est inverse de celui du lactose ; on risque donc, dans ces conditions, et quand on opère au saccharimètre, d'avoir une rotation trop faible et de faire une erreur sur le dosage.

La liqueur ainsi obtenue est louche en général ; on ne peut l'avoir limpide qu'en filtrant sur une substance poreuse (noir animal, kaolin, etc.) qui peut retenir du sucre, ou qu'en ajoutant du sous-acétate de plomb (méthode de Méhu), ou qu'en étendant le lait d'une certaine quantité d'eau, préalablement à l'addition d'acide acétique ; mais alors, et dans ce dernier cas, le dosage au saccharimètre manque de sensibilité.

Cette méthode, qui consiste à diluer le lait avant sa précipitation, est employée pour le dosage du lactose au moyen de la liqueur de Fehling ; elle a été indiquée par Ladan-Bockairy et adoptée par le Laboratoire municipal de Paris (*Anal. des mat. alim., Encycl. Frémy,* p. 340).

Dans un filtre, maintenu sur un entonnoir, dont la partie effilée est fermée avec une pince, on verse 90^{cm^3} d'une liqueur acétique (1000^{cm^3} d'eau, 2^{cm^3} d'acide acétique cristallisable), puis 10^{cm^3} de lait. La caséine se coagule ; on ouvre la pince et l'on reçoit dans un verre les 100^{cm^3} de liquide qui représentent du lait dilué au $\frac{1}{10}$. Cette méthode a l'avantage qu'elle permet de ne pas tenir compte du volume de la caséine et de la matière grasse, contenues dans le lait ; ce volume est négligeable par rapport à la quantité d'eau dont le lait a été dilué. Le sucre est dosé dans la liqueur comme il sera dit plus bas.

On verra plus loin que Roux a proposé en 1891 d'employer l'acide trichloracétique pour précipiter et doser les matières albuminoïdes du lait. La précipitation est, cette fois, complète. Artmann emploie cet acide à la défécation du lait, dans le cas du dosage du lactose (*Journ. ind. laitière,* 1898, p. 251).

On utilise également le sous-acétate de plomb à la défécation ; mais on retombe sur l'inconvénient signalé tout à l'heure : le sous-acétate ne précipite pas toute la matière azotée. On a, en outre, constaté bien des fois que l'addition de sous-acétate dans les liqueurs sucrées présente, si elles ne sont pas examinées rapidement, un véritable inconvénient. Par suite d'un phénomène encore mal étudié, le sous-acétate de plomb en excès attaque le lactose, comme les autres sucres d'ailleurs, et le fait disparaître lentement (Degrez, *Rev. gén. du lait,* 1901-1902, p. 469). De plus, les liqueurs se trouvent étendues, et il faut ramener le dosage, par le calcul, à la concentration de la liqueur primitive.

L'acétate neutre de plomb n'a pas, comme le sous-acétate, l'inconvénient de détruire le lactose; Degrez (*loc. cit.*) en a conseillé l'emploi.

Peytoureau (*Ann. de Ch. anal.*, 1902, p. 88) a montré que l'on peut avec avantage employer le réactif acéto-picrique d'Esbach, dont fait usage Denigès, ainsi qu'il sera dit plus bas, pour doser la matière azotée dans le lait; ce réactif renferme, dans un 1^l, 10^g d'acide acétique cristallisable et 10^g d'acide picrique; il élimine la plus grande partie des matières azotées.

L'usage des sels de mercure semble, et pour la même raison, encore plus avantageux. Le nitrate acide de mercure a été indiqué par Wiley, puis par Patein (*Journ. de Ph. et Ch.*, t. I, 1902, p. 505, et *Ann. de Ch. anal.*, 1902, p. 408); le réactif se prépare en versant, sur 220^g d'oxyde jaune de mercure, 300^{cm^3} à 400^{cm^3} d'eau, et la quantité d'acide azotique nécessaire pour dissoudre l'oxyde de mercure; on ajoute ensuite un peu de soude jusqu'à apparition d'un léger louche dû à la précipitation d'oxyde jaune et l'on complète à 1^l. On opère sur 50^{cm^3} de lait; on verse 10^{cm^3} de réactif mercurique, et l'on complète à 100^{cm^3}. Si l'on fait le dosage à la liqueur de Fehling, il convient de neutraliser avec un peu de soude pour enlever le mercure, qui se précipiterait, pendant l'opération, et empêcherait de bien saisir le moment où la liqueur est décolorée.

Le Dr Scheibe (*Milch. Zeit.*, 1901, n° 8, et *Rev. gén. du lait,* 1901, p. 12) a proposé d'employer à la défécation du lait une solution saturée de biiodure de mercure dans l'iodure de potassium (réactif de Brucke); on prépare ce réactif en dissolvant dans 200^{cm^3} d'eau 40^g d'iodure de potassium et 55^g de biiodure de mercure, puis en complétant à 500^{cm^3} et en filtrant; le lait doit être préalablement acidulé par l'acide sulfurique. On verse, dans 75^{cm^3} de lait, 7^{cm^3},5 d'acide sulfurique étendu à 20 pour 100 en poids et 7^{cm^3},5 de réactif de Brucke.

L'acétate de mercure est également un bon déféquant; Esbach conseille d'ajouter, à 50^{cm^3} de lait, 8^g à 10^g d'oxyde rouge de mercure, puis 10 gouttes d'acide acétique (*Journ. des Connaiss. méd.,* 1879).

On peut enfin avoir recours au sulfate de bioxyde de mercure

(LINDET, *Journ. Ind. lait.*, 1898, p. 258). Ce sel, introduit dans le lait à l'état solide, se dissocie en sous-sulfate et acide sulfurique libre; il précipite la totalité des matières azotées, et forme un caillé qui se filtre très bien, à la condition d'attendre quelques minutes. Il présente l'avantage qu'il ne change pas le volume du lait employé, que le liquide filtré se trouve au maximum de concentration, donnant au dosage le maximum de sensibilité.

Dosage au saccharimètre. — On ne saurait entrer ici dans le détail du mode opératoire qu'exige l'emploi du saccharimètre, et il convient de supposer l'appareil connu, ainsi que sa manipulation. Le tube étant rempli de liquide déféqué et filtré, on lit l'angle de déviation et, par un simple calcul, on obtient la quantité de lactose contenue dans 100^{cm^3} de ce liquide. Ce calcul est basé sur la formule suivante :

$$p = \rho \, \frac{V}{\alpha_D \, l},$$

où ρ est la déviation en degrés et centièmes de degré, α_D est le pouvoir rotatoire du lactose, pour le saccharimètre à lumière jaune, soit $52°,5$, et l est la longueur du tube en décimètres.

Dosage au moyen de la liqueur de Fehling. — La liqueur de Fehling se prépare en dissolvant, dans 750^{cm^3} d'eau environ, 160^g de tartrate neutre de potasse et 130^g de soude caustique en plaque; on porte la solution à l'ébullition dans une capsule de porcelaine, et, quand l'ébullition est atteinte, on ajoute une solution bouillante de 40^g de sulfate de cuivre cristallisé dans 200^{cm^3} d'eau; on fait bouillir pendant 10 minutes, on laisse refroidir; on décante de façon à éliminer une petite quantité d'oxydule de cuivre, qui s'est déposé sur les parois de la capsule; on complète à 1^l et l'on conserve la liqueur en flacon fermé, de préférence à l'obscurité.

Les dosages de lactose au moyen de cette liqueur de Fehling peuvent être faits en poids ou en volume; mais le procédé volumétrique est de beaucoup le plus rapide, et il présente assez d'exactitude pour qu'on l'ait adopté d'une façon générale.

Le procédé volumétrique qui, seul, sera décrit ici, exige que l'on titre la liqueur.

Pour cela, on dissout dans 1^l environ 15^g de lactose, que l'on a, au préalable, pulvérisé et séché dans le vide, au-dessus de l'acide sulfurique. On introduit cette liqueur dans une burette graduée à robinet, et l'on amène le liquide au zéro de la burette. On prend alors, au moyen d'une pipette, 10^{cm^3} de liqueur de Fehling, que l'on verse soit dans une capsule de porcelaine, soit dans un ballon, soit dans un large tube fermé d'un bout, dit *tube à glucose;* on chauffe la liqueur sur un bec Bunsen ou sur une lampe à alcool, et l'on fait tomber la solution de lactose dans la liqueur de Fehling, maintenue à l'ébullition, jusqu'à ce que la couleur bleue de celle-ci ait complètement disparu; on peut, au début, faire tomber 1^{cm^3} à la fois, puis, au fur et à mesure que la décoloration approche, ajouter la solution de lactose par gouttes. Quelques chimistes étendent d'eau la liqueur de Fehling avant de la soumettre à la décoloration, et considèrent qu'ils obtiennent de cette façon une plus grande sensibilité; en tout cas, on ne doit pas oublier qu'il faut se mettre toujours dans des conditions identiques, et que, si l'on a étendu d'eau pour titrer la liqueur, il faut étendre de la même quantité d'eau pour faire les dosages. On lit alors sur la burette le nombre de centimètres cubes et de dixièmes de centimètre cube écoulés, et l'on calcule, connaissant la concentration de la liqueur, la quantité de lactose capable de réduire 10^{cm^3} de liqueur de Fehling.

Quelquefois on fait usage de liqueur de Fehling titrée pour les dosages de glucose; il convient alors de faire dans le titre une correction; sachant, en effet, que 100 de lactose réduisent autant que 70 de glucose, il suffit de multiplier le titre par 1,43; mais il est toujours préférable de titrer la liqueur avec le lactose comme il a été dit plus haut.

On procède ensuite au dosage du lactose dans le lait, en substituant, dans la burette graduée, à la liqueur titrée, le liquide défequé par l'un des procédés indiqués; mais le liquide doit toujours être étendu de façon que les conditions du dosage soient comparables à celles du titrage, c'est-à-dire que 10^{cm^3} de liqueur de Fehling exigent à peu près le même volume de liquide pour se décolorer. Lorsqu'on a lu, sur la burette, le volume employé, on peut, sachant que ce volume renferme la quantité de lactose capable de réduire 10^{cm^3} de liqueur de Fehling, calculer ce que 1^l de lait contient de lactose.

Corrections à faire pour tenir compte du volume du précipité. — On peut, ainsi qu'il a été dit plus haut, quand le liquide est très dilué, ne pas tenir compte du volume occupé dans le lait par la matière grasse et par la caséine. Mais il n'en est pas de même quand le réactif ajouté pour défequer ne modifie pas ou ne modifie que peu le volume du lait.

Poggiale (*loc. cit.*) admettait qu'en moyenne 1^{kg} de lait renferme

923ᵍ de sérum; connaissant par l'analyse la quantité de lactose l contenue dans 1000ᵍ de sérum, on en déduit la quantité de lactose L contenue dans 1000ᵍ de lait au moyen de la formule :

$$L = \frac{l \times 923}{1000}.$$

Connaissant, d'autre part, la densité de celui-ci, on calcule aisément la teneur en lactose de 1^l de lait.

Méhu a fait remarquer que, si le saccharimètre fournit le dosage du lactose par rapport à 1000ᶜᵐ³ de sérum, il est facile, après avoir pris la densité de ce sérum, de ramener le dosage à 1000ᵍ de sérum. On peut négliger le poids de matières minérales contenues dans celui-ci et dire que, sur 1000ᵍ de sérum, il y a L de lactose et (1000 — L) d'eau. D'autre part, on connaît, d'après l'extrait sec du lait, la quantité d'eau que celui-ci renferme, et l'on calcule par conséquent le lactose pour 1000ᵍ de lait.

Au lieu de calculer le poids de l'eau par l'examen de la densité du sérum, il est facile, d'après Esbach (*Journ. des Connaiss. méd.*, 1879), de le déduire du volume occupé par le lactose et qui peut être estimé à 0ᶜᵐ³,605 par gramme. En un mot, le sérum peut être considéré comme constitué (en négligeant le poids des matières minérales) par un poids de lactose L qui occupe un volume de L × 0,605 et par un poids d'eau de 1000 — (L × 0,605).

La méthode préconisée par Patein (*Journ. Pharm. et Ch.*, 1904, t. II, p. 385) consiste également à reporter sur l'eau contenue dans le lait la quantité de lactose reconnue dans le sérum, en admettant que le volume occupé par le lactose est encore L × 0,605. On peut, en effet, écrire que le poids de lactose x contenu dans le lait est, au poids de lactose L contenu dans le sérum, comme le volume d'eau de 1000ᶜᵐ³ de lait est au volume d'eau de 1000ᶜᵐ³ de sérum. Pour estimer la quantité d'eau que 1^l de lait renferme, il suffit de retrancher son extrait sec E de sa densité au litre. On a alors

$$\frac{x}{L} = \frac{D - E}{1000 - (L \times 0,605)}.$$

On peut enfin, comme l'a montré Lindet (*Journ. ind. lait.*, 1898, p. 258), tenir compte du volume du précipité, en suivant la méthode connue des deux polarisations : on prend, par exemple, 100ᶜᵐ³ de lait, que l'on traite au mortier, de façon à avoir un précipité fin, avec une petite quantité de sulfate de mercure; on filtre et l'on prend 25ᶜᵐ³

de liquide filtré, qui sert à mesurer la rotation polarimétrique R;
puis on place dans le même mortier non lavé le filtre avec son précipité, le reste de la liqueur filtrée, et 25$^{cm^3}$ d'eau distillée; on broie de
nouveau, on filtre et l'on passe le second liquide filtré au saccharimètre, de façon à avoir une nouvelle mesure polarimétrique R'; les
rotations R et R' sont proportionnelles aux volumes V et (V — 25$^{cm^3}$);
d'où l'on déduit le volume du liquide en contact avec le précipité au
moyen de la formule

$$V = \frac{25\,R}{R - R'}.$$

Il est alors facile de calculer, d'après la rotation R, ce que ce
volume V et, par conséquent, 100$^{cm^3}$ de lait, renferment de lactose.

DOSAGE DE LA MATIÈRE AZOTÉE.

Les discussions qui ont précédé, relatives à la constitution des
matières azotées du lait, font prévoir que l'on a appliqué à leur dosage
des réactifs différents, et créé un certain nombre de procédés qui
mesurent soit la totalité, soit une partie de ces matières azotées.

Dosage d'azote total. — Le procédé le plus simple pour doser la
matière azotée totale est le procédé Kjeldahl, qui consiste à transformer l'azote en ammoniaque et à doser celle-ci par l'acide sulfurique titré. On prend 10$^{cm^3}$ de lait qu'on évapore à sec dans un ballon,
à la chaleur de l'étuve; on le recouvre de 20$^{cm^3}$ à 30$^{cm^3}$ d'acide sulfurique concentré, et l'on chauffe à l'ébullition jusqu'à ce que l'acide
sulfurique, qui, au début, a fortement noirci par suite de la destruction de la matière organique, soit complètement décoloré; on
active cette décoloration en mettant, soit au début, soit vers le milieu
de l'opération, 0^g,5 de mercure. On laisse refroidir le ballon et l'on
verse le contenu, en le rinçant à plusieurs reprises, dans un ballon
de 1^l renfermant environ 300$^{cm^3}$ d'eau; on ajoute 1^g d'hypophosphite de
sodium ou du sulfure de sodium, pour précipiter le mercure et l'empêcher de retenir de l'azote à l'état de combinaison organo-métallique;
on verse rapidement de la lessive de soude jusqu'à ce que le liquide
devienne alcalin; on adapte le ballon à un serpentin ascendant (appareil Kjeldahl) et l'on recueille l'ammoniaque qui se dégage dans 10$^{cm^3}$
de liqueur sulfurique titrée à 49^g de SO^{4}H^2 par litre, que l'on a soin,
au moment même, d'étendre d'un peu d'eau. On continue l'ébullition
jusqu'à ce qu'il ne se dégage plus d'ammoniaque, ce que l'on aperçoit

aisément en détachant le tube de verre qui amène l'ammoniaque dans la liqueur titrée; puis celle-ci, étant additionnée d'un indicateur coloré, de tournesol par exemple, on ajoute de la liqueur titrée de soude jusqu'à ce que le tournesol ait viré au bleu. La liqueur titrée de soude est préparée de telle façon que 10^{cm^3} de soude correspondent à 10^{cm^3} d'acide sulfurique titré; on sait donc, par la quantité qu'il en a fallu ajouter, la quantité d'acide sulfurique qui a été saturée par l'ammoniaque et, par conséquent, ce qui s'est dégagé d'azote sous cette forme; l'acide titré à 49^g par litre peut saturer, par 10^{cm^3}, $0^g,17$ d'ammoniaque ou $0^g,14$ d'azote. Connaissant le chiffre d'azote, on en déduit la quantité de matière azotée contenue dans le lait, en multipliant le chiffre d'azote par le coefficient conventionnel et à peu près exact de $6,25$.

Dosage de l'albumine. — Le dosage de l'albumine présente une certaine incertitude, à laquelle il a été fait plus haut allusion; il consiste à précipiter par les réactifs indiqués, et spécialement par l'acide acétique, la caséine du lait, et à faire bouillir le sérum acidulé. Puls conseille d'ajouter de l'alcool de façon que le mélange ait un titre d'environ 70° G. L. (*Bull. Soc. ch.*, t. XXVIII, 1877, p. 569). Gerber estime qu'il faut, pour obtenir des dosages exacts, évaporer le sérum au quart de son volume avant de recueillir l'albumine coagulée (*Bull. Soc. chim.*, t. XXIII, 1875, p. 342). On a vu plus haut que l'on ne peut demander à ces sortes de dosages une valeur absolue; d'abord, la caséine, en se coagulant, fixe et retient mécaniquement les éléments du sérum, le lactose et même l'albumine; en outre, l'albumine se coagule en entraînant du phosphate de chaux; il est donc utile soit de doser l'azote dans le coagulum, soit, tout au moins, de déduire de son poids sec les cendres qu'il renferme. Enfin, il ne faut pas oublier que, comme Lindet et Ammann (*loc. cit.*) l'ont démontré, le sérum, même quand il est obtenu par l'acide acétique, renferme du phospho-caséinate de chaux, qui se coagule à la chaleur comme l'albumine, et que, de plus, le liquide contient toujours de la matière albuminoïde non coagulée.

On peut, d'après Lindet et Ammann, obtenir une estimation plus exacte de la dose d'albumine contenue dans un lait, en recherchant le pouvoir rotatoire de la matière azotée du sérum obtenu par l'emprésurage. Le sérum est d'abord filtré sur du kaolin, puis polarisé. On prélève 100^{cm^3} de sérum, on le traite par du sulfate de mercure, qui précipite toute la matière albuminoïde, on filtre et l'on polarise la liqueur filtrée; on dose d'autre part, au moyen du procédé Kjeldahl, l'azote contenu dans le précipité, et l'on multiplie celui-ci par 6,25. On calcule alors le pouvoir rotatoire de la matière azotée par la formule

$$\alpha_{\mathrm{D}} = \rho\, \frac{100}{p \times l},$$

où ρ représente la différence des deux rotations, et p le poids de matière azotée contenue dans $100^{\mathrm{cm^3}}$ de sérum, et par conséquent dans $90^{\mathrm{cm^3}}$ environ de lait.

On peut alors, connaissant le pouvoir rotatoire de la matière azotée totale, qu'il convient de faire précéder du signe —, et les pouvoirs rotatoires du phospho-caséinate de chaux (— 116°) et de l'albumine (— 30°), calculer la proportion approximative de caséine et d'albumine que le sérum renferme à l'état soluble. Si l'on désigne par m la quantité d'albumine contenue dans 1^{g} de la matière azotée totale, et par $(1 - m)$ la quantité de caséine, on pose la formule

$$m \times -30 + (1 - m) \times -116 = -\alpha_{\mathrm{D}},$$

d'où il est facile de tirer m, c'est-à-dire la proportion d'albumine par rapport à 1^{g} de matières azotées solubles du sérum.

On a, en effet :

$$m = \frac{116 - \alpha_{\mathrm{D}}}{86}.$$

On en déduit alors la teneur du sérum et par conséquent du lait en albumine.

Dosage de la caséine précipitable par l'acide acétique. — On a vu plus haut que, dans le procédé Adam pour le dosage de la matière grasse, on a soin de recueillir les liquides éthéro-alcooliques; ceux-ci sont additionnés de $2^{\mathrm{cm^3}}$ à $3^{\mathrm{cm^3}}$ d'acide acétique, dilué à 15 pour 100 environ ; la caséine se précipite ; on la recueille sur un filtre taré, que l'on sèche et que l'on pèse.

On peut également précipiter le lait par quelques centimètres cubes d'acide acétique dilué, et filtrer sur un filtre taré le coagulum qui, cette fois, contient la caséine et la matière grasse ; le filtre est séché, traité dans un digesteur continu par de l'éther, de la benzine ou de l'essence de pétrole, jusqu'à ce que la matière grasse ait disparu ; l'augmentation de poids du filtre séché donne la caséine précipitable par l'acide acétique.

Mais, bien entendu, on n'obtient ni par l'une ni par l'autre manière de faire la totalité de la matière azotée, puisque, ainsi qu'il a été indiqué ci-dessus, l'acide acétique ne précipite pas l'albumine.

Pour éviter ces incertitudes, la plupart des analyses de lait publiées donnent la caséine par différence sur le poids de l'extrait sec, déduction faite de la matière grasse, du sucre de lait et des cendres.

Bordas et Touplain ont fait connaître une méthode générale d'analyse du lait (*C. R.*, t. CXL, 1905, p. 1099 et t. CXLII, 1906, p. 1345), dont le principe est de supprimer les filtrations et de les remplacer par des centrifugations. On fait tomber 10^{cm^3} du lait à analyser dans de l'alcool à 65°, acidifié par de l'acide acétique; on centrifuge et le précipité est recueilli par décantation au fond du vase de verre de la centrifuge; on le lave, en le délayant avec de l'alcool à 50°, on centrifuge de nouveau, on décante, et les liquides réunis servent à doser le lactose. Le résidu est traité par 2^{cm^3} d'alcool à 96° et 30^{cm^3} d'éther, centrifugé de nouveau; le liquide est évaporé et fournit la matière grasse, tandis que la matière azotée dégraissée, puis séchée, est pesée dans le tube même où elle s'est amassée.

Bordas et Touplain ont aujourd'hui substitué l'acétone à l'éther.

Dosage de la matière azotée précipitable par l'acide trichloracétique. — Roux a conseillé de substituer à l'acide acétique l'acide trichloracétique, qui précipite entièrement les matières azotées (*Mon. Scient.*, 1891, p. 478). Ce réactif épargne les peptones, mais le lait frais n'en renferme pas. L'auteur opère sur les liquides qui proviennent du dosage de la matière grasse dans le procédé Adam; il épuise 10^{cm^3} de lait par 25^{cm^3} du mélange éthéro-alcoolique ammoniacal, dont il a été question plus haut; il sépare la couche sous-nageante, joint les eaux de lavage, ce qui représente 40^{cm^3} à 50^{cm^3}; il verse dans ce liquide 2^{cm^3} d'acide trichloracétique à 50 pour 100 (l'acide trichloracétique est solide à la température ordinaire, et il convient d'en faire une solution préalable); la matière azotée se précipite, elle est recueillie sur un filtre taré, qu'on lave avec 50^{cm^3} d'eau, additionnée de 1^{cm^3} d'acide trichloracétique à 50 pour 100. L'auteur a vérifié la parfaite concordance de son procédé avec le dosage de l'azote total par le procédé Kjeldahl.

Dosage de la matière azotée insolubilisée par l'aldéhyde formique. — On sait, depuis les travaux de Trillat, que les matières albuminoïdes prennent, sous l'influence de l'aldéhyde formique, une forme particulière d'insolubilisation, différente de celle qu'elles peuvent présenter dans les conditions ordinaires; c'est ainsi que la caséine et, d'une façon générale, les matières azotées du lait deviennent, quand elles ont été touchées par le formol et précipitées par un réactif déterminé, insolubles même dans les alcalis.

Trillat et Sauton (*Soc. chim.*, t. XXXIII, 1905, p. 628 et t. XXXV, 1906, p. 906 et *C. R.*, t. CXLII, p. 794) ont utilisé cette propriété des matières azotées du lait pour en effectuer le dosage. Dans un verre de Bohême, on mesure 5^{cm^3} de lait, on ajoute 25^{cm^3} d'eau et l'on fait bouillir 5 minutes; on cesse de chauffer, et l'on ajoute 5^{cm^3} de formol commercial; après une ébullition de 2 à 3 minutes et un léger refroidissement, on additionne le liquide de 5^{cm^3} d'une solution d'acide acétique à 1 pour 100; on agite et l'on abandonne 10 minutes le liquide à lui-même; on filtre et on lave jusqu'à disparition d'acidité, et l'on épuise le filtre et le précipité de matière grasse, dans un appareil, au moyen de l'acétone. L'extraction est complète après 30 minutes; on sèche à l'étuve à 75-80°, pendant 1 heure.

Bellier (*Ann. de Chim. anal.*, 1905, p. 268) commence par dessécher le lait sur des éponges tarées, puis lave celles-ci à l'éther pour enlever la matière grasse. Les éponges, ainsi privées de beurre, sont suspendues dans un vase de verre (*Becherglass*), renfermant du formol étendu de son volume d'eau, et de quelques gouttes d'acide sulfurique; les éponges doivent être assez éloignées pour éviter les projections; le vase de verre est fermé par un disque de carton, et chauffé au bain de sable 20 à 30 minutes; quand les albuminoïdes sont insolubilisés, on lave les éponges à l'eau alcoolisée et acidulée par l'acide acétique, de façon à enlever le lactose et les sels; les éponges sont ensuite séchées, et l'augmentation de leurs poids fournit le chiffre des matières azotées.

Dosage de la matière azotée précipitable par l'iodure mercuro-potassique (procédé Denigès). — Denigès s'est proposé de doser rapidement, par un procédé volumétrique, les matières albuminoïdes précipitables par l'iodure mercuro-potassique en appliquant la méthode cyanimétrique de dosage de mercure qu'il a fait connaître (*Ann. de Chim. et de Phys.*, 7ᵉ série, t. VI, 1895, p. 381 et *Bull. Soc. chim.*, t. XV, 1896, p. 862); le lait est additionné d'iodure mercuro-potassique en quantité déterminée et le procédé de dosage de ces albuminoïdes consiste dès lors à rechercher, par la méthode cyanimétrique, la quantité de mercure que ces albuminoïdes n'ont pas insolubilisée (*Bull. Soc. chim.*, t. XV, 1896, p. 1116; *Journ. de Pharm. et de Chim.*, t. I, 1898, p. 9 et *Bull. Soc. Pharm. de Bordeaux*, 1902, p. 292).

Pour comprendre ce procédé, il convient d'abord de rappeler la réaction de Liebig, qui a montré que, quand on fait agir 2 molécules de cyanure de potassium sur une molécule de nitrate d'argent, on obtient un cyanure double d'argent et de potassium soluble dans l'eau, et du nitrate de potassium :

$$2\,Cy\,K + Az\,O^3\,Ag = Cy\,Ag,\,Cy\,K + Az\,O^3\,K.$$

Liebig a montré en outre qu'un excès de nitrate d'argent précipite du cyanure d'argent.

Cette indication est cependant assez difficile à préciser, parce que le précipité qui se forme au moment de l'addition de la liqueur argentique ne se redissout pas rapidement, tant que la saturation n'est pas atteinte, et parce qu'il faut maintenir les liqueurs neutres, l'acidité déterminant la précipitation du cyanure d'argent avant la saturation, et l'alcalinité ammoniacale redissolvant le cyanure d'argent.

Denigès ajoute alors, pour obtenir l'indication de la fin de la réaction, un peu d'iodure de potassium et une assez grande quantité d'ammoniaque. Dans ces conditions, le cyanure d'argent, qui devrait servir d'indicateur, se transforme en iodure d'argent, insoluble dans l'ammoniaque, et l'on perçoit nettement la fin de la réaction, c'est-à-dire l'excès de nitrate d'argent par rapport à la quantité équivalente de cyanure de potassium.

Denigès a en outre fait voir que l'iodure mercuro-potassique soustrait une partie du cyanure de potassium à l'action du nitrate d'argent; on peut en effet prendre une solution décinormale de nitrate d'argent et préparer une solution de cyanure de potassium, telle que 10^{cm^3} de cette solution, additionnée de 10^{cm^3} d'ammoniaque et de quelques gouttes d'une solution d'iodure de potassium, correspondent à 10^{cm^3} de la solution décinormale de nitrate d'argent, c'est-à-dire donnent un louche persistant quand 10^{cm^3} de cette solution y ont été ajoutés. Mais si, avant de verser la solution argentique, on mélange au cyanure et à l'ammoniaque 10^{cm^3} de solution d'iodure mercuro-potassique décinormale, c'est-à-dire contenant 10^g de mercure salifié par litre, le mercure, se combinant à une partie du cyanure de potassium, le soustrait à l'action du nitrate d'argent, et, au lieu d'ajouter 10^{cm^3} de solution argentique pour obtenir le trouble d'iodure d'argent, il n'en faudra ajouter que $4^{cm^3},8$.

Tout se passe comme s'il y avait moins de cyanure dans la liqueur. (On remarquera que, dans ce cas, l'addition d'iodure de potassium est inutile, puisque le dosage est fait en présence de l'iodure mercuro-potassique.)

Ce principe étant posé, examinons comment, à l'aide de ces mêmes liqueurs, on va rechercher le mercure qui reste dissous, quand on précipite par l'iodure mercuro-potassique, en présence de l'acide acétique, les matières albuminoïdes d'un lait.

Pour être placé dans les mêmes conditions que précédemment, et, étant donné qu'une filtration est nécessaire pour séparer le coagulum mercurique, il convient d'employer, à la précipitation d'une quantité déterminée de lait, 20^{cm^3} de solution d'iodure mercuro-potassique, et 2^{cm^3} d'acide acétique, d'étendre à 200^{cm^3}, de filtrer et de prendre 100^{cm^3} du filtratum, de façon à être en présence, comme dans le cas précédent, de 10^{cm^3} de solution d'iodure mercuro-potassique. Ces 100^{cm^3} sont additionnés de 12^{cm^3} à 15^{cm^3} d'ammoniaque, de 10^{cm^3} de solution décinormale de cyanure, et l'on titre, comme ci-dessus, au moyen du nitrate d'argent. Le mercure, qui a été en partie insolubilisé et retenu par le filtre, dissimulera moins de cyanure que dans le cas précédent, et il faudra, pour avoir le trouble persistant d'iodure d'argent, ajouter une plus grande quantité de nitrate, et cette quantité sera d'autant plus grande que le lait renfermera plus d'albuminoïdes, c'est-à-dire aura insolubilisé plus de mercure. Si l'on appelle a cette quantité, comptée en centimètres cubes, le chiffre $a - 4^{cm^3},8$ sera fonction de la teneur du lait en matières albuminoïdes. Denigès a dressé des tables, dont il sera parlé plus bas, qui permettent d'estimer cette teneur d'après le nombre de centimètres cubes de solution argentique ajoutée, déduction faite de $4^{cm^3},8$.

Denigès, en outre, conseille d'ajouter, dans la réaction, un peu d'oxalate de potasse pour insolubiliser les sels de chaux et spécialement les phosphates, qui forment d'ordinaire un louche en présence de l'ammoniaque.

Voici maintenant le mode opératoire qu'il convient de suivre :

On prépare d'abord une solution d'iodure mercuro-potassique, de la façon suivante : dans un flacon de 1^l, on place $13^g,55$ de bichlorure de mercure, on ajoute 100^{cm^3} d'eau distillée, 35^g d'iodure de potassium ; on étend ensuite à 1^l.

On prend une fiole jaugée de 200^{cm^3} ; on y introduit 25^{cm^3} de lait, 1^{cm^3} d'une solution à 30 pour 100 d'oxalate neutre de potasse et l'on agite ; puis on ajoute 20^{cm^3} de la solution d'iodure mercuro-potassique ; on additionne le liquide de 2^{cm^3} d'acide acétique cristallisable, on complète à 200^{cm^3}, on agite et l'on filtre ; 100^{cm^3} du filtratum sont versés dans un vase conique de 250^{cm^3} à 300^{cm^3}, où l'on a mis au préalable 10^{cm^3} d'une solution de cyanure de potassium, équivalant à la solution décinormale de nitrate d'argent, et 15^{cm^3} d'ammoniaque. On ajoute alors goutte à goutte le nitrate d'argent, jusqu'à trouble persistant ;

on lit la quantité a de centimètres cubes ajoutés, on en retranche le chiffre constant de $4^{cm^3},8$ et l'on recherche, dans le Tableau ci-dessous, à combien de matières albuminoïdes cette différence correspond pour 100 du lait.

Valeurs de $(a - 4^{cm^3}, 8)$.	Albuminoïdes par litre.	Valeurs de $(a - 4^{cm^3}, 8)$.	Albuminoïdes par litre.
0	0	24	22,25
1	1	25	23,50
2	1,75	26	24,75
3	2,50	27	26
4	3	28	27
5	3,75	29	28
6	4,50	30	29,25
7	5,50	31	30,75
8	6,50	32	32
9	7,15	33	33,50
10	8	34	35
11	9	35	37
12	10	36	39
13	11	37	40,50
14	12	38	42,75
15	13	39	45
16	14	40	47
17	15	41	49
18	16	42	51,50
19	17	43	54
20	18	44	57,20
21	19	45	60
22	20	46	62,50
23	21		

Si l'on désire doser, en même temps que les matières albuminoïdes totales, les matières non précipitables par l'acide acétique dans les conditions ordinaires, on peut faire la même opération, non plus sur le lait entier, mais sur le liquide provenant de la précipitation du lait par l'acide acétique.

Denigès a vérifié son procédé de dosage des matières albuminoïdes sur les laits les plus divers : laits de femme, de vache, de brebis, de chèvre, de jument et d'ânesse; laits cuits, laits stérilisés et laits condensés (*Bull. Soc. chim.*, t. XV, 1896, p. 1116), et même dans les laits aigris et tournés, à la condition de redissoudre le coagulum par la soude (*Bull. Soc. de Pharm. de Bordeaux,* 1897, p. 353).

Dosage de la caséine précipitable par la présure (procédé Lindet). — Ce qu'il importe au fromager de connaître, c'est plutôt la quantité de caséine pour 100 de lait que sa présure, prise en quantité déterminée, peut coaguler, dans les conditions de température, d'acidité et de teneur en sels du lait, qui sont les conditions ordinaires de son travail de fromagerie, que la teneur du lait en albuminoïdes totaux.

C'est cette quantité de caséine que Lindet a cherché à estimer (*Bull. Soc. nat. agr.*, 1902, p. 90). Elle est évidemment fonction de la différence qui existe entre la densité d'un lait, s'il était écrémé, et la densité du petit-lait qui s'égoutterait après le caillage de celui-ci. Le coagulum que l'on détermine, en effet, dans un lait écrémé ne renferme que de la caséine et une petite quantité de sels, dont le poids ne s'élève pas à plus de 0,02 à 0,03 pour 100 du lait.

Mais, au lieu d'écrémer le lait sur lequel on veut faire cette expérience, on peut se contenter de prendre la densité du lait en nature et, connaissant sa teneur en beurre, de ramener par le calcul cette densité à ce qu'elle serait, si le lait était privé de matière grasse. Le dosage du beurre, indispensable d'ailleurs pour le fromager, s'exécute par une des méthodes rapides dont il a été question plus haut.

La densité que le beurre présente à l'état solide dans le lait à 15°C. est de 940, la densité de l'eau étant 1000; elle concorde avec celles dont Königs a publié les valeurs, pour des températures variant de 100° à 35°, températures auxquelles le beurre est liquide.

Il est évident que, si l'on appelle D la densité du lait, comptée en grammes par litre, D′ la densité du lait supposé écrémé, a le pourcentage du beurre en centimètres cubes, on peut poser l'équation suivante :

$$100\,\mathrm{D} = a \times 940 + (100 - a)\,\mathrm{D}',$$

d'où

$$\mathrm{D}' = \frac{100\,\mathrm{D} - a \times 940}{100 - a}.$$

Lindet a d'ailleurs dressé une Table qui permet de connaître D′ en fonction de D et de a pour des densités comprises entre 1029 et 1035 et pour des teneurs en beurre de 3 à 4,5 pour 100. En jetant les yeux sur ce Tableau, il est facile de se rendre compte, d'une part, que le poids du litre augmente ou diminue de 0ᵍ,1 pour une augmentation ou une diminution de 0,1 pour 100 dans la teneur en beurre; d'autre part que, pour chaque teneur en beurre, l'écart des densités D′ reste sensiblement le même que celui qui existe entre les densités D, soit de 1ᵍ à 1ᵍ,1, en sorte que, si l'on prend la densité d'un lait en tenant compte de la décimale, si l'on a, par exemple, une densité D, de 1031,6, on n'a qu'à augmenter de 0,6 la densité D', qui, pour une teneur en beurre déterminée, correspond à 1031.

Tableau donnant la densité du lait supposé écrémé D' en fonction de la densité du lait entier D et de la teneur en beurre a.

Teneur en beurre.	Densités D.						
	1029.	1030.	1031.	1032.	1033.	1034.	1035.
3,0......	1031,7	1032,8	1033,8	1034,8	1035,8	1036,9	1037,9
3,1......	1031,8	1032,9	1033,9	1034,9	1035,9	1037,0	1038,0
3,2......	1031,9	1033,0	1034,0	1035,0	1036,0	1037,1	1038,1
3,3......	1032,0	1033,1	1034,1	1035,1	1036,1	1037,2	1038,2
3,4......	1032,1	1033,2	1034,2	1035,2	1036,2	1037,3	1038,3
3,5......	1032,2	1033,3	1034,3	1035,3	1036,3	1037,4	1038,4
3,6......	1032,3	1033,4	1034,4	1035,5	1036,4	1037,5	1038,5
3,7......	1032,4	1033,5	1034,5	1035,5	1036,5	1037,6	1038,6
3,8......	1032,5	1033,6	1034,6	1035,6	1036,6	1037,7	1038,7
3,9......	1032,6	1033,7	1034,7	1035,7	1036,7	1037,8	1038,8
4,0......	1032,7	1033,8	1034,8	1035,8	1036,8	1037,9	1038,9
4,1......	1032,8	1033,9	1034,9	1035,9	1036,9	1038,0	1039,0
4,2......	1032,9	1034,0	1035,0	1036,0	1037,0	1038,1	1039,1
4,3......	1033,0	1034,1	1035,1	1036,1	1037,1	1038,2	1039,2
4,4......	1033,1	1034,2	1035,2	1036,2	1037,2	1038,3	1039,3
4,5......	1033,2	1034,3	1035,3	1036,3	1037,3	1038,4	1039,4

Cette première densité étant acquise, on prend soin de déterminer la seconde. Pour cela, on caille environ 500^{cm^3} de lait entier dans les conditions ordinaires du travail, c'est-à-dire à une température donnée, avec une quantité calculée de présure, et l'on attend l'emprésurage complet, ce qui demande environ 2 heures. Au bout de ce temps on brise le caillé et on le jette sur un filtre de papier ; puis on prend la densité *d* du petit-lait.

C'est évidemment en employant la méthode dite *du flacon* que l'on peut déterminer ces densités avec le plus d'exactitude. Mais on ne saurait recommander cette méthode dans la pratique ordinaire de la fromagerie, et il convient alors de faire usage d'un densimètre gradué de 1025 à 1035 et marquant au moins le millimètre pour un écart de $0^g,2$. Bien entendu, on devra réchauffer ou refroidir le lait et le petit-lait à une température aussi voisine que possible de 15° et, si les circonstances ne s'y prêtent pas, on devra faire usage des Tables de correction publiées autrefois par Bouchardat et Quévenne.

Il ne reste plus qu'à estimer à quelle quantité de caséine coagulée correspond la différence que l'on constate entre les densités D' et d. Lindet a dosé, sur six laits de provenance différente, la caséine précipitée par la présure, en ayant soin de déterminer par la méthode du flacon, c'est-à-dire avec la plus grande exactitude possible, la densité des liquides avant et après l'emprésurage. Les résultats sont consignés dans le Tableau ci-dessous :

	1 (¹).	2.	3.	4.	5.	6.
Beurre pour 100..........	0,20	2,8	3,8	2,9	3,4	4,0
D du lait entier...........	1036,3	1031,5	1033,6	1032,5	1033,1	1033,0
D' du lait supposé écrémé..	1036,5	1034,1	1037,3	1034,2	1036,3	1036,8
d du petit-lait............	1028,1	1026,7	1028,6	1027,3	1029,1	1029
Différence...............	8,4	7,4	8,7	6,9	7,2	7,8
Caséine caillée par litre....	29,7	24,5	28,9	24,0	25,5	28,9
Caséine caillée par degré du densimètre............	3,53	3,31	3,32	3,47	3,54	3,70

Ces chiffres permettent de conclure qu'à un abaissement de densité de 1°, soit 1ᵍ du densimètre, correspond la précipitation d'une quantité de caséine qui représente en moyenne 3ᵍ,5 par litre.

Il suffira donc de multiplier par 3,5 la différence de densité entre le lait supposé écrémé et le petit-lait pour connaître la quantité de caséine que 1ˡ de lait peut abandonner sous l'action de la présure.

Connaissant la teneur du lait en beurre, la quantité de caséine précipitable, l'hydratation moyenne de ses produits, le fromager pourra supputer la quantité de fromage que lui donnera un lait déterminé.

Dosage de la lécithine. — On peut se proposer, pour des études spéciales, de doser la lécithine, c'est-à-dire la matière azotée riche en phosphore dont il a été parlé plus haut.

Stoklasa (*Hoppe-Seyler's Zeitch. für phys. Chem.*, t. **XXIII**, 1897, p. 343) a proposé de traiter le lait par un mélange d'alcool et d'éther et d'évaporer le liquide, pour en calciner ensuite le résidu, en présence de carbonate de soude et de nitrate de soude, précaution qui a pour but d'éviter la volatilisation du phosphore ; le résidu est repris par l'acide nitrique, et l'on y dose le phosphore par le procédé classique, qui consiste à le séparer à l'état de phosphate ammoniaco-magnésien, et à calciner le précipité ; le poids d'acide phosphorique obtenu est multiplié par 7,27, et le produit donne le poids de lécithine.

Bordas et de Raczkowski ont critiqué cette méthode (*C. R.*,

(¹) Ce lait avait été préalablement passé à l'écrémeuse.

t. CXXXIV, 1902, p. 1592), qui, d'après eux, donne des résultats inexacts : l'extraction éthéro-alcoolique est difficile ; tout le phosphore de la lécithine ne s'oxyde pas par l'action du nitrate de soude ; le coefficient de 7,27 est inexact.

A cette méthode ils en ont substitué une autre : on commence par précipiter la plus grande partie des matières azotées du lait par l'acide acétique en solution alcoolique; à 100$^{cm^3}$ de lait on ajoute 100$^{cm^3}$ d'alcool à 95°, 100$^{cm^3}$ d'eau distillée et 10 gouttes d'acide acétique. On sépare le coagulum par le filtre et, après égouttage, on lave par trois additions successives de 50$^{cm^3}$ d'alcool absolu, en ayant soin de fermer la douille de l'entonnoir, d'agiter le précipité et de briser les grumeaux avec une baguette, avant de laisser écouler l'alcool. Les trois liquides alcooliques sont réunis et évaporés au bain-marie ; le résidu est repris par un mélange d'alcool et d'éther, et celui-ci évaporé ; le nouveau résidu est traité par de la potasse ou de la baryte pour décomposer la lécithine, qui, ainsi qu'il a été dit plus haut, constitue une combinaison d'acide glycérophosphorique, avec des acides gras et des bases azotées ; il se forme un savon de potasse ou de baryte dont les acides gras sont mis en liberté par l'acide nitrique, et séparés ; on évapore à sec la liqueur qui renferme du glycérophosphate de potasse ou de baryte, avec une petite quantité de phosphate ordinaire ; on ajoute 10$^{cm^3}$ d'acide azotique concentré ; on achève d'oxyder par le permanganate, et l'on redissout l'oxyde de manganèse formé par de l'azotite de soude ; on chasse les vapeurs nitreuses à l'ébullition et l'on précipite par le nitromolybdate d'ammoniaque ; le précipité de phosphomolybdate obtenu est transformé, par les procédés ordinaires, en pyrophosphate de magnésie; le poids de celui-ci, multiplié par 1,549, donne la quantité d'acide phosphoglycérique provenant de la lécithine.

Dosage de la nucléone. — Wittmaak (*Soc. ch.*, 1897, t. XVIII, p. 942) dose la nucléone, dont il a été parlé également, en étendant 1^l de lait de cinq fois son volume d'eau, en l'acidifiant par l'acide acétique en présence d'acide carbonique ; la caséine est coagulée ; puis on sépare l'albumine et la globuline à l'ébullition ; on précipite ensuite les phosphates par le chlorure de calcium et l'ammoniaque ; on ajoute du perchlorure de fer et de l'ammoniaque à l'ébullition ; le précipité formé sous l'influence de ces réactifs renferme la nucléone ; on le lave à l'eau, puis à l'alcool, puis à l'éther; on y dose l'azote par le procédé Kjeldahl, et le chiffre d'azote trouvé, multiplié par 6,12, donne le poids de nucléone.

DOSAGE DE L'ACIDE CITRIQUE.

On a vu plus haut le rôle que joue l'acide citrique dans la solubilisation des matières minérales et des phosphates en particulier; il y a donc intérêt, pour des études spéciales, à pouvoir doser celui-ci. La seule méthode pratique est celle de Denigès (*Ann. de Ch. et de Ph.*, 7ᵉ série, t. XVIII, 1899, p. 419).

Cette méthode repose sur la transformation de l'acide citrique, par les oxydants et spécialement le permanganate de potassium, en acide acétonedicarbonique $CH^2.CO^2H — CO — CH^2.CO^2H$, et sur l'insolubilisation de celui-ci par le sulfate mercurique, à l'état d'un composé complexe renfermant 2^{mol} d'acétonedicarbonate de mercure et 1^{mol} de sulfate de mercure. Cette réaction permet de déceler jusqu'à 1^{mg} d'acide citrique par litre.

Si l'on se contente de rechercher l'acide citrique qualitativement, on prend 10^{cm^3} de lait que l'on caille avec 2^{cm^3} de métaphosphate de sodium et 3^{cm^3} d'une solution acide de sulfate de mercure à 50^g d'oxyde de mercure par litre ; on filtre et, à la liqueur bouillante, on ajoute une solution de permanganate de potassium à 2 pour 100 ; l'addition de 4 à 5 gouttes de cette liqueur donne un trouble, qui se transforme, si l'on continue à verser le permanganate, en un précipité blanc, légèrement caillebotté. Un excès de réactif colore le précipité en jaune brun, par suite d'un dépôt d'oxyde de manganèse, que l'on peut faire disparaître par l'eau oxygénée.

On peut doser approximativement l'acide citrique, comme l'a indiqué Denigès, en mesurant le temps que met à se former, toutes conditions égales d'ailleurs, le précipité mercurique, ou bien en comparant le trouble que donne celui-ci au trouble que fournissent des liqueurs titrées d'acide citrique, traitées de la même façon.

Beau a proposé (*Revue générale du lait*, 1903-1904, p. 385) de doser l'acide citrique, en filtrant, sur de l'amiante, le précipité mercurique, en redissolvant celui-ci par l'acide chlorhydrique, et en dosant ensuite le mercure fixé par la méthode cyanimétrique de Denigès, dont il a été question plus haut, à propos des matières albuminoïdes. Il faut opérer sur 50^{cm^3} de lait, que l'on caille au moyen du sulfate de mercure, que l'on filtre après l'avoir étendu à 200^{cm^3} ; on prend alors 100^{cm^3} du filtrat, correspondant à 25^{cm^3} de lait ; la quantité de mercure trouvée doit être multipliée par 0,38 pour connaître le poids d'acide citrique contenu dans le lait. On peut également, au lieu de redissoudre le précipité, le sécher à l'étuve ; le poids de la matière sèche multiplié par 0,271 donne le poids d'acide citrique.

DOSAGE DE L'ACIDITÉ.

Il est indispensable dans les laiteries et fromageries, ainsi qu'on le verra plus loin, de mesurer l'acidité du lait ; celle-ci est en rapport avec son degré d'altération et, de plus, elle détermine la quantité de présure à ajouter au caillage en fromagerie, et détermine également le degré auquel il convient de chauffer le caillé, dans la fabrication du gruyère.

Un dosage acidimétrique, c'est-à-dire l'addition au lait d'une solution de soude étendue et titrée, en présence d'un indicateur coloré, permet de déterminer l'acidité du lait avec la plus grande précision.

Vaudin (*Soc. ch.*, t. VII, 1892, p. 283) a préconisé comme indicateur l'emploi de la phénolphtaléine, qui est incolore en liqueur neutre et donne, en présence d'un excès de soude, une coloration rouge.

Dornic a rendu ce dosage de l'acidité pratique pour les laiteries, en imaginant un appareil portatif, composé d'une pipette de 10^{cm^3}, d'un tube à essai, d'un flacon muni d'une pipette graduée et contenant de la soude titrée, et d'un flacon contenant l'indicateur, c'est-à-dire une solution de phénolphtaléine. La liqueur alcaline renferme exactement $4^g,445$ de soude par litre et chaque centimètre cube de cette liqueur correspond à 1^{mg} d'acide lactique. Quand 10^{cm^3} de lait sont saturés par 18^{cm^3} de liqueur de soude, c'est que ces 10^{cm^3} renferment 18^{mg} d'acidité comptés en acide lactique, et l'on dit que ce lait marque 18° acidimétriques.

Schaffer a combiné (*Journ. ind. lait.*, 1894, p. 18), pour servir au dosage de l'acidité, un appareil formé d'un tube gradué portant à chacune de ses extrémités un renflement cylindrique, fermé d'un bout, ouvert de l'autre, mais susceptible d'être fermé par un bouchon ; ce renflement inférieur se termine par une petite ampoule. La partie graduée du tube, entre les deux renflements, porte douze divisions, divisées elles-mêmes en dixièmes. On commence par introduire dans l'ampoule de la phénolphtaléine, puis on verse du lait de façon à remplir la capacité inférieure jusqu'au trait zéro ; on ajoute alors de la liqueur de soude titrée jusqu'à ce que le liquide contenu dans la partie cylindrique devienne rose par l'alcalinisation de la phénolphtaléine ; on agite entre chaque addition, puis on lit sur le tube gradué l'augmentation de volume, c'est-à-dire la quantité de liqueur de soude ajoutée.

Pessé a simplifié l'appareil (*Journ. ind. lait.*, 1894, p. 198), en mettant sur le tube gradué un trait qui correspond au lait normal ;

toute addition de soude au delà de ce trait indique une altération acide du lait.

DOSAGE DES CENDRES TOTALES ET DE LEURS ÉLÉMENTS.

Le dosage des cendres totales n'offre aucune difficulté ; il suffit d'évaporer dans une capsule de platine 20^{cm^3} de lait et de calciner le résidu.

Dans les cendres, on peut doser l'acide phosphorique, le chlore, l'acide sulfurique, la chaux, la magnésie, l'alumine, le fer, etc.; il faut alors préparer une plus grande quantité de cendres, et suivre les procédés classiques ; ces procédés, il semble inutile de les décrire ici ; ils ne sont pas spécialement applicables au lait, et d'ailleurs ne sont jamais pratiqués pour se rendre compte de la valeur et de la qualité du lait.

III. — COMPOSITION CENTÉSIMALE DU LAIT DES DIFFÉRENTS ANIMAUX. INFLUENCES QUI FONT VARIER CETTE COMPOSITION.

COMPOSITION MOYENNE DES LAITS.

Les études qui ont été faites plus haut des éléments contenus dans le lait et du dosage de ces éléments permettent maintenant d'établir la composition de ce liquide.

Les nombreuses variations que cette composition présente sont sous la dépendance directe des conditions physiologiques auxquelles l'animal est exposé; mais, quel que soit l'écart que présentent les proportions relatives des éléments du lait, on peut fixer des moyennes ou mieux encore chercher entre quelles limites ces proportions s'établissent, et c'est par cet examen qu'il convient de commencer.

Il ne faudrait pas croire, d'ailleurs, que tous les animaux, vaches, brebis, ânesses, etc., fournissent un lait identique; et il convient de faire une monographie de chacun d'eux, en laissant de côté le lait de femme, et en ne retenant que ceux qui sont l'objet d'une exploitation alimentaire ou industrielle.

Tous les chiffres d'analyse qui seront cités plus loin expriment, en grammes, la quantité des divers matériaux contenue dans 100^{cm^3} de lait.

Lait de vache. — Les analyses qui fixent la composition du lait de vache sont innombrables; les plus anciennes sont dues à Poggiale (*C. R.,* t. XXVIII, 1849, p. 505), à Boussingault (1857, voir *Mon. scient.,* 1891, p. 5), à Marchand (*C. R.,* t. XLVIII, 1859, p. 413), etc., et il faut reconnaître qu'elles concordent très bien avec celles qui ont été publiées depuis, et auxquelles le lecteur aura à se reporter au cours de ce Chapitre.

De toutes ces analyses on peut déduire que le lait de vache présente la composition suivante (LEZÉ, *Ind. du lait,* p. 49) :

Pour 100$^{cm^3}$ de lait.

Matière grasse	3,50	à	5,5
Lactose	4,00	à	5,25
Matières azotées	3,50	à	5,00
Matières minérales	0,60	à	0,75
Extrait	11,60	à	16,50
Densité	1029	à	1033

Voici, d'autre part, la moyenne adoptée par le Conseil d'hygiène et le Laboratoire municipal, en 1885 (*Mon. scient.,* 1891, p. 120) :

Pour 100$^{cm^3}$ de lait.

Matière grasse	4,0
Lactose	5,0
Matières azotées	3,4
Matières minérales	0.6
Extrait	13,0
Densité	1033

A côté de ces Tableaux, il y a lieu de faire figurer la composition centésimale des matières minérales. Le *Dictionnaire de Wurtz* (article : *Lait,* p. 194) résume, d'après différents auteurs, cette composition en grammes pour 100$^{cm^3}$ de lait :

	Pfaff et Schwartz.	Haidlen.	Marchand.	Filhol et Joly.
Chlorure de sodium	»	0,034	0,046	0,081
» de potassium	0,135	0,183	0,099	0,341
Phosphate de chaux	0,180	0,344	0,346	0,387
» de soude	0,022	»	»	»
» de magnésie	0,017	0,064	0,066	0,087
» de fer	0,003	0,007	0,025	traces
Carbonate de soude	0,011	0,045	0,067	»

Mais ces matières minérales ne sont pas toutes dans le même état physique, et Duclaux a recherché leur répartition en distinguant les éléments en suspension, faciles à séparer par une filtration sur une bougie de porcelaine, et les éléments en solution (*Ann. Inst. Pasteur,* 1893, p. 2) :

Lait de Norvège, pour 100$^{cm^3}$.

	Éléments en suspension.	Éléments en solution.
Alumine et fer.............	0,003	0,002
Magnésie.................	0,006	0,011
Chaux	0,127	0,051
Acide phosphorique	0,125	0,088
Autres éléments...........	0,037	0,302
	0,298	0,454
	0,752	

Les sels dont les éléments ont été ainsi dosés peuvent être groupés de la façon suivante :

	En suspension.		En solution.
Phosphate de fer et d'alumine...	0,006	Phosphate de chaux....	0,107
Phosphate de magnésie.........	0,013	Phosphate de soude....	0,104
Phosphate de chaux...........	0,235		
	0,254		0,211

Contrairement à ce qui a lieu pour les éléments organiques, la quantité de cendres totales du lait de vache est très constante, ainsi que l'a annoncé Méhu (*Ch. médicale,* 2ᵉ édition, p. 169). Duclaux a donné pour le lait de différentes vaches du Cantal les chiffres de 0,75, 0,78, 0.76, 0,80, 0,70, 0,75 pour 100$^{cm^3}$ (*Le lait,* p. 186). Vaudin a confirmé ces recherches (*J. Ind. lait,* 1897, p. 374) et a montré, en analysant des laits de provenances très diverses, que la constante s'établit entre 0,70 et 0,80 pour les cendres totales, et pour la quantité de phosphate terreux de chaux, de magnésie et de fer précipitables par l'ammoniaque entre 0,33 et 0,40 pour 100 :

Pays où le lait a été recueilli.	Matières minérales pour 100$^{cm^3}$.	Phosphates terreux pour 100$^{cm^3}$.
Chaumont............	0,73	0,33
Lens................	0,76	0,37
Gènes..............	0,77	0,34

Pays où le lait a été recueilli.	Matières minérales pour 100cm³.	Phosphates terreux pour 100cm³.
Milan	0,77	0,34
Hambourg	0,80	0,35
Alexandrie	0,78	0,41
New-York	0,77	0,34
Yucatan	0,77	0,38
Haïti	0,74	0,35
Lima	0,77	0,34

Les phosphates terreux sont, ainsi qu'il a été dit déjà, en partie dissous par le citrate de soude; la quantité d'acide citrique dosé par Soxhlet (*Mon. scient.*, 1890, p. 211) serait de 0,09 à 0,11 pour 100 du lait.

La quantité d'acide phosphorique ne se répartit pas uniformément dans le lait; quand on laisse crémer celui-ci, on constate que la crème enlève proportionnellement moins d'acide phosphorique et plus de lécithine qu'elle n'en laisse dans le lait. D'après Marcas et Haumann (*Rev. gén. du lait*, 1901, p. 61), un lait entier qui renferme 0,186 pour 100 d'acide phosphorique est susceptible de fournir une crème contenant 0,138 pour 100 d'acide phosphorique, alors que le lait écrémé restant est riche à 0,200 pour 100; si l'on admet que la crème représentait 10 pour 100 du lait, on voit que, sur les 0ᵍ,186 d'acide phosphorique total, 0ᵍ,014 sont passés dans la crème et 0ᵍ,172 restent dans le lait écrémé.

Les conclusions de Bordas et de Raczkowski (*C. R.,* t. CXXXIII, 1901, p. 354) sont les mêmes au sujet de l'acide phosphorique, mais elles montrent, au contraire, que les lécithines sont spécialement retenues par la crème.

	Pour 100cm³ de lait.		
	Lait type.	Lait écrémé.	Crème.
Acide phosphorique total	0,176	0,184	0,096
Acide phosphoglycérique	0,012	0,004	0,069

Lait de brebis. — Le *Dictionnaire de Wurtz* relève les chiffres d'analyse fournis par différents expérimentateurs (article : *Lait,* p. 199), par Chevalier et Henry, par Doyère, par Marchand, par Gorup-Basanez. Leurs analyses concordent avec celles qui ont été publiées par Filhol et Joly (*C. R.,* t. XLVII, 1858, p. 1013) et qui se rapportent au lait de brebis de races différentes.

Pour 100cm³.

| | Dishley. | | | | | |
	I.	II.	Southdown.	Mérinos.	Lauraguais.	Tarascon.
Matière grasse......	5,00	3,70	4,00	7,60	10,40	10,40
Lactose...........	5,80	5,35	4,61	4,37	4,16	4,16
Matières azotées	7,50	7,90	6,50	9,02	8,30	8,05
Matières minérales..	0,70	0,55	0,69	0,61	0,16	0,16

Trillat et Forestier ont fait une étude très complète des laits fournis par les brebis de la région de Roquefort (*C. R.*, t. CXXXIV, 1902, p. 1517), et ont obtenu des chiffres figurés ici par la moyenne de leurs nombreuses analyses .

Pour 100cm².

	Région de la Besse (terrains granitiques).	Région d'Esplas (terrains schisteux).	Région de Roquefort (terrains argilo-calcaires).	Région de la Cavalerie (terrains calcaires).
Matière grasse......	7,40	7,42	6,98	7,18
Lactose...........	5,37	5,35	5,53	5,26
Matières azotées	6,18	5,87	5,54	5,12
Matières minérales...	1,02	0,93	0,96	1,02
Extrait...........	20;03	19,58	18,90	18,56

La quantité de chaux contenue dans ces laits, malgré la différence de nature du sol où les brebis ont vécu, n'a varié que dans des limites faibles de 0,238 à 0,256 pour 100.

Lait de chèvre. — La composition du lait de chèvre a été étudiée par Chevalier et Henry, par Marchand, par Doyère, par Filhol et Joly: les analyses de ces savants sont résumées dans le *Dictionnaire de Wurtz* (article : *Lait*, p. 199).

Il suffit de donner ici trois analyses de lait de chèvre faites par Féry (*Études sur le lait*, Paris, 1884); les chiffres ci-dessous représentent la moyenne des résultats obtenus en 24 heures :

Pour 100cm³.

Matière grasse.........	6,91	5,46	6,64
Lactose..............	5,23	5,34	4,51
Matières azotées.......	4,25	3,73	4,25
Matières minérales.....	0,92	0,77	1,05
Extrait..............	17,29	15,43	16,51
Lait sécrété en 24 heures.	650cm³	1240cm³	500cm³

L.

Lait de jument. — Le lait de jument présente, d'après Filhol et Joly et d'après Delluc (*Ann. Ch. analyt.*, 1904, p. 227), la composition suivante :

	Pour 100cm³.	
	Filhol et Joly.	Delluc.
Matière grasse..............	2,15	1,40
Lactose....................	5,20	6,47
Matières azotées............	3,00	2,68
Matières minérales..........	0,60	0,35
Extrait....................	10,95	10,90

Lait de chamelle. — Diverses analyses de lait de chamelle ont été publiées par Chaput, Delluc, Barthe; elles ont été résumées par celui-ci (*J. Pharm. et Ch.*, t. I, 1905, p. 386) :

	Pour 100cm³.
Matière grasse...................	5,38
Lactose........................	3,26
Matières azotées	2,98
Matières minérales...............	0,70
Extrait........................	12,22

Si l'on peut se contenter de ces moyennes au point de vue industriel comme au point de vue alimentaire, quand il s'agit de reconnaître si le lait acheté présente des garanties de pureté, il est intéressant de pousser plus loin les recherches relatives à cette composition, quand varient les races auxquelles des vaches appartiennent, quand se succèdent les époques de lactation, quand se modifient les conditions d'alimentation, de stabulation et de travail, etc.

La littérature laitière possède de très nombreux documents sur ces questions fort intéressantes; mais il convient de reconnaître que ces documents, élaborés par les auteurs avec la plus grande précision, ne nous amènent pas en général à des conclusions absolues; ceux qui sont relatifs à la composition du lait selon les époques de la lactation, selon les périodes de travail ou de repos, présentent assez de netteté; ils étaient les plus faciles à établir; mais ceux qui relèvent de l'alimentation, de l'influence de la race, du tempérament, etc., conduisent à des résultats plus flottants; les chimistes se sont heurtés là à une des questions les plus difficiles de la Physiologie, qui n'est pas plus résolue pour l'alimentation bovine que pour l'alimentation humaine.

INFLUENCE DE LA RACE.

Il est incontestable que les vaches de différentes races n'ont pas la même capacité de production, ne fournissent pas, toutes conditions égales d'ailleurs, la même quantité de lait.

Voici, d'après Cornevin (*Prod. du lait,* p. 55. Paris, Gauthier-Villars), le rendement annuel de plusieurs races bovines, placées dans de bonnes conditions alimentaires :

Races.	Rendement annuel.
Hollandaise	3400
Durham	3200
Flamande	3100
Holstein et Oldenbourg	3000
Schwitz	2800
D'Ayr	2750
Cottentine	2700
Fribourgeoise	2400
Montbéliarde	2400
Simmenthal	2300
D'Angeln	2200
D'Algau	2200
Jersiaise	2200
Norvégienne	2000
Auvergnate	2000
Pinzgau	2000
Tarentaise	1900
Murzthal	1900
Bressane	1800
Femeline	1800
Lourdaise	1700
Bretonne	1600
Jutlandaise	1550
Limousine	1550
Charolaise	1500
Gasconne	1500
Hongroise	700
Des steppes russes	650

Ces constatations, ainsi que celles qui suivent, ne sauraient cependant engager les producteurs à des essais d'acclimatation, qui sont souvent infructueux.

Il est plus difficile de caractériser les races d'après la composition de leur lait; on sait, par exemple, que certaines sont plus *beurrières* que d'autres : les Normandes, les Hollandaises, les Suisses, les Jersiaises donnent un lait plus gras que les Charolaises et les Bretonnes ; mais les expériences comparatives manquent de certitude; car elles sont influencées par les diverses causes qui seront étudiées dans la suite de ce Chapitre et spécialement par les variations individuelles.

On sait aussi que certaines autres, comme les Fribourgeoises, Bernoises, Auvergnates, Normandes, Limousines, Femelines, Tarentaises, Salers, sont plus *fromagères* que d'autres, les Flamandes, Hollandaises, Suédoises, etc. (CORNEVIN, *loc. cit.*, p. 59).

Il faut donc se borner à enregistrer les résultats obtenus par des opérateurs consciencieux qui se sont mis, autant que possible, à l'abri de ces causes d'erreur, en choisissant des vaches dans des conditions aussi analogues que possible, nourries de la même façon.

Les plus anciennes expériences sont dues à Marchand (*C. R.*, t. XLVIII, 1859, p. 413), qui a étudié le lait de deux vaches, Normande et Durham, placées dans des conditions identiques :

	Pour 100$^{cm^3}$.	
	Normande.	Durham.
Matière grasse..............	5,60	5,30
Lactose....................	5,00	5,10
Matières azotées............	3,40	2,90
Matières minérales..........	0,80	0,80

Girard, Lhôte et Magnier de la Source ont déposé, en 1891 (*Mon. scient.*, 1891, p. 5 et 120) un rapport au Tribunal de la Seine, dans lequel on relève les essais suivants qu'ils ont poursuivis sur trois vaches de races différentes, nourries de la même façon (drêche, foin et tourteaux) :

	Pour 100$^{cm^3}$.		
	Hollandaise.	Suisse.	Normande.
Matière grasse............	3,65	3,45	4,00
Lactose...................	4,74	4,74	4,48
Matières azotées..........	3,00	3,78	3,82
Matières minérales........	0,60	0,72	0,60
Extrait...................	11,99	12,70	12,90
Densité...................	1029,7	1031,9	1030,8
Lait produit en 24 heures...	22 à 24^l	15 à 16^l	12 à 14^l

Il ressort de ce Tableau un fait connu des producteurs, c'est que les

Hollandaises fournissent plus de lait, mais un lait moins riche que les Normandes.

Les résultats obtenus par Gautrelet (*Rech. sur laits alim.*, Vichy, 1892) sont également à retenir :

Pour 100$^{cm^3}$.

	Normande.	Jersiaise.	Charolaise.	Morvandelle.	Suisse.	Bretonne.
Matière grasse.....	5,11	6,10	3,72	3,61	4,66	3,71
Lactose..........	5,85	4,85	5,86	4,62	4,94	5,01
Matières azotées...	3,40	3,92	3,50	2,85	3,10	2,90
Matières minérales.	0,77	0,82	0,66	0,53	0,56	0,60
Extrait	15,13	15,20	13,95	11,92	13,58	12,56

Ce dernier Tableau confirme l'infériorité au point de vue beurrier des vaches Charolaise et Bretonne; mais il est bien difficile de classer les autres races, les variations étant de l'ordre de celles que donne l'individualité. Cependant ces trois groupes d'analyses concordent pour affirmer les hautes qualités des Normandes.

VARIATIONS INDIVIDUELLES.

Il est évident que, toutes conditions égales d'ailleurs, les vaches d'une même race ne présentent pas toutes les mêmes qualités laitières et beurrières.

Malpeaux et Dorez nous montrent (*Ann. agr.*, 1901, p. 449) neuf vaches, de même race et nourries de la même façon, fournissant des quantités de lait variables, inégalement riche en matière grasse :

	Moyenne des teneurs en beurre du lait pendant un mois.	Pendant un mois.	
		Lait produit.	Beurre produit.
		l	kg
1...............	3,59	780	28
2...............	3,61	360	10
3...............	3,34	330	11
4...............	3,49	520	18
5...............	3,45	590	20
6...............	2,76	650	18
7...............	3,76	450	17
8...............	3,45	624	22
9...............	2,89	480	14

On voit par cet exemple que des animaux de même race, placés dans des conditions identiques, peuvent fournir des quantités de beurre très différentes, variant, pour la production d'un mois, de 10^{kg} à 28^{kg}. Il n'y a donc pas seulement des races beurrières, mais il y a des individualités beurrières, et il convient de tenir compte de ce fait quand on veut établir, par des expériences, l'influence que possèdent, vis-à-vis de la composition du lait, les différents facteurs qui vont être examinés.

On se contente d'ordinaire, quand on étudie l'individualité, de rechercher les variations de la matière grasse; mais il y a lieu également d'étudier celles des autres éléments; car les quantités de lactose et de matières azotées varient dans les mêmes limites. Les quantités de matières minérales semblent plus fixes; mais, en réalité, leur proportion est trop faible pour que les variations s'accusent nettement.

Il en est de même de l'acidité; celle-ci varie peu d'un sujet à l'autre parce que les nombres qu'elle représente sont faibles, mais il semble prouvé cependant que l'acidité reste constante, pendant toute une année, pour une vache déterminée. D'après Dornic (*Rev. gén. du lait*, 1901, p. 218), la vache possède, pour ainsi dire, une acidité individuelle; le Tableau suivant indique la moyenne des acidités relevées, pour trois vaches, pendant un mois entier; les acidités sont comptées en degrés Dornic :

	Juin.	Juillet.	Août.	Septembre.
I.	17 à 19	17 à 19	17 à 18	17 à 18
II.	18 à 19	17 à 19	18 à 19	18 à 20
III.	18 à 21	18 à 20	18 à 20	18 à 19

VARIATIONS JOURNALIÈRES.

Un autre facteur vient apporter encore une perturbation dans l'échantillonnage du lait destiné aux expériences; c'est la variation journalière. Une même vache ne produit pas chaque jour la même quantité de lait et la même quantité de beurre.

Ce fait est mis en évidence par les chiffres que l'on relève dans un travail très étendu de Touchard et Bonnétat (*Ind. lait.*, 1905, p. 16 et 27).

		Traite du matin.		
		Poids de la traite. kg	Matière grasse pour 100.	Beurre produit. g
	9 mars.	9,300	3,00	279
	10 »	8,800	3,15	277
1.	11 »	9,050	2,94	265
	12 »	9,300	3,51	326
	13 »	8,500	4,39	374

Traite du matin.

	Poids de la traite.	Matière grasse pour 100.	Beurre produit.
9 mars	2,600	4,80	124
10 »	2,650	3,25	86
11 »	2,650	4,76	126
12 »	2,650	5,11	135
13 »	2,100	3,46	72

(rows bracketed under **II.**)

INFLUENCE DE L'ÂGE, DU NOMBRE DE PARTS, ET DE L'ÉPOQUE DE LA LACTATION.

L'activité de la glande mammaire et, par conséquent, son rendement en lait, ne reste pas invariable pendant toute la durée de la vie d'une vache; elle augmente avec l'âge, depuis le premier vêlage, qui a lieu à 2 ans et demi, jusqu'à son sixième environ, c'est-à-dire jusqu'à 8 ou 9 ans; à partir de ce moment, elle décline (CORNEVIN, *loc. cit.*, p. 70, et WALDMANN, *Soc. nat. d'Agric.*, 1890, p. 441).

C'est ce qui résulte des études faites par Fleischmann sur des vaches de la race d'Algau :

Nombre de parturitions.	Quantité de lait fourni par an.
1	1530
2	1790
3	1970
4	2140
5	2303
6	2350
7	2122
8	1880
9	1650
10	1190
11	950
12	820
13	600
14	480

La quantité d'extrait et de matière grasse diminue avec l'âge de la vache et le nombre de veaux qu'elle a eus (HENRY, *Journ. ind. lait.*, 1898, p. 191).

La durée de la lactation est extrêmement variable; elle est sous la dépendance de la race et de l'individualité. Certaines vaches, comme celles de la Savoie, de la Tarentaise, sont de bonnes laitières, mais elles tarissent brusquement six mois après leur parturition; d'autres, comme les vaches Normandes, prolongent leur lactation jusqu'au vêlage suivant.

Cornevin estime que l'on peut diviser de la façon suivante la durée moyenne de la lactation chez les vaches de l'une ou de l'autre catégorie (*loc. cit.*, p. 106) :

	Vaches ne conservant pas bien leur lait.			Vaches conservant bien leur lait.		
	Nombre de jours.	Rendement en l. 24 heures.	Rendement par période.	Nombre de jours.	Rendement par 24 heures.	Rendement par période.
Première période..	25	14	350	30	10	300
Deuxième période.	75	10	750	95	8	760
Troisième période.	140	5	700	95	6	570
Quatrième période.	»	»	»	80	4	320
	240		1800	300		1950
	ou 8 mois			ou 10 mois		

Deux mois environ avant le vêlage, on voit s'écouler du pis de la vache un liquide que Lassaigne a le premier signalé (*Ann. de Ph. et de Ch.*, 2ᵉ série, t. XLIX, 1832, p. 31), et dans lequel il a constaté la présence d'une grande quantité d'albumine; ce liquide n'est pas encore le colostrum proprement dit; il en est le précurseur.

Houdet a fait une étude très complète (*Ann. Inst. Past.*, 1894, p. 506) de ce liquide et du colostrum.

Ce liquide, dont l'apparition précède celle du colostrum proprement dit, se présente, tantôt sous la forme visqueuse, tantôt sous la forme fluide. Dans le premier cas, il ressemble à du miel; sa teinte est brune, parfois rosée, par suite de la présence de globules sanguins; il se prend en masse sous l'influence de la chaleur, à la façon de l'albumine, précipite, par l'acide acétique, les sels de mercure, l'alcool, mais ne se coagule pas par la présure. Dans le second cas, il renferme de petits globules gras, des corpuscules granuleux, que Donné a signalés le premier dans le colostrum (*C. R.*, t. V, 1837, p. 397) et qui semblent, d'après Pouchet, être constitués par des cellules de la glande mammaire. Il précipite légèrement par la chaleur et par les réactifs indiqués plus haut. La composition chimique de ces deux liquides est, d'après Houdet, représentée, pour 100ᶜᵐ³, par les chiffres ci-dessous :

		Pour 100^{cm³}.	
		Liquide visqueux.	Liquide fluide.
Matière grasse..............................		»	0,15
Lactose.....................................		»	0,80
Matières azotées...........	En solution.......	22,74	1,38
	En suspension....	14,12	4,39
Matières minérales autres que	En solution.......	traces	0,24
le phosphate de chaux.....	En suspension....	traces	0,14
Phosphate de chaux.........	En solution.......	»	0.08
	En suspension....	»	0,03
		36,86	7,21

Dans les quatre ou cinq jours qui précèdent le part, ces liquides disparaissent pour faire place au colostrum proprement dit. Celui-ci est un liquide épais, gluant, d'une saveur âcre et albumineuse, d'une couleur jaunâtre, que les globules sanguins rendent quelquefois rosé ou rouge brique. La réaction est tantôt acide, tantôt neutre et tantôt alcaline. Il renferme des globules gras, des corps granuleux de Donné et des leucocythes. Il coagule par la chaleur, l'acide acétique, l'alcool et les sels de mercure; il donne par la potasse un précipité verdâtre et gélatineux; il caille par la présure. Ce n'est qu'au bout d'une quinzaine de jours, après le vêlage, qu'il perd peu à peu ses caractères spéciaux et reprend les caractères du lait normal.

La composition du colostrum a été déterminée par Houdet, à trois époques successives; comme dans le cas précédent, Houdet a eu soin de séparer par la méthode de Duclaux, c'est-à-dire par une filtration à travers une bougie de porcelaine, les éléments en suspension et les éléments en solution.

		Pour 100^{cm³}.		
		Six jours avant le part.	Aussitôt après le part.	Quatre jours après le part.
Matière grasse..............................		0,50	3,01	3,14
Lactose.....................................		2,55	3,17	2,70
Matières azotées..........	En solution.....	0,47	0,45	0,25
	En suspension...	17,13	12,08	14,53
Matières minérales (Phosp.	En solution.....	0,08	0,15	0,14
de chaux déduit)........	En suspension...	0,28	0,25	0,28
Phosphate de chaux.......	En solution.....	0,11	0,10	0,11
	En suspension...	0,33	0,37	0,35

D'autres analyses, moins complètes, ont été publiées autrefois par Boussingault (*Agron. et Ch. agricole*, t. IV, 1868, p. 194), et plus récemment par Vaudin (*Soc. ch.*, t. XI, 1894, p. 622) et par Rolet (*Bull. Soc. Enc. Ind. nat.*, t. I, 1901, p. 644 et 792, et t. II, p. 74).

Ce qui ressort des chiffres obtenus par les différents expérimentateurs, quand on les compare à ceux qui représentent la composition du lait, plusieurs jours après le part, c'est que le colostrum renferme, en général, plus de matière grasse.

Cette première différence a été mise en évidence par Malpeaux et Dorez (*loc. cit.*) qui ont analysé, six jours et trente jours après le part, le lait de cinq vaches différentes :

	Teneur en matière grasse pour 100 cm³.	
	Six jours après le part.	Trente jours après le part.
1...................	4,43	4,16
2...................	3,35	2,95
3...................	3,95	3,15
4...................	3,40	3,35
5...................	3,15	3,30

En outre, le colostrum présente une quantité faible de lactose. Mais c'est surtout sur la teneur en matières azotées que la différence se porte, puisque l'on rencontre des colostrums riches à 17 et 18 pour 100 de matières azotées. La quantité de matières azotées solubles est plus élevée que dans les laits; cela résulte des travaux de Houdet et de Simon, dont les chiffres sont cités ci-dessous; Lindet et Ammann (*loc. cit.*) ont filtré du colostrum sur du kaolin, et ils ont dosé dans le sérum 1^g,650 pour 100 de matières azotées solubles, alors que, dans le sérum de lait filtré dans les mêmes conditions, on n'en trouve pas plus de 0^g,650 pour 100. De plus cette matière azotée avait un pouvoir rotatoire de —63°, au lieu de —72°, ce qui indique, d'après ce qui a été dit plus haut, une prédominance de l'albumine sur le phosphocaséinate de chaux.

Le colostrum renferme enfin plus de cendres et plus de phosphates.

Les analyses suivantes, dues à Rolet (*loc. cit.*), à Dornic (*loc. cit.*), montrent de quelle façon progressive s'abaisse la teneur du lait en matière grasse, en matières azotées, en matières minérales et en acidité, au fur et à mesure que le lait devient normal. On trouvera dans la suite de ce Chapitre les recherches de Boussingault et Lebel relatives à l'alimentation, et l'on constatera que leurs résultats concordent avec ceux-ci.

	Mai (Rolet).					
Pour 100ᶜᵘⁱ.	11.	12.	13.	17.	24.	27.
Matière grasse	5,30	3,14	2,85	3,00	3,42	3,72
Lactose	2,76	3,98	4,56	4,85	4,81	4,76
Matières azotées	10,09	5,06	4,38	3,60	3,64	4,03
Matières minérales	0,98	0,91	0,89	0,82	0,76	0,72
Densité	1043	1036	1035	1033	1033	1033
Acidité	35	25	25	25	25	24

	Mars (Dornic).						
	10.	11.	12.	13.	14.	15.	17.	21.
Matière grasse	7,90	6,00	3,80	2,10	4,40	3,80	3,60	3,50
Matières minérales	1,17	0,90	0,95	0,94	0,92	»	0,88	0,81
Densité	1054	1034	1034	1037	1034	1036	1035	1035
Acidité	47	31	27	27	27	27	25	23

A la fin de la lactation, l'acidité de ce lait est tombée à 14°.

Les chiffres donnés par Houdet (*loc. cit.*) sont encore plus intéressants, en ce sens qu'ils font la distinction entre les éléments en suspension et les éléments en solution :

Pour 100ᶜᵐ³.	12 nov. (jour du part).	13 nov.	14 nov.	15 nov.	16 nov.	18 nov.	20 nov.	28 nov.
Matière grasse	5,69	4,48	5,70	7,40	3,20	4,20	4,10	3,85
Lactose	3,30	4,05	4,32	4,26	4,44	4,64	4,96	5,03
Matières azotées (en solution	0,51	0,93	1,98	2,41	0,56	1,19	0,48	0.58
Matières azotées (en suspension	14,05	5,21	3,52	3,45	5,20	4,02	3,56	3,74
Phosphate de chaux (en solut.	0,12	0,10	0,20	0,21	0,14	0,20	0,13	0,15
Phosphate de chaux (en susp.	0,39	0,33	0,23	0,22	0,26	0,18	0,27	0,20
Mat. minérales autres (en solut.	0,10	0,12	0,45	0,40	0,30	0,29	0,30	0,36
Mat. minérales autres (en susp.	0,44	0,31	»	»	»	»	»	»

Ces analyses montrent, comme les précédentes, qu'au fur et à mesure de la transformation du colostrum en lait, la matière grasse diminue et que le sucre augmente. La matière azotée, très importante au début, s'abaisse, les matériaux en suspension plus rapidement que les matériaux en solution. Le phosphate de chaux et les autres sels, solubles et insolubles, sont abondants au début, mais ils diminuent graduellement, et, vers le troisième jour, il n'y a plus en suspension que le phosphate de chaux.

Quant à l'acidité, elle est liée à la présence de la matière albuminoïde, et il n'est pas étonnant qu'elle diminue avec celle-ci.

Il est intéressant de suivre la composition du lait pendant toute une lactation; c'est ce qu'a fait Rolet (*loc. cit.*). Les premiers chiffres du Tableau suivant répètent ceux qui ont été cités plus haut à propos de l'analyse du colostrum; les autres représentent la moyenne des essais faits au cours de chaque mois pendant 13 mois consécutifs :

	1899.						
Pour 100cm³.	Mai.	Juin.	Juillet.	Sept.	Oct.	Nov.	Déc.
Matière grasse..........	3,47	3,31	3,59	5,10	4,25	3,84	4,51
Lactose............... ..	4,54	5,00	4,89	4,72	4,60	4,60	4,68
Matières azotées........	5,62	3,33	3,03	3,75	3,60	3,80	3,74
Matières minérales......	0,92	0,73	0,76	0,73	0,80	0,79	0,79

	1900.				
	Janv.	Fév.	Mars.	Avril.	Mai.
Matière grasse..........	4,14	3,86	3,82	4,49	3,78
Lactose.......	4,73	4,68	4,77	4,69	3,27
Matières azotées........	3,78	3,74	3,63	3,73	4,26
Matières minérales..,...	0,79	0,77	0,79	0,79	0,86

D'autre part, la diminution progressive des matières azotées, spécialement abondantes dans le colostrum, et surtout de ce qui peut être, sous les réserves indiquées ci-dessus, dosé comme albumine et globuline, a été mise en relief par Simon (*Rev. gén. du lait,* 1901, p. 150) :

	Pour 100cm³.			
	Vache I.		Vache II.	
Jours.	Caséine.	Albumine et Globuline.	Caséine.	Albumine et Globuline.
1er...............	6,08	13,82	5,78	12,13
2e...............	3,26	1,87	5,35	11,54
3e...............	3,32	1,13	5,37	12,04
4e............... .	3,41	2,23	4,98	11,16
5e...............	3,42	0,58	4,05	7,25
6e...............	3,21	0,62	3,43	6,92
7e....	3,03	0,66	2,96	0,71
8e...............	3,23	0,69	»	»
9e...............	3,07	0,64	»	»
10e et 11e	2,96	0,63	»	»

Cette diminution varie d'ailleurs d'une vache à l'autre, ainsi que le montre le Tableau ci-dessus.

On a vu plus haut, d'après les chiffres cités, que les matières minérales se présentent en plus grande quantité dans le colostrum que dans le lait normal. Mais, comme l'a fait remarquer Vaudin (*Soc. ch.,* t. XI, 1894, p. 622), la proportion des matières protéiques du colostrum est telle que, malgré cette haute teneur en sels, le rapport des matières minérales aux albuminoïdes est, dans le lait, supérieur à ce qu'il est dans le colostrum.

L'élévation du chiffre qui exprime le pourcentage des matières minérales est due en partie aux phosphates, ainsi qu'il résulte des observations de Vaudin, de Houdet, citées plus haut, et du travail de Trunz (*Rev. gén. du lait,* 1904-1905, p. 114). Le même fait a été signalé par Bordas et de Raczkowski (*C. R.,* 1902, t. CXXXIV, p. 302); la teneur en phosphore du lait dépend de l'âge de celui-ci; le taux d'acide phosphorique total diminue de $0^g,218$ à $0^g,148$ pour 100, et celui des lécithines de 0,019 à 0,010.

La quantité de chlore semble, d'après Clément Schulte (*Bull. off. renseign. agricoles,* 1903, p. 1253), augmenter avec la durée de la lactation. D'après Trunz (*loc. cit.*), la quantité de potasse augmente jusqu'au deuxième mois, puis s'abaisse; la chaux se maintient en quantités constantes pendant toute la lactation, et la magnésie se montre abondante dans le colostrum pour diminuer, puis reparaître en fin de lait.

L'attention de Vaudin (*loc. cit.*) s'est portée également sur la présence des sulfates dans le colostrum et dans le lait; la veille et le jour du vêlage, ceux-ci atteignent $0^g,045$ à $0^g,060$ par litre; ils diminuent progressivement, et le lait normal n'en renferme plus que de $0^g,015$ à $0^g,025$.

INFLUENCE DE L'ALIMENTATION.

Il est évident que l'alimentation de la vache laitière assure non seulement la quantité et la richesse du lait, mais influe également sur la quantité de beurre et de fromage fabriqués avec ce lait. Il en est de même des eaux employées au breuvage.

Les travaux relatifs à l'influence qu'exerce l'alimentation sur la quantité de lait sécrétée et sur la qualité de ce lait sont extrêmement nombreux; beaucoup sont entachés d'erreurs; les expérimentateurs ne se sont pas mis à l'abri des influences diverses qui pouvaient contrarier les résultats; néanmoins certains de ces travaux peuvent fournir des renseignements intéressants et conduire à des conclusions.

Il y a lieu de distinguer les expériences relatives à l'emploi des aliments aqueux, à l'alimentation en matières grasses, en matières hydrocarbonées, en matières azotées et en matières salines, spécialement en phosphates.

Emploi des aliments aqueux. — En général, l'introduction des aliments aqueux dans la ration de l'animal détermine une augmentation de sécrétion.

Il en est de même de l'introduction de l'eau, sous forme de boisson. L'observation n'est pas nouvelle, et on la trouve consignée dans les *Géorgiques* (¹), où Virgile conseille de donner des herbes salées aux vaches, de façon à irriter leur soif et à gonfler leurs pis.

D'après Boussingault (*Agron. chim. agric. et physiol.*, t. V, 1871, p. 386), le sel ne possède pas d'autre rôle que d'assoiffer la vache, et n'excite pas la sécrétion quand on règle la quantité qu'elle doit boire.

Gautrelet signale un exemple (*loc. cit.*) de l'influence de l'addition brusque d'une grande quantité d'eau dans l'alimentation.

	Pour 100 cm³.	
	Alimentation normale.	Après avoir bu un seau d'eau.
Matière grasse	3,75	2,74
Lactose	5,94	4,62
Matières azotées	2,85	2,31
Matières minérales	1,11	0,65
Extrait	13,53	10,32

D'après Cornevin (*Prod. du lait*, Paris, Gauthier-Villars), l'eau doit être donnée chaude et, dans ces conditions, on a pu augmenter de 1ˡ,400 la production laitière d'une vache; le lait n'a pas été analysé, mais il devait être naturellement plus pauvre en matières extractives; la sécrétion se fait aux dépens de la qualité du lait.

L'influence des aliments hydratés a été étudiée autrefois par Dancel (*C. R.*, t. LXI, 1865, p. 243, et t. LXIII, 1866, p. 475).

La substitution des fourrages verts aux fourrages secs augmente la sécrétion, mais diminue la quantité d'extrait et la teneur centésimale du lait en matière grasse.

(¹)   *Ipse manu salsasque ferat praecepibus herbas,*
             Hinc et amant fluvios magis, et magis ubera tendunt.

                                                    (*Géorgiques*, v. 394-395).

Une expérience, due à Waldmann (*Soc. nat. d'Agric.*, 1890, p. 441), apporte la vérification du même principe; une vache qui fournissait 20^l de lait, quand elle était à l'herbage et s'y nourrissait de fourrages verts, n'en donnait plus que 13^l,500 quand elle était rentrée à l'étable, où elle recevait des fourrages secs; mais la richesse du lait en matière grasse avait passé de 3,20 à 3,80 pour 100.

Ces observations conduisent à l'étude comparative des différents fourrages verts, c'est-à-dire aqueux, au point de vue de l'alimentation de la vache laitière; là on rencontre beaucoup d'opinions, qui ne paraissent pas toujours assises sur de nombreuses expériences.

Ce qui est incontestable, c'est que le pâturage réalise les meilleures conditions alimentaires; le lait y est abondant et suffisamment substantiel. Mais le pâturage n'a qu'une saison et il faut avoir souvent recours aux fourrages artificiels.

D'après Malpeaux et Dorez (*Ann. agr.*, 1901, p. 449), le trèfle, le sainfoin, la luzerne, la minette, les feuilles de betteraves, le maïs-fourrage donnent à peu près les mêmes résultats, et ne conviennent guère à la production beurrière; la vesce et l'avoine en vert augmentent plutôt la sécrétion; il en est de même des feuilles de betteraves et des betteraves fourragères; la luzerne fournit un beurre de médiocre qualité; la vesce et l'avoine, un beurre mou.

On donne souvent aux vaches des drèches ou vinasses de distillerie; celles-ci produisent un lait comparable à celui que donnent les fourrages verts (Institut de laiterie de Proskau).

Pour 100$^{cm^3}$.	Lait de 45 vaches hollandaises,	
	nourries au vert.	nourries à la vinasse.
Matière grasse................	3,23	3,14
Extrait......................	11,59	11,56

Rôle des matières grasses. — La première idée qui vient à l'esprit, quand on songe à l'alimentation de la vache laitière, c'est que l'on a tout à gagner d'une suralimentation en matière grasse.

Les premiers chimistes, qui se sont occupés de la question, jugeaient nécessaire de faire figurer, dans la ration, des fourrages renfermant de la matière grasse; on tendait à admettre, en effet, que celle-ci passait tout entière dans le lait. Boussingault (*C. R.*, t. XVI, 1843, p. 345) avait récolté, pendant un an, le lait de sept vaches, et il avait calculé d'une part la quantité de graisse renfermée dans leur ration de foin et de trèfle, et, d'autre part, la quantité de beurre qu'elles avaient fournie; les deux nombres étaient assez rapprochés pour qu'il en conclût que la matière grasse du fourrage se transformait entièrement en beurre. Il faisait remarquer en outre que les vaches, soumises à l'engraissement, perdaient leur lait; la matière grasse du fourrage prenait une autre direction et formait les rognons adipeux. Ses idées étaient soutenues par la haute autorité de Dumas et de Payen.

Boussingault concluait en disant que l'emploi des tourteaux, qui renferment toujours une assez grande quantité d'huile, devait entrer dans l'alimentation de la vache laitière; leur emploi augmentait le rendement en beurre; mais il constatait que celui-ci devenait mou et prenait souvent l'odeur du tourteau.

Dans un Mémoire antérieur, en collaboration avec Lebel (*C. R.*, t. VII, 1838, p. 1019), Boussingault comparait diverses rations, prises sous le même équivalent; mais ses expériences portaient sur toute une année et les résultats se sont trouvés influencés par la durée de la lactation.

Plus tard, en 1846-1847, il reprit la même idée (*Agron. chim. agr. et physiol.*, t. V, 1871, p. 144 et 391) et montra que le foin, qui renferme environ 2 pour 100 de matière grasse, donne plus de beurre que les betteraves ou les pommes de terre, prises sous le même équivalent alimentaire.

On sait aujourd'hui que les sucres, que les hydrates de carbone sont susceptibles de donner, par leurs transformations, des matières grasses, et que, pour un sujet bien nourri, l'alimentation aux fourrages gras n'augmente en rien la quantité de beurre élaborée.

On possède de nombreuses preuves de cette assertion.

Malpeaux et Dorez (*Ann. agr.*, 1901 p. 449) classent les tourteaux commerciaux, au point de vue de la qualité du beurre fourni, dans l'ordre suivant : coton, coprah, lin, sésame, colza, œillette. Quelle va être l'influence de ces tourteaux dans l'alimentation de la vache laitière? Malpeaux et Dorez (*loc. cit.*) ont donné, à une même vache, des feuilles de betteraves pendant une période, des racines et des tourteaux pendant une autre; les tourteaux ont apporté en outre de la matière azotée, dont le rôle sera étudié plus loin; le Tableau ci-dessous montre que si le lait, dans la seconde période, s'est trouvé plus riche en matière grasse, il a été sécrété en moindre quantité, et qu'en réalité la production de matière grasse a été la même; l'huile du tourteau n'a pas enrichi le lait.

Feuilles de betteraves.			Racines et tourteaux.		
Lait sécrété en 24 heures.	Matière grasse pour 100 du lait.	produite en 24 heures.	Lait sécrété en 24 heures.	Matière grasse pour 100 du lait.	produite en 24 heures.
9ˡ,00	3,66	329ᵍ,4	8ˡ,00	3,98	318ᵍ,4
9ˡ,60	3,46	332ᵍ,1	8ˡ,60	3,78	325ᵍ,0

Dans une expérience relatée ci-dessous, Malpeaux et Dorez (*loc. cit.*) ont même constaté que non seulement l'excès de matières grasses n'amenait aucun changement, mais encore diminuait quelquefois la production du beurre, en troublant l'alimentation de l'animal. Ils ont, à quatre périodes différentes, donné à deux vaches des quantités croissantes de tourteaux de sésame.

	Tourteau de sésame.	Lait sécrété en 24 heures.	Matière grasse pour 100 du lait.	produite en 24 heures.
	kg	l		g
I. 1ʳᵉ période.........	1	13,6	3,21	436
2ᵉ »	2	12,9	2,77	357
3ᵉ »	3	12,5	2,45	306
4ᵉ »	5	11,4	2,38	271
II. 1ʳᵉ période.........	1	8,8	3,82	336
2ᵉ »	2	8,7	2,86	337
3ᵉ »	3	8,6	3,75	322
4ᵉ »	5	8,0	3,84	307

On ne doit pas, d'après Malpeaux et Dorez, donner aux vaches plus de 1ᵏᵍ à 1ᵏᵍ,500 de tourteau, sous peine d'avoir une crème difficile à baratter.

Un autre exemple de l'indifférence qu'exerce, au point de vue de l'enrichissement du lait en matière grasse, l'introduction des tourteaux, peut être relevé dans les travaux de Brunel et Goussier (*Le fromage de Géromé,* Paris, 1890): une vache a reçu, pendant quatre périodes successives, des rations différentes, mais équivalentes au point de vue alimentaire; dans les deux dernières rations figuraient les tourteaux; cet exemple est consigné dans le Tableau ci-dessous :

Pour 100cm³.

	1°	2°	3°	4°
	Regain de prairie.	Fourrage ensilé. 35kg Foin............. 5	Foin de prairie... 15kg Betteraves........ 6 Paille hachée..... 2 Tourteau de maïs. 1	Foin de prairie. . 10kg Regain... .... 5 Betteraves........ 6 Paille hachée..... 2 Tourteau de maïs. 1
Mat. grasse......	3,6	3,1	3,2	3,8
Lactose........	4,8	5,0	5,1	5,0
Mat. azotées	3,6	2,9	3,1	3,4
Mat. minérales..	0,65	0,58	0,70	0,60
Densité	1031,5	1030,0	1032,0	1031,5

D'autre part, Wing (*Ann. agr.*, 1896, p. 94), répondant à des expériences exécutées par Van Dreser, a montré qu'en ajoutant à la ration de vaches une quantité de suif qu'il a élevée jusqu'à 900g par jour, on ne change en rien la proportion de matière grasse contenue dans le lait.

Cependant, comme il est juste d'enregistrer ici même les opinions contraires à celles qui viennent d'être énoncées, les expériences de la station laitière d'Hohenheim (*Rev. gén. du lait*, 1901-1902, p. 87) ont conduit les opérateurs à admettre que les tourteaux de sésame et d'arachide augmentent la teneur du lait en matière grasse.

On voit combien ces expériences, relatives à l'alimentation, sont délicates, puisqu'elles conduisent des observateurs consciencieux à des opinions contraires. Mais il reste acquis que, dans la plupart des cas, les matières grasses n'ont pas exercé d'influence sur la production beurrière, et que la suralimentation grasse a été plutôt nuisible, ce qui est d'accord avec la théorie générale de l'alimentation, dont il sera fait mention plus bas.

Rôle des hydrates de carbone et des matières azotées. — On possède peu de documents sur ce rôle des hydrates de carbone (amidons et fécules) et des matières azotées vis-à-vis de la production laitière.

Le travail le plus remarquable, fait dans cet ordre d'idées, est celui de Jordan, Jeutner et Euller (*Ann. agr.*, 1902, p. 584). L'expérience a consisté à donner à une vache, pendant des périodes successives, en même temps une ration de foin, paille d'avoine et farine de riz, riche en amidon, et une ration de résidus d'amidonnerie (gluten de maïs), renfermant de notables proportions de matières azotées et de matières grasses. Les auteurs ont eu soin de mélanger les deux rations en quantités inégales, puis d'augmenter la plus faible en diminuant la plus forte, et de revenir, par un jeu inverse, au point de départ, c'est-à-dire à la composition des rations du début.

	Lait sécrété en 24 heures.	Matière grasse	
		pour 100 du lait.	produite en 24 heures.
1ʳᵉ *période* (12 jours), teneur maxima du fourrage en gluten, minima en farine de riz.....	15,2	3,70	562 ᵍ
2ᵉ *période* (10 jours), diminution du gluten, augmentation de farine de riz.............	13,6	3,92	533
3ᵉ *période* (10 jours), diminution nouvelle du gluten, augmentation nouvelle de farine de riz.	12,9	3,87	499
4ᵉ *période* (10 jours), teneur minimum en gluten.....................................	11,8	4,01	473
5ᵉ *période* (10 jours), augmentation du gluten, diminution de la farine de riz.............	11,9	4,05	482
6ᵉ *période* (10 jours), nouvelle augmentation du gluten, nouvelle diminution de la farine de riz..................................	12,0	4,11	493
7ᵉ *période* (10 jours), teneur maxima en gluten, minima en farine de riz (point de départ)...	11,9	4,08	485

La teneur du lait en beurre a augmenté; mais cette augmentation est indépendante de l'apport de matière azotée; elle est en rapport avec la diminution de sécrétion; le fait est fréquent, et la quantité de beurre fournie, c'est-à-dire le produit du volume du lait sécrété par la teneur en beurre de ce lait, se rapproche d'un chiffre constant.

L'acidité des laits n'est guère influencée par l'alimentation; ce fait résulte des études de Vaudin (*Soc. chim.*, 1892, p. 283 et 483), qui a fait de nombreuses mesures d'acidité sur le lait d'un troupeau normand, soumis, à différentes époques de l'année, à une alimentation variée; les acidités sont traduites en grammes d'acide phosphorique anhydre par litre de lait. Les chiffres peuvent être comparés à ceux qui expriment les acidités Dornic, dont il a été fait mention plus haut; 1ᵍ d'acide phosphorique anhydre, par litre, correspond sensiblement à 19° Dornic.

	P^2O^5 pour 100ᶜᵐ³.
Pâturage et trèfle incarnat (mai-juin)...............	0,098 à 0,134
Trèfle, avoine verte et colza (août)................	0,080 à 0,100
Avoine verte et vesce (août)......................	0,088 à 0,132
Paille, foin, tourteau de colza et coton (février)......	0,088 à 0,128
Pulpe de betteraves, paille, foin, son (février).......	0,100 à 0,136

Rôle des sels. — On ne change guère non plus par une suralimentation saline la dose des matières minérales, contenues dans un lait. De nombreux essais ont été faits autrefois dans des vacheries industrielles pour augmenter la teneur en phosphates du lait, en fournissant aux vaches du phosphate de chaux; la question est fort intéressante, puisqu'elle permettrait, si elle était résolue, de présenter à l'alimentation humaine et surtout à l'alimentation enfantine, un lait spécialement reconstituant. Duclaux a montré (*Ann. Inst. Pasteur,* 1893, p. 2) qu'il n'en est rien et que les laits vendus alors sous l'étiquette de laits phosphatés et préparés comme tels, ne renferment pas plus de phosphates que les laits ordinaires :

	Lait ordinaire			Lait phosphaté.	
Pour 100ᶜᵐ³.	du Cantal.	de Norvège.	de Normandie.	I.	II.
Phosphate de chaux.........	0,337	0,329	0,311	0,336	0,350
Acide phosphorique en excès.	0,065	0,062	0,051	0,073	0,063
Autres sels................	0,346	0,359	0,388	0,357	0,337
	0,748	0,750	0,750	0,766	0,750

L'addition à la ration de chaux, de fer, de chlore et d'acide phosphorique, donnés sous leur forme la plus assimilable, a été étudiée par Clément Schulte (*Bull. office renseig. agricoles,* 1903, p. 1253); ces matières minérales n'ont aucune influence ni sur la quantité de lait sécrété, ni sur la teneur en beurre de celui-ci. On peut toutefois, en donnant de la chaux ou du phosphate de chaux, en donnant également du chlorure de sodium, augmenter très légèrement la teneur des cendres en calcium et en chlore.

D'autre part les essais de Vaudin (*Journ. ind. lait.,* 1897, p. 374) qui ont consisté à doser les cendres et les phosphates terreux, de chaux, de magnésie et de fer, précipitables par l'ammoniaque, dans des laits, fournis sous l'influence d'alimentations variées, montrent que ces deux éléments conservent une fixité presque absolue.

Rations.	Matières minérales pour 100.	Phosphates terreux pour 100.
Orge cuite, son, tourteaux.....	0,78	0,38
Arachide, paille, betteraves.....	0,77	0,38
Seigle vert...................	0,75	0,36
Nourriture verte..............	0,74	0,34
»	0,71	0,34
»	0,78	0,37
Trèfle incarnat................	0,81	0,41

D'ailleurs, comment en serait-il autrement? On oublie trop volontiers que les éléments minéraux drainés par le lait, comme, d'ailleurs, les éléments organiques, sont en quantité minime par rapport à ceux que la nourriture apporte aux animaux, et que la plus grande partie de ceux-ci est utilisée à la réparation de leurs tissus. Orla Jensen a fait cette remarque en s'appuyant sur les analyses comprises dans le Tableau ci-dessous (*Annuaire agr. de la Suisse*, 1905) et qui présentent les quantités d'éléments minéraux contenus d'une part dans une ration journalière de 16ᵏᵍ de foin, d'une autre dans une production journalière de 10ᵏᵍ de lait.

	16ᵏᵍ de foin renferment en moyenne :	10ᵏᵍ de lait renferment en moyenne :
	g	g
Oxyde de fer	15,5	0,1
Chaux	158,5	17,0
Magnésie	71,3	1,7
Potasse	251,4	17,0
Soude	45,5	4,4
Chlore	71,9	9,5
Acide phosphorique	60,6	20,0

On remarque que c'est en général l'acide phosphorique qui fait défaut dans le fourrage désigné ci-dessus, puisque le lait emporte le $\frac{1}{3}$ environ de l'acide phosphorique fourni, tandis qu'il n'emporte que $\frac{1}{10}$ de la chaux, $\frac{1}{20}$ de la magnésie, etc. C'est donc la dose d'acide phosphorique qu'il semble y avoir le plus d'intérêt à forcer. C'est dans cet ordre d'idées qu'ont été présentés, au Congrès international de laiterie de 1905, divers travaux, entre autres de Pellet, qui préconise les fourrages riches en phosphates, ou l'addition aux fourrages d'acide phosphorique ou de phosphates assimilables, et de Wagner qui conseille d'augmenter la teneur des fourrages en acide phosphorique par l'emploi des engrais phosphatés et calcaires; le fait de l'enrichissement des fourrages par l'engrais n'est pas prouvé (GUILLARD, *C. R. du Congrès*, p. 49).

D'ailleurs les expériences d'Orla Jensen (*loc. cit.*) montrent que les modifications en excès dans la ration inorganique n'ont aucune influence sur la composition minérale du lait sécrété.

Le jeûne. — Lami a montré (*C. R.*, t. LXXXIX, 1879, p. 261) qu'une vache soumise au jeûne fournit un lait appauvri en matières grasses et en lactose et enrichi au contraire en matières azotées, présentant une certaine analogie avec le lait des carnivores; la conclusion de

Lami, à savoir que l'animal se nourrit de sa propre substance et devient carnivore, semble un peu hasardée. Voici d'ailleurs les résultats de ses analyses qui n'ont d'intérêt qu'au point de vue physiologique :

	Pour 100cm³.	
	Avant le jeûne.	Après le jeûne.
Matière grasse......................	4,40	4,10
Lactose...	5,00	3,90
Matières azotées et matières minérales..	4,20	6,20

Conclusions. — On peut, en réalité, en faisant la part des incertitudes que de semblables expériences entraînent, résumer les résultats qui viennent d'être exposés, en disant, avec Malpeaux et Dorez (*loc. cit.*) qu'il n'y a pas d'aliments susceptibles de modifier la composition du lait ; que l'on doit éviter les aliments trop concentrés qui poussent à la viande, et choisir des aliments suffisamment aqueux, qui augmentent au contraire la sécrétion lactée ; que toute suralimentation de la vache, en vue d'obtenir une surproduction du lait et des différents éléments du lait, est inutile et souvent nuisible en ce sens qu'elle pousse à la graisse et ralentit la lactation ; que la vache doit prendre toute la quantité de matière alimentaire que son organisme est susceptible d'assimiler, sans ressentir de troubles intestinaux, et que dans ce cas la production laitière est maxima, sans que la composition du lait soit sensiblement modifiée ; qu'il convient alors de choisir de bons sujets capables d'assimiler beaucoup, de façon à produire beaucoup ; que les aliments doivent être calculés en quantité et en qualité, d'après leur prix d'achat, pour que les frais d'alimentation soient toujours couverts par le prix des produits obtenus.

La conséquence de ces observations est qu'un cultivateur soucieux de ses intérêts doit sélectionner son troupeau, non pas en se basant sur les caractères extérieurs de l'animal, mais sur la mesure de la quantité de lait obtenue chaque jour par la vache qui est soumise à l'examen, et sur le dosage de la matière grasse, contenue dans celui-ci.

Ces conclusions sont d'ailleurs celles qui ont été apportées au Congrès international de laiterie (Paris, 1905), par Malpeaux et Alquier.

INFLUENCE DE LA FRÉQUENCE DES TRAITES.

Il est intéressant de savoir si la fréquence des traites est de nature à modifier le lait en quantité et en qualité. Waldmann (*loc. cit.*) a reconnu que le rendement de chacune des traites de la journée est à peu près proportionnel au temps écoulé entre chacune d'elles.

Lami, qui a abordé cette question (*C. R.*, t. LXXXIX, 1879, p. 259), a montré qu'en multipliant le nombre de traites, on favorise, par une gymnastique fonctionnelle, la production des globules butyreux. Il a été conduit à ces conclusions par une expérience faite sur deux vaches à la fois et qui a consisté à donner, à l'une et à l'autre, la même nourriture pendant trois périodes de 10 jours, séparées par des intervalles de 50 jours. Pendant la première période on faisait deux traites, trois traites pendant la seconde et deux traites pendant la troisième.

Cette manière de faire, qui consiste à répéter pendant la troisième période ce qui a été fait pendant la première, a l'avantage que l'on peut prendre la moyenne des chiffres obtenus pendant ces deux périodes pour les comparer à ceux obtenus pendant la seconde, et éliminer ainsi la cause d'erreur, due aux variations de composition que l'on constate au fur et à mesure que la vache s'éloigne du moment où elle a mis bas. Les Tableaux suivants montrent que la matière grasse a augmenté pendant la période où l'on soumettait la vache à trois traites en 24 heures. Il en est de même du lactose; la teneur en matières azotées a plutôt diminué.

Pour 100 cm³.	Vache suisse.		Vache hollandaise.	
	Moyenne de la 1re et de la 3e périodes (2 traites).	2e période (3 traites).	Moyenne de la 1re et de la 3e périodes (2 traites).	2e période (3 traites).
Matière grasse	3,48	4,67	4,25	4,71
Lactose	4,20	4,14	4,60	5,45
Matières azotées	2,56	2,40	4,19	3,23
Volume du lait en 24 heures	7,95	8,42	9,86	10,28

Cet excès de matière grasse et de sucre n'est pas lié à une diminution de la sécrétion, comme cela a lieu fréquemment; au contraire chacune des vaches a fourni plus de lait pendant la période aux trois traites que pendant la période aux deux traites.

Lepoutre (*Rev. gén. du lait,* 1904-1905, p. 428) a confirmé ces résultats en montrant que, si l'on fait traire les quatre quartiers à la fois par deux personnes, on obtient plus de lait que quand une même personne épuise successivement les quatre trayons; la traite exerce une action excitatrice sur la sécrétion lactée.

INFLUENCE DU TRAVAIL.

C'est une croyance générale qu'une vache, appelée à travailler, fournit un lait moins riche que si elle était au repos; il semble en effet naturel d'admettre qu'elle brûle, en travaillant, une partie des matériaux qu'elle utiliserait à élaborer son lait, dans les conditions ordinaires. Le lait est moins savoureux, moins délicat; le fait n'est pas douteux, mais la composition s'est-elle en même temps modifiée ?

Gautrelet (*loc. cit.*) a admis que le travail diminue, dans le lait, le pourcentage des différents éléments; il s'appuie sur l'exemple suivant :

	Pour 100 cm³.	
	Avant le travail.	Après le travail.
Matière grasse	4,02	3,80
Lactose	4,82	4,43
Matières azotées	2,91	2,79
Matières minérales	0,75	0,76
Extrait	12,52	11,75

D'autres expériences, très bien établies, prouvent non pas le contraire, mais le peu d'influence qu'exerce l'effort du travail sur la composition du lait.

Dornic (*Journ. ind. lait.*, 1896, p. 113) cite l'expérience suivante : deux vaches, dont l'une n'a jamais cessé de travailler, dont l'autre a travaillé rarement, donnent du lait de composition sensiblement égale; on les met toutes deux au même travail; aucun effet ne se produit sur la composition du lait, mais la qualité du lait se modifie sensiblement; en outre le lait, depuis que les vaches travaillent, caille facilement.

Stillich a montré cependant (*Journ. agr. prat.*, t. I, 1898, p. 125) que la teneur du lait en beurre diminue par le travail, mais qu'en multipliant celle-ci par la quantité de lait sécrétée, on obtient un chiffre constant; l'animal fournit tout autant de beurre.

	Période de repos.			Période de travail.		
	Lait sécrété en 24 heures.	Matière grasse pour 100 du lait.	Matière grasse en 24 heures.	Lait sécrété en 24 heures.	Matière grasse pour 100 du lait.	Matière grasse en 24 heures.
N° 1	8ˡ,4	4,38	368ᵍ	9ˡ,2	4,01	369ᵍ
N° 2	4ˡ,2	4,28	180ᵍ	4ˡ,4	4,17	183ᵍ

D'après le même auteur, le travail diminue la teneur du lait en matières azotées, diminue également la quantité de matières azotées sécrétées en 24 heures.

	Période de repos.		Période de travail.	
	Matières azotées pour 100 du lait.	Matières azotées en 24 heures.	Matières azotées pour 100 du lait.	Matières azotées en 24 heures.
Vache n° 1........	2,90	266^g	2,35	197^g

Il est difficile de tirer des conclusions d'expériences légèrement contradictoires, et l'on peut admettre provisoirement que, si le travail exerce une influence sur la composition du lait, c'est surtout sur les matières azotées que se porte cette influence.

INFLUENCE DES CONDITIONS ATMOSPHÉRIQUES.

Malpeaux et Dorez (*loc. cit.*) ont reconnu que l'humidité atmosphérique, en diminuant la sécrétion de la peau, augmente la sécrétion lactée. Les pluies froides l'arrêtent au contraire et appauvrissent le lait en matières grasses.

Cornevin (*loc. cit.*) confirme ce fait; les pertes sont d'autant plus faibles que l'atmosphère est plus humide, et atteignent au contraire leur maximum, dans des climats secs et chauds, où l'air est sans cesse renouvelé. Le climat des régions voisines de la Manche et d'une partie de la mer du Nord convient beaucoup mieux à l'élevage que certaines régions desséchées du Midi, de l'Espagne et de l'Algérie.

Pour la même raison, on conçoit que l'étable ne doit être ni trop chaude, ni trop aérée; les meilleurs résultats sont ceux que l'on obtient dans les étables dont la température est d'environ 12°.

INFLUENCE DE LA CASTRATION.

D'après Cornevin, la castration influe sur la teneur du lait en lactose et la diminue d'ordinaire.

Martin a étudié de près cette question (*Journ. industr. lait.*, 1890, p. 258, 268). Si la vache est saine, le lait n'est pas sensiblement modifié dans sa composition par la castration. Celle-ci ne change pas la quantité de lait sécrétée, mais rend la production plus régulière et donne au lait une saveur plus agréable. Si la vache est taurelière et si cette affection est la cause unique de la mauvaise qualité de son lait, on voit la proportion de matière grasse et la proportion de caséine se relever du fait de la castration ; la proportion de lactose ne semble pas se modifier.

INFLUENCE DU RUT.

Malpeaux et Dorez (*loc. cit.*) n'ont pas constaté de différence notable, ni dans la quantité de lait produit, ni dans la composition de celui-ci, pendant les périodes de rut ; le lait sécrété pendant ces périodes tourne plus facilement.

Vaches.	Avant le rut.		Pendant le rut.		Après le rut.	
	Lait produit en 24 heures.	Matière grasse pour 100 du lait.	Lait produit en 24 heures.	Matière grasse pour 100 du lait.	Lait produit en 24 heures.	Matière grasse pour 100 du lait.
1.....	16,5	3,05	16,0	2,95	16,0	3,05
2.....	18,0	3,65	17,5	3,60	17,0	3,60
3.....	16,0	3,90	15,0	3,75	16,0	3,80
4.....	22,0	3.60	21,0	3,50	21,0	3,55

Rolet (*loc. cit.*) a annoncé que, pendant le rut, l'acidité est plus élevée, ce qui expliquerait son altérabilité.

Fascetti (*Rev. gén. du lait*, 1904-1905, p. 385) considère que la quantité de lait sécrétée diminue légèrement au moment où la vache manifeste sa chaleur, que la matière grasse et les albuminoïdes tendent à augmenter, et que la teneur en lactose reste constante.

INFLUENCE DU MOMENT DE LA TRAITE.

On trait en général les vaches deux fois par jour, le matin et le soir ; plus rarement trois fois.

La traite du matin est souvent plus abondante que celle du soir, surtout à fin de lait (ROLET, *loc. cit.*).

Pendant le premier tiers de la lactation, la densité de la traite du matin est plus forte que celle de la traite du soir ; les deux densités sont sensiblement égales pendant le second tiers, puis, à la fin de la lactation, c'est la traite du soir qui devient plus dense que celle du matin (ROLET, *loc. cit.*).

L'acidité du lait des deux traites est sensiblement égale. Il en est de même de la teneur de ces deux traites en matières azotées et en lactose.

C'est surtout sur la teneur en matière grasse des traites successives que se sont portées les recherches. D'une façon générale, on peut dire que, quand un animal est trait deux fois par 24 heures, la traite du matin est moins riche en matière grasse que celle du soir; et, quand il est trait trois fois, la traite intermédiaire de midi est encore supérieure aux deux autres.

Il convient de citer ici toutes les expériences qui méritent d'être retenues; celles de Fleichmann présentent, pour la traite du matin et celle du soir, des chiffres de matière grasse sensiblement égaux; celles de Martin montrent le lait du matin plus riche que celui du soir; les autres exemples fournis donnent, au contraire, la supériorité aux laits du soir et surtout aux laits de midi.

Essais de Fleischmann. (Quatre vaches.)

	Race.	Matin.	Soir.
	Meklimbourg	3,12	3,01
Matière grasse	Breitenbourg	3,39	3,43
pour 100^{cm3} de lait.	Angevine	3,42	3,27
	Frise orientale	3,19	3,03
	Moyenne	3,27	3,18

Essais de Martin.

(Six vaches à deux époques différentes.) (*Journ. ind. lait.*, 1898, p. 370.)

	Matière grasse pour 100^{cm3} de lait.			
	4 mai.		4 juin.	
Vaches.	Matin.	Soir.	Matin.	Soir.
1	4,00	4,20	4,60	3,85
2	4,10	4,00	4,30	4,10
3	4,30	3,50	4,05	3,90
4	3,90	3,50	3,90	3,70
5	3,75	3,15	3,55	3,60
6	3,30	2,70	3,30	2,65
Moyenne	3,89	3,51	3,96	3,63

Essais de Van Engelen et Wauters.

Moyenne du lait de douze vaches (*Journ. ind. lait.*, 1900, p. 161.)

Pour 100^{cm3} de lait.	Matin.	Soir.
Matière grasse	3,62	3,84
Matières azotées	5,48	5,52
Matières minérales	0,62	0,62
Extrait	12,85	13,05

Essais de Rolet.

Moyenne de 40 analyses faites pendant une période de 12 mois,
sur deux vaches (*loc. cit.*).

Vaches.	Matière grasse pour 100$^{cm^3}$ de lait.	
	Matin.	Soir.
1	3,53	3,80
2	3,54	4,09

Essais de Malpeaux et Dorez.

Sept vaches (*loc. cit.*), traites trois fois en 24 heures.

Vaches.	Matière grasse pour 100$^{cm^3}$ de lait.		
	Matin.	Midi.	Soir.
1	2,1	3,5	3,5
2	3,0	3,7	3,4
3	2,7	3,3	3,0
4	3,9	5,3	4,8
5	2,9	3,2	3,0
6	2,8	3,2	3,1
7	3,0	4,1	3,3
Moyenne	2,9	3,7	3,4

Essais de Féry.

25 analyses du lait de sept vaches hollandaises (*Mon. scient.*, 1891, p. 122).

Pour 100$^{cm^3}$ de lait.	Matin.	Midi.	Soir.
Matière grasse	2,50	4,72	3,63
Lactose	5,21	5,32	5,22
Matières azotées	2,72	2,72	2,96
Matières minérales	0,66	0,57	0,65
Extrait	11,44	13,53	12,62

Vaudin (*loc. cit.*) a constaté que l'acidité des laits ne varie pas aux différentes traites.

MODIFICATION DE LA COMPOSITION AU COURS DE LA TRAITE.

Reiset a, le premier (*Comptes rendus*, 1848, t. XXVII, p. 441), signalé ce fait très curieux, que la composition du lait au début de la traite n'est pas la même qu'à la fin; ainsi que le montre le Tableau ci-dessous, où se trouve résumée la composition d'une traite, dont les échantillons ont été prélevés à six moments successifs, les premières portions tirées sont pauvres en matière grasse; le lait arrive ensuite de plus en plus gras, surtout quand la traite touche à sa fin.

	Début.				Fin.	
Pour 100$^{cm^3}$ de lait.	I.	II.	III.	IV.	V.	VI.
Matière grasse.....	1,70	1,76	2,10	2,54	3,14	4,08
Extrait...........	10,47	10,75	10,87	11,23	11,63	12,67

On peut citer, d'autre part, d'après Villiers et Collin (*Falsif. et alt. des mat. alim.*, p. 566) des analyses plus complètes dues à Lajoux, et qui montrent que, de tous les éléments du lait, la matière grasse est seule sujette à des variations.

Pour 100$^{cm^3}$ de lait.	Au début.	Au milieu.	A la fin.
Matière grasse.........	1,19	2,13	4,31
Lactose...............	5,13	5,34	5,13
Matières azotées........	3,17	3,62	3,34
Matières minérales......	0,51	0,56	0,53
Extrait................	10,00	11,65	13,31

Pour expliquer l'inégalité dans la distribution de la matière grasse des différentes portions de la traite, Reiset a admis que le lait crème dans la mamelle de l'animal; cette hypothèse est en contradiction avec les données physiologiques; les conduits galactophores où s'accumule le lait n'ont pas une capacité égale au volume du lait que l'on tire à chaque traite; ce phénomène est en relations avec les phénomènes de sécrétion lactée qui sont encore peu connus, et dont l'étude sort d'ailleurs du cadre de ce Volume.

Il prouve, en tout cas, avec quel soin il convient non seulement de traire à fond, mais aussi de mélanger, à chaque traite, le lait du début et le lait de la fin, si l'on veut avoir, par l'analyse, une idée exacte de la valeur de la traite, et beaucoup d'expériences publiées sont certainement, malgré les soins apportés par les opérateurs, entachées de cette cause d'erreur.

Une expérience, rapportée par Cornevin (*loc. cit.*, p. 166), montre que l'on obtient un excédent de rendement en lait, quand on épuise les trayons; cinq vaches ont été soumises, pendant deux périodes de quinze jours, à une traite ordinaire, puis à une traite à fond; dans le premier cas, la moyenne, par 24 heures et par vache, a été de 5^{kg},240, et dans l'autre, de 6^{kg},940 de lait.

Lajoux a constaté également (*loc. cit.*, p. 567) une cause d'erreur qui rend l'échantillonnage du lait très difficile. Il a reconnu que les quatre pis de la vache ne fournissent pas le même lait, au début d'une même traite.

Pour 100$^{cm^3}$ de lait.	Pis droit		Pis gauche	
	antérieur.	postérieur.	antérieur.	postérieur.
Matière grasse.........	1,68	1,31	1,28	0,79
Lactose..............	4,29	4,91	4,33	5,34
Matières azotées......	3,61	3,70	3,37	3,55
Matières minérales....	0,68	0,56	0,66	0,57
Extrait..............	10,21	10,48	9,64	10,25

IV. — FALSIFICATIONS ET ALTÉRATIONS DU LAIT.

FRAUDE PAR ÉCRÉMAGE ET MOUILLAGE.

La principale falsification qu'on fait subir au lait consiste à enlever la crème et à remplacer celle-ci par de l'eau ou par du petit-lait. Le densimètre seul ne peut déceler la fraude par écrémage et mouillage avec l'eau ; car l'écrémage a pour effet d'augmenter la densité du lait, en privant celui-ci de sa partie la plus légère, alors que l'eau, ajoutée en quantité convenable, et dont la densité est 1000, ramène le lait à sa densité primitive.

Évidemment tous les procédés d'ordre chimique, indiqués plus haut, peuvent fournir des indications précises ; mais on veut aller vite et donner à des personnes, même peu exercées, la possibilité et le droit de contrôler le lait qu'elles reçoivent. C'est dans cet ordre d'idées qu'ont été imaginés les lactodensimètres.

Crémomètres et lactodensimètres. — Ceux-ci sont toujours associés aux crémomètres dont il a été parlé plus haut, qui permettent d'estimer l'écrémage ; ils représentent un double densimètre, l'un donnant la densité du lait avant écrémage (1029 à 1033), l'autre celle du lait après écrémage ; il est clair que la crème est l'élément le plus variable du lait, que le lait écrémé possède une densité sensiblement constante variant entre 1032 et 1036, et que l'abaissement de cette densité constitue une présomption vis-à-vis de la fraude par addition d'eau.

Le plus ancien et le plus répandu des lactodensimètres est celui de Quévenne.

Le lactodensimètre porte deux échelles, l'une teintée en jaune, et destinée aux mesures faites sur le lait naturel, non écrémé, l'autre,

teintée en bleu, qui ne doit servir que pour le lait écrémé. On verse
le lait dans le crémomètre et l'on en prend la densité à 15° C. ; puis, le
lait étant affleuré au zéro du crémomètre, on abandonne celui-ci
dans un lieu frais ; quand la crème est remontée, on lit la hauteur de
celle-ci, ainsi qu'il a été expliqué ci-dessus ; on enlève la crème, et
l'on prend la densité du lait écrémé. Supposons qu'un lait soit pur et
riche en beurre ; il donnera au crémomètre 12 à 17 pour 100 de
crème ; il marquera 1029 en première lecture, 1032 1035 en seconde
lecture ; supposons qu'il ait été écrémé, puis mouillé ; le dosage de
la crème fera soupçonner la fraude de l'écrémage ; mais la densité
indiquera le mouillage : si le lait incriminé donne 1029 en première
lecture et moins de 1032 en seconde, c'est qu'il aura été additionné
d'eau.

Pinchon a constaté qu'un lait pur (D = 1032) prend à la température
de 64° la densité de 1016, et à cette même température, s'il a été
écrémé, la densité de 1023. Mais, s'il a été en outre additionné d'eau
pour le ramener à la densité de 1032 à froid, on aura, en le chauffant
à 64°, une densité différente de celle de 1023, qui indiquera le mouillage, le coefficient de dilatation de l'eau n'étant pas le même que
celui du lait. Il a fondé sur ce principe des pèse-laits thermiques,
dont l'usage ne s'est pas répandu (*Dict. de Baudrimont,* p. 746).

*Procédés basés sur la mesure de la densité et de l'extrait du lait ou
du lactosérum, de la matière grasse, etc. ; procédés Quesneville, Lescœur, Louïse et Riquier, Génin, etc.* — G. Quesneville, ainsi qu'il a
été dit plus haut, a conseillé d'écrémer le lait, en présence d'une
petite quantité de liqueur ammoniaco-sodique, dont l'addition ne
modifie pas la densité, ni du lait, ni du lactosérum. Il a constaté que
l'extrait sec de tous les lactosérums de laits écrémés ou non, mais
non mouillés, qu'ils proviennent du début ou de la fin de la traite,
quels que soient l'âge, la race, la période de lactation, etc. de la vache
qui a fourni ces laits, donne, à 100°, un chiffre de 96^g par litre ; il est
évident alors que le mouillage aura pour effet direct de diminuer,
proportionnellement à son importance, le chiffre moyen fixé plus
haut.

Mais il est inutile de faire l'extrait à 100° de ce lactosérum, et il
suffit d'en prendre la densité, qui est naturellement en rapport avec
la quantité de matières dissoutes.

Quesneville a dressé des Tables qui donnent, en fonction de la densité ou de l'extrait à 100° du lactosérum, le mouillage probable du lait
considéré (*Mon. scient.,* 1902, p. 573).

On peut craindre que, pour éviter la constatation de cette fraude, le fraudeur n'ajoute au lait des sels qui en feraient remonter la densité ; on reconnaîtra cette fraude en établissant ce que Quesneville a appelé la *caractéristique* du lactosérum, ainsi qu'elle a été définie ci-dessus, c'est-à-dire le rapport de l'extrait par litre aux chiffres caractéristiques de la densité. Ce rapport ne change pas, quel que soit le degré du mouillage, puisque les deux données physiques sont atteintes de la même façon et il présente une valeur voisine de 2,65 ; mais il change par l'addition de sels, la *caractéristique* des sels que l'on pourrait ajouter (sel marin, phosphate alcalin, bicarbonate de soude, etc.) étant environ de 1,17 ; cette addition ferait donc baisser la caractéristique du lactosérum.

Dans le même ordre d'idées, Lescœur a proposé de mesurer la densité du lactosérum, qui s'écoule après le caillage du lait au moyen de la présure (*Rev. Ch. anal.*, 1896, p. 223). Il admet que la densité normale du sérum est 1030 à 15°, et il a construit un lactodensimètre qui, pour cette densité, marque zéro, et qui indique l'importance du mouillage pour tous les degrés inférieurs auxquels s'arrête l'instrument. On arrive au même résultat en faisant l'extrait de ce lactosérum (*Journ. ind. lait.*, 1894, p. 270) et en considérant comme mouillés les laits qui présentent moins de 67^g par litre.

L'écrémage du lait peut également être constaté par des procédés purement physiques. Quesneville a montré que la quantité de matière grasse contenue dans un volume de crème est d'autant plus importante, que le lait, dont cette crème provient, a été mouillé d'une plus grande quantité d'eau, ou, ce qui revient au même, la crème d'un lait mouillé, pour une même teneur du lait en beurre, occupe un volume moins grand que la crème d'un lait normal.

Dans ces conditions, si l'on connaît, par les indications recueillies plus haut, l'importance du mouillage, on peut, en consultant une table qui a été calculée expérimentalement par Quesneville (*Mon. scient.*, 1884, p. 581 et 1902, p. 575), estimer la teneur en matière grasse de la crème et par conséquent l'importance de l'écrémage.

Quesneville a même donné une formule qui permet de calculer l'écrémage, en fonction de la caractéristique du lait normal C, de la caractéristique du lait étudié C', et de la caractéristique du lactosérum c, qui est, ainsi qu'il a été dit, de 2,65 environ ; la formule, que l'on ne saurait établir ici, est la suivante :

$$E = 100 \frac{C - C'}{C - c}.$$

D'autres formules ont été proposées pour calculer le mouillage et l'écrémage des laits soumis à l'analyse.

Louïse et Riquier ($C.\ R.$, t. CXXXII, 1901, p. 992) basent le calcul du mouillage sur les chiffres obtenus dans le dosage de l'extrait E', du beurre b', du lactose l', de la caséine c', et comparés aux chiffres correspondants E, b, l, c d'un lait type, normal, de même origine. Si l'on appelle μ le nombre de centimètres cubes d'eau ajouté par rapport au volume du lait incriminé, on a évidemment

$$E' - b' = (E - b)(1 - \mu),$$
$$b' = b(1 - \mu),$$
$$l' = l(1 - \mu),$$
$$c' = c(1 - \mu),$$

d'où

$$\mu = 1 - \frac{E' - b'}{E - b} = 1 - \frac{l'}{l} = 1 - \frac{c'}{c}.$$

Ces quantités sont en effet égales et servent à calculer le mouillage.

Si $b' = b(1 - \mu)$, ou, ce qui revient au même, si $\dfrac{b'}{b(1 - \mu)} = 1$, il n'y a pas d'écrémage; il y a écrémage au contraire si cette quantité est plus petite que l'unité; on peut alors calculer l'écrémage, en faisant usage d'une formule, dont on ne peut ici donner le développement et qui est la suivante, et où ε représente le rapport entre la quantité de matière grasse enlevée par rapport à la matière grasse que le lait renfermait normalement :

$$\varepsilon = \frac{b(1 - \mu) - b'}{b(1 - \mu) - bb'}.$$

Les formules de Génin ($C.\ R.$, t. CXXXIII, 1901, p. 743) sont, comme les précédentes, établies en fonction de la quantité de matière grasse dosée dans le lait incriminé et dans le lait type.

Le mouillage μ est défini par le nombre de centimètres cubes d'eau ajouté à un volume du lait primitif, considéré pur, c'est-à-dire à un volume de $(100 - \mu)$. Génin fait en outre usage dans ses formules du rapport s entre le volume du lait non mouillé et celui du lait mouillé,

$$s = \frac{100 - \mu}{100}$$

ou

$$\mu = 100(1 - s).$$

L.   8

Si le rapport des poids de beurre contenus dans le lait pur et dans le lait incriminé b et b' est égal à celui des extraits correspondants E et E', c'est-à-dire si

$$\frac{b}{b'} = \frac{E}{E'},$$

c'est-à-dire

$$b\,E' = b'\,E \qquad \text{ou} \qquad b\,E' - b'\,E = 0,$$

le lait n'est que mouillé, et l'on calcule le mouillage; si

$$b\,E' > b'\,E,$$

il y a écrémage; celui-ci est alors calculé en se basant sur la formule

$$\varepsilon = 100 \left(1 - \frac{b'}{bs} \right).$$

Dans le cas où il n'y a pas mouillage, s devient égal à l'unité, et l'écrémage est donné par la formule

$$\varepsilon = 100 \left(1 - \frac{b'}{b} \right).$$

Les calculs de Génin ont été vérifiés expérimentalement par Henry (*Rev. gén. du lait,* 1901-1902, p. 409).

Cryoscopie ou abaissement du point de congélation. — On sait qu'un liquide, comme le lait, chargé de matières dissoutes ou en suspension colloïdale, ne se congèle qu'au-dessous de zéro; si l'on introduit un thermomètre très sensible dans le liquide refroidi extérieurement, on constate que le mercure de celui-ci s'abaisse jusqu'à un niveau déterminé et que ce niveau reste fixe pendant tout le temps que dure la congélation. Tel est le principe de la cryoscopie.

L'abaissement qu'éprouve le point de congélation par rapport au zéro est en relation avec le poids moléculaire des corps dissous et avec la concentration des liquides. Or, si l'on fait abstraction de la matière grasse, qui est l'élément le plus variable, mais qui, grâce à son insolubilité, n'agit pas sur le point de congélation, on peut considérer le lait comme un liquide de composition assez constante en ses divers éléments; toute addition d'eau est de nature à diminuer l'abaissement du point de congélation, c'est-à-dire à le rapprocher du zéro.

Ces considérations ont amené Winter (*C. R.,* t. CXXI, 1895, p. 696) à appliquer la cryoscopie à la recherche du mouillage du lait.

L'instrument dont on fait usage, et qu'il est d'ailleurs facile de disposer soi-même, est des plus simples : une éprouvette de verre contient le liquide à examiner; on y introduit un agitateur métallique, formé d'une tige recourbée à sa partie inférieure sous forme d'anneau, et tordue, à l'autre extrémité, de façon à être manœuvrée de l'extérieur; dans cette éprouvette, on descend également un thermomètre très sensible au $\frac{1}{50}$ ou au $\frac{1}{100}$ de degré. L'éprouvette est placée dans un mélange réfrigérant (1 partie de sel, 3 ou 4 parties de glace pilée).

Pour obtenir des résultats constants, il est nécessaire de prendre certaines précautions qui ont été indiquées par Winter et Parmentier (*Rev. gén. du lait*, 1903-1904, p. 193, 217, 241). Ils ont fait remarquer qu'au fur et à mesure de la formation des cristaux de glace, le point de congélation n'est pas pratiquement constant, puisque les éléments qui déterminent son abaissement se concentrent dans le liquide. Il faut donc opérer sur une quantité relativement grande de lait (40^{cm^3} ou 50^{cm^3}), de façon à rendre moins sensible l'accumulation des cristaux de glace par rapport au volume du liquide; en outre, il faut saisir le point de congélation vers son début, et ces expérimentateurs conseillent de faire une première congélation, de réchauffer ensuite, dans la main, l'éprouvette de lait, jusqu'à ce qu'il ne reste plus que quelques cristaux, de redescendre ensuite l'éprouvette dans le mélange réfrigérant, sans cesser d'agiter; la vitesse de chute de la température passe, dans quelques secondes, d'un maximum à un minimum qu'il est facile de saisir.

D'autres expérimentateurs préfèrent amener la surfusion du liquide, introduire, à ce moment, quelques cristaux de glace; le thermomètre remonte et se fixe à une température déterminée; mais celle-ci est inférieure au point initial vrai, à cause de la quantité de glace qui s'est ainsi formée brusquement, et de la concentration du liquide qui en résulte; une correction toujours incertaine doit être faite, dans ce cas.

Il convient en outre de vérifier très exactement le zéro du thermomètre et de tenir lieu, au besoin, de la correction.

Lajoux a fait enfin remarquer (*Journ. de Pharm. et de Chim.*, t. 1, 1905, p. 577) qu'il est nécessaire de vérifier la graduation du thermomètre à partir du zéro. Pour cela, on prend une solution de sel marin à 1 pour 100, qui détermine un abaissement du point de congélation ($\Delta = -0°,60$), très voisin, comme il sera dit plus bas, de l'indice des laits purs ($\Delta = -0°,55$ ou $-0°,56$). On doit rejeter tout thermomètre qui, avec la solution de sel à 1 pour 100, marque un abaissement inférieur ou supérieur à $-0°,60$.

Les premières observations ont été faites, en 1895, par Winter (*loc. cit.*) qui a trouvé, pour le lait pur, un abaissement égal à — 0°,555.

Hamburger (*Mon. scient.*, 1896, p. 263) a donné le chiffre de — 0°,56, et montré qu'un relèvement de — 0°,005 au-dessus de ce chiffre indique un mouillage de 1 pour 100, si bien qu'un mouillage de 10 pour 100, qui est relativement fréquent dans le commerce des laits, correspond à une température de — 0°,51 au lieu de — 0°,56.

Bordas et Génin (*C. R.*, t. CXXIII, 1896, p. 425 et t. CXXIV, 1897, p. 508) ont contredit les chiffres de Winter et de Hamburger, et ont trouvé que le point de congélation des laits purs (D = 1029 à 1033,5) est placé entre — 0°,512 et — 0°,529. Ces chiffres ont été confirmés par Ponsot (*Soc. chim.*, t. XVII, 1897, p. 840).

Ces travaux ont déterminé Winter (*C. R.*, t. CXXIII, 1896, p. 1298), puis Winter et Parmentier (*Rev. gén. du lait*, 1903-1904, p. 193, 217, 241) à reprendre cette question, en suivant une technique dont les détails sont exposés dans leur Mémoire. Ils ont confirmé leurs premiers chiffres au moyen de nombreuses expériences. En opérant sur des laits, pris à différents moments de la traite, provenant de vaches de races différentes, d'âge différent, arrivées à différentes périodes de leur lactation, sujettes au rut, ou en état de grossesse, soumises à des régimes variés, traites à différents quartiers, etc., ils ont constaté, dans tous les cas, un abaissement du point de congélation, qui a varié de — 0°,54 à — 0°,57, ces deux chiffres limites étant plutôt exceptionnels.

Ces chiffres ont été confirmés par de nombreux observateurs, par Guirand et Lasserre (*C. R.*, t. CXXXIV, 1904, p. 452), par Lajoux (*Journ. de Pharm. et de Chim.*, t. I, 1905, p. 577), par Allemann (*Rev. gén. du lait*, 1905-1906, p. 111), etc.

Desmoulières (*Ann. Chim. anal.*, 1905, p. 89) a montré que l'addition des antiseptiques et spécialement du bicarbonate de soude diminue légèrement l'abaissement du point de congélation.

On peut donc admettre que les laits normaux donnent, dans les conditions précises où Winter (*loc. cit.*) conseille de se placer, un indice constant $\Delta = -0°,55$ à $-0°,56$, et que toute addition d'eau diminue l'écart entre le point de congélation et le zéro. Winter a proposé de calculer le mouillage par la formule

$$M = 100\frac{\Delta - \Delta'}{\Delta},$$

où Δ représente — 0°,55 à — 0°,56, et Δ' l'indice constaté dans le lait soumis à l'analyse.

Réfractométrie. — Villiers et Bertault ont reconnu (*Soc. chim.*, t. XIX, 1898, p. 3o5) que le pouvoir réfringent du petit-lait obtenu par la précipitation à chaud de la caséine, au moyen de l'acide acétique, donne, dans le réfractomètre de Amagat et Ferdinand Jean, dont il sera parlé plus loin, à propos de l'analyse des beurres, des déviations à peu près constantes. Mais il convient, pour obtenir le petit-lait, d'opérer dans des conditions toujours identiques, c'est-à-dire de traiter, à l'ébullition et dans un ballon, muni d'un réfrigérant ascendant, 50^{cm^3} de lait par 25^{cm^3} d'une solution à 1 pour 100 d'acide acétique.

Cothereau (*Thèse pharm.*, Paris, 1905) a montré qu'en faisant la coagulation à froid, ou par doses différentes d'acide acétique, ou par le sulfate de magnésie, ou par la présure, on obtient des déviations qui cessent d'être constantes; les différences sont dues à la précipitation plus ou moins complète de la matière albuminoïde soluble du petit-lait, et du phosphate de chaux.

Cothereau a fait des centaines d'observations sur des laits de vaches appartenant à des races différentes et prélevés dans différentes régions. Il a constaté que les sérums préparés par la méthode ci-dessus donnent une déviation comprise entre 39 et 44 divisions de l'oléoréfractomètre Amagat et F. Jean.

Les chiffres trouvés par Villiers et Bertault sont compris entre 38^{div},5 et 42^{div},5.

Toute modification à ce chiffre indique une diminution dans la teneur en lactose et en sels, et peut faire soupçonner le mouillage.

Il faut être cependant prudent dans les conclusions; car Cothereau a signalé les causes d'erreur, qui sont liées à la composition même du sérum en lactose; les laits du début et de la fin de la traite ne présentent ni la même teneur en lactose, ni la même déviation; il en est de même des laits de vaches malades; mais les conclusions de Villiers et de Bertault restent tout entières pour les laits de dépôt, constitués par des laits mélangés, et dans lesquels les laits pathologiques sont généralement exclus.

Henseval et Mullie ont traité la même question (*Rec. gén. du lait*, 1904-1905, p. 529), en faisant usage du réfractomètre Ripper, dont la graduation est différente; ils ont trouvé un indice variant entre 1,3429 et 1,3445. L'addition de 10 pour 100 d'eau diminue l'indice de 0,0010.

Ils ont constaté également que la réfractométrie est susceptible de faire reconnaître les laits de vaches malades.

Mesure de la résistance électrique. — La résistance que l'eau offre au passage du courant électrique, ou *résistivité,* a permis à Lesage et Dongier (*C. R.,* t. CXXXIV, 1902, p. 612) de créer une méthode nouvelle de recherche du mouillage, en faisant usage du procédé de Kohlrauch et de l'appareil d'Ostwald, appareil connu en Physique sous le nom de *Pont de Wheastone;* les mesures sont faites sur le lait écrémé en se servant non pas des déviations que le courant électrique imprime à un galvanomètre, mais des différences d'intensité que produit le bruit d'une bobine dans un récepteur de téléphone.

La résistance électrique des laits purs est comprise entre 235 et 265 ohms (moyenne 250 ohms). Une addition de 10 pour 100 d'eau augmente la résistivité de 15 à 20 ohms, l'addition de 33 pour 100 d'eau l'augmente de 65 à 70 ohms.

Pétersen a repris la même question et il a constaté (*Rev. gén. du lait,* 1904-1905, p. 17) que la résistivité du lait varie de 204 à 255 ohms, chiffres un peu différents des précédents.

Viscosité. — Il a été parlé dans un Chapitre précédent de la viscosité du lait. La mesure de celle-ci peut contribuer à la recherche du mouillage.

Certaines personnes prétendent qu'on peut avoir une idée de la viscosité du lait, et par conséquent reconnaître le mouillage, en trempant dans celui-ci une aiguille à tricoter, puis en la relevant doucement, et en examinant la façon dont le lait s'en égoutte.

On peut rendre l'expérience plus scientifique, en faisant usage d'un viscosimètre, c'est-à-dire d'une pipette, de capacité connue, que l'on remplit de lait à une température connue, pour faire ensuite écouler celui-ci; la durée d'écoulement est naturellement fonction de la viscosité du lait. Or, l'écrémage, comme le mouillage, agissent pour diminuer cette viscosité. Ce procédé a été étudié par Varenne (*Conc. Écho de Paris,* 29 déc. 1902), et le viscosimètre qu'il a mis dans le commerce, connu sous le nom de *chronostillatiscope,* est une éprouvette de verre, terminée en bas par un tube capillaire et munie en haut d'une tubulure dans laquelle on introduit un bouchon que traverse un tube de Mariotte; l'éprouvette porte deux traits; on note le temps que met le lait à s'écouler entre ces deux traits.

Micault a également construit un viscosimètre (*Ann. de Chim. analyt.,* 1904, p. 93) et a dressé des Tables, donnant, d'après la durée d'écoulement du lait, et pour différentes températures, son indice de viscosité, et par conséquent sa valeur approximative.

D'après Stéphan Bogdan (*Ann. Chim. analyt.,* 1905, p. 90), il y a de grandes différences entre les coefficients de viscosité des différents laits; ceux-ci diminuent par l'écrémage et le mouillage.

Dans le même ordre d'idées, Weiss a proposé, pour mesurer la consistance du lait (*Rev. Chim. analyt.*, 1896, p. 263), l'emploi d'un appareil composé d'un vase dans lequel est un agitateur à palettes; celui-ci tourne sous l'influence d'un poids, qui descend à la façon des poids d'horloge; on mesure le temps que le poids met à parcourir une longueur déterminée.

Ces procédés empiriques ont l'avantage de permettre un examen rapide et une sélection des échantillons; on ne peut baser sur leur emploi aucune certitude. Ils ne permettent pas, en outre, de distinguer l'écrémage du mouillage.

Emploi du papier buvard. — Lancelot a mis dans le commerce des papiers buvards spéciaux sur lesquels la tache produite par quelques gouttes de lait prend un aspect différent suivant que le lait est pur, écrémé, ou mouillé. Quand il est pur, la tache laisse au centre un anneau de matière grasse que dépasse rapidement le sérum; quand le lait est écrémé, cette tache centrale fait défaut; quand le lait est mouillé et que, par conséquent, le sérum est devenu plus fluide, la tache s'étale sur un plus grand diamètre (*Concours Écho de Paris,* 29 déc. 1902). C'est là encore un procédé de sélection qui peut rendre quelques services.

Vitesse de caillage du lait par la présure. — On sait que le lait, toutes conditions égales d'ailleurs, se caille d'autant moins vite qu'il est additionné d'une plus grande quantité d'eau; le Tableau suivant, extrait d'un travail de Lezé et Hilsont (*C. R.*, t. CXVIII, 1894, p. 1069), permet de voir que la vitesse de caillage d'un lait peut donner sur son mouillage quelques renseignements utiles :

Les essais ont été faits en traitant, à 35°, 100^{cm^3} de lait par 1^{cm^3} de présure au $\frac{1}{10}$.

	m s
Lait type..............................	3.11
» additionné de 5 pour 100 d'eau.........	3.14
» » de 10 »	3.20
» » de 20 »	3.41
» » de 30 »	4.80
» » de 50 »	5.49

La rapidité du caillage, pour une quantité déterminée de présure, dans ces conditions, dépend de la force de cette présure.

Quelquefois, ainsi qu'on le verra plus loin, le lait est additionné de sels alcalins ; ceux-ci retardent beaucoup le caillage et agissent dans le même sens que l'addition d'eau ; on est donc en droit de supposer, quand on a constaté un caillage lent, que le lait a été *travaillé*. En outre, ainsi que l'ont fait remarquer Lezé et Hilsont, le caillé obtenu en présence d'une addition d'eau ou de sels alcalins est terne et grumeleux.

Recherche des nitrates. — Le lait ne renferme pas normalement de nitrates et la présence de ceux-ci dans le lait doit être attribuée à l'eau ajoutée.

L'emploi de la diphénylamine a été proposé plusieurs fois pour déceler les nitrates dans le lait mouillé. Surre conseille d'opérer de la façon suivante (*Ann. de Ch. anal.*, 1906, p. 165) : on coagule à chaud 100^{cm^3} de lait par de l'acide acétique, on filtre, on évapore le sérum ; on reprend le résidu par l'alcool, on filtre, on évapore l'alcool, et l'on reprend encore par une quantité d'eau minima ; on fait tomber le liquide dans une solution sulfurique de diphénylamine. Il y a naturellement lieu de s'assurer d'avance que les réactifs employés ne renferment pas de nitrates.

Voisenet propose de rechercher les nitrates (*Bull. de la Soc. chim.*, t. XXXIII, 1905, p. 1198) en utilisant la propriété que possèdent les albuminoïdes de donner une coloration bleue sous l'influence du formol et de l'acide nitrique. On verse, dans 5^{cm^3} de lait, une goutte d'une solution à $\frac{1}{20}$ de formol, on ajoute 10^{cm^3} d'acide chlorhydrique pur et l'on chauffe à 50°.

Recherche de l'ammoniaque. — La présence de l'ammoniaque dans le lait est une présomption de mouillage, ainsi qu'il sera dit plus loin à propos des recherches de Trillat et Sauton.

ADDITION FRAUDULEUSE DE GRAISSES ÉTRANGÈRES.

Les exigences bien légitimes des laboratoires municipaux, des établissements hospitaliers, des administrations, etc., ont amené le producteur à ne présenter à l'analyse que des laits ayant une quantité normale de matière grasse, variant entre 35^g et 40^g par litre. Aussi quelques fraudeurs ont-ils imaginé d'écrémer le lait, et de le ramener à sa teneur ordinaire en y émulsionnant une matière grasse étrangère, du beurre de coco, par exemple.

Quesneville a indiqué un procédé simple et pratique qui permet de déceler cette fraude (*Mon. scient.*, 1904, p. 717). Il est parti de cette idée, qui a été exprimée plus haut, que les globules butyreux sont, dans le lait, entourés d'une enveloppe de matière albuminoïde, qu'ils constituent une cellule dont le noyau est le beurre ; il a cherché un dissolvant de la matière grasse qui n'ait pas, comme l'éther, d'action sur la matière albuminoïde ; ce dissolvant est le benzène ou benzine (bouillant à 81°) ; on doit le faire agir, non pas sur le lait, mais sur la crème, séparée par les procédés qui ont été décrits ci-dessus (procédés Quesneville), c'est-à-dire par le crémage à 40°, en présence de liqueur ammoniaco-sodique. Le benzène n'enlève que des traces de matière grasse, quand le lait n'a pas été falsifié ; il enlève au contraire la presque totalité du beurre de coco, quand celui-ci a été ajouté frauduleusement.

On peut arriver au même résultat par une méthode moins rapide, il est vrai, mais qui donne plus de certitude, en séparant la matière grasse par la résorcine, comme il est indiqué dans le procédé de dosage du beurre, imaginé par Lindet ; la quantité de résorcine devant être à peu près égale au poids de l'eau mise en présence, il vaut mieux opérer sur la crème ; la matière grasse, isolée, est traitée ensuite par les procédés qui seront indiqués à propos de l'analyse des beurres (dosage des acides volatils, indice de saponification, indice d'iode, etc.).

RECHERCHE DU LAIT DE VACHE DANS LES LAITS D'AUTRES ANIMAUX.

Il peut se faire que le lait de vache ait été frauduleusement mélangé à d'autres laits, à du lait de brebis, de chèvre, par exemple. On a proposé, pour rechercher cette fraude, de faire usage de la méthode de séro-précipitation ou de séro-agglutination, imaginée en 1899 par Bordet. On sait qu'en injectant plusieurs fois à un lapin du lait de vache, celui-ci donne un sérum sanguin qui précipite et agglutine le lait de vache, mais n'agit pas sur les laits des autres animaux ; réciproquement on peut obtenir des sérums qui agglutinent le lait de brebis ou de chèvre, tout en restant inactifs sur le lait de vache. La méthode fort délicate, dont on ne saurait donner ici que le principe, a été étudiée par Wassermann et Schulze et par Mullie (*Journ. Ind. lait.*, 1905, p. 330).

CONSTATATION ET MESURE DE L'ALTÉRATION SPONTANÉE DU LAIT.

Le lait, abandonné à lui-même, se peuple rapidement de nombreuses colonies microbiennes, dont le développement amène son altération; son odeur et sa saveur se modifient; sa constitution physique est profondément atteinte.

Tyrothrix et ferments lactiques; mesure de l'altération produite par ces microbes. — Les premiers microbes qui envahissent le lait, presque aussitôt après la traite, appartiennent d'ordinaire au groupe des *Tyrothrix,* au groupe des ferments lactiques, et quelquefois au groupe des *Oïdiums* et des moisissures. Ils l'envahissent d'autant plus rapidement que le lait a été ensemencé par une insuffisance de soins dans le nettoyage des ustensiles, ou que le lait a été abandonné dans un endroit chaud.

Une étude qui sera faite des tyrothrix, au cours de cet Ouvrage, et à propos de la maturation des fromages, montrera que ces microbes sécrètent une véritable présure, et que celle-ci est susceptible de cailler le lait, c'est-à-dire de former, au sein du lait, un coagulum de caséine et de matière grasse; puis ces tyrothrix peuvent ensuite, pour les besoins de leur alimentation, transformer cette caséine coagulée en caséine soluble, en produits plus simples encore, comme la leucine, la tyrosine, l'ammoniaque et les ammoniaques composées, en même temps qu'ils forment des acides gras, acétique, propionique, butyrique, valérianique, etc. Mais la transformation du lait par ces tyrothrix, du moins dans les conditions normales, n'est jamais aussi accentuée, et elle s'arrête aux premiers termes, c'est-à-dire au caillage du lait; ce n'est qu'au cours de la maturation des fromages que l'on constate les transformations ultimes auxquelles il vient d'être fait allusion.

Le lait sert en même temps de terrain de culture aux ferments lactiques; parmi ceux qui fréquentent le lait, il convient de citer en premier lieu le *Bacillus lacticus,* formé de cellules ayant de $1^\mu,5$ à 3^μ de longueur, étranglées en leur milieu et arrondies à leurs extrémités, quelquefois isolées, plus souvent réunies par deux, bout à bout, en courtes chaînettes; le *Bacillus acidi lactici Hueppe,* assez semblable au précédent, mais formant des chaînettes de 7 à 8 articles; le *Bacterium lactis aerogenes Escherich,* représenté également par des bâtonnets courts, généralement isolés (VILLIERS et COLLIN, *Altér. et fals. mat. alim,* p. 612 et suiv.).

Le développement de ces ferments lactiques a pour résultat de fabriquer de l'acide lactique, et celui-ci est susceptible de faire, à lui seul, cailler le lait; mais son action s'additionne à celle de la présure que les tyrothrix ont élaborée.

Si ces deux modes d'altérations concourent à un résultat commun qui est de faire cailler le lait, les résultats qu'ils provoquent peuvent être, dès lors, constatés par la même réaction; il suffira de mettre le lait dans les conditions les plus favorables à son caillage, c'est-à-dire le chauffer vers 60° ou 80°C. et, s'il est véritablement envahi par les tyrothrix ou les ferments lactiques, le lait se coagulera.

Lezé et Hilsont (*loc. cit.*) constatent l'acidité acquise d'un lait en mesurant le temps qu'il met à cailler par addition de présure, en comparaison avec le temps que met, dans les mêmes conditions, un lait normal; il est évident que la durée du caillage diminue au fur et à mesure qu'augmente son acidité. L'altération, que nous signalions, due à l'envahissement des tyrothrix et à la production d'une présure, précipite encore le caillage, et agit, par conséquent, dans le même sens que la production de l'acide lactique.

Mais, pour reconnaître nettement cette dernière production et pour la mesurer, le seul procédé scientifique consiste à doser l'acidité. Les acidimètres dont il a été parlé peuvent rendre de grands services au point de vue pratique dans cet ordre d'idées. Un lait pur, ainsi qu'il a été dit, doit avoir une acidité de 17° à 20°, à l'acidimètre Dornic, c'est-à-dire une acidité représentant 17^{mg} à 20^{mg} d'acide lactique par litre.

Toute acidité au-dessus de ce chiffre constitue une acidité acquise du fait de la fermentation lactique. Celle-ci suit une progression constante, tant que les causes d'acidification restent les mêmes, jusqu'à ce que le lait se coagule à froid; cette coagulation spontanée a lieu d'ordinaire quand l'acidité se trouve aux environs de 70° à 80° à l'acidimètre (Dornic, *Rev. gén. du lait*, 1901, p. 244). Cette acidification est naturellement plus active à la chaleur qu'au froid; mais elle doit être attribuée, dans la plupart des cas, plutôt à une contamination des vases qu'à un accroissement de température; c'est ainsi qu'en été elle est plus fréquente qu'en hiver, d'abord parce que les nettoyages, les manipulations se font à des températures plus élevées, mais surtout parce que ces nettoyages et ces manipulations se font d'une façon plus précipitée (Dornic, *loc. cit.*).

La mesure de la résistance du lait au passage de l'électricité ou résistivité, dont il a été parlé plus haut, permet, d'après Lesage et Dongier (*loc. cit.*), de suivre la marche de l'altération du lait. Un lait qui possédait, après la traite, une résistivité de 254 ohms, ne donnait plus que 218 ohms après 24 heures, 202 ohms après 48 heures, et 172 ohms après 4 jours.

Lait visqueux ou filant. — Nous ne connaissons pas bien la nature et l'origine de la matière qui donne au lait quelquefois l'aspect gluant et visqueux, et l'on admet en général que cette matière est le résultat de la gélification des membranes microbiennes. Cependant, les recherches microbiologiques n'ont pas manqué de se porter sur cet intéressant phénomène. Il convient de citer, parmi les ferments du lait visqueux, le *B. Actinobacter* de *Duclaux*, le *B. Guntheri*, le *B. viscosus Adametz*, qui s'entourent d'une auréole, brillante, épaisse, sirupeuse, se diffusant dans le lait et le rendant glaireux (KAYSER, *Microb. agric.*, Paris, 1905).

Beaucoup de ces microbes se rattachent aux ferments lactiques, spécialement au *B. lactis acidi* de *Leichmann*, donnant, en même temps que la matière visqueuse, de l'alcool, de l'acide lactique, de l'hydrogène et de l'acide carbonique (KAYSER, *loc. cit.*).

Guillebeau a distingué, dans le lait visqueux (*Ann. de Microg.*, t. IV, 1891-1892, p. 225) les microbes suivants : un *Micrococcus* sphérique, en articles rarement isolés, mais groupés en chaînes flexueuses, le *Coccus* de *Schmit-Mulheim*, de *Hueppe*, de *Weigmann*, de *Black*, l'*Actinobacter* de *Duclaux*, l'*Actinobacter polymorphus*, le *Bacillus viscosus* de *Van Laer*, le *Bacillus mesentericus vulgatus* de *Flugge*, le *Micrococcus* de *Freudenreich*, le *Bacterium* de *Hesse*, etc. (VILLIERS et COLLIN, *loc. cit.*). Un autre microcoque, ou plus probablement l'un de ceux qui précèdent, a été désigné par Hohl (*Rev. gén. du lait*, 1901, p. 516, et *Journ. ind. lait.*, 1903, p. 301 et 309) sous le nom de *Karphococcus pituitoparus* (qui rend la paille visqueuse). Enfin, Gruber a étudié un microcoque (*Rev. gén. du lait*, 1902-1903, p. 97), qui se confond peut-être avec l'un des précédents et qu'il a nommé *Coccus lactis viscosi*: il se développe surtout à la température de 32°-34°, est tué vers 80°; il disparaît en présence du ferment lactique.

Laits amers. — Pasteur, en 1861, a signalé une *torula* qui donne au lait un goût amer et produit de l'acide butyrique. Duclaux (*Ann. Inst. nat. agr.*, 1879, p. 89) a reconnu que le *Tyrothrix geniculatus* rend le lait amer.

La flore des laits amers, et surtout celle des fromages amers, a été étudiée par de Freudenreich (*Ann. de Micr.*, t. VII, 1895, p. 1) qui a signalé le *Micrococcus casei amari*, le *Bacillus liquefaciens lactis amari*; l'amertume paraît être due également à l'influence de microbes communs, le *Proteus vulgaris Krueger*, le *Micrococcus* de *Conn*, le *Bacille du foin* (de Freudenreich).

Harrisson (*Rev. gén. du lait*, 1901, p. 457 et 485) attribue le goût amer que prend le lait, et surtout le fromage, à une *torula* qu'il nomme *amara*, dont il a étudié les formes de culture et de sporulation. Certaines espèces appartenant au groupe du *Bacillus lactis aero-genes* produisent, en outre, d'après Harrisson, un goût amer qui s'ajoute à celui que déterminent les *torula*.

On ne connaît pas, au point de vue chimique, la substance qui donne au lait et aux fromages cette amertume spéciale.

Laits colorés par les produits microbiens. Laits rouge, bleu, jaune. — On a encore signalé la production, dans le lait, de substances colorées, élaborées par des microbes; le lait peut prendre des colorations rouge, bleue ou jaune.

Le *lait rouge* a été étudié par un certain nombre d'observateurs, et le résumé des travaux auxquels il a donné lieu a été écrit par Duclaux (*Ann. Inst. Pasteur*, 1889, p. 509, et *Journ. Ind. lait.*, 1889, p. 337). Tantôt on aperçoit des taches rouges à la surface du lait, qui sont produites par le développement du *Micrococcus prodigiosus*, bâtonnet de 0ᵘ,5 à 1ᵘ; tantôt la coloration se répand dans toute la masse; elle est due alors à un microbe découvert par Kneppe en 1866 et étudié par Gosta Grotenfeld, sous le nom de *Bacterium lactis ery-throgenes*, bâtonnet de 1ᵘ à 1ᵘ,4, et à un autre microbe, isolé par Scholl, sous celui de *Bacterium mycoïdes roseum*. La matière colorante sécrétée par ce dernier microbe diffère de celle qu'élabore le précédent; elle est soluble dans l'eau et dans la benzine, alors que celle du *B. lactis erythrogenes* est insoluble dans tous les réactifs, benzine, éther, chloroforme; la première donne, au spectroscope, une bande d'absorption dans le vert, la seconde, des bandes dans le vert et dans le jaune. Denne a également extrait du lait rouge un microbe (*Ann. de Microg.*, 1889-1890, p. 555) qui se confond peut-être avec l'un des précédents, et qu'il a nommé *Saccharomyces ruber*.

Certaines *torula*, certaines sarcines peuvent encore colorer le lait en rouge.

On observe quelquefois, soit à la surface du lait, soit sur les bords du vase où on le conserve, des taches bleues; ces taches s'étendent et se diffusent en marbrant le lait; en même temps le lait devient alcalin.

Cette coloration est due au *B. cyanogenus d'Ehrenberg*, bâtonnet grêle, de 1ᵘ à 4ᵘ de long et de 0ᵘ,3 à 0ᵘ,5 de large, très mobile, sporulé, et se présentant souvent en zooglées. Il pousse sur les laits déjà acidifiés par l'acide lactique et neutralise celui-ci. Il est tué à 80° (KAYSER, *Microb. agr. Paris*, 1905, p. 375). D'autres bacilles ont été décrits, le *B. cyaneofluorescens* de *Zangemeister*, le *Vibrio cyanoge-*

nus de *Fuschs,* par exemple, qui se confondent peut-être avec le précédent (VILLIERS et COLLIN, *loc. cit.*).

Enfin, on a cité des laits qui prennent des colorations jaunes; Ehrenberg a étudié le *Bacterium synxanthum,* court bâtonnet, très mobile, colorant le lait en jaune d'or (KAYSER, COLLIN et VILLIERS, *loc. cit.*).

Lait savonneux. — Weigmann et Zirn ont étudié un lait dont le goût était savonneux et qui fournissait une mousse abondante au barattage (*Rev. Ch. an.,* 1894, p. 132); ils ont isolé de ce lait cinq microbes, dont l'un a pu reproduire artificiellement le phénomène constaté dans le lait et qu'ils ont appelé *Bacillus lactis saponacei.*

Examen de l'altération du lait par la recherche des produits réducteurs. — On doit à Vaudin une intéressante méthode pour mesurer l'altération globale du lait, sous l'influence du développement des anaérobies (*Rev. d'hygiène,* t. XIX, 1897, p. 688 et *Journ. Ind. lait.,* 1898, p. 43); cette méthode est basée sur la décoloration progressive du carmin d'indigo, en présence de l'atmosphère réductrice produite par la flore microbienne qui envahit le lait; la vitesse de décoloration est naturellement proportionnelle à l'intensité de l'envahissement microbien, mais elle est aussi fonction de l'élévation de température. Vaudin propose alors d'ajouter à 100^{cm^3} de l'échantillon de lait, que l'on veut étudier, cinq gouttes d'une solution de carmin au $\frac{1}{1000}$, d'enfermer le lait ainsi coloré dans un flacon stérile, bouché et paraffiné, et de le conserver à la lumière diffuse; un bon lait, non altéré déjà au moment du prélèvement, doit, à la température de 15°, rester coloré pendant au moins 12 heures, 8 heures seulement à la température de 15° à 20°, et 4 heures au-dessus de 20°. Les échantillons qui, à ces températures, mettent, pour se décolorer, un temps plus court, doivent être considérés comme ayant été prélevés sur des laits altérés.

Examen de l'altération et du mouillage par la recherche de l'ammoniaque. — Trillat et Sauton ont publié une intéressante étude relative à l'absence de l'ammoniaque dans les laits fraîchement traits en présence de conditions aseptiques, et à la présence de l'ammoniaque, au contraire, dans les laits mal conditionnés, insuffisamment frais ou fraudés par addition d'eau (*C. R.,* 1905, t. CXL, p. 1266, et *Ann. Inst. Pasteur,* 1905, p. 494).

Pour rechercher l'ammoniaque dans les laits, les auteurs ont utilisé la méthode de Trillat et Turchet; celle-ci est basée sur la formation, en présence d'ammoniaque et de trichlorure d'azote, de triiodure d'azote, que l'ammoniaque en excès colore en noir. Mais cette méthode, ils ont dû la modifier, par suite de la présence des matières albuminoïdes que le lait renferme, et voici alors de quelle façon ils conseillent d'opérer : on ajoute à 10^{cm^3} de lait 10^{cm^3} d'une solution à 10 pour 100 de trichlorure d'iode; le lait est immédiatement déféqué; on le filtre et dans le liquide on ajoute peu à peu un lait de chaux à 3 pour 100, destiné à mettre l'ammoniaque en liberté; le liquide prend une coloration noire, s'il renferme de l'ammoniaque; la réaction est sensible au $\frac{1}{100000}$, et l'intensité de la coloration permet de faire une évaluation de la quantité d'ammoniaque, en comparaison avec des liquides témoins.

Trillat et Sauton ont montré que les laits purs ne donnent aucune réaction au trichlorure d'iode; qu'il ne se produit pas d'ammoniaque quand on ensemence le lait avec des ferments acétique, butyrique, lactique, avec le *B. coli commune*, le bacille typhique, le bacille diphtérique, les streptocoques et staphylocoques, le bacille du charbon, et le vibrion cholérique, mais que la formation d'ammoniaque est, au contraire, très rapide avec les ferments liquéfiants de la caséine, les *Tyrothrix tenuis, filiformis,* le bacille de Flügge, c'est-à-dire ceux qui évoluent dans le lait abandonné à lui-même. Elle est très rapide également avec le *Micrococcus ureæ,* c'est-à-dire avec un bacille très fréquent dans les eaux impures; l'addition de 10 pour 100 d'eau de Seine à du lait pur fait apparaître l'ammoniaque après 12 ou 15 heures.

De ces observations on doit conclure que la recherche de l'ammoniaque dans un lait, même à l'état de traces, doit être prise en considération. Sans doute, le lait peut se trouver en contact avec une source d'ammoniaque; l'étable peut être mal aérée, au moment de la traite; la transpiration même des mains des vachers peut donner des traces d'ammoniaque sensibles au trichlorure d'iode; la présence d'ammoniaque, dans ce cas, est l'indice d'un mauvais conditionnement. Mais elle prouve également, soit que le lait s'est peuplé de tyrothrix et, d'une façon générale, de ferments liquéfiants de la caséine, ce qui arrive chaque fois qu'il a été récolté dans des seaux ou avec des instruments incomplètement lavés, soit qu'il a été additionné frauduleusement d'eaux qui ont apporté avec elles des bacilles de décomposition.

Examen de la qualité des laits, eaux et présures par la recherche des gaz. — De Freudenreich s'est proposé (*Journ. Ind. lait.,* 1893,

p. 403) de rechercher, par une méthode dite *eudiométrique,* les laits, les eaux, les présures capables de dégager rapidement des gaz de fermentation et de rendre les fromages boursouflés. Partant de ce principe qu'un bon lait ne doit pas fournir de gaz quand on le maintient pendant 12 heures à la température de 38°C., il examine les différents laits, soit pris en nature, soit additionnés d'eau ou de présure, et juge de la qualité des produits par la quantité de gaz dégagée dans les conditions précitées.

DISTINCTION ENTRE LE LAIT CHAUFFÉ ET LE LAIT CRU.

Pour prévenir ces altérations ou tout au moins pour en ralentir les mauvais effets, on chauffe le lait, soit à 60°-65° (température de pasteurisation), soit à une température plus élevée (température de stérilisation); bien que ce chauffage ne puisse pas être considéré comme une falsification, il y a intérêt, pour le négociant, comme pour le consommateur, à savoir si le lait lui est livré en nature ou dans un état de conservation relative.

Divers procédés ont été mis en avant pour permettre de distinguer aisément le lait bouilli ou chauffé du lait cru.

Le lecteur trouvera, résumés ici, plusieurs Mémoires publiés dans la *Revue générale du lait* et spécialement ceux de G. Mullie (*Rev. gén. du lait,* 1902-1903, p. 77 et suivantes).

Le lait cuit est en général plus opaque par suite de la coagulation de l'albumine; mais ce qui a été dit plus haut du lactoscope et de l'incertitude à laquelle conduit son emploi, montre que l'on ne peut rien tirer de précis de cette indication.

Le goût de cuit ne peut être apprécié que par des personnes spécialement exercées; il ne peut être que difficilement perçu dans des laits simplement pasteurisés, et il peut correspondre à un mélange de lait cru et de lait chauffé.

La numération des germes, proposée par Utz, et qui donne naturellement un chiffre plus considérable avec les laits crus qu'avec les laits cuits, ne fournit aucun renseignement précis.

L'albumine se coagule en grande partie au-dessus de 80°; on peut déduire de son dosage si le lait a été chauffé au-dessus de cette température. On doit alors procéder au caillage, en précipitant la caséine par le sel (RUBNER), ou par l'acide chlorhydrique (KROON), ou par l'acide acétique (BERNSTEIN), ou par le sulfate de magnésium (FABER), ou par l'alun de potasse (SCHLOSSMANN), ou par la présure; on filtre la caséine précipitée et l'on fait bouillir le filtratum. Mais la méthode est longue

et sujette à des erreurs. Il est préférable de faire usage du procédé
de Lindet et Ammann, cité plus haut, et qui repose sur la mesure du
pouvoir rotatoire des albuminoïdes en solution.

On peut encore mesurer la vitesse de caillage du lait au moyen de
la présure; on verra plus loin qu'un lait bouilli, c'est-à-dire privé en
partie des sels de chaux solubles, se caille plus lentement qu'un lait
cru.

D'après Solomin, le chauffage à 80° mettrait en liberté du phosphore organique, qu'il est d'ailleurs facile de confondre avec celui
des phosphates terreux, et, d'après Niemann, ce même chauffage iso-
lerait également le soufre de la matière organique, sous forme d'hydrogène sulfuré.

Bordet, dans une étude sur l'agglutination des microbes (*Ann. de
l'Inst. Past.*, 1899, p. 225) a montré que, quand on injecte à un lapin
du lait de vache, le sérum de cet animal précipite le lait de vache, à la
condition que celui-ci n'ait pas été chauffé. Il y a évidemment là le
principe d'une méthode intéressante; les divers auteurs qui se sont
occupés de l'adapter à la reconnaissance du lait bouilli, Wassermann
et Schutze, Moro, Muller, etc., ne sont pas d'accord sur ses avantages
et sur le mode opératoire à suivre.

Mais les réactions qui donnent le plus de certitude sont celles qui
sont basées sur la destruction, par la chaleur, des diastases dont il a
été parlé plus haut; les réactions colorées dues à ces diastases ne se
perçoivent que dans le lait cru, et cessent d'être visibles quand le lait
a été suffisamment chauffé; leur intensité peut même quelquefois
donner une idée de la température à laquelle les laits ont été soumis.

On peut rechercher la réductase, ainsi qu'il a été dit, au moyen du
réactif de Schardinger (solution aqueuse de 2,5 pour 100 de formol
ou d'aldéhyde éthylique et de 2,5 pour 100 de bleu de méthylène). La
réductase, en hydrogénant l'aldéhyde, fait passer la coloration bleu
turquoise du bleu de méthylène, au lilas clair, si le lait est cru.

On peut également rechercher l'oxygène mis en liberté par la catalase ou clastase, et par la peroxydase ou peroxyclastase, en présence
de l'eau oxygénée.

Les réactions ne manquent pas à cet égard.

La méthode la plus ordinaire, connue en Allemagne sous le nom de
Ringprobe, consiste à faire usage de teinture de résine de gaïac
(Arnold, *Journ. de Pharm. et Chim.*, 1881, II, p. 363; Glage, *Rev. gén.
du lait*, 1901-1902, p. 16; Dupouy, *Journ. de Pharm. et Chim.*, 1887,
I, p. 397), etc.

Weber conseille (*Ann. de Chim. analyt.*, 1904, p. 115) de placer

L.

2^{cm^3} de lait dans un tube à essai de 2^{cm} de diamètre, et d'y faire tomber 3 gouttes de teinture de résine de gaïac. Avec le lait cru, il se forme un anneau bleu, qui apparaît après 20 secondes quand le lait est frais, après 2 à 3 minutes quand celui-ci est vieilli. Plus la température à laquelle le lait a été chauffé est élevée, plus celui-ci met de temps à se colorer sous l'influence de la résine de gaïac; ce n'est que quand le lait a été chauffé à 78° qu'il ne donne plus trace de coloration. La teinture de gaïac ne doit pas être fraîchement préparée; elle doit être vieille de trois mois environ; mais elle ne doit pas non plus être trop oxydée.

D'après Zink (*Ann. de Chim. analyt.*, 1904, p. 117), une goutte d'eau oxygénée renforce la réaction de la teinture de gaïac.

Divers réactifs ont été proposés pour remplacer, dans cette recherche, la teinture de résine de gaïac; ce sont la paraphénylènediamine, le gaïacol, l'hydroquinone, la pyrocatéchine, les naphtols, etc.

En présence de l'eau oxygénée, le lait cru donne, d'après Dupouy (*loc. cit.*) une coloration caractéristique, violette bleue avec le chlorhydrate de paraphénylènediamine; la présence des alcalis et des acides gêne la réaction; le bichromate, que l'on emploie quelquefois comme conservateur, active un peu la réaction, tandis que le formol la retarde; le lait cuit ne donne une coloration violette qu'au bout de 15 minutes.

Siegfeld (*Rev. gén. du lait*, 1901-1902, p. 232) propose de traiter 10^{cm^3} de lait par 2 gouttes d'eau oxygénée et 2 à 3 gouttes de solution à 2 pour 100 de paraphénylènediamine et de chauffer au besoin à 35°-40°.

La coloration, fournie par le gaïacol dans les mêmes conditions, est orangée; elle n'est pas influencée par la présence du formol. Mullie conseille (*loc. cit.*) d'ajouter, à 1^{cm^3} de lait, une goutte d'eau oxygénée et une goutte de solution alcoolique de gaïacol. Dupouy (*loc. cit.*) mélange 1 volume d'une solution à 1 pour 100 de gaïacol, et ajoute une goutte d'eau oxygénée; il est, en général, inutile de chauffer.

Dupouy indique en outre (*Rev. de Chim. analyt.*, 1897, p. 197) l'emploi de l'hydroquinone et de la pyrocatéchine, qui donnent, en présence de l'eau oxygénée, des colorations jaunes, et du naphtol α qui colore en violet; le naphtol β ne fournit pas de réactions colorées.

On peut enfin, et c'est là le procédé indiqué par Du Roi et Köhler (*Rev. gén. du lait*, 1901-1902, p. 205), qui semble donner les meilleurs résultats, décomposer, par l'action de l'oxygène dégagé de l'eau oxygénée, l'iodure de potassium; l'iode peut être ensuite décelé par l'empois d'amidon qui donne sa coloration bleue caractéristique. A

50$^{cm^3}$ de lait on ajoute 1$^{cm^3}$ d'eau oxygénée qu'on traite par de l'empois additionné d'iodure de potassium. L'acidité du lait gêne la recherche, en ce sens qu'elle fournit la coloration même avec les laits chauffés. Le bichromate et l'aldéhyde formique sont sans action.

P. Adam a montré (*Rec. de méd. vétér.*, 1906, p. 75) que les diastases réductrices sont plus sensibles à la chaleur que les diastases oxydantes; que la réaction de Schardinger ne donne plus de coloration quand le lait a été chauffé à 70° pendant 15 minutes, ou à 75° pendant 5 minutes, tandis que les réactions des diastases oxydantes sont encore manifestes dans ces conditions; on peut donc, avec un peu d'attention, distinguer un lait stérilisé d'un lait pasteurisé, quand la pasteurisation a été faite dans les limites indiquées ci-dessus.

RECHERCHE DES ANTISEPTIQUES AJOUTÉS AU LAIT.

Pour retarder le caillage spontané du lait, certains producteurs tendent à recourir à l'emploi des antiseptiques.

Bicarbonate de soude. — Le seul produit, dont l'addition dans le lait soit quelquefois toléré, est le bicarbonate de soude, à la condition que la quantité que l'on en ajoute ne dépasse pas 0^g,5 par litre. Ce bicarbonate de soude ne doit pas être considéré comme un antiseptique, mais comme une substance susceptible de saturer l'acidité lactique, au fur et à mesure qu'elle se développe et d'en combattre les mauvais effets.

Padé a constaté (*C. R.*, t. CIX, 1889, p. 154) que l'on ne retrouve pas, dans les cendres d'un lait, l'alcalinité qui y a été introduite à l'état de bicarbonate de soude; cela tient à ce que ce sel a agi sur les phosphates de chaux et de magnésie, a donné des carbonates insolubles et non alcalins, de chaux et de magnésie, en même temps qu'il se formait du phosphate de soude, qui n'offre pas non plus de réaction alcaline; Padé a montré que la partie soluble des cendres d'un lait n'est que très peu alcaline et ne renferme que des traces de phosphates; la présence du phosphate de soude dans la partie soluble de ces cendres est donc l'indice de l'addition, dans le lait, du bicarbonate de soude. En outre l'alcalinité de ces cendres représente le bicarbonate, en excès par rapport aux phosphates terreux, qui ne s'est pas transformé en phosphate soluble. Il s'agit donc, quand on veut doser dans un lait le bicarbonate de soude ajouté, d'en incinérer une certaine quantité, 25$^{cm^3}$ par exemple, de laver les cendres pour en extraire la partie soluble, et de doser dans le liquide les alcalis libres par une liqueur décinormale d'acide sulfurique, puis, dans le même liquide, le phosphate de soude ; Padé conseille d'employer dans ce cas le procédé par le nitrate d'urane, et de préparer une liqueur titrée, telle que 1^{cm^3} de cette liqueur représente $0^g,01$ de phosphate de soude dans 100^{cm^3} de lait ; puis on convertit le chiffre trouvé en bicarbonate de soude ($0^g,845$ de phosphate de soude correspond à 1^g de bicarbonate). De même, la quantité d'alcali dosé doit être transformée en bicarbonate (1^{cm^3} de liqueur sulfurique décime équivaut à $0^g,0075$ de bicarbonate de soude).

Acide benzoïque. — La présence de l'acide benzoïque se reconnaît, d'après Breusledt (*Journ. Ind. lait.*, 1899, p. 335), en précipitant le lait par du sulfate de cuivre et de l'acide chlorhydrique, en épuisant à l'éther le liquide filtré, en évaporant l'éther et en chauffant le résidu avec du perchlorure de fer ; celui-ci donne des flocons de benzoate de fer. En traitant l'extrait aqueux par de l'acide formique, en saturant ensuite par la chaux, et en faisant sécher à la chaleur, on perçoit, quand le liquide renferme de l'acide benzoïque, l'odeur caractéristique de l'aldéhyde correspondante, c'est-à-dire de l'essence d'amandes amères.

Acide salicylique. — De nombreuses réactions colorimétriques ont été proposées pour déceler l'acide salicylique. Ces réactions sont générales ; mais, quand elles s'appliquent au lait, il convient de se débarrasser tout d'abord de la caséine et de la matière grasse par l'emprésurage et de n'opérer que sur le petit-lait.

Le liquide est acidulé par l'acide sulfurique, épuisé au moyen de l'éther ; celui-ci est évaporé à sec et, sur le résidu, on essaie l'une des réactions suivantes :

1° On ajoute quelques gouttes de perchlorure de fer qui donne, en présence de l'acide salicylique, une coloration violette caractéristique ;

2° On chauffe le résidu avec quelques gouttes d'acide nitrique ; l'acide nitrosalicylique colore en rouge le perchlorure de fer, réaction indiquée par Rebello da Silva (*Revista de Pharm. et de Chim.*, 1901, p. 86) ;

3° On reprend le résidu par un peu d'eau, quelques gouttes d'une solution d'azotite de potassium, de l'acide acétique et du sulfate de cuivre ; par le chauffage, il se développe une coloration rouge, réaction indiquée par Jorrissen (1898) ;

4° Le réactif de Millon (solution de nitrate de mercure), celui de Plugge (azotate mercureux contenant de l'acide azoteux), le réactif d'Hofmann (même composition), fournissent également une coloration rouge;

5° Le chauffage du résidu avec de l'acide nitrique et l'addition d'ammoniaque développent la coloration jaune d'or du picrate d'ammoniaque, réaction indiquée par Spica (1895);

6° L'eau de brome détermine dans la solution aqueuse du résidu un précipité blanc de tribromophénol, réaction indiquée par Elion (1892);

7° L'eau de brome additionnée d'iodure de potassium donne, dans les mêmes conditions, un précipité jaune pâle de tribromophénate de potassium;

8° Enfin le résidu, repris par l'eau, additionné d'une très faible quantité de soude, forme, avec l'iodure de potassium ioduré, un précipité rouge violacé d'iodo-salicylate de sodium.

De toutes ces réactions, c'est évidemment la première qui est la plus simple, la plus sûre et en même temps la plus employée.

Breusledt (*Journ. Ind. lait.*, 1899, p. 335) propose de précipiter la caséine, en vue de la reconnaissance de l'acide salicylique par le perchlorure de fer, au moyen de sulfate de cuivre et d'acide chlorhydrique.

Il y a quelquefois intérêt, surtout en présence de notables quantités d'acide salicylique, d'en poursuivre non seulement la reconnaissance qualitative, mais aussi le dosage quantitatif. Ch. Girard (*Doc. du Lab. mun. de Paris,* 1885, p. 152) conseille d'employer, pour la recherche de l'acide salicylique dans le lait, le procédé employé vis-à-vis du vin.

On peut alors cailler le lait par l'acide acétique et épuiser le petit-lait par trois additions successives d'éther; celui-ci est évaporé, et le résidu, chauffé 1 heure à 80°-100°, au bain-marie, pour chasser l'acide acétique. Ce résidu est traité, pendant 24 heures, par 150$^{cm^3}$ de benzine cristallisable, filtré et lavé avec 50$^{cm^3}$ de benzine; la benzine est étendue à 500$^{cm^3}$ avec de l'alcool, et l'acidité est mesurée avec une liqueur de soude décinormale.

Elion a proposé (*Rev. des falsif.*, 1892-1893, p. 137 et VILLIERS et COLLIN, *loc. cit.*, p. 1142) d'agiter l'extrait éthéré avec une eau faiblement alcaline qui s'empare de l'acide salicylique; la solution de salicylate de soude est décantée, acidulée avec de l'acide sulfurique, puis additionnée d'un excès de brome, qui forme du tribromophénol. On enlève le brome en excès en versant goutte à goutte une solution de sulfite de soude, après avoir introduit, comme indicateur de la fin de la réaction, un peu d'iodure de potassium et d'amidon en empois; on distille alors dans un courant de vapeur d'eau; le tribromophénol passe à la distillation; on agite celui-ci avec de l'éther et l'évaporation de l'éther dans une capsule tarée donne le poids du tribromophénol équivalent à l'acide salicylique existant dans le lait.

Pellet et de Grobert ont établi un procédé de dosage (*Journ. de Pharm. et Chim.*, 1881, II, p. 369), basé sur la colorimétrie, c'est-à-dire sur la teinte plus ou moins intense que donnent des quantités variables d'acide salicylique en présence d'une même quantité de perchlorure de fer; l'observation doit être faite après avoir dissous les substances actives dans la benzine.

Acide borique et borate. — On reconnaît quantitativement cet antiseptique en traitant les cendres du lait par l'acide sulfurique, et par l'alcool méthylique, qu'il convient d'employer en très petites quantités; on distille le liquide alcoolique, et le produit condensé, qui renferme du borate de méthyle, est enflammé; si le lait incriminé contient de l'acide borique, la flamme prend une teinte verte caractéristique.

On peut encore transformer l'acide borique en fluorure de bore. Les cendres du lait sont placées dans un tube à essai, fermé par un bouchon à deux trous, dans lequel passent deux tubes à gaz, et là, sont additionnées de fluorure de calcium et d'acide sulfurique; l'un des tubes est relié à un producteur d'hydrogène; ce gaz passe au-dessus du mélange et sort par le tube opposé, entraînant le fluorure de bore dans le cas où le lait a été additionné d'acide borique; l'hydrogène est enflammé et la flamme se colore en vert.

Le dosage de l'acide borique peut être établi en se basant sur ce fait, que l'acidité de celui-ci n'a pas d'action sur le méthylorange, mais modifie au contraire la phénolphtaléine; il convient alors de prendre 100$^{cm^3}$ de lait, de les évaporer en présence de quelques gouttes de chlorure de calcium, et de les calciner; les cendres sont reprises par l'eau bouillante, et le liquide filtré est réduit, au bain-marie, à 20$^{cm^3}$ ou 30$^{cm^3}$, puis saturé exactement avec de l'acide étendu, en présence de méthylorange; on ajoute un volume de glycérine neutre, égal au volume de liquide : cette glycérine a pour effet d'accentuer la réaction, comme l'ont montré Klein (*Soc. Ch.*, t. XXIX, 1878, p. 357), Thomson (*Ber. der D. Chem. Ges.*, 1893, p. 839) et Denigès (*Soc. de Pharm. de Bordeaux*, 1897, p. 161); on prend alors, comme indicateur, la phénolphtaléine et l'on titre, jusqu'à décoloration de celle-ci, au moyen d'une solution de soude $\frac{1}{20}$ normale; chaque centimètre cube de soude correspond à 0^g,0031 d'acide borique.

Allen et Tankard ont indiqué une autre méthode qui consiste à prendre la solution provenant de l'épuisement des cendres de 100$^{cm^3}$ de lait, additionné comme précédemment de chlorure de calcium, et de l'évaporer à sec dans un ballon, en présence de 2^{cm^3} à 3^{cm^3} d'acide sulfurique, jusqu'à complet dégagement d'acide chlorhydrique. Après refroidissement, on ajoute 10^{cm^3} d'alcool méthylique ; on distille jusqu'à siccité, au bain-marie ; on laisse refroidir, on ajoute 10^{cm^3} d'alcool méthylique, on distille de nouveau, et de même cinq à six fois. Le liquide distillé est chauffé, en présence de 25^{cm^3} d'eau, dans un ballon surmonté d'un réfrigérant à reflux ; le borate de méthyle qu'il contient se saponifie ; on chasse l'alcool méthylique, et l'acide borique est dosé comme précédemment.

Denigès s'est basé sur cette propriété que présente la glycérine et même le lactose, d'exagérer l'acidité de l'acide borique, pour indiquer deux procédés de recherches, l'un qualitatif, l'autre quantitatif (*Soc. de Pharm. de Bordeaux*, 1897, p. 161).

On neutralise exactement 20^{cm^3} de lait, en présence de la phénolphtaléine, de façon à n'avoir qu'une teinte légèrement rosée. On divise le liquide en deux ; l'une des portions sert de témoin, et, si l'on ajoute, dans celle-ci, quelques gouttes de liqueur décime de soude, la coloration s'accentue ; dans l'autre portion, on verse 2^{cm^3} à 3^{cm^3} de glycérine neutre, on agite ; la coloration rosée disparaît, et il faut faire tomber deux gouttes de liqueur de soude pour la faire réapparaître, même quand le lait ne renferme que $0^g,15$ à $0^g,20$ d'acide borique par litre. Si la glycérine ajoutée ne fait pas disparaître la teinte rosée, on peut en conclure que le lait renferme moins de $0^g,20$ d'acide borique par litre.

Pour transformer cette méthode en méthode quantitative, il suffit d'additionner le liquide, présentant la teinte rosée, de 10^{cm^3} d'un mélange en parties égales d'alcool à 90° et de glycérine, et de titrer avec de la soude décinormale, jusqu'à réapparition de la teinte rosée. Le lactose exaltant l'acidité de l'acide borique, il convient d'opérer dans des conditions comparables, avec des laits d'une teneur de 4 à 5 pour 100 de lactose.

Quand le lait renferme plus de 3^g d'acide borique par litre, il faut le diluer et ramener, au moyen d'une addition de lactose, le lait à sa teneur normale.

Si le lait a été additionné non plus d'acide borique, mais de borax (borate de soude), on aura soin d'ajouter un peu d'acide sulfurique avant la première neutralisation (Denigès, *loc. cit.*).

Fluorures et fluoborates. — Le lait additionné de chaux est évaporé à sec et calciné ; les cendres sont traitées par de l'eau acidulée à l'acide acétique.

Le liquide filtré contient de l'acide borique que l'on caractérise comme il a été dit ci-dessus.

Le filtre et le résidu qu'il a retenu sont calcinés de nouveau; les cendres obtenues sont broyées avec du sable fin dans un mortier; le mélange est mis dans un tube à essai, muni d'un tube abducteur plongeant dans l'eau : on l'additionne de quelques gouttes d'acide sulfurique. On chauffe, et le fluorure de silicium qui se dégage vient se décomposer dans l'eau en abandonnant de la silice gélatineuse.

Le fluorure peut aussi être caractérisé par l'action de l'acide fluorhydrique sur le verre.

Formol. — L'antiseptique que l'on ajoute le plus fréquemment au lait est l'aldéhyde formique, sous sa forme commerciale (formol).

De nombreuses réactions permettent de constater la présence du formol; mais celui-ci perd rapidement ses caractères, en se polymérisant, et, quand la dose de formol employée est faible, les réactifs sont, au bout de quelques jours, incapables de le déceler. (WILLIAMS et SHERMANN, *Jour. Pharm. et Ch.*, t. I, 1906, p. 301.)

La réaction indiquée par Trillat (*Comptes rendus,* t. CXVI, 1893, p. 891 et t. CXXVII, 1898, p. 292) est, de toutes celles qui ont été proposées, la plus scientifique, celle qui donne, par conséquent, le plus de sécurité; elle est fondée sur la coloration bleue que développe, par oxydation, le bioxyde de plomb ou oxyde puce, au contact d'une base qui se forme quand on combine l'aldéhyde formique ou ses dérivés avec la diméthylaniline, tandis que cet oxyde puce ne donne aucune coloration stable avec la base diméthylée de l'aldéhyde éthylique. A 30^{cm^3} de lait, on ajoute trois gouttes d'acide sulfurique et dix gouttes de diméthylaniline, fraîchement distillée; on chauffe au bain-marie vers 60° pendant trois heures; puis on distille, en présence d'un courant de vapeur d'eau, pour chasser l'excès de diméthylaniline, le liquide préalablement alcalinisé par la soude, jusqu'à ce que l'eau qui se condense cesse d'être trouble et de présenter l'odeur caractéristique de la diméthylaniline; le résidu est saturé par l'acide acétique et additionné de quelques gouttes d'eau tenant en suspension de l'oxyde puce de plomb : le liquide prend la coloration bleue, quand le lait renferme du formol, et cette coloration, qui se développe à la chaleur, est stable à l'ébullition; dans le cas où des produits éthyliques donneraient également une coloration bleue, il suffirait de chauffer pour la faire disparaître. Il arrive quelquefois que la diméthylaniline a été insuffisamment chassée par la vapeur d'eau; on obtient alors une coloration verte qui se détruit également à l'ébullition.

A côté de cette réaction, toute scientifique, délicate à pratiquer, on a proposé d'autres procédés plus expéditifs et présentant néanmoins une assez grande garantie.

Mangin et Marion conseillent (*Comptes rendus*, t. CXXXV, 1902, p. 584) de saupoudrer la surface du lait avec quelques cristaux de diamidophénol, ou de chlorhydrate de diamidophénol (amidol); ceux-ci restent en suspension, et l'on voit se développer, à leur contact, une coloration rouge saumon ou violacée, si le lait est pur, et jaune serin, si le lait a été additionné, même de $\frac{1}{1000000}$ de formol.

Nicolas a annoncé (*Comptes rendus*, t. CXL, 1905, p. 1123) qu'en agissant sur le sérum obtenu par précipitation de la caséine au moyen de l'acide acétique, on produit, avec le diamidophénol ou avec son chlorhydrate, comme d'ailleurs avec la métaphénylènediamine, une fluorescence verte dans les laits additionnés de traces de formol (sensibilité $\frac{1}{500000}$).

Thévenon propose (*Ann. Ch. anal.*, 1905, p. 433) l'emploi du sulfate de méthylpyramidophénol (métol) qui donne une coloration grenat (sensibilité $\frac{1}{10000}$).

Jorrissen (*Journ. Pharm. Liége*, t. IV, p. 129) ajoute au lait un peu de soude et une solution de phloroglucine, qui développe en présence du formol une coloration rose (sensibilité $\frac{1}{50000}$).

Voisenet (*Bull. Soc. chim.*, t. XXXIII, 1905, p. 1198) chauffe 5^{cm^3} de lait, à 50°, pendant 10 minutes avec 15^{cm^3} d'acide chlorhydrique, contenant 3^g à 4^g de nitrate de potasse; la coloration due au formol est violette (sensibilité $\frac{1}{100000000}$).

Eury a imaginé (*Bull. des Sc. pharmacol.*, 1904, et *Ann. de Chim. analyt.*, 1904, p. 254) d'additionner le lait de son volume d'acide sulfurique et de quelques gouttes de perchlorure de fer. L'existence de $\frac{1}{100000}$ de formol, et même d'une moindre quantité, est dénoncée par la formation d'une belle coloration violette. Quand le lait est pur, la coloration est jaune orangé. Eury conseille d'ajouter, à 5^{cm^3} de lait, contenu dans un tube à essai, 5^{cm^3} d'acide sulfurique à 50 pour 100, puis cinq gouttes d'une solution de perchlorure de fer à 1 pour 100, et de chauffer à l'ébullition.

Eau oxygénée. — L'eau oxygénée que l'on ajoute au lait peut être décelée de différentes façons; les réactifs, indiqués plus haut, le gaïacol, la paraphénylène diamine, etc., donnent, avec le lait cru, des colorations caractéristiques; d'après Arnold et Mentzel (*Journ. Pharm. et Ch.*, 1900, t. II, p. 128), quelques gouttes d'une solution à 1 pour 100 d'acide vanadique dans l'eau additionnée de 10 pour 100 d'acide sulfurique, colorent le lait en jaune rouge.

Mais l'eau oxygénée est rapidement détruite par les éléments du lait, et, si la quantité ajoutée n'a pas été excessive, les réactifs précédents ne donnent plus de coloration après 6 ou 8 heures de contact du lait et de l'antiseptique.

P. Adam a montré (*Bull. Soc. chim.*, t. XXXV, 1906, p. 247) que l'eau oxygénée détruit immédiatement la réductase du lait; en sorte que, si l'eau oxygénée a disparu, on peut déduire de l'absence de réaction, sous l'influence du réactif de Schardinger (*voir* ci-dessus), que le lait a été traité par l'eau oxygénée pour en assurer la conservation.

Cette action destructrice de l'eau oxygénée ne se porte pas au contraire sur les diastases oxydantes, ce qui permet, d'après P. Adam (*loc. cit.*), de distinguer entre le lait cru oxygéné, dans lequel persistent les réactions au gaïacol et à la paraphénylènediamine, et le lait cuit, dans lequel aucune réaction colorée ne peut se produire, puisque toutes les diastases ont été détruites par la chaleur.

Rocou, curcuma, safran, etc. — Les teintures de rocou, de curcuma, de safran, de souci ne sont pas des antiseptiques, et on ne les ajoute au lait que pour masquer une fraude trop fréquente, celle de l'écrémage et du mouillage par l'eau ou par le lait écrémé; ces teintures servent alors à remonter la couleur jaune que l'enlèvement de la matière grasse a fait disparaître.

Leys conseille (*Journ. Ind. lait.*, 1898, p. 274) de traiter le lait par le mélange d'alcool, d'éther et d'ammoniaque; la couche sous-jacente de la couche éthérée renferme la matière colorante; on ajoute du sulfate de soude qui précipite la matière azotée; on prend le liquide clair, que l'on traite par l'alcool amylique; celui-ci s'empare de la matière colorante; on évapore l'alcool, on reprend par l'eau, et l'on teint un tissu de coton. Le tissu est plongé dans une solution d'acide citrique, qui, quand il s'agit de rocou, vire au rose la teinture jaune.

Bichromate de potasse. — Dans le même but, c'est-à-dire pour jaunir le lait décoloré par l'écrémage en même temps que pour assurer sa conservation, on ajoute quelquefois du bichromate de potasse; celui-ci se reconnaît avec la plus grande facilité par une addition de nitrate d'argent, qui donne, au $\frac{1}{50000}$, une coloration rouge brique, due à la formation du chromate d'argent (LINDET, *Rev. génér. du lait*, 1902-1903, p. 370).

Il peut se faire d'ailleurs que des laits soient additionnés d'une quantité de bichromate inférieure à celle que nous venons d'indiquer. Leys a conseillé plusieurs méthodes d'une extrême sensibilité (*Journ. de Pharm. et Ch.*, t. II, 1899, p. 337).

On peut d'abord incinérer le lait; les cendres, dans le cas où le lait aurait été additionné de chromate, présentent une teinte jaune; traitées par l'acide sulfurique concentré, elles se colorent en rouge, par suite de la formation d'acide chromique, et dégagent des vapeurs rougeâtres d'acide chloro-chromique dues à l'action de l'acide chromique sur les chlorures alcalins du lait.

Si on lessive les cendres du lait, on obtient des liqueurs jaunes; dans celles-ci on reconnaît l'acide chromique par ses propriétés oxydantes, soit en décolorant à l'ébullition du carmin d'indigo, acidulé fortement par l'acide chlorhydrique, soit en transformant un mélange d'aniline et de toluidine dissous dans l'acide acétique, exempt de furfurol, en fuschine, facile à reconnaître à sa coloration rouge, soit, comme Schiff l'a indiqué, en faisant naître une coloration bleue au moyen de la teinture de résine de gaïac.

On peut enfin, dans les mêmes liqueurs provenant du lessivage des cendres, appliquer la réation caractéristique du chrome, imaginée par Bareswill, c'est-à-dire transformer, par l'eau oxygénée, l'acide chromique en acide perchromique, qui offre une teinte bleue fugace.

Analyse des laits caillés et conservation des échantillons destinés à l'expertise. — Il arrive fréquemment que des échantillons de lait, recueillis frais, et envoyés à l'expertise, arrivent chez l'expert à l'état caillé. L'analyse présente alors des difficultés, en ce sens qu'il est impossible de rendre l'échantillon assez homogène pour prélever avec exactitude les prises d'essai. On ajoute, en général, une petite quantité de soude, variable avec l'acidité du lait, et dont on tient compte dans l'estimation de l'extrait et des cendres. Dornic a proposé (*Journ. ind. lait.*, 1896, p. 272) un mélange de 1 partie de soude à 36° B. et de 3 parties d'ammoniaque à 0,92, de façon à avoir un liquide de densité 1030, qui, ajouté au lait, ne change pas la densité de celui-ci. La soude et l'ammoniaque décoagulent la caséine précipitée, et permettent dans une certaine mesure, qui dépend de l'état du caillage, de réémulsionner le lait.

Mais il vaut mieux, dans cet ordre d'idées, prévenir la coagulation, en ajoutant, au moment du prélèvement de l'échantillon destiné à l'expertise, un antiseptique, en quantité assez faible pour qu'il n'influence pas les dosages ultérieurs.

Il résulte d'études faites à ce sujet par Delen (*Journ. ind. lait*, 1898, p. 33) et par Lindet (*Congrès int. de Ch. appl.*, Berlin, 1903, et *Rev. gén. du lait*, 1902-1903, p. 370) que l'acide phénique, l'acide salicylique, le salicylate de soude, l'acide borique et le borax ne présentent pas les garanties suffisantes; le bichlorure de mercure, le bichromate de potasse et le formol donnent, au contraire, de très bons résultats. Cependant il est imprudent de manier le bichlorure de mercure dans les laiteries, où se font les prélèvements, et le Rapport de Lindet, approuvé par la Commission internationale des Analyses (*loc. cit.*), donne la préférence aux deux derniers antiseptiques. Mais une difficulté se présente : les prélèvements sont exécutés pour permettre de constater toutes les fraudes et il peut se faire que le lait prélevé ait été, par le producteur ou par le crémier, additionné de bichromate ou de formol; dès lors, l'addition officielle de ces antiseptiques masque la fraude. Lindet a fait alors remarquer que le commissaire ou le chimiste, chargé du prélèvement, peut avoir avec lui de quoi reconnaître, séance tenante, si le lait incriminé a été conservé au bichromate ou au formol; un peu de nitrate d'argent, ainsi qu'il vient d'être dit, permet de découvrir des doses minimes de bichromate; une pincée de diamidophénol révèle la présence de $\frac{1}{100000}$ de formol. Les doses mises par le négociant sont en général minimes et il est bon, pour assurer, pendant un temps plus long, la conservation des échantillons, de doubler la dose; dans ces conditions, si le lait a été antiseptisé par le négociant au moyen du bichromate, le commissaire ajoute du formol; s'il a été, au contraire, additionné préalablement de formol, le commissaire emploie le bichromate de potasse.

V. — CONSERVATION DU LAIT.

Les causes d'altération du lait ont été définies dans le Chapitre précédent; elles sont toutes d'origine microbienne et l'on peut déduire de ce fait que tout procédé basé sur l'asepsie, l'antisepsie, la stérilisation ou l'élimination de l'eau, sera de nature à assurer la conservation du lait au delà des limites normales, et ce sont ces procédés de conservation qui vont être étudiés dans ce Chapitre.

Mais ces procédés seraient, dès leur application, frappés d'infériorité, si le lait n'avait pas été recueilli dans des conditions de propreté et d'asepsie aussi rigoureuses que possible; toute négligence dans la traite, dans la récolte et l'emmagasinage du lait se traduit par un ensemencement microbien, susceptible de compromettre la conservation, quel que soit le procédé choisi.

TRAVAIL A LA LAITERIE ET TRANSPORT DU LAIT.

L'altérabilité du lait est telle que toute manipulation, faite dans des conditions aseptiques, doit être considérée comme un travail de conservation.

La propreté et la bonne organisation de la laiterie sont une garantie de la résistance du lait à l'altération; en outre, le lait doit être tamisé pour le séparer des matières étrangères qui apportent souvent avec elles des ferments nuisibles; il doit être refroidi pour qu'il reste aussi peu de temps que possible à la température où il a été émis, tempéture éminemment favorable au développement des ferments lactiques. La façon dont ces opérations sont conduites décide du bon conditionnement du lait; enfin, le soin que l'on met à l'expédier et à le transporter assure, pour une grande part, sa conservation.

Propreté de la laiterie. — L'intérieur de la laiterie est aujourd'hui, dans toutes les bonnes exploitations, tenu dans le plus grand état de propreté.

Les murs et le plafond sont, au moins deux fois l'an, badigeonnés à la chaux délayée dans l'eau ou mieux encore dans du petit-lait; la présence de la caséine rend l'enduit plus résistant; si l'on ne recule pas devant la dépense, on substitue avec avantage à cet enduit une peinture à l'huile ou une peinture émaillée, facile à laver.

Le sol peut être cimenté; mais le petit-lait, qui s'y répand et qui devient facilement acide, finit par attaquer légèrement le ciment; dans le même ordre d'idées, les dallages en pierre calcaire ne sont pas à recommander. Les carreaux céramiques joints avec du ciment donnent au contraire d'excellents résultats.

Ce sol est établi de façon que le petit-lait et les eaux de lavage puissent s'écouler facilement.

Les fenêtres ainsi que les impostes des portes sont garnies de toiles métalliques pour éviter l'introduction des mouches; ces fenêtres sont en quantité suffisante et convenablement placées pour permettre une ventilation régulière des locaux de la laiterie. Des volets pleins ou des jalousies protègent l'intérieur contre une chaleur excessive,

Les tablettes, les instruments y sont continuellement nettoyés. En général, on réserve, dans le bâtiment de la laiterie, une pièce où l'on peut faire chauffer de l'eau pour le nettoyage de ces instruments. Il est souvent utile d'ajouter à cette eau un peu de soude ou de carbonate de soude. Si l'on dispose d'une machine à vapeur, on passe les instruments et surtout les bidons à la stérilisation.

Les robinets d'eau pure et froide sont distribués de façon que les lavages soient facilités au personnel.

Il y a toujours avantage à établir dans les laiteries des machines à glace, dont les tuyaux, placés au plafond, font circuler dans les locaux qui ont besoin d'être refroidis, surtout l'été, le liquide dit *incongelable* (solution de chlorure de calcium).

Les salles destinées à l'écrémage, au barattage, au caillage et au dressage des fromages sont, au contraire, pourvues de calorifères à vapeur.

Tamisage. — Le lait, aussitôt après la traite, est tamisé à travers la toile métallique d'une passoire. Ce tamisage est grossier et n'enlève que les grosses impuretés. On a proposé de nombreux filtres où la matière filtrante est faite de grosse toile, de fibres de coton, de gros papier, etc. Mais cette filtration du lait retarde le travail, et ne peut en outre être appliquée qu'à la condition de rejeter la matière filtrante après chaque opération.

Refroidissement. — Il convient, ainsi qu'il a été dit, d'amener le plus rapidement possible le lait à une température telle que les ferments lactiques ne puissent s'y développer, c'est-à-dire à une température de 10° à 15°.

Souvent on se contente de déposer les bidons d'expédition dans une bâche remplie d'eau froide, ou mieux encore dans un bassin où l'eau froide circule. Mais il est préférable de faire usage des réfrigérants à ruissellement.

Le plus répandu de ces réfrigérants est le Lawrence, qui se compose de deux tôles de cuivre étamé auxquelles on a imprimé par estampage une série d'ondulations parallèles; les deux tôles sont juxtaposées, s'emboîtent, pour ainsi dire, distantes l'une de l'autre de quelques millimètres; elles sont disposées suivant un plan vertical et présentent leurs ondulations suivant des lignes horizontales. L'eau y pénètre par la partie inférieure, s'y élève en nappe continue, suivant toutes les ondulations. et sort par la partie supérieure. Quant au lait, délivré par une goulotte percée de trous, parallèle au plan du réfrigérant, il cascade le long de ces ondulations et se refroidit au contact de l'air.

Le réfrigérant Schmidt comporte également une surface de tôle ondulée; mais celle-ci, au lieu d'être établie dans un plan vertical, est repliée suivant un cylindre; la goulotte qui amène le lait est circulaire et s'adapte naturellement au réfrigérant (*fig.* 1).

Fig. 1.

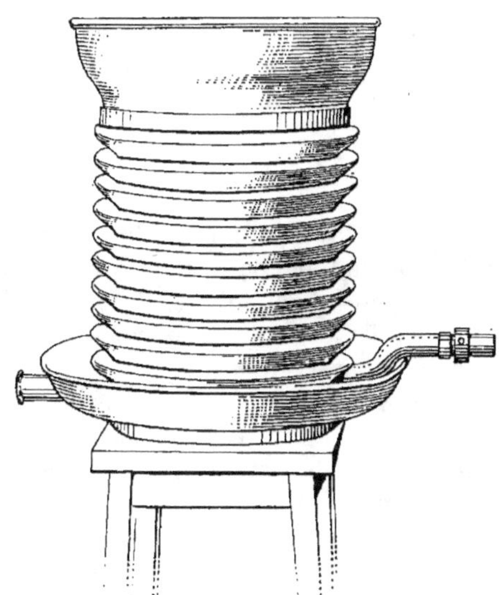

Transports. — Le lait est toujours transporté dans des bidons d'acier étamé, assez résistants pour supporter les chocs; en général, les bidons d'expédition ont une capacité de 20 litres.

Ils doivent être, avant l'introduction du lait, soigneusement nettoyés, et même stérilisés. On recommande avec raison de ne pas y mélanger les laits froids de la traite de la veille au soir avec les laits de la traite du matin.

Si la laiterie réexpédie au cultivateur des petits-laits, il convient d'éviter d'employer à cet usage les bidons qui serviront ensuite à apporter le lait frais à la laiterie, le nettoyage de ces bidons exigeant des soins spéciaux que le cultivateur n'est pas, dans la plupart des cas, à même de prendre.

Les voitures et wagons employés au transport sont à claire-voie, de façon à établir entre les bidons une circulation d'air; au moment des grandes chaleurs les voitures et les wagons peuvent être recouverts d'une bâche mouillée. Le nettoyage fréquent des véhicules s'impose naturellement.

Les bidons sont remplis complètement pour éviter le barattage pendant la route. Cependant il n'est pas inutile de prévenir l'écrémage naturel et, pour cela, il convient que le lait soit soumis à une douce agitation. C'est ce que l'on obtient avec des voitures bien suspendues.

En avant de la porte de la laiterie est construit un quai d'embarquement, de même hauteur que le plancher des voitures, de façon à faciliter le transbordement des bidons.

CONSERVATION PAR REFROIDISSEMENT ET CONGÉLATION.

Le procédé qui est employé pour refroidir le lait, au sortir de l'étable et les refroidissoirs à tôle ondulée qui viennent d'être décrits, ne sont susceptibles, quand on emploie de l'eau de rivière, de puits ou même de source, que de refroidir le lait vers 10° ou 15°; mais, si l'on veut lui assurer une conservation plus longue, pendant le transport, il faut faire passer à l'intérieur du réfrigérant une eau plus froide que celle à laquelle il a été fait allusion; il faut refroidir, au moyen de la machine à glace, de l'eau à 1° ou 2°, et se servir de cette eau comme de liquide réfrigérant. Dans ces conditions, le lait refroidi à 4° ou 6° se trouve mieux préservé contre l'altération. Sans doute, on pourrait faire circuler dans le réfrigérant le liquide incongelable de la machine même; mais ce liquide est une solution de chlorure de calcium, et l'on peut craindre que des fuites de l'appareil ou des maladresses dans les manipulations mélangent cette solution au lait que l'on veut refroidir.

Dans ces conditions, le lait est refroidi à une température telle que les microbes s'y trouvent légèrement paralysés et, si l'on a soin d'expédier le lait avec des précautions spéciales pour éviter un réchauffage trop rapide, sous des couvertures de laine ou mieux encore dans des wagons-glacières, on peut prolonger la durée de conservation.

Lucas a montré (*Congrès int. de lait.*, 1905, p. 95) le parti que l'on peut tirer de cette réfrigération : certaines fermes des environs de Paris transportent aujourd'hui leur lait ainsi fortement refroidi, et il est inutile de dire que le goût de ce lait, inaltéré, offre sur le goût du lait pasteurisé une très grande supériorité.

Plusieurs tentatives ont été faites pour expédier le lait, complètement congelé sous forme de glaçons. Cette manière de faire ne présente aucune difficulté industrielle; le prix de revient seul l'a empêchée d'être mise en pratique.

Parmi ces tentatives, celle qui mérite le plus d'être signalée est celle de Casse (*Ind. lait.*, 1897, p. 276). Cet inventeur avait installé son procédé de congélation à Marslev et à Utturslev, à 60^{km} de Copenhague, et envoyait dans cette ville de grandes quantités de lait glacé. Le lait, aussitôt après la traite, était congelé dans le bain de chlorure de calcium d'une machine à glace et on le transformait en glaçons de 12^{kg} environ, suivant les procédés que l'on emploie pour fabriquer de la glace artificielle; les glaçons, froids à 6° ou 8° au-dessous de zéro, étaient jetés dans un récipient métallique de 500^l que l'on achevait de remplir avec du lait ordinaire. Un de ces récipients a été, en mars 1897, envoyé à Paris, avec des précautions spéciales, sans que sa température ait dépassé zéro. La masse se présente alors, du fait du mélange des glaçons avec le lait, sous la forme d'un sorbet. Celui-ci doit être dégelé avec précaution, en le plaçant dans une bassine garnie, à la partie inférieure, d'un serpentin où circule de l'eau tiède; le serpentin proposé par Casse était mobile et permettait d'agiter le lait sans le baratter.

Ces précautions, que l'on prend pour rendre le lait homogène au moment où il se liquéfie, sont indispensables; il résulte, en effet, d'un travail de Bordas et de Raczkowski (*C. R.*, t. CXXXIII, 1901, p. 759) que, quand on congèle du lait dans un vase métallique, les éléments solubles ou colloïdaux du lait (caséine, lactose, sels) refluent vers le centre; les parties périphériques s'appauvrissent, tandis que la crème remonte à la surface :

	Lait initial.	Périphérie.	Partie centrale.	Partie supérieure.	Partie inférieure.
Matière grasse........	4,80	1,54	1,58	21,68	0,79
Matières azotées.....	3,72	1,72	12,43	6,40	19,31
Lactose.............	4,60	2,81	10,64	3,52	18,65
Sels...............	0,83	0,46	2,10	0,61	2,78
Extrait........	13,95	6,53	26,75	32,21	41,53

Pour 100$^{cm^3}$.

CONSERVATION PAR CHAUFFAGE : PASTEURISATION; STÉRILISATION.

Partie historique. — L'idée d'appliquer la chaleur à la conservation du lait remonte certainement à une lointaine époque, et l'on sait depuis longtemps que le lait bouilli *tourne* moins vite que le lait cru.

Appert, à qui l'on doit l'invention des procédés de conservation par la chaleur des matières alimentaires, eut l'idée de chauffer le lait à l'abri de l'air pour en éviter l'altération [*Bull. Soc. Enc. Ind. nat.,* 1809, p. 110, et 1814, p. 218 (Rapp. Bouriat)].

L'application industrielle de ce principe a été faite pour la première fois par Mabru (*C. R.,* t. XXXVIII, 1854, p. 554 et 976, et Rapport Herpin, *Soc. Enc. Ind. nat.,* 1855, p. 400, avec figure).

Le procédé de Mabru consistait à chauffer, au moyen de la vapeur, le lait contenu dans des bouteilles métalliques de 25^{cm} de haut; ces bouteilles étaient surmontées d'un tube de plomb ou d'étain, débouchant dans un réservoir commun rempli de lait, à la surface duquel était maintenue une couche d'huile d'olive; le lait se trouvait donc chauffé à l'abri de l'air; il se dilatait, en perdant ses gaz, et, quand la température de 80° avait été atteinte à l'intérieur de la bouteille et maintenue pendant 1 heure environ, on laissait refroidir à 20°; le lait se contractait et l'on fermait la bouteille en aplatissant le tube de plomb ou d'étain. Cette manière de faire « empêchait le liquide de ballotter à l'intérieur du vase et de provoquer ainsi la formation du beurre », formation que l'on évite aujourd'hui difficilement dans la stérilisation du lait.

C'est par analogie avec les résultats que Pasteur (*C. R.,* t. LX, 1865, p. 899) a obtenus plus tard pour la conservation du vin que l'on a donné à ce procédé le nom de *pasteurisation.*

L'industrie a, dans ces dernières années, profité largement de ces premières observations et, soit qu'elle porte le lait à une température supérieure à 100° (*stérilisation*), soit qu'elle ne lui laisse atteindre que celle de 65° à 70° (*pasteurisation*), le même effet est produit, mais avec des intensités différentes; le lait, dans le premier cas, est complètement stérile; il est, dans le second, préservé d'une altération trop rapide; la plupart des bacilles, et principalement les bacilles lactiques, y sont tués; mais les spores des tyrothrix, des ferments butyriques, des moisissures résistent et sont susceptibles de se développer postérieurement. La conservation n'est plus définitive, elle n'est que momentanée.

Action de la chaleur sur les éléments du lait. — Avant d'étudier le côté pratique de la question, il semble nécessaire de rechercher quelles sont les modifications que la chaleur fait subir aux éléments du lait.

La matière grasse n'est en aucune façon atteinte, et du lait pasteurisé à 70°, comme du lait stérilisé à 105°, crème de la même manière qu'un lait frais.

Le lactose ne se modifie qu'à une température élevée, c'est-à-dire supérieure à 100°; il brunit en se transformant en matières ulmiques; les sels alcalins du lait ne sont pas étrangers à cette décomposition. D'après Orla Jensen (*Ann. agr. de la Suisse*, 1905), la présence de la caséine active également le brunissement du lactose.

Les modifications les plus importantes relèvent de la constitution même des matières azotées. La caséine proprement dite n'est pas coagulée et son état colloïdal ne semble pas modifié; mais il n'en est pas de même de l'albumine et du phosphocaséinate de chaux; ces matières se coagulent par la chaleur et d'autant plus complètement que la chaleur est plus élevée.

Le procédé qui a été employé par Orla Jensen (*loc. cit.*), pour mesurer le phénomène, a consisté à cailler par la présure du lait préalablement chauffé, pendant des temps variables, à des températures croissantes, comparativement à du lait cru.

La présure précipite, dans le lait cru, la caséine et laisse l'albumine à l'état soluble; mais, si à celui-ci on substitue du lait chauffé, où l'albumine a été coagulée dans des proportions variables avec la température, on obtient, par l'action de la présure, un caillé qui renferme la caséine et une plus ou moins grande quantité d'albumine, en sorte que l'augmentation du poids d'azote, constaté dans le coagulum, mesure la quantité d'albumine coagulée. D'autre part, et comme procédé de contrôle, Orla Jensen a dosé l'azote de l'albumine restant dans les liquides filtrés, précipitable à chaud par l'acide acétique. Le poids d'azote, dans l'un et l'autre cas, a été rapporté à 100 d'azote total.

	Azote du coagulum (caséine et albumine coagulée).	Azote de l'albumine non coagulée.	Durée de la coagulation.
Lait pur, non chauffé	79,87	13,13	15 min
70	81,26	11,74	16
75	86,24	6,74	19
77,5....	89,31	3,69	23
80	91,41	1,59	28
Chauffé 5 minutes à 90	94,11	0,00	28
100	94,06	»	28
110	93,26	»	28
120	92,27	»	28
130	88,57	»	infinie
140	79,04	»	»

La quantité d'albumine coagulée dépend de la température et de la durée du chauffage; d'après Orla Jensen, on ne peut être assuré de la coagulation complète que par un chauffage à 77°,5 pendant 1 heure, à 80° pendant 30 minutes, à 90° pendant 5 minutes.

Les recherches de Lindet et Ammann obligent à faire quelques réserves sur ce que Orla Jensen appelle l'*albumine;* la matière coagulée représente en effet un mélange, à peu près en parties égales, d'albumine et de phosphocaséinate de chaux.

Ce qui ressort du Tableau précédent et de ceux publiés par l'auteur, relatifs à une durée de chauffage supérieure à 5 minutes, c'est que la caséine est altérée par la chaleur; le poids de celle-ci, précipitée par la présure, diminue, et la caséine se transforme en composés azotés, non précipitables à chaud par l'acide acétique, mais précipitables par l'acide phosphotungstique.

C'est peut-être, en partie du moins, à l'altération de la caséine qu'il faut attribuer un phénomène reconnu depuis longtemps; le lait chauffé ne se caille pas ou se caille mal par la présure; ainsi que le constate le Tableau ci-dessus, la durée du caillage augmente avec la température à laquelle le lait a été chauffé; en outre, le caillé offre d'autant moins de consistance qu'il provient d'un lait chauffé à plus haute température.

Ce phénomène a été également attribué à la perte d'acidité que le lait chauffé subit, au moment du départ de l'acide carbonique; on sait en effet que l'acidité du lait active la rapidité du caillage; mais cette diminution de l'acidité est tellement faible (elle a passé, dans les expériences de Jensen, de $6^{cm^3},6$ à $6^{cm^3},0$ de soude caustique $\frac{1}{4}$ normale), qu'il ne faut guère s'arrêter à cette explication.

Cependant Orla Jensen a montré qu'un lait chauffé en bouteilles fermées, de telle façon que l'acide carbonique ne puisse s'échapper, caille plus vite qu'un lait chauffé à la même température et pendant le même temps, mais en vase ouvert et surtout en présence d'un barbotage d'air.

On peut également ne pas tenir compte de cette observation que, dans le lait chauffé, les diastases sont immobilisées; rien ne paraît démontrer nettement que les diastases du lait jouent un rôle dans la coagulation de la caséine.

Les idées émises par Hammarsten (*Zur Kenntniss der Kaseïns...*, Upsala, 1877), au sujet de la difficulté que l'on éprouve à faire cailler le lait chauffé, semblent plus réelles; Hammarsten, ainsi qu'il a été dit plus haut, admet la formation, sous l'influence de la présure, de la paracaséine (toute réserve faite sur l'existence de cette paracaséine); celle-ci ne peut prendre la forme coagulée que si elle se trouve en présence de sels de chaux. Or ces sels de chaux, et en particulier le phosphate de chaux, s'insolubilisent au chauffage, et c'est à cette insolubilisation que le lait doit de ne plus se cailler. L'addition d'un sel de chaux, de chlorure de calcium par exemple, redonne au lait chauffé ses propriétés primitives.

Bordas et de Raczkowski ont appelé l'attention sur la modification que subissent les lécithines pendant le chauffage (*C. R.*, t. CXXXVI, 1903, p. 56). Celles-ci sont en effet, ainsi qu'on l'a vu plus haut, des composés complexes, dans lesquels l'acide glycérophosphorique se trouve à l'état instable vis-à-vis des acides gras et des bases organiques, auxquels il est combiné; celui-ci se dissocie par la chaleur et reste soluble dans le lait.

Diffloth a constaté également ces résultats (*Rev. gén. du lait*, 1904-1905, p. 308); voici les chiffres qu'il a obtenus rapportés à 1^l de lait :

	Acide phosphorique			
	total.	soluble.	organique.	insoluble.
Lait naturel	4,58	1,92	2,12	0,54
Lait chauffé pendant 60°.	4,58	1,85	1,90	0,83
30 minutes à 95°......	4,58	1,82	1,50	1,26
110°......	4,58	1,75	1,38	1,45

Il convient d'ajouter aux modifications que la chaleur détermine dans le lait la destruction des diastases dont il a été question ci-dessus (catalase, hydrogénase, etc.).

Pasteurisation. — On réserve ce nom dans l'industrie laitière, comme dans l'industrie vinicole, au chauffage ménagé des liquides que l'on veut conserver.

L'expérience démontre qu'il faut porter le lait à la température de 70° pour prolonger de 24 heures environ sa conservation, sans modifier sensiblement son goût. Dans ces conditions, on tue les ferments qui y vivent, tyrothrix, ferments lactiques, etc.; mais on ne tue pas les spores, et celles-ci évoluent à leur tour, quand le lait a été abandonné quelque temps à lui-même.

Le procédé le plus simple, mais en même temps le plus défectueux, consiste à chauffer le lait, renfermé dans des seaux cylindriques de 10 à 15 litres de capacité, au moyen d'un bain-marie extérieur; il est évident que, même si l'on a soin d'agiter doucement pendant le chauffage, les parties du liquide qui se trouvent, même momentanément, au contact des parois chaudes, se surchauffent par rapport à celles placées au centre. L'agitation continue rendrait cet inconvénient insensible; mais elle est, dans ces appareils simples, d'autant moins réalisable que le laitier chauffe à la fois, dans le même bain-marie, un certain nombre de vases cylindriques.

L'avantage qui résulte d'une agitation pendant le chauffage ne peut se trouver réalisé que par un appareil continu où le lait arrive froid, se chauffe au contact d'eau chaude ou de vapeur et ne sort qu'après avoir subi la température convenable.

C'est Pjord, qui, vers 1884, en Danemark, réalisa le premier pasteurisateur continu.

L'appareil comporte essentiellement un seau en tôle étamée, de forme cylindrique, en général, de forme conique quelquefois (construction Gaulin) (*fig.* 2); il est contenu dans une caisse chauffée par la vapeur; une tubulure inférieure amène le lait froid, d'une façon continue; une tubulure supérieure lui permet de s'écouler au fur et à mesure qu'il a été suffisamment chauffé. On règle l'entrée du lait dans l'appareil de façon à ce que le thermomètre, placé sur cette tubulure, se maintienne à la température de 70° environ. Un agitateur formé d'un simple cadre métallique agite doucement le liquide pendant le chauffage, et évite les surchauffages dont on a parlé plus haut. L'agitateur peut être mû soit par un mécanisme simple, composé d'engrenages, soit par un tourniquet hydraulique, tournant à la vapeur (construction Gaulin), soit enfin par une turbine à vapeur (construction Pilter).

Cet appareil, si pratique et si répandu qu'il soit, présente un inconvénient; le lait, qui ne doit sortir qu'à une température déterminée et qui représente, dans l'appareil, une grosse masse par rapport à la masse de son débit, séjourne trop longtemps à une température susceptible d'en provoquer l'altération.

Aussi a-t-on cherché à construire des appareils avec lesquels le lait serait, pendant le minimum de temps, en contact avec la paroi chaude. L'ingénieur allemand Lefeld a, le premier, imaginé un appareil de ce genre : une caisse métallique, à double paroi, disposée horizontalement, à l'intérieur de laquelle est placé un agitateur à cadres, dont l'effet est de projeter contre les parois intérieures chauffées le lait débité en nappe mince. Mais on a reproché à cet appareil de baratter un peu le lait, du fait de cette agitation trop violente.

Le laboratoire des expériences agronomiques de l'Institut royal agricole de Copenhague a repris cette question et a fait construire par Paasch et Larsen, Peter Sen, de Horsens (Danemark), un pasteurisa-

Fig. 2.

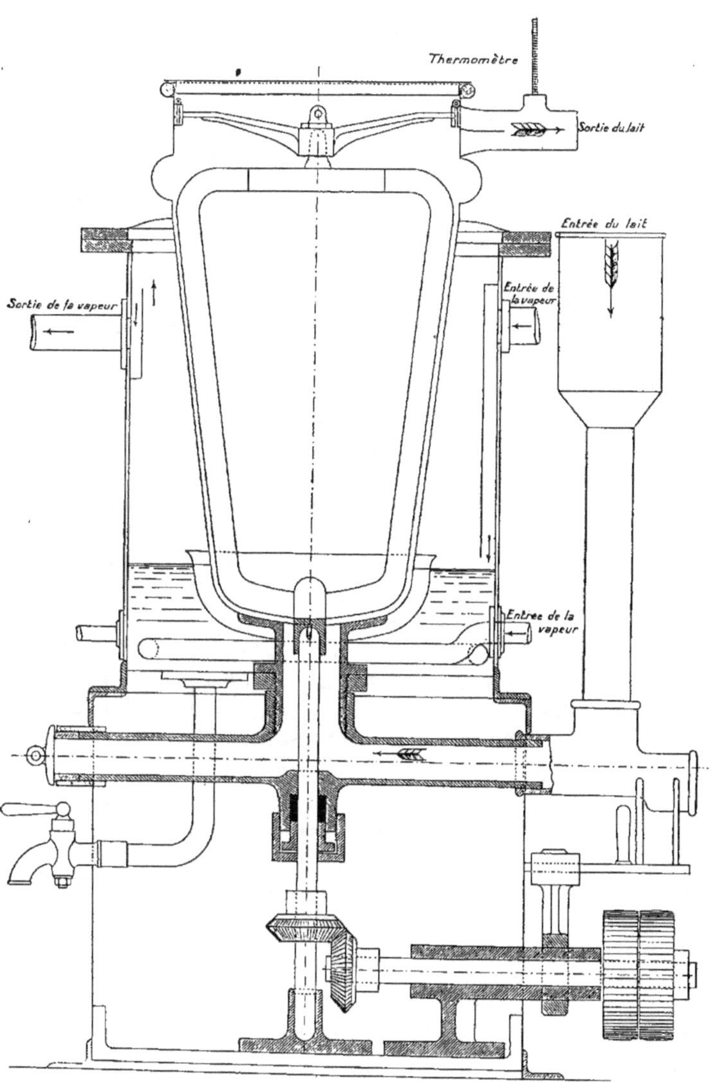

Pasteurisateur (construction Gauliu).

teur, dit *centrifuge;* la caisse est verticale, et l'agitateur est formé d'une tige sur laquelle est montée une série de disques en aluminium; ceux-ci sont distants, vers la partie inférieure, de 10^{cm} et, vers le milieu et vers la partie supérieure, de 20^{cm} à 25^{cm}; ces disques ont un diamètre légèrement inférieur à celui de la caisse; ils viennent frôler les parois et obligent la couche de lait qui passe entre eux et la paroi, à se retourner et à présenter de nouvelles surfaces à l'action de la chaleur. Le lait arrive, comme dans le pasteurisateur Pjord, à la partie inférieure, est projeté et remonté automatiquement à la partie supérieure; la caisse est fermée par un couvercle et le lait, projeté avec une certaine force, s'écoule par un tuyau vertical, de plusieurs mètres de haut. En outre la paroi extérieure du pasteurisateur porte un dispositif de couronnes taillées en dents de scie, et destinées à permettre un écoulement facile de l'eau condensée dans la double enveloppe (LINDET, *Rapp.*, Cl. 37, Exp. Univ. 1900).

Naturellement, aussi bien avec cet appareil qu'avec l'appareil Pjord, le lait doit être, dès la sortie, dirigé sur des refroidissoirs.

Cette obligation où l'on se trouve de refroidir le lait aussitôt qu'il a subi la température convenable de la pasteurisation, a amené nos constructeurs à imaginer des appareils tubulaires, analogues aux pasteurisateurs à vins, et comportant deux corps, le chauffoir et le réfrigérant; le lait circule d'une façon continue, dans l'intérieur des tubes, tandis qu'à l'extérieur de ces tubes, circule, pour le premier corps de l'appareil, de l'eau chaude et, pour le second corps, de l'eau froide. C'est de cette façon qu'est construit le pasteurisateur Fouché, de Paris : deux caisses tubulaires; l'une, chauffée par l'eau chaude, et disposée de telle façon que le lait, y entrant d'une façon continue, en sorte à la température de pasteurisation, l'autre, refroidie par l'eau et recevant le lait chaud, de la caisse voisine.

On peut même, comme on le voit dans tous les pasteurisateurs à vin, faire du réfrigérant un échangeur de température, et remplacer l'eau par le lait froid, qui doit subir la pasteurisation; il s'échauffe ainsi au contact du lait chaud qui sort du pasteurisateur. Cet appareil, imaginé par Tessloff, est construit par les usines allemandes de Bergedorf (*Société Astra*).

L'inconvénient de ces appareils est d'être d'un nettoyage difficile; de plus il est dangereux, pour économiser un peu de chaleur, de faire usage du lait même, c'est-à-dire d'un liquide très altérable, comme substance réfrigérante.

Lamouroux construit des appareils de pasteurisation dans lesquels l'appareil de chauffage est un faisceau tubulaire (appareils Kühn); il munit ces appareils d'une rampe faite de tuyaux de caoutchouc, faciles à stériliser par la vapeur de l'autoclave, et permettant de remplir aseptiquement les bidons d'expédition.

Stérilisation. — La stérilisation du lait en nature présente d'assez grosses difficultés, qui proviennent de sa constitution même et de sa composition chimique.

L'usage veut que le lait, même stérilisé, se présente dans des bouteilles de verre, semblables à celles qui d'ordinaire contiennent le lait cru, le consommateur aimant à connaître, par son aspect extérieur, le lait qu'il achète. L'industrie du lait stérilisé a donc adopté l'emploi des bouteilles; mais celles-ci doivent être bouchées avant d'être chauffées à la température de la stérilisation; et, comme les liquides ne sont pas pratiquement compressibles, alors que l'air l'est aisément, on est obligé de laisser, entre la partie supérieure du liquide et le bouchon, un espace suffisant pour que le liquide puisse se dilater pendant le chauffage, en comprimant l'air qui se trouve au-dessus de lui. Au refroidissement, cette chambre d'air reprend son volume primitif. D'autre part, et ainsi qu'il a été dit plus haut, le chauffage n'empêche pas le lait de crémer; pendant le repos, la crème va donc gagner la partie supérieure, et, quand le lait viendra à être transporté, quand la bouteille viendra à être agitée, il se formera de petites mottes de beurre; celles-ci ne s'émulsionneront pas de nouveau, et on les retrouvera, soit à l'état de graisse molle, si l'on consomme le lait froid, soit à l'état de grosses gouttelettes huileuses, si l'on chauffe le lait au bain-marie, ou à feu nu, avant de le consommer.

Divers dispositifs ont été imaginés pour obvier à cet inconvénient grave; on a proposé de ne boucher les bouteilles que quand le lait était déjà chaud à 90°, de façon à réduire au minimum la chambre d'air; on a construit des modèles de bouchon, avec soupapes susceptibles de laisser échapper l'air pendant le chauffage, et ne permettant pas sa rentrée pendant le refroidissement (soupapes Hignette, Gaulin, appareils Fouché, etc.); on a même combiné des ajutages destinés à enflaconner aseptiquement le lait, stérilisé dans un chauffoir spécial. On ne saurait entrer ici dans les détails de construction de ces appareils, si intéressants qu'ils soient; il n'en est guère qui aient eu une application industrielle tant soit peu prolongée, et l'inconvénient qui résulte du barattage dans une chambre d'air trop spacieuse, reste tout entier, et nuit certainement à la diffusion de l'emploi du lait stérilisé.

Le chauffage du lait à haute température ne peut se faire sans communiquer au lait un goût de cuit, que le consommateur n'accepte pas volontiers, mais qu'il subit quand il n'a pas, aux colonies, ou dans un voyage sur mer, par exemple, d'autre lait à consommer.

En outre, il est rare que le lait stérilisé ne présente pas une teinte jaune, qui, comme il a été dit, provient de la décomposition du lactose, en présence des sels alcalins et de la caséine; là encore le consommateur n'est pas attiré par cette teinte jaune, qui le surprend et qui pour lui est l'indice d'une altération.

Les avantages que le lait stérilisé présente, dans les expéditions lointaines, ne sont pas les seuls qu'il convienne de mettre en avant pour autoriser et encourager la fabrication de ce produit. Le lait se présente stérile, c'est-à-dire exempt des microbes, qui déterminent tant d'accidents, dans la nourriture des jeunes enfants surtout; on peut, grâce au lait stérilisé, éviter la transmissibilité de la diarrhée infantile, de la tuberculose, etc., et comme les enfants n'ont pas le goût complètement développé, comme ils n'ont pas de termes de comparaison, et surtout comme ils manquent de moyens pour faire connaître leurs appréciations, le lait stérilisé peut rendre de grands services dans leur alimentation.

On a beaucoup discuté sur la valeur alimentaire de ce lait en comparaison avec celle du lait cru, et l'on n'est pas arrivé encore à accorder toutes les opinions. On a vu plus haut quelles étaient les modifications que la chaleur fait subir au lait; l'albumine et le phospho-caséinate y sont coagulés; les sels de chaux y sont insolubilisés; le lait se trouve dans l'impossibilité de cailler par la présure et même les agents digestifs; de plus, les diastases ont disparu dans le lait cuit; on conçoit dès lors que l'estomac n'accepte pas de la même façon le lait cru et le lait cuit, et ait une difficulté relative à digérer l'un ou l'autre; mais les différences doivent être peu sensibles, et même s'établir tantôt dans un sens, tantôt dans le sens opposé, suivant les tempéraments; sans cela, la question de la valeur relative des deux laits aurait été, depuis longtemps, résolue par les nombreuses expériences qui ont été faites à ce sujet. En tout cas, il ne semble pas y avoir une limite nette, au point de vue de la valeur alimentaire, entre un lait bouilli et un lait stérilisé à 105°, et chacun de nous accepte le lait bouilli.

Il ne faudrait pas croire que le lait stérilisé conserve d'une façon indéfinie le goût, encore acceptable, qu'il possédait au sortir de la stérilisation; sans que l'on puisse en donner une explication scientifique, on constate qu'au bout d'un temps, variable, mais limité, la matière grasse du lait prend une odeur de suif toute particulière, qui le fait rejeter de la consommation; les plus mauvais échantillons cessent

d'être buvables au bout de 3 à 6 mois; quelques-uns durent plus longtemps. Cette altération tient très probablement à une oxydation, analogue à celle qui produit le beurre rance.

La stérilisation du lait en carafes bouchées se fait dans des autoclaves. Les bouteilles ont été nettoyées avec le plus grand soin, par
un lavage à l'eau additionnée de soude, puis à l'eau pure; le lait a été
pris dans le plus grand état de fraîcheur possible; les bouteilles ont
été remplies jusqu'à un niveau déterminé, bouchées d'un excellent
bouchon entré avec force. Celles-ci, disposées verticalement dans
l'autoclave, sont entourées d'eau, et l'eau est chauffée par la vapeur
de façon à ce qu'elle atteigne 120°, ce qui représente une température
d'environ 105° dans l'intérieur des bouteilles. Cette température est
maintenue 20 minutes environ. L'eau chaude est alors évacuée et
remplacée progressivement par de l'eau froide, dans des limites qui
permettent d'éviter la casse des bouteilles; c'est chose en effet
connue que ce refroidissement brusque empêche le lait de jaunir,
c'est-à-dire arrête l'altération du lactose. Les bouteilles sont retirées
de l'autoclave et, sur les bouchons légèrement enfoncés par le retrait
de la chambre d'air au moment de son refroidissement, on verse de
la paraffine ou un mastic.

Certains fabricants chauffent les bouteilles à l'air libre dans un bain
d'eau salée, dont on élève progressivement la température à 108°-109°;
elles restent de 30 à 45 minutes à cette température. Les mêmes précautions doivent être prises pour le refroidissement.

Au lieu de chauffer le lait à une température supérieure à 100°, on
peut recourir au procédé général de stérilisation, imaginé par Tyndall,
qui consiste à chauffer le lait deux fois, à 24 heures d'intervalle, à une
température inférieure à 100°, à 70°-80° par exemple; par le premier
chauffage, on tue les bacilles et l'on respecte les spores qui sont très
résistantes, et quand, au bout de 24 heures, celles-ci ont donné naissance à des bacilles, on chauffe une seconde fois.

Fixation des globules gras avant stérilisation. — L'inconvénient
signalé plus haut à propos de la facilité avec laquelle la crème, remon-
tant à la surface, se baratte pendant le transport, peut être évité d'une
façon complète par l'emploi d'un procédé imaginé par Gaulin, de Paris,
et présenté pour la première fois à l'Exposition universelle de 1900
(LINDET, *Rapp.*, Cl. 37).

Gaulin a eu l'idée de pulvériser les globules gras du lait, de les diviser
de façon à ce qu'ils ne présentent plus que $\frac{1}{1000}$ à $\frac{1}{2000}$ de millimètre;

dans ces conditions, leur force ascensionnelle, qui est proportionnelle au cube de leurs rayons, devient pratiquement nulle ; le lait ne crème plus, et l'on ne rencontre plus de beurre à la partie supérieure des bouteilles.

Cette pulvérisation des globules se fait en obligeant le lait à traverser, sous une pression qui ne doit pas être moindre de 250^{kg} par centimètre carré, un ajutage extrêmement fin de $0^{mm},1$ à $0^{mm},08$, et à frapper contre une surface d'agate ; les globules alors se divisent comme se divisent des gouttelettes d'huile ou de mercure que l'on fait tomber avec quelque force sur une surface plane où elles sont susceptibles de rouler.

Déjà on avait réussi, par un procédé analogue, à émulsionner des corps gras étrangers : margarine, huiles, etc., dans du lait écrémé, pour l'alimentation du bétail ; la machine Julien, par exemple, avait donné dans cet ordre de faits d'excellents résultats ; mais à M. Gaulin revient le mérite d'avoir su diviser la matière grasse du lait par la pulvérisation et de l'empêcher ainsi de crémer.

La machine se compose de trois corps de pompe, calés à $120°$, susceptibles de faire jaillir d'une façon continue, par l'orifice extrêmement fin dont il a été parlé, le lait que les pistons de ces pompes compriment sans cesse. Le jet de lait vient, pour ainsi dire, éclabousser le clapet d'agate dont la surface est légèrement conique, le sommet du cône étant placé vis-à-vis du jet ; le clapet est maintenu contre celui-ci par un ressort très puissant et équilibré à la pression de 400^{kg}.

Le lait ainsi *fixé* ou *homogénéisé* est mis en bouteilles, avec les précautions d'usage, et stérilisé dans les conditions ci-dessus indiquées.

Le lait homogénéisé et stérilisé reste indéfiniment sans crémer. On constate aisément que les altérations de goût se développent, dans ce lait, avec beaucoup plus de lenteur que dans ceux qui sont simplement stérilisés ; cela tient très probablement à ce que la graisse émulsionnée dans le liquide ne se trouve pas continuellement, comme dans les autres cas, au contact de l'air.

CONSERVATION PAR LES ANTISEPTIQUES.

Il est évident que tous les procédés de conservation, qui consistent à combattre l'action microbienne par l'addition d'antiseptiques, sont à repousser, d'abord parce que cette addition masque presque toujours une altération de la denrée, ensuite parce que tout antiseptique, même à petite dose, mais à dose répétée, peut avoir sur l'alimentation et sur la santé un retentissement fâcheux.

Les antiseptiques les moins dangereux, ceux que l'on a proposés maintes fois avec des étiquettes variées pour la conservation des matières alimentaires en général et du lait en particulier, sont l'acide salicylique, l'acide borique, l'aldéhyde formique, le fluorure de sodium, l'eau oxygénée, l'oxygène ou l'acide carbonique sous pression, etc. On a vu dans le Sous-Chapitre précédent de quelle façon la Chimie peut déceler dans le lait la présence de ces différents antiseptiques.

On ne saurait indiquer de règles générales sur les doses nécessaires pour la conservation du lait; ces doses dépendent de la durée de conservation que l'on veut assurer, dépendent surtout de l'état de fraîcheur du lait au moment où l'on ajoute l'antiseptique, celui-ci agissant avec plus d'efficacité quand les microbes sont encore à peine développés que quand ils pullulent.

Voici cependant quelques chiffres qui indiquent la valeur relative des différents antiseptiques.

Stokes a pris du lait qu'il a chauffé et abandonné ensuite avec différentes doses d'antiseptiques (DUCLAUX, *Microb.*, p. 372) :

	Doses par litre.	Conservation.
Carbonate de soude ou de potasse....	1^g	5 jours
	2	20 »
Borax...............................	1	17 »
	2	25 »
Acide borique......................	1	24 »
	2	42 »

D'autre part, Klein et Thompson (DUCLAUX, *loc. cit.*) ont donné d'autres chiffres qui complètent les précédents :

	Doses par litre.	Conservation.
Formol..............................	0,125^g	11 jours
	0,250	Intact
Acide borique	0,500	6 à 7 jours
Acide borique et borax.............	0,500	11 jours
Acide salicylique...................	0,250	7 à 8 jours
	0,500	Id.
Acide benzoïque	0,250	6 à 7 jours

Chester et Brown ont étudié (*Rev. gén. du lait*, 1905-1906, p. 283) l'influence de doses variables, pendant des temps déterminés, sur des laits différents et à des températures différentes.

L'emploi de l'eau oxygénée a été préconisé par Budde (*Buddisation*). D'après Lukin (*Rev. gén. du lait*, 1905-1906, p. 238), l'eau oxygénée a des propriétés bactéricides plus énergiques à chaud qu'à froid. Cet auteur préconise d'ajouter au lait 0^{cm^3}, 3 à 0^{cm^3}, 5 d'eau oxygénée et de chauffer à 52°. Il a été dit plus haut que l'eau oxygénée se décompose au contact des éléments du lait, et disparait.

Il en est de même du formol, dont l'action antiseptique sur le lait a été indiquée, pour la première fois, en 1893 par Trillat. Behring en a récemment conseillé l'emploi pour l'alimentation lactée du premier âge (*Therapie den Gegenwart*, Berlin, 1904); Trillat a montré (*C. R.*, t. CXXXVIII, 1904, p. 720) que le formaldéhyde ralentissait la digestion de la caséine.

On peut dire qu'aujourd'hui, d'une façon générale, les conseils d'hygiène et derrière eux les tribunaux de toutes les nations civilisées tendent à interdire l'emploi de quelque antiseptique que ce soit pour la conservation du lait.

Le bicarbonate de soude même, qui ne peut avoir aucune action nocive, qui ne sert qu'à saturer l'acide lactique au fur et à mesure qu'il se produit et qui a été longtemps toléré à la dose de 0^g,50 par litre, est aujourd'hui considéré comme addition frauduleuse.

L'interdiction de l'emploi des antiseptiques a montré que l'on peut quand même livrer à la consommation des laits frais, et a eu un retentissement fort heureux sur l'hygiène de l'étable, la propreté des locaux et l'asepsie de la récolte et des manipulations.

CONSERVATION PAR ÉVAPORATION; LAIT CONCENTRÉ OU CONDENSÉ.

Partie historique. — Dans la plupart des cas où l'industrie livre du lait condensé, ce lait n'est pas stérilisé; il est simplement sucré, et c'est le sucre qui, comme dans les confitures, joue le rôle de conservateur; celui qui est livré non sucré a besoin au contraire de subir la stérilisation à l'autoclave.

Ces procédés ne sont pas nouveaux dans leurs principes; mais les applications industrielles sont au contraire récentes.

Gallais et Debauve, d'une part, Newton, d'autre part (*Soc. enc. ind. nat.*, 1836, p. 223), eurent l'idée de conserver le lait en l'évaporant. Newton même le sucrait, avec 1 ou 2 pour 100 de sucre, et proposait de l'évaporer au bain-marie ou en présence d'un courant d'air chaud et même « en produisant dans le bassin un vide partiel », de façon à produire « une crème épaisse ou une pâte molle ».

Martin de Lignac (*C. R.*, t. XXIX, 1849, p. 144 et 495) avait imaginé d'évaporer en couches minces, dans des chaudières plates, le lait, préalablement additionné de 60^g de sucre par litre; le lait était agité pendant l'évaporation; on le réduisait ainsi au ⅓ de son volume et on l'introduisait dans des boîtes cylindriques de fer-blanc, que l'on immergeait, pendant 30 minutes, dans un bain-marie à 105° (*Rapport de Poggiale*, Exp. univ. de 1867, cl. 69).

Mais le procédé ne prit un développement industriel qu'entre les mains de Page et des Compagnies anglo-suisses, à Cham (*Soc. enc. ind. nat.*, Rapp. de Luynes et Homberg, 1874, p. 217).

Lait condensé et sucré. Sa composition, son analyse. — Le procédé actuellement en usage dans les condenseries consiste à additionner le lait de 150^g à 160^g de sucre par litre et à l'évaporer au moyen de chaudières à cuire dans le vide.

Ces chaudières sont en cuivre; elles comportent à la partie inférieure un serpentin de vapeur; elles se prolongent par un large col de cygne qui aboutit à un réfrigérant condenseur.

Celui-ci en condensant la vapeur détermine continuellement dans l'appareil un vide partiel. Une pompe enlève les eaux condensées; le liquide peut alors bouillir à une température inférieure à son point d'ébullition normal, et l'on évite ainsi l'altération du produit.

On a proposé d'employer également un appareil à lentilles rotatives, rappelant les appareils à évaporer les solutions de sucre de canne; cet appareil, construit par Streckeisen, a été préconisé par Otto Kasdorf (*Rev. gén. du lait*, 1901, p. 73).

Le lait est tout d'abord soumis à l'ébullition, et sucré dans les proportions qui viennent d'être indiquées, puis dirigé vers la chaudière, où il doit arriver chaud, pour éviter qu'il ne forme, par l'évaporation, des croûtes sur les parois.

On commence par faire le vide dans la chaudière en envoyant à l'intérieur un jet de vapeur que l'on condense immédiatement.

On introduit le lait chaud qui, saisi par la dépression, entre en ébullition; le condenseur maintient une dépression d'environ 65^{cm} de mercure, et le lait bout vers 50°-55°; on peut même obtenir l'ébullition à 45°. Au fur et à mesure de l'évaporation, on alimente la chaudière de lait chaud. Une bonne chaudière doit évaporer 5000^l de lait en 3 heures. On arrête l'évaporation quand le sirop, prélevé au moyen d'une sonde, fait ce qu'on nomme *le crochet*, c'est-à-dire quand, pris entre le pouce et l'index, et au moment où l'on écarte les doigts, il s'étire en filet qui, pour un écartement supérieur, s'affaisse sous

forme de crochet. A ce moment, sa densité, prise à chaud, est de 31°
à 34° B.

1000¹ de lait, soit 1030ᵏᵍ, additionnés de 150ᵏᵍ de sucre, fournissent
370ᵏᵍ de condensé, soit 36 pour 100 en poids. L'eau évaporée représente donc 81¹ pour 100¹ de lait.

La masse, au sortir de la chaudière, est refroidie lentement, en
2 ou 3 heures. Pour cela, on la verse dans des seaux métalliques qui,
placés sur une tournette, sont animés d'un mouvement de rotation
autour de leur axe. Ces seaux sont disposés dans un bain d'eau froide.
A l'intérieur on place une tige de bois, formant agitateur, écartée de
l'axe du seau, et qui rompt le courant que la rotation détermine. Ce
refroidissement en mouvement est chose nécessaire si l'on veut éviter
la formation de gros cristaux de lactose. Ce sucre, qui se trouve en
présence d'une quantité d'eau insuffisante pour le dissoudre, cristallise, dans ces conditions, en fins cristaux; on peut même provoquer
la formation immédiate de ceux-ci par un amorçage fait avec du
lactose finement pulvérisé. On a proposé, pour maintenir le lactose
en solution, l'addition de gomme adragante, de miel, etc.; mais ces
précautions semblent inutiles si l'on a soin d'agiter pendant le refroidissement et d'amorcer la cristallisation.

La pâte est ensuite versée dans des boîtes en fer-blanc, qui sont
soudées.

Le lait condensé se conserve sans que l'on soit obligé de chauffer
les boîtes à l'autoclave.

Les premières analyses de ce produit ont été faites par Müntz
(*Soc. Enc. ind. nat.*, 1874, p. 220), et celui-ci a montré que le lait
concentré renferme toujours une petite quantité de sucre inverti, qui
augmente avec la durée de conservation.

	I.	II.
Eau	25,7	23,8
Matière grasse	9,5	8,5
Lactose	13,3	13,9
Saccharose	38,8	29,4
Sucre inverti	1,7	12,4
Matières azotées et sels	11,0	12,0
	100,0	100,0

D'autres analyses ont été publiées par différents expérimentateurs.
Voici celles qui ont été données par Sidersky (*Congrès int. Laiterie,*
1905) :

Lait non écrémé.

	Nestlé.	Anglo-Suisse.	Américain.	Lait écrémé.
Eau	24,62	24,65	28,02	28,94
Matière grasse	11,39	9,55	9,56	2,63
Lactose	11,70	11,48	12,89	13,99
Saccharose	40,20	41,22	39,92	39,49
Matières azotées	10,09	11,10	8,06	12,71
Matières minérales	2,00	2,00	1,55	2,24
	100,00	100,00	100,00	100,00

La présence du sucre inverti que Müntz a signalée, en 1874, dans les laits concentrés tenait probablement à ce que les laits dont ils provenaient avaient été évaporés quelque temps après la traite et que leur acidité avait tant soit peu augmenté et produit l'inversion de saccharose. Lindet a montré, en outre (*Comptes rendus,* t. CXXXVIII, 1904, p. 508), que l'auto-inversion du sucre est activée par la présence de certains métaux et spécialement du cuivre, dont la chaudière est faite, tandis qu'elle est paralysée par des traces d'alcali. Mais aujourd'hui le travail est différent de celui que l'on pratiquait à cette époque, et l'on conçoit que des laits, pris dans le plus grand état de fraîcheur possible, et restant au contact du cuivre le minimum de temps, puissent être concentrés sans qu'il y ait formation de sucre inverti aux dépens du saccharose ajouté. Lindet a étudié deux laits concentrés, représentant les marques les plus répandues, sans pouvoir déceler trace de glucose et de lévulose.

Le dosage des éléments contenus dans le lait condensé n'offre aucune difficulté et les procédés indiqués plus haut sont ici applicables, à la condition, bien entendu, de diluer le lait condensé d'une quantité d'eau représentant à peu près celle qui a été enlevée, et de reconstituer ainsi le lait naturel.

Cependant le lait condensé, fabriqué dans les conditions mentionnées ci-dessus, renferme du saccharose et, comme les fabriques qui exportent ce lait condensé demandent le remboursement de l'impôt payé par ce sucre, il est nécessaire que l'Administration des douanes ait un procédé de dosage rigoureux du saccharose en présence du lactose.

Ce procédé repose sur ce fait que le lactose possède un pouvoir réducteur vis-à-vis de la liqueur de Fehling qui, d'ailleurs, a été défini précédemment, tandis que le saccharose n'en possède point, et

L.   11

peut l'acquérir sous l'influence inversive des acides. Mais là, une difficulté se présente : on se rappelle que le pouvoir réducteur du lactose n'est que de 70, c'est-à-dire que 70^g de lactose réduisent comme 100^g de glucose. On sait en outre que, sous l'action des acides, le lactose se transforme en un mélange de glucose et de galactose dont le pouvoir réducteur est de 100, c'est-à-dire le même pouvoir réducteur que le mélange de glucose et de lévulose provenant de l'inversion, par les acides, du saccharose ; mais, comme le lactose présente, à l'inversion, une bien plus grande résistance que le saccharose, on peut n'additionner le mélange des deux sucres que d'une quantité d'acide insuffisante pour invertir le lactose, mais suffisante pour invertir le saccharose.

C'est là le procédé qu'emploie l'administration des Douanes. A 10^g de lait concentré, on ajoute 70^{cm^3} d'eau distillée et 1^{cm^3} d'acide acétique ; on complète le volume à 100^{cm^3} et l'on filtre après repos. On dose le sucre réducteur par la liqueur de Fehling et on le calcule comme glucose. Puis 50^{cm^3} du liquide filtré sont additionnés de 1^{cm^3} d'acide chlorhydrique et chauffés au bain-marie pendant 10 minutes ; on complète à 100^{cm^3} après refroidissement et l'on dose le sucre réducteur ; le chiffre est multiplié par 2, pour tenir compte du volume primitif, et la différence entre les deux poids de sucres réducteurs, multipliée par 0,95, donne le sucre cristallisable contenu dans 10^g de lait concentré.

Au lieu d'employer une quantité ménagée d'acide, on peut, en augmentant celle-ci, diminuer la température d'inversion et suivre, comme Lindet l'a indiqué, le procédé dit *Clerget*, en usage dans les sucreries et dans les laboratoires du Ministère des finances ; car ce procédé *Clerget*, qui constitue un procédé d'inversion ménagée, ne touche pas au lactose, qui conserve le pouvoir réducteur qu'il avait avant l'inversion et invertit tout entier, au contraire, le saccharose qui l'accompagne.

Pour pratiquer le procédé Clerget, les liqueurs, diluées à 5 pour 100 de sucres totaux environ, sont introduites dans une fiole graduée (40^{cm^3} dans une fiole de 100^{cm^3}, par exemple), additionnées de 10 pour 100 d'acide chlorhydrique pur (4^{cm^3}) et chauffées dans un bain d'eau, dont on élève progressivement la température, de façon qu'un thermomètre placé dans la fiole passe de la température ordinaire à celle de 67°-68°, en 10 ou 12 minutes. On retire alors la fiole du bain-marie, on laisse ou l'on fait refroidir, on sature l'acide à la soude, on amène à 100^{cm^3}, et, après avoir dilué le liquide, s'il y a lieu, on titre à la liqueur de Fehling.

Bigelow et Elroy (*Mon. sc.*, 1896, p. 452) ont indiqué un procédé biologique pour reconnaître le saccharose dans le lait, qui s'applique aussi bien au lait naturel qu'au lait concentré, mais qui n'est entré dans la pratique ni pour l'un ni pour l'autre cas. Le lait dans lequel on recherche le saccharose est additionné de levure de bière et abandonné, pendant 5 heures, à la température de 55°; l'*invertine* de la levure invertit le saccharose, et il est évident qu'un dosage à la liqueur de Fehling, avant et après traitement à la levure, donnera, par différence, la quantité de saccharose. On peut aussi avoir recours à la fermentation alcoolique, qui fait disparaître, à 25°-30°, le saccharose sans toucher sensiblement au lactose.

Lait condensé non sucré. — On peut évaporer, au moyen de chaudières à vide, le lait non additionné de sucre; mais, dans ce cas, il faut recourir à la stérilisation.

Celle-ci est difficile à pratiquer, en ce sens que le chauffage au-dessus de 100° risque fort de donner un produit jaune. On évite cet inconvénient en soumettant le lait évaporé, à plusieurs reprises, à une température inférieure à 100°, dans les conditions indiquées ci-dessus.

Sidersky a donné (*loc. cit.*) des analyses de lait concentré non sucré :

	Lait	
	non écrémé.	écrémé.
Eau	61,46	68,62
Matière grasse	11,42	0,26
Lactose	13,96	15,73
Matière azotée	11,17	12,43
Matières minérales	1,99	2,96
	100,00	100,00

CONSERVATION DU LAIT PAR DESSICCATION.

Le premier procédé qui ait été employé pour dessécher le lait a consisté à reprendre les pâtes épaisses obtenues par évaporation dans le vide et à les étaler sur des tablettes disposées à l'intérieur d'étuves à vide.

Mais le problème de la dessiccation du lait a été résolu récemment d'une façon plus pratique par deux procédés différents.

L'un de ces procédés est dû à Just Hatmaker; il consiste à étaler, d'une façon continue, le lait à la surface de deux cylindres, chauffés à la vapeur, et tournant l'un vis-à-vis de l'autre, comme les parois d'un laminoir; le lait, dans ces conditions, ne se trouve pas surchauffé, comme on pourrait le croire; il se forme entre le cylindre chaud et la couche de lait, par suite du phénomène de caléfaction, un matelas de vapeur qui empêche le contact, en sorte que le lait est évaporé par la vapeur même qu'il fournit. Le lait desséché à la surface des cylindres se présente sous la forme d'une nappe flexible que détachent continuellement deux couteaux tangents, fixés contre les cylindres; celle-ci est ensuite pulvérisée. Il y a avantage, pour obtenir une durée plus longue dans la conservation du produit, à écrémer le lait légèrement.

Les deux premières analyses, inscrites ci-dessous, sont dues à **Hugge** (*Rev. gén. du lait,* 1903-1904, p. 320), la dernière à Lindet (*Bull. Soc. nat. agr.,* 1904, p. 107). Elles montrent bien que la poudre de lait du procédé **Hatmaker** ne représente pas, en général, du lait entier :

	I.	II.	III.
Eau	8,00	8,30	6,30
Matière grasse	21,70	13,00	15,80
Lactose	35,10	48,85	37,45
Matières azotées	28,70	30,57	33,11
Matières minérales	6,50	7,28	7,34
	100,00	100,00	100,00

La poudre ainsi obtenue se délaie dans l'eau tiède, mais les globules gras ont, du fait du chauffage, perdu leur forme et ne peuvent plus être remis en émulsion; ils remontent alors, sous forme de gouttelettes huileuses, à la surface du liquide.

Un autre procédé, dû à Bévenot et Lenepveu, consiste à évaporer le lait, réduit par une pulvérisation sous forme d'un véritable brouillard, en présence d'air chaud à 70°-75°. Dans une étuve chauffée par en dessous à la vapeur, on envoie verticalement un jet de lait pulvérisé, au moyen d'une machine Gaulin ou de toute autre semblable; à l'intérieur de l'étuve, et près de la sortie de la vapeur, sont placées des plaques de tôle, destinées à ralentir le courant, et à retenir les particules solides du lait desséché. Si le tirage de cette étuve est convenablement réglé, la vapeur issue du lait s'échappe, tandis que la poudre de lait tombe à la partie inférieure, sur une glace destinée à la recevoir.

En délayant dans l'eau tiède la poudre obtenue, on reconstitue le lait primitif; mais le chauffage a eu, là encore, pour effet de rompre l'émulsion des globules, et ceux-ci se réunissent en gouttelettes huileuses.

Ces laits en poudre sont employés à la préparation des poudres de chocolat au lait, des bonbons et de certains pains dits *viennois*.

CHAPITRE II.

LA CRÈME ET LE LAIT ÉCRÉMÉ.

La légèreté relative des globules butyreux par rapport au liquide dans lequel ils sont émulsionnés permet à ces globules de remonter à la surface. Dans la crème ainsi obtenue, ils restent émulsionnés, séparés les uns des autres par le sérum; la constitution de la crème est donc identique à celle du lait, à cette différence près cependant que les globules gras y sont plus nombreux. La quantité de matière grasse que l'analyse révèle dépend de la compacité de la crème et varie de 20 à 40 pour 100; le reste est constitué par du lait renfermant des proportions normales de lactose, de matières azotées et de matières minérales.

L'industrie des fromages dits à la crème, les pâtisseries, les préparations culinaires et surtout la fabrication du beurre, amènent le laitier à séparer la crème du lait; il le faisait toujours autrefois, en abandonnant le lait à lui-même et en récoltant la couche de crème superficielle, et, bien que ce procédé n'ait pas complètement disparu, il le fait plus généralement aujourd'hui en séparant la crème sous l'influence de la force centrifuge. De là deux procédés qui vont être successivement étudiés.

I. — ÉCRÉMAGE SPONTANÉ.

Ce procédé, de beaucoup le plus ancien et de beaucoup le plus simple, n'exige pas de longues explications. Le lait, abandonné pendant une journée, dans un vase ouvert, en grès généralement, mais quelquefois en bois, en métal, etc., laisse remonter sa crème; celle-ci représente, si le lait est de composition normale, 10 à 15 pour 100 du volume de lait employé.

Depuis longtemps on a remarqué l'influence que la température froide exerce sur la montée de la crème, et c'est Tisserand (*C. R.*, t. LXXXII, 1876, p. 266) qui, au retour d'un voyage en Suède et au Danemark, où le froid était utilisé industriellement, a, par des expériences précises, montré que le lait refroidi crème plus rapidement et plus complètement qu'un lait abandonné à la température ordinaire de la laiterie; en outre, la crème qui en provient, et parce qu'elle est plus épaisse, donne un meilleur rendement en beurre.

Des chiffres d'expériences, obtenus depuis à la station laitière de Fribourg (*Ind. lait.*, 1897, p. 285), montrent tout le parti que l'on peut tirer du refroidissement du lait.

Lait maintenu à	Crème pour 100 du lait.				
	1.	2.	3.	4.	5.
18°............	11	9	8	9	10
15............	14	11	12	11	11
10............	15	14	15	12	13
8............	16	16	17	15	15

Pour réaliser ce refroidissement, on crème dans des vases métalliques, maintenus au sein d'un courant d'eau glacée.

Cooley a imaginé même, pour obtenir une meilleure séparation du lait écrémé et de la crème, de disposer à la partie inférieure du vase un tube de décantation; le vase porte de petites fenêtres en verre qui permettent de suivre l'écoulement de l'un et de l'autre produit. Ces appareils ne sont plus guère en usage depuis l'adoption de l'écrémage centrifuge.

L'écrémage spontané est encore employé surtout dans le pays d'Isigny, pour les beurres de qualité supérieure. On verra plus loin que la crème doit être soumise à une fermentation lactique (maturation), avant d'entrer dans la baratte; c'est le lactose qu'elle renferme encore qui fermente et fournit les produits sapides que la matière grasse absorbe aussitôt. Pendant l'ascension naturelle des globules gras, le lactose fermente également, et ceux-ci ramassent, tout le long de leur trajet, les parfums élaborés par les ferments.

II. — ÉCRÉMAGE CENTRIFUGE.

C'est également sur la différence de densité qui existe entre la crème, ou plutôt la matière grasse qui en constitue la partie essentielle, et le lait écrémé, que le procédé d'écrémage centrifuge est basé. La force centrifuge agit avec d'autant plus d'intensité sur les corps, que ceux-ci sont plus denses; elle leur imprime une force vive plus considérable et les projette plus rapidement en dehors du centre; si donc on verse du lait dans un vase, animé d'un très rapide mouvement de rotation autour de son axe, on constate que le lait se dissocie, pour ainsi dire, et que le lait, débarrassé de matière grasse, gagne rapidement la périphérie du vase, tandis que les globules gras, plus légers, en retard, pour ainsi dire, sur le reste du lait, dans la course que celui-ci accomplit, se réunissent et se rassemblent au centre même du vase sous forme de crème. Il ne s'agit donc plus que de prélever, à l'endroit même où elles se forment, la couche de crème, et la couche de lait écrémé; on verra plus loin de quelle façon les constructeurs ont réalisé le problème.

PARTIE HISTORIQUE.

Il est toujours très difficile de définir le rôle que différents inventeurs ont pu jouer dans la création d'un procédé nouveau. Il est rare qu'une invention se fasse d'un coup, avec tous les perfectionnements qui tendent à la rendre définitive. C'est cette difficulté que l'on rencontre quand on veut établir l'histoire des écrémeuses centrifuges (LINDET, *Rapp*. Cl. 37, Exp. Univ. 1900).

En 1859, Fuchs, professeur à l'École vétérinaire de Carlsruhe, construisit un petit appareil centrifuge destiné à doser la crème dans le lait.

En 1860, Albert Fesca, de Berlin, eut l'idée de placer, sur un plateau rotatif, un seau incomplètement rempli de lait; le lait poussé par la force centrifuge se logeait sur les parois et la crème se réunissait en un anneau central; quand, au bout d'une demi-heure, on arrêtait l'appareil, la crème séparée ne se mélangeait plus au lait et remontait à la surface.

Vers 1864, un ingénieur bavarois, Prandll, professeur à Weihenstephan, imagina d'accrocher autour d'un arbre vertical des seaux métalliques remplis de lait; par le mouvement de rotation, l'axe géométrique de ces seaux prenait une position horizontale; la crème se rassemblait dans la partie la plus voisine de l'axe.

Cette écrémeuse et peut-être aussi celle que le professeur Moser exposa à Vienne en 1872 donnèrent à l'ingénieur allemand Lefeldt, constructeur à Schöningen, l'idée de s'attacher à cette intéressante question.

Celui-ci présenta à l'Exposition internationale d'agriculture de Brême (1874) un appareil assez analogue à celui de Prandll, mais qui comportait un nombre de seaux plus considérable.

C'est en 1874 également qu'un ingénieur français, de Mastaing, prit un brevet pour la séparation, au moyen de la force centrifuge, des liquides non miscibles de densité différente. Cet inventeur semble ne pas avoir songé à l'écrémage mécanique du lait; il n'en est pas question dans son brevet de 1874; de Mastaing trouva la mort dans un accident survenu au cours d'une de ses expériences.

Comme Fuchs, de Carlsruhe, Lefeldt chercha à utiliser la force centrifuge plutôt pour l'analyse du lait que pour la séparation de la crème; l'appareil qu'il construisit était formé par un cercle disposé verticalement, sur lequel on attachait de petits tubes remplis du lait à analyser. Le cercle tournait sur lui-même, dans un plan vertical, avec une très grande rapidité; la crème se séparait et se réunissait dans la partie avoisinant le centre.

Mais le problème de la construction d'une écrémeuse centrifuge continue devait bientôt attirer l'esprit inventif de Lefeldt. En 1876, il envoya à M. Fleischmann, à la station laitière de Raden, un instrument que l'on peut considérer comme la première écrémeuse centrifuge. Elle fut transportée l'année suivante à la Société coopérative de laiterie de Kiel. La machine avait une forme analogue à celle de la turbine de sucrerie, à celle que Nielsen a donnée à son écrémeuse; c'était une cuve cylindrique, dont les bords supérieurs étaient repliés en dedans; le fond était fortement relevé en son centre et portait l'arbre vertical. qui, au moyen d'une poulie, commandait, par-dessous, le mouvement de la turbine.

L'opération y était intermittente; le lait que l'on voulait écrémer, chaud à 30° et 35°, était versé dans la turbine; on communiquait à celle-ci un mouvement de 800 tours à la minute et, au bout d'une demi-heure, on l'arrêtait; la crème qui avait été séparée du lait écrémé ne se mélangeait plus à lui. Quand la surface du liquide était redevenue horizontale, on pouvait cueillir, par les procédés ordinaires de la laiterie, la couche surnageante de crème.

Lefeldt perfectionna lui-même son appareil en 1877, et, au lieu de laisser la crème remonter spontanément, il eut l'idée de la chasser en envoyant dans la turbine, sans arrêter le mouvement de celle-ci, du lait déjà écrémé; la crème qui restait pendant sa rotation au centre de l'écrémeuse, sous forme d'un anneau cylindrique, finissait par déborder à l'endroit même où se trouvait l'ouverture du bol écrémeur. Le lait écrémé était ensuite extrait par un robinet de fond.

En même temps, d'autres essais étaient poursuivis par Winstrup (1876) et par Nielsen (1878) en Danemark. Le brevet de l'appareil

Nielsen a été acheté et exploité, à partir de 1882, par la maison Burmeister et Wain, de Copenhague.

L'appareil était bien près de représenter un appareil continu. Lefeldt n'eut pas le temps d'achever son œuvre; il ne construisit son écrémeuse continue que plus tard, après l'apparition de l'écrémeuse de Laval.

C'est en effet Gustave de Laval, ingénieur suédois, à qui revient le mérite d'avoir créé, en 1878, la première écrémeuse continue; celle-ci, du premier coup, put être considérée comme résolvant complètement le problème de l'écrémage mécanique.

En 1878, il s'associa à Oscar Lamm pour exploiter son invention; ce n'est que plus tard, en 1883, que ce dernier vendit ses actions à une société puissante : *Aktiebolaget séparator Stockholm,* qui exploite encore aujourd'hui les brevets de Laval.

L'écrémeuse de Laval figura en 1879 à l'Exposition de Kilburn (faubourg de Londres) et, la même année, elle fonctionna à l'École d'agriculture d'Alnarp (Suède) sous la savante direction du Dr Engström, chef des travaux chimiques.

C'est en 1879-1880 que Pilter entra en relations avec la Société qu'il représente en France depuis cette époque, et c'est au concours de Meaux (1880) qu'il la fit connaître en France. Lefeldt perfectionna en même temps son écrémeuse, la rendit également continue, l'expérimenta à l'École nationale d'Agriculture de Milan (1878, derniers mois), l'introduisit en France, et Tisserand, alors directeur de l'Institut national agronomique, chargea, sur les indications d'Aimé Girard, un élève sortant, Ringelmann, aujourd'hui professeur à cette école, d'étudier pendant les vacances de 1880 une écrémeuse Lefeldt, installée par son représentant, Stohmann, dans les locaux de la Société des immeubles industriels.

A son début, l'écrémeuse, mue mécaniquement, travaillait 125^l à 150^l à l'heure; divers perfectionnements apportés par de Laval (suppression des organes de distribution et d'évacuation des produits séparés, allongement du tube qui amène le lait et rapprochement de celui-ci contre les parois) permirent de doubler en peu de temps la quantité de lait écrémé à l'heure.

L'écrémeuse devait alors, grâce à J. Mélotte, de Rémicourt (Belgique), en 1888, et au baron Bechtolsheim, de Munich, en 1889, subir de nouveaux perfectionnements dont il sera parlé plus loin.

L'ÉCRÉMEUSE CENTRIFUGE.

Le bol. — La pièce essentielle de toute écrémeuse est le bol, ou turbine ou toupie; c'est un vase d'acier susceptible de tourner avec une

Fig. 3.

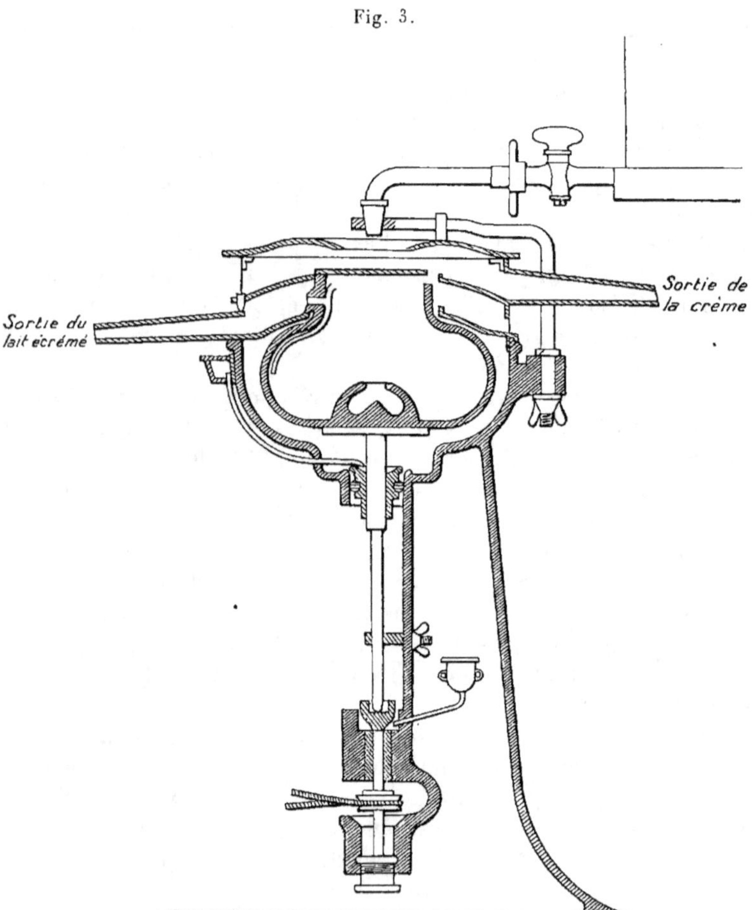

Écrémeuse Laval (ancien modèle).

très grande vitesse sur un axe de rotation, vitesse qui varie de 1500^t à à 20000^t à la minute, et de classer les produits suivant le mécanisme qui vient d'être indiqué.

Dans les premières écrémeuses suédoises de Laval, ce bol était fait d'une seule pièce et avait la forme d'un sphéroïde aplati, c'est-à-dire d'une toupie (*fig.* 3); cette écrémeuse est encore employée dans les grandes laiteries, où elle fonctionne mécaniquement. Il en est de même des grandes écrémeuses danoises Burmeister et Wain, à bol cylindrique (Hignette, concessionnaire, à Paris) (*fig.* 4). Les écré-

Fig. 4.

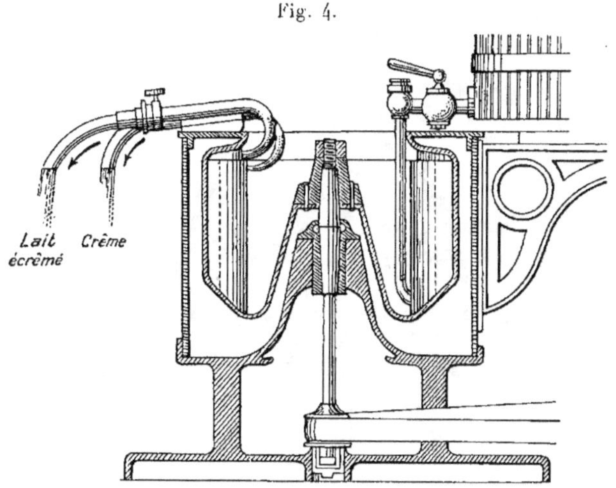

Écrémeuse Burmeister et Wain (ancien modèle).

meuses Laval, dont le bol, encore d'un seul morceau, est de forme cylindrique, ne sont plus en usage.

Les difficultés que présente l'estampage de semblables pièces ont provoqué la création de nouveaux types, où le bol est en deux morceaux. Dans la nouvelle écrémeuse Laval (Pilter, concessionnaire, à Paris) (*fig.* 5), le bol est formé d'un plateau horizontal, garni à sa circonférence d'une bague de caoutchouc, au centre duquel est monté verticalement le tube d'alimentation; celui-ci porte à la partie supérieure un filetage; sur ce plateau repose une pièce d'acier, cylindrique dans sa partie inférieure, conique dans sa partie supérieure, et qui se termine par une collerette cylindrique, et c'est sur l'extrémité de cette collerette que vient appuyer un écrou qui se visse sur la partie filetée du tube d'alimentation, et qui maintient ainsi les deux parties du bol.

Il en est de même des écrémeuses suédoises « Globe » et « Baltique ». (Gaulin, concessionnaire, à Paris).

Les écrémeuses danoises « Alexandra » (Wallut, concessionnaire, à Paris) ont, comme les anciennes écrémeuses Laval, la forme d'un sphéroïde; mais le fond, fortement relevé, est rapporté.

Fig. 5.

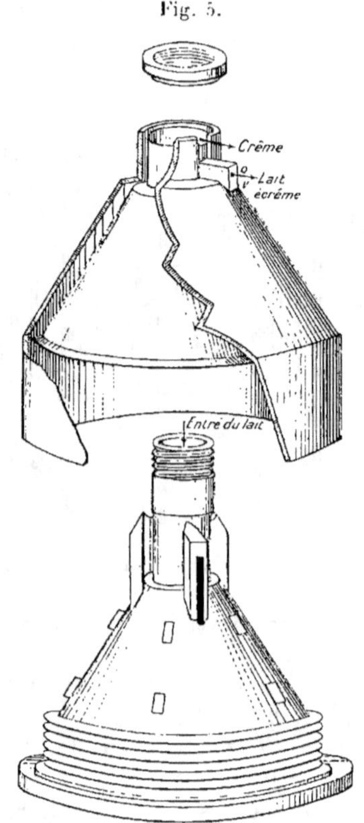

Écrémeuse Laval (nouveau modèle).

D'autre part, J. Mélotte, à Rémicourt (Belgique), forme les bols de ses écrémeuses (*fig.* 6) par la réunion de deux calottes cylindriques d'acier, renversées l'une sur l'autre, et dont les bords dressés s'appliquent exactement; un joint de caoutchouc, disposé entre eux, et un collier vissé rendent les deux pièces solidaires. Il en est de même des bols des écrémeuses Garin, à Cambrai, concessionnaire du brevet Mélotte.

Les écrémeuses « la Parfaite » (Brevet Burmeister et Wain; Hignette, à Paris, concessionnaire) et les écrémeuses « la Couronne »

(Brevet John Olson; Simon, à Cherbourg, concessionnaire) ont leurs bols en deux pièces également; la première pièce est formée d'un cylindre soudé sur un plateau inférieur; sur ce cylindre se visse l'autre pièce qui est conique et surmontée d'une collerette cylindrique.

Fig. 6.

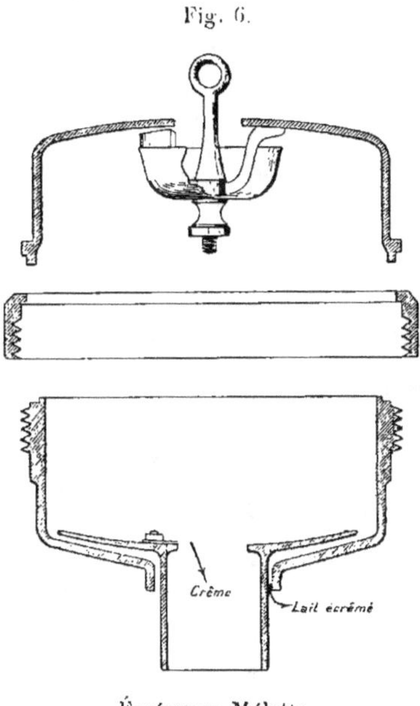

Écrémeuse Mélotte.

Le bol de l'écrémeuse « le Tubular » (Brevet Sharples; Plissonnier, à Lyon, concessionnaire) (*fig.* 7) est un simple tube d'acier vertical.

Les cloisonnements. — En 1888, Jules Mélotte eut l'idée, dans le but d'augmenter le débit des écrémeuses, de diriger les molécules de lait à l'intérieur du bol, en garnissant celui-ci d'une bande de fer-blanc, disposée en spirale; ce système a été abandonné; on verra, dans ce qui va suivre, qu'il a été repris sous une forme un peu différente.

En 1889, le baron Bechtolsheim, de Munich, poursuivit le même but; et son invention eut le mérite d'entrer immédiatement dans le domaine de la pratique industrielle. Il disposa, à l'intérieur du bol, une série de petits plateaux coniques en fer-blanc, percés au centre, bien entendu, représentant, en réalité, des entonnoirs dont on aurait enlevé la douille.

Ces plateaux coniques, empilés les uns sur les autres, sont renversés, c'est-à-dire que chacun d'eux présente vers le bas sa partie évasée (*fig.* 5).

Fig. 7.

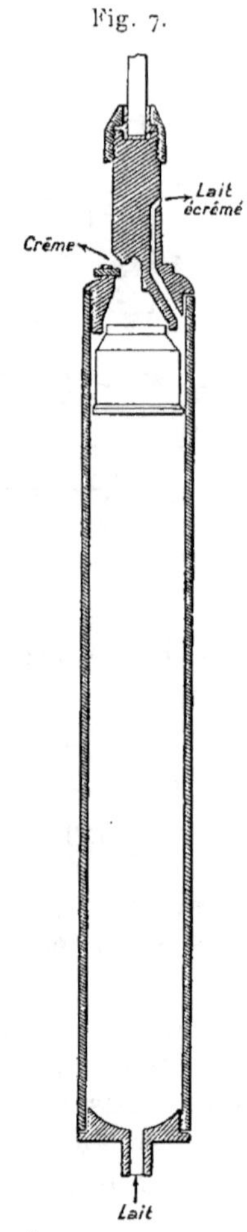

Écrémeuse Tubular.

L'avantage que l'on retire de ce cloisonnement du bol de l'écrémeuse, pour le meilleur débit de celle-ci, s'explique par ce fait que, dans une écrémeuse nue, c'est-à-dire sans plateaux, le lait arrive à la partie inférieure et tend à gagner la périphérie par le chemin le plus court, c'est-à-dire à n'utiliser que la partie basse du bol. Mais le débit du lait est calculé de façon à garnir de lait écrémé non seulement la partie basse, mais toute la hauteur de la paroi; une partie du lait débité va donc gagner la paroi plus ou moins obliquement; de là, dans l'intérieur du bol, des mouvements divers qui retardent l'écrémage. Quand, au contraire, l'écrémeuse est garnie de plateaux, le lait est débité, en même temps, dans l'espace compris entre chacun d'eux; le lait est écrémé par tranches minces, puisque les plateaux sont très rapprochés; de plus, les plateaux offrent des surfaces de glissement aux molécules qui sont en train de se classer ou, suivant l'expression adoptée, de se *polariser*. On peut, en effet, imaginer que les molécules de lait écrémé glissent sur la paroi supérieure de chacun des plateaux pour gagner la périphérie, tandis que les molécules de crème remontent le long de la paroi inférieure du plateau qui se trouve au-dessus du précédent, pour se réunir vers le centre.

L'invention, connue sous le nom de modification *alpha* ou *alfa,* fut présentée à l'Exposition universelle de Paris en 1889; mais elle était encore imparfaite et ne fut guère appréciée.

L'*Actiebolaget Separator* de Stokholm, qui avait acheté le brevet, ne tarda pas à perfectionner l'invention de Bechtolsheim, et celle-ci représente aujourd'hui un progrès considérable, qui a assuré le développement, dans tous les pays du monde, de l'écrémage centrifuge.

La découverte de Bechtolsheim permet en effet de passer dans une écrémeuse de dimensions déterminées deux à trois fois plus de lait pendant le même temps; elle permet par conséquent d'employer, pour un même débit, des écrémeuses de plus petit modèle et de substituer les écrémeuses à bras aux écrémeuses mues par la vapeur. Les appareils centrifuges ont, dès lors, pris place dans la petite exploitation.

Fig. 8.

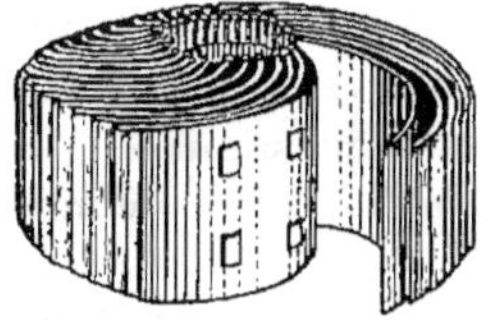

Dispositif de polarisation en lames recourbées.

Aujourd'hui quelques constructeurs sont revenus à la spirale imaginée par Mélotte; les uns (Mélotte, Gaulin, etc.) (*fig*. 8) placent, à l'intérieur du bol, une série de lames verticales, recourbées en arc de

L.

cercle et qui remplissent le bol : ces lames verticales sont réunies au centre par une charnière commune, et jouent à la façon de lames d'éventail. Cet appareil divise donc le lait qui arrive dans la turbine, en tranches verticales, légèrement recourbées, dans la forme même que suivent les molécules de lait pour gagner la périphérie, sous l'influence combinée de la force centrifuge et de la force tangentielle ; elles dirigent donc la masse vers la périphérie et augmentent le débit en le régularisant.

Mélotte a imaginé (*fig.* 9) de placer à l'intérieur du bol une pièce

Fig. 9.

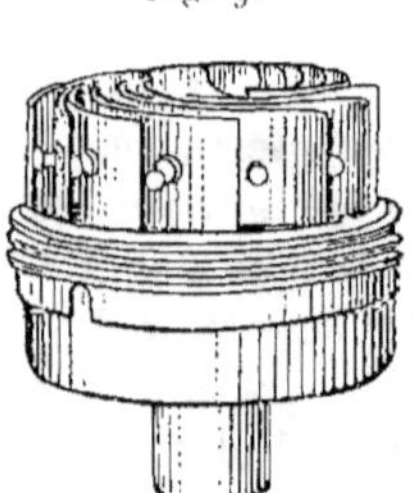

Dispositif de polarisation Mélotte.

d'acier étamé, n'ayant que quatre lames recourbées ; mais celles-ci ne jouent pas, comme les précédentes, autour d'un axe ; elles sont fixées au centre par une douille à quatre bras. On peut intercaler un autre appareil tout semblable et même deux appareils dans les ailettes du précédent.

Les dispositifs dits de polarisation qui, en dehors de ceux qui viennent d'être décrits, ont été imaginés pour obtenir l'augmentation de débit des écrémeuses ont beaucoup varié ; mais il semble inutile de les décrire ici ; car, depuis que le brevet Bechtolsheim est tombé dans le domaine public, leurs constructeurs les ont abandonnés et adopté soit les plateaux assiettes, soit les lames recourbées et reliées au centre dont il vient d'être question.

Il convient de citer cependant, pour mémoire, les boisseaux ondulés en zigzag, imaginés par Mélotte, le boisseau, garni de saillies pyramidales, adopté dans l'écrémeuse « la Parfaite » par Burmeister et Wain, le boisseau à surface trapézoïdale, employé par John Ohlson dans l'écrémeuse « la Couronne », etc. (LINDET, *Rapport* Cl. 37, Exp. univ. de 1900).

Rotation du bol. — La rotation du bol et le procédé mécanique qui

permet d'obtenir cette vitesse vertigineuse, variant de 1500 à 20 000 tours
à la minute, dont il a été parlé, constituent une des principales préoc-
cupations du constructeur.

En général les écrémeuses sont commandées par-dessous; c'est de
cette façon qu'étaient établies les premières écrémeuses et que le sont
encore beaucoup d'entre elles (Laval, Burmeister, la Couronne, etc.);
le bol est fixé à l'extrémité d'une tige verticale reposant, à la partie
inférieure, sur un coussinet à billes, et à laquelle on communique le
mouvement de rotation.

Celui-ci est obtenu de trois façons différentes.

Les écrémeuses mues mécaniquement reçoivent en général leur
mouvement d'une grande roue sur laquelle s'enroule une corde à boyau,
qui passe ensuite sur une petite poulie, calée sur la tige verticale de
rotation. Dans les écrémeuses Burmeister, qui ne tournent qu'à
1500 tours, le même résultat est obtenu avec une poulie et une cour-
roie (*fig.* 3 et 4).

On a proposé également, pour les écrémeuses à grand débit, de
communiquer le mouvement à l'axe de rotation, au moyen d'une turbine à vapeur, calée sur celui-ci (écrémeuses Laval, Tubular, etc.).

Mais, pour les écrémeuses à bras, le mouvement est toujours donné
au moyen d'engrenages. Une roue verticale dentée, de 25^{cm} à 30^{cm} de
diamètre, sur laquelle est fixée une manivelle, entraîne un petit
pignon de 1^{cm},5 à 2^{cm} de diamètre; celui-ci est monté sur un arbre
horizontal, qui porte une autre roue verticale dentée de 10^{cm} à 15^{cm}
de diamètre; cette roue engrène à son tour sur une vis sans fin, filetée
sur l'axe de rotation du bol. Quand il s'agit d'obtenir une très grande
vitesse (écrémeuse Tubular), on intercale entre ces deux roues une
autre roue multiplicatrice.

Grâce à ce dispositif, on peut, en faisant faire à la manivelle 60 à
80 révolutions à la minute, obtenir une rotation de 6000 à 20000 tours.

J. Mélotte a, le premier, imaginé de commander les bols d'écrémeuses en dessus; la partie supérieure du bol porte un anneau (*fig.* 6),
et celui-ci permet de le suspendre à un crochet, auquel on donne,
par un mouvement d'engrenages multiplicateurs, la vitesse nécessaire à l'écrémage. Le crochet de suspension est monté sur billes, et
peut être arrêté au moyen d'un frein spécial. Dans l'écrémeuse
Mélotte, les organes de multiplication sont disposés horizontalement
et la manivelle est mue dans le plan horizontal également.

Garin a établi, pour certaines de ses écrémeuses, la manivelle, de
façon à ce qu'elle puisse être manœuvrée dans un plan vertical.

On applique aujourd'hui aux écrémeuses un déclic automatique, qui permet de moins peiner, au moment de la mise en route (écrémeuses Simon, etc.). La manivelle est manœuvrée, comme le serait le levier d'une pompe, de haut en bas, en ne faisant accomplir à la manivelle qu'un quart de sa rotation; grâce à ce déclic, les organes de transmission continuent leur mouvement, même quand on cesse d'agir sur la manivelle, et, quand le bol est bien lancé, on peut imprimer à la manivelle, et sans effort, le mouvement circulaire que l'on conservera jusqu'à la fin de l'opération.

La vitesse dont on anime ainsi les écrémeuses varie d'un modèle à l'autre; mais il convient de prendre en considération le diamètre des bols de chacun d'eux. La force centrifuge agit proportionnellement au carré de la vitesse dont sont animées, à la périphérie, les molécules de lait. Or cette vitesse est proportionnelle à la circonférence du bol. Il suit de là que, pour obtenir une même vitesse à la périphérie, il faudra imprimer au bol une vitesse d'autant plus grande, c'est-à-dire lui faire faire un nombre de tours d'autant plus considérable que le diamètre du bol sera plus petit; plus la turbine sera étroite, plus elle devra tourner vite. Aussi voit-on les écrémeuses Laval, Mélotte, etc., tourner à 6000 tours, tandis que les écrémeuses Tubular, véritables fuseaux, reçoivent un mouvement de 15000 à 20000 tours à la minute.

Alimentation en lait et évacuation des produits. — Quelle que soit la forme du bol d'écrémeuse, une double condition essentielle se pose : celle de l'entrée continue du lait, celle de l'évacuation incessante de la crème et du lait écrémé.

Le bol est presque toujours alimenté par la partie supérieure, rarement par la partie inférieure (écrémeuse Tubular).

Il est de toute nécessité que le débit du lait puisse être réglé, même pendant la marche de l'écrémeuse, et qu'il présente, une fois fixé, une constance presque absolue. Le bol est surmonté, en général, d'une petite caisse métallique percée, à la partie inférieure, d'un trou donnant accès au lait dans l'écrémeuse, et dans cette caisse nage un flotteur; celui-ci porte une tige verticale, qui entre dans le boisseau du robinet par lequel se débite le lait et peut le fermer partiellement, si le niveau du lait dans la caisse vient à monter. On conçoit alors que, une fois le robinet ouvert, on obtienne un écoulement constant.

L'organe de distribution de l'écrémeuse Mélotte est un auget, de forme elliptique, porté sur deux tourillons, dirigés suivant le petit axe de l'ellipse, et qui reçoit d'un robinet le lait destiné à l'écrémeuse; il est muni d'un côté d'une tubulure inférieure commandant la sortie du lait vers l'écrémeuse, et du côté opposé, par rapport aux tourillons, d'un contrepoids qui permet de régler le débit; or, c'est dans cette partie de l'auget qu'aboutit l'extrémité inférieure du robinet d'alimentation; si la quantité de lait débitée par le robinet est excessive, son poids fait basculer l'auget et le soulève du côté du contrepoids; le fond de l'auget vient alors boucher le robinet qui amène le lait.

Il convient maintenant d'examiner les dispositifs qui permettent, dans les différents modèles, l'évacuation de la crème et du lait écrémé.

Dans les anciennes écrémeuses Laval, ainsi que dans les écrémeuses nues, le lait, débité par le régulateur, arrive au centre du bol, tombe sur un godet et, immédiatement saisi par la force centrifuge, se répartit circulairement.

Les produits se classent, le lait écrémé gagne, le premier, la périphérie, tandis qu'au centre se forme un anneau cylindrique de crème.

Contre la paroi a été fixé un petit tube vertical (*fig.* 3) ouvert à ses deux extrémités et dont l'extrémité supérieure débouche en haut du bol; le lait écrémé, au fur et à mesure qu'il se place à la périphérie, s'enfile dans ce tube et, poussé par la force centrifuge, il s'échapperait par l'extrémité ouverte en un jet vertical si, sur le côté du bol, on n'avait pas percé un trou faisant communiquer l'extérieur du bol avec ce petit tube collecteur; dans ces conditions, le lait écrémé sort du bol en un jet circulaire continu. Un plateau en fer-blanc, placé au-dessous de ce jet, recueille le petit-lait ainsi débité. Quant à la crème qui se réunit au centre même du bol, elle grimpe, en anneau cylindrique, le long des parois verticales; quand elle a gagné le bord supérieur, elle rencontre une petite rainure qui lui permet de se débiter, également sous forme de jet circulaire. Elle tombe sur un autre plateau, semblable au précédent et disposé au-dessus de lui. A ces plateaux on donne le nom de *ferblanteries*.

L'emploi, presque général aujourd'hui, des plateaux-assiettes offre un inconvénient pour le bon fonctionnement de l'appareil; c'est en effet au centre qu'arrive le lait à écrémer, et c'est au centre également que se forme la couche de crème; le lait et la crème tendent à se mélanger; l'afflux de lait trouble la formation de la couche de crème et dilue celle-ci. Un inventeur américain, Berrigan, a imaginé, en 1898, un dispositif ingénieux, adopté depuis cette époque dans les écrémeuses Laval (*fig.* 5), et qui permet de faire arriver le lait en avant de l'endroit où se forme la couche de crème. Les assiettes sont entaillées au centre de chacune d'elles, et en trois endroits équidistants, et, dans ces entailles, entrent trois caissons saillants et soudés au tube d'alimentation; les caissons portent des fentes qui ouvrent ainsi latéralement le tube d'alimentation, en sorte que le lait se débite en avant des bords intérieurs des plateaux, tandis que la crème, réunie entre les bords de ceux-ci et le tube d'alimentation, peut remonter aisément le long de ce tube sans subir le mélange avec le lait.

La sortie des produits, dans cette écrémeuse (*fig.* 5), est assurée de la façon suivante : le dernier plateau, muni d'une collerette, épouse la forme de la partie supérieure du bol, constitue une double paroi, et c'est entre cette paroi et la paroi du bol que se fait l'ascension du lait écrémé; celui-ci sort par un orifice *o*, percé dans le bol, et le débit est réglé par une vis placée à l'endroit marqué *e*. D'autre part, la crème, après avoir monté le long de la paroi externe du tube d'alimentation, grimpe le long de la paroi interne de la collerette du plateau supérieur, entre celle-ci et le tube d'alimentation, et se déverse par l'échancrure pratiquée dans la partie supérieure du bol.

Les écrémeuses « la Parfaite », « la Couronne », offrent une disposition analogue; le dernier plateau est estampé |de petits canaux, destinés à faciliter l'ascension du lait écrémé.

L'écrémeuse de Burmeister et Wain est de grande dimension (*fig.* 4); son bol est largement ouvert; les bords de celui-ci sont légèrement rentrés. A la partie supérieure on fixe un disque métallique, dont le diamètre est de quelques millimètres inférieur à celui du bol, et qui ne tourne pas en même temps que l'écrémeuse; dans ce disque s'engage un tube collecteur muni d'un bec d'emprise; celui-ci prend la couche de crème précisément à l'endroit où elle se forme; un ajutage vissé permet de régler la position de ce bec suivant la quantité de crème que l'on désire enlever; la zone de crème s'établissant d'après la position du tube qui amène le lait, il est évident que, en enfonçant plus ou moins le bec d'emprise de la crème, on fera de celle-ci un prélèvement plus ou moins important. Le lait écrémé gagne la périphérie, et, toujours poussé par les nouvelles quantités de lait qui arrivent, il remonte au-dessus du disque-plateau et, là encore, un bec d'emprise le saisit; la force centrifuge l'y fait entrer et le repousse dans le tuyau auquel ce bec d'emprise est fixé.

L'écrémeuse Mélotte (*fig.* 6), ainsi qu'il a été dit plus haut, est une écrémeuse suspendue, et c'est par le bas que doivent être évacués les produits. Dans le bas du bol est également un plateau-disque au-dessous duquel vient glisser le lait écrémé, sans cesse accumulé à la périphérie; il s'écoule de lui-même dans l'espace annulaire compris entre le tube soudé sur ce plateau et l'orifice circulaire qui termine le bol; tandis que la crème, réunie au centre et maintenue au-dessus du disque-plateau, s'écoule directement en suivant la paroi interne du tube. Mais le diamètre de l'ouverture du plateau est inférieur à celui du tube, en sorte que le plateau déborde quelque peu au-dessus de lui; la saillie qu'il produit ainsi est échancrée sur l'un des points de son pourtour, et l'échancrure peut, au moyen d'un petit disque excentrique, être plus ou moins ouverte et laisser passer une plus ou moins grande quantité de crème ou, ce qui revient au même, une crème plus ou moins épaisse.

L'écrémeuse « Tubular » (*fig.* 7) porte en bas une tubulure, par laquelle arrive le lait, et en haut deux orifices par lesquels s'écoulent la crème et le lait écrémé; le bol ne porte pas de cloisonnements; mais, dans sa partie élevée, se trouve une cloche renversée qui détermine la séparation des produits, le lait écrémé glissant entre les parois de cette cloche et les parois du bol.

Travail d'écrémage. — Au premier rang des conditions qui assurent un bon écrémage se place le réchauffage préalable du lait qui va entrer dans l'écrémeuse. Il y a une opposition entre cette pratique et celle qui est suivie pour l'écrémage spontané, puisque, dans ce cas, on a tout à gagner de l'emploi du froid. Dans l'écrémage centrifuge, il faut obtenir une séparation immédiate de la crème, et le chauffage du lait à 25°-30°, en diminuant la viscosité du sérum et en rendant plus mobiles les globules butyreux, active l'écrémage et le rend plus complet. Cette température n'est pas assez élevée pour compromettre la qualité de la crème et, par conséquent, du beurre que cette crème fournira. Cependant, on a constaté que le beurre est d'autant plus délicat que le lait, soumis à l'écrémage, avait été chauffé à moindre température. Dornic conseille (*Congrès intern. Laiterie,* 1905) de ne pas chauffer le lait au-dessus de 20° en été; l'écrémage est plus long, mais la qualité du beurre est meilleure. En hiver, il n'y a pas d'inconvénient à écrémer du lait à 25°-27°; mais, dans aucun cas, il ne faut dépasser 30°.

L'influence qu'exerce le chauffage du lait sur la perfection de l'écrémage ou, ce qui revient au même, sur la vitesse de l'écrémage, a été d'ailleurs vérifiée par l'expérience : Fleichmann (*Journ. ind. lait.,* 1896, p. 17) a écrémé, dans des conditions comparables, à la centrifuge, des laits préalablement chauffés à des températures variant entre 5° et 40°, et il a dosé la matière grasse retenue par le petit-lait; les résultats sont les suivants :

Lait chauffé à	Matière grasse restant dans le lait écrémé.	
5	1,10	pour 100
10	0,85	»
15	0,60	»
20	0,48	»
25	0,41	»
30	0,35	»
35	0,33	»
40	0,30	»

Fig. 10.

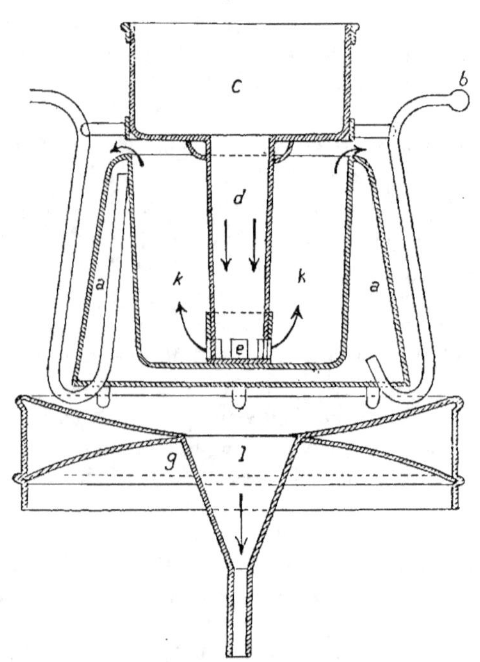

Réchauffeur d'écrémage Pilter.

Le chauffage préalable du lait peut être exécuté au moyen de pasteurisateurs, à la condition d'y faire circuler le lait assez vite pour qu'il ne s'échauffe pas au delà des limites indiquées.

Pilter adopte, au-dessus des écrémeuses, un réchauffeur, formé

d'une caisse à double fond, *a* (*fig.* 10), dans laquelle on envoie de la
vapeur; le lait, contenu dans le bassin *c*, s'écoule par le tuyau *d*, et
les orifices *e*, s'échauffe dans la caisse intérieure *k*, déborde, glisse le
long des parois chaudes de la caisse à double fond, et pénètre dans
l'écrémeuse par l'entonnoir *l*.

Il est souvent nécessaire de tirer de l'écrémeuse des crèmes de différentes consistances; ainsi qu'on le verra plus loin, les crèmes
épaisses, qui renferment peu de lactose et fermentent lentement,
conviennent au travail d'été; il faut au contraire, et pour une raison
inverse, choisir des crèmes peu consistantes pour le travail d'hiver.

On peut, avec la même marche de l'écrémeuse, obtenir des crèmes
d'épaisseur différente; on a vu comment, dans les diverses écrémeuses,
on parvient à diminuer l'orifice de sortie de la crème et à modifier,
par conséquent, sa consistance. L'épaisseur de celle-ci est en outre,
pour un même orifice de sortie de la crème et pour une même quantité de lait débitée, fonction de la quantité de petit-lait qui sort en un
temps donné, et le réglage peut être fait alors sur la sortie du petit-
lait. Mais on ne saurait changer le débit du lait pendant la marche,
sans risquer de perdre de la crème.

Les crèmes, au sortir de l'écrémeuse, sont soumises au travail de la
maturation, dont il sera question plus loin, et, dans ce but, il est nécessaire de les refroidir immédiatement. Les réfrigérants qui ont été
décrits ci-dessus servent à obtenir ce refroidissement.

Elles sont, dans les grandes beurreries, élevées au moyen d'augets
montés sur des chaînes sans fin verticales et tombent sur la surface
refroidie des appareils Lawrence ou Schmidt.

Quelquefois aussi, dans le but d'y ensemencer ensuite des ferments
purs, elles sont pasteurisées, ainsi qu'il sera dit au Chapitre suivant.

Le débit des écrémeuses varie suivant leurs dimensions et leurs
systèmes : les écrémeuses à bras, munies de plateaux de polarisation, débitent de 40ˡ à 450ˡ à l'heure. Les écrémeuses à transmission
mécanique ou à turbine peuvent écrémer jusqu'à 2000ˡ à l'heure.

III. — LA CRÈME.

La composition de la crème est nécessairement variable avec son
épaisseur, c'est-à-dire avec la quantité de matière grasse qu'elle
renferme. Voici, à titre d'exemple, la composition de deux crèmes
de concentration différente, obtenues avec le même lait :

| | Pour 100cm³. | |
	I.	II.
Matière grasse.............	23,35	38,50
Lactose...................	3,88	3,14
Matières azotées..........	2,97	2,43
Cendres..................	0,69	0,58
Extrait...........	30,25	44,50

IV. — LE LAIT ÉCRÉMÉ.

COMPOSITION DU LAIT ÉCRÉMÉ.

Le lait écrémé constituant le résidu du travail qui vient d'être décrit, offre naturellement la même composition chimique que le lait, au point de vue des éléments autres que le beurre. La quantité de matière grasse varie avec le procédé que l'on a suivi pour écrémer; tandis que le lait des écrémeuses centrifuges ne renferme plus que 0,1 à 0,2 pour 100 de matière grasse, il n'est pas rare d'en trouver dans les laits d'écrémage spontané de 0,5 à 1 pour 100. Le petit-lait des écrémeuses à bras est toujours moins bien épuisé que celui des écrémeuses mécaniques, dont la rotation est plus régulière.

Rolet a analysé comparativement le lait à son entrée et le petit-lait à sa sortie de l'écrémeuse (*Ind. du lait et sous-produits,* 1905, Paris).

| | Pour 100cm³ de lait. | |
	Lait complet.	Lait écrémé.
Matière grasse....................	4,24	0,12
Lactose.........................	4,89	5,03
Matières azotées	3,52	3,94
» minérales	0,74	0,76
Extrait...........	13,39	9,85
Densité	1032	1037

EMPLOI A L'ALIMENTATION HUMAINE.

Emploi du lait écrémé en nature. — La composition du lait écrémé n'est pas tellement différente de celle du lait complet que l'alimentation humaine doive le rejeter. Le bas prix auquel on peut vendre ce sous-produit et sa valeur alimentaire devraient le faire accepter plus volontiers du public, soit comme boisson, soit comme produit servant aux préparations culinaires.

Ce lait écrémé s'acidifie rapidement; il a été émulsionné d'air pendant l'écrémage; il est sorti chaud de l'écrémeuse; il est donc dans les meilleures conditions pour se peupler de ferments. Aussi doit-on, quand on le destine à l'alimentation humaine et même à l'alimentation animale, le pasteuriser au sortir de l'écrémeuse. Les appareils qui ont été décrits peuvent alors servir, et comme le lait, privé de sa crème, est moins sensible à l'action de la chaleur, on peut employer les pasteurisateurs à récupération, c'est-à-dire ceux où le lait chauffé est refroidi au moyen du lait froid qui entre dans l'appareil; on peut également, et pour la même raison, élever la température de pasteurisation à 85°-90°.

Lait écrémé concentré et en poudre. — Les procédés et appareils employés pour la concentration et la dessiccation du lait complet sont utilisés pour concentrer et dessécher le lait écrémé; on a donné plus haut la composition du lait écrémé et condensé.

La dessiccation du lait écrémé a l'avantage de donner un produit qui ne rancit pas et peut se conserver plus longtemps que la poudre de lait complet. Elle peut être, comme d'ailleurs la poudre de lait entier, utilisée dans la fabrication des pains au lait et des pains viennois.

Fabrication des fromages maigres. — Le lait écrémé entre partiellement, c'est-à-dire en mélange avec du lait entier, dans la fabrication de certains fromages (Gruyère, Livarot, Hollande, Cantal, etc.); il forme exclusivement la pâte de certains autres (fromages maigres, fromages à la pie, cancoillotes, etc.). Le lait d'écrémeuses doit être abandonné quelque temps à lui-même avant d'être emprésuré, pour éviter que l'air qu'il renferme en émulsion donne un fromage boursouflé. Il convient en outre, avant de mettre en moules le caillé, de retirer, avec une poche ou une écumoire, la partie émulsionnée qui, pendant le caillage, formerait une écume persistante à la surface du caillé.

On verra dans un chapitre suivant la préparation des fromages, à la composition desquels concourt le lait écrémé ou lait maigre.

Certains fabricants ajoutent au lait écrémé, avant de l'emprésurer, des matières grasses étrangères, oléo-margarine, saindoux, huiles végétales, etc., de façon à obtenir un fromage ayant la quantité de graisse que les fromages normaux similaires renferment.

Mais la matière grasse doit être émulsionnée dans le lait; sans cela, elle se séparerait du lait écrémé pendant l'emprésurage. On fait usage dans ce but de divers appareils : tantôt c'est une simple écrémeuse, la Burmeister, dont on ne laisse subsister que le tube à crème; la matière grasse et le lait écrémé, préalablement réchauffés à une température convenable, entrent en même temps dans l'écrémeuse, le débit de chacun des liquides étant soigneusement calculé; par l'effet même de la force centrifuge, les deux liquides se pulvérisent et s'émulsionnent; le bec d'emprise enlève une crème artificielle que l'on mélange en quantité convenable au lait écrémé; tantôt on emploie l'émulseur Laval (Pilter), sorte de turbine à une seule issue; tantôt enfin on a recours aux machines à injection sous pression, telles que les machines Julien, Gaulin, dont il a été parlé.

La température des liquides à émulsionner varie avec la nature de la matière grasse; elle doit être voisine du point de fusion de celle-ci (température ordinaire pour les huiles, 3o° pour le saindoux, 55° pour l'oléo-margarine); on doit réchauffer le lait écrémé à une température légèrement supérieure, de 5° à 10°, à celle de la matière grasse.

Cette fraude peut être reconnue en isolant par la résorcine (Lindet) ou par tout autre réactif la matière grasse du fromage et en analysant celle-ci par les procédés qui seront indiqués dans la suite et qui permettent de constater la fraude des beurres.

Laits fermentés. — Si l'alimentation humaine néglige l'emploi du lait écrémé en nature, elle ne refuse pas, dans certains cas, l'usage du lait fermenté (Képhir, Koumiss, etc.) que l'on fabrique, même industriellement aujourd'hui, avec du lait écrémé, pour les besoins de certains malades.

Le lait fermenté contient en effet une partie de sa caséine à l'état soluble, et par conséquent facilement assimilable; en outre la présence de l'acide carbonique, qui rend la boisson gazeuse, en facilite souvent la digestion.

La préparation du lait fermenté nous vient de la Russie méridionale, où l'on fabrique le *Kumis* ou *Koumiss* avec le lait de jument; du Caucase, où l'on fait le *Kéfir* ou *Képhir*, avec le lait de chèvre principalement; de Bulgarie (*Yoghourt*); de Sardaigne (*Gioddu*), etc.).

Le *Képhir* est celle de ces boissons qui a été la mieux étudiée.

C'est naturellement le lactose qui fermente dans le lait képhir; on connaît en effet par les travaux de Duclaux (*Ann. Inst. Past.,* t. I, 1887, p. 573), d'Adametz (*Centralb. für Bakt.,* t. V, 1889, p. 116), de Kayser (*Ann. Inst. Past.,* t. V, 1891, p. 395), de Mazé (*Ann. Inst. Past.,* t. XVII, 1903, p. 11), etc., des ferments susceptibles de faire fermenter le lactose et de fournir de l'acide carbonique, de l'alcool et de l'acide lactique. Ce sont des *Saccharomyces* et des ferments lactiques.

Mais, si l'on admet le parallélisme dans l'action des saccharomyces sur le saccharose et sur le lactose, il faut admettre également que ces saccharomyces doivent élaborer de la lactase susceptible de dédoubler le lactose en glucose et galactose, et de la zymase susceptible de faire fermenter les sucres de dédoublement.

Kern a rencontré dans le Képhir (*Bull. Soc. natur. de Moscou*, 1881 et DUCLAUX, *Microb.*, t. IV, p. 402), une levure et un bacille, formant des zooglées, c'est-à-dire s'entourant d'une gelée visqueuse; ce bacille est constitué par des bâtonnets qui portent soit à une des extrémités, soit aux deux, des renflements dans lesquels Kern a cru voir des spores; de là, le nom qu'il a donné à ce bacille, *dispora caucasica*. Tandis que la levure fournit l'alcool et l'acide carbonique, le bacille donne de l'acide lactique et solubilise la caséine, à la façon des ferments lactiques, dont il sera parlé à propos de la maturation des fromages.

De Freudenreich (*Ann. de Microg.*, 1897, p. 1 et DUCLAUX, *loc. cit.*) a repris la question, et en dehors d'une levure ressemblant au *Saccharomyces ellipsoideus* et d'un [*B. caucasicus*, il a isolé deux streptocoques. Grisconi a extrait également du *Gioddu* une levure et un bacille (*Rev. gén. du lait*, 1904-1905, p. 93). Weidemann a confirmé les travaux de Kern et de Freudenreich (*Rev. gén. du lait*, 1901, p. 64). La composition du Képhir a été déterminée par plusieurs expérimentateurs, Touschinsky, Sonnerat, etc. (DUCLAUX, *loc. cit.*). Voici des analyses dues au Dr Bill et publiées par Rolet (*Ind. laitière, sous-produits*, p. 76), et qui ont l'avantage de faire connaître la marche de la fermentation :

Képhir pour 100^{cm³}.

	de 1 jour.	de 2 jours.	de 3 jours.
Lactose	3,75	3,22	3,09
Acide lactique	0,54	0,56	0,65
Matières azotées insolubles	3,34	2,87	2,99
» solubles	0,39	0,41	0,65
Peptones	0,03	0,04	0,08

Bertrand et Weissweiller (*Ann. Inst. Past.*, t. XX, 1906, p. 977) ont extrait du *Yoghourt* de l'acide succinique.

On consomme en Égypte du lait caillé fermenté auquel on donne le nom de *Leben*. Le lait est bouilli et, après refroidissement, introduit dans une outre en peau que tapisse intérieurement, sous forme d'une couche visqueuse, la flore microbienne, qui fera fermenter le lait.

Rist et Khoury ont étudié ce Leben d'Égypte (*Ann. Inst. Past.*, 1902, p. 65 et 84, et *Journal Ind. lait.*, 1903, p. 134). Ils ont isolé de ce Leben deux microbes coagulants, *Streptobacillus Lebenis* et *Diplococcus Lebenis*, deux bacilles invertissant le lactose par leurs diastases, un saccharomyces et un mycoderme, *S. Lebenis* et *M. Lebenis*, incapables de faire fermenter directement le lactose, mais transformant par leurs diastases le galactose et le glucose en alcool et en acide carbonique.

Düggeli a étudié (*Rev. gén. du lait*, 1905-1906, p. 279) le *Mazun*, que l'on prépare en Amérique avec du lait de bufflesse, de brebis ou de chèvre; il y a rencontré une levure et deux ferments lactiques.

C'est au moyen des grains de Képhir du Caucase, que l'on fabrique en France, industriellement, mais avec du lait de vaches, les laits fermentés du commerce.

Les *grains de Képhir*, c'est-à-dire l'association microbienne qui assure la fermentation du lait, sont tout d'abord lavés avec de l'eau à 30° pendant 5 ou 6 heures; ils se gonflent et se ramollissent; on prépare un levain en les traitant par dix fois leur poids de lait bouilli, puis refroidi à 20° ou 30°; on renouvelle le lait toutes les 24 heures et, après 5 à 6 jours, on retire les grains gonflés avec une passoire et on les ensemence dans du lait écrémé; après la fermentation de celui-ci, on sépare les grains qui servent à une opération suivante, et l'on verse le lait mousseux dans les bouteilles d'expédition.

On peut également préparer des laits mousseux, dits *champanisés*, en introduisant dans du lait du saccharose et un saccharomyces, ou en chargeant artificiellement le lait d'acide carbonique par les procédés qui servent à fabriquer l'eau de selz.

EMPLOI DU LAIT ÉCRÉMÉ A L'ALIMENTATION DU BÉTAIL.

Le lait écrémé trouve son grand débouché dans l'alimentation du bétail, spécialement dans l'alimentation des veaux, plus exceptionnellement dans celle des porcs.

Diverses expériences ont permis de constater qu'il faut compter environ 12^l de lait écrémé pour augmenter de 1^{kg} le poids d'un veau.

En général on associe au lait écrémé des aliments plus concentrés, de la fécule, des farines de maïs, de féverolle, de pois, etc., des tourteaux oléagineux, de l'oléomargarine, des farines de viande, pour la nourriture des veaux, et des pommes de terre, de l'orge, du seigle, du maïs, pour celle des porcs.

On enrichit quelquefois le lait écrémé en matières grasses étrangères, par les procédés auxquels il vient d'être fait allusion.

Si intéressantes que soient ces questions, elle sortent un peu du cadre de cette étude; on pourra consulter avec fruit, à cet égard, les travaux de Malpeaux et Dickson (*Ann. agr.*, 1900, p. 217), ceux de Gouin (*Alimentation du bétail : Encycl. agr.*, Paris) et le livre de Rolet (*Ind. laitière, sous-produits*, Paris).

<h3 style="text-align:center">LA CASÉINE ET SES EMPLOIS.</h3>

L'extraction de la caséine du lait écrémé a pris, dans ces dernières années, un certain développement, du fait des emplois nombreux que l'on a découverts à ce produit.

La fabrication de la caséine débute toujours par sa précipitation au moyen des acides chlorhydrique, sulfurique ou acétique, et une saturation de l'acide en excès par le bicarbonate de soude, le carbonate ou la soude caustique.

Si l'on se propose de préparer de la caséine ordinaire, on chauffe le caillé de lait écrémé, vers 45°, en présence de son petit-lait, comme on le fait dans la fabrication du gruyère; on brasse pendant le chauffage; on presse et l'on forme ainsi un gâteau de caséine; celui-ci est ensuite désagrégé au moyen d'un moulin spécial, et les grumeaux, disposés sur des cadres garnis de toiles, sont desséchés dans une étuve à air chaud. La caséine est ensuite broyée et la poudre est tamisée. Ainsi préparée la caséine renferme 12 à 13 pour 100 d'eau et 65 à 70 pour 100 de matières azotées. 1ᵏᵍ de caséine demande environ 33ˡ de lait écrémé.

On peut encore, avant de la dessécher, la purifier par une série de dissolutions dans les alcalis et de précipitations par les acides.

On peut même pousser la dernière saturation assez loin pour que, en présence d'un excès de bicarbonate de soude, le produit soit soluble, ou tout au moins puisse se gonfler dans l'eau (procédé Hatmaker).

L'appareil Hatmaker, formé, ainsi qu'il a été dit ci-dessus, de deux cylindres rotatifs, tournant en sens inverse l'un de l'autre et chauffés à la vapeur, trouve son emploi dans la dessiccation de la caséine; celle-ci, amenée à l'état de pâte, est séchée en s'étalant sur la surface des deux cylindres, et facilement mise en poudre, comme le lait et le lait écrémé.

La caséine sèche a reçu récemment de nombreux débouchés.

Elle peut être ajoutée aux pains, aux pâtes, au chocolat, pour en augmenter la valeur alimentaire.

Elle sert dans la fabrication de certaines peintures laquées, des papiers dits *couchés*, de certains ciments hydrofuges.

Elle est employée à la clarification du vin.

Un important débouché est fourni par la fabrication des matières plastiques, dans le détail de laquelle on ne saurait entrer ici. La *lactite*, qui imite l'ivoire, est obtenue en mélangeant la caséine avec du borax, de l'amidon, de l'alun, de l'acétate de plomb (*Journal Ind. lait.*, 1899, p. 42). La *galalithe*, qui imite la corne et le celluloïd, est de la caséine débarrassée de son phosphate de chaux par une dissolution dans la soude, une filtration et une nouvelle précipitation, puis insolubilisée par l'aldéhyde formique (procédé Trillat). Les propriétés de la galalithe, et spécialement l'action de l'eau, qui l'amollit, ont été étudiées par Siegfeld (*Mon. scient.*, 1905, p. 544), par Coulon (*Rev. chim. ind.*, 1905, p. 7), etc.

LES BOUES D'ÉCRÉMEUSES.

Lorsque l'on arrête l'écrémeuse centrifuge, après y avoir fait passer un grand nombre de litres de lait, on trouve sur les parois du bol une matière visqueuse, gélatineuse et plastique, que l'on connaît, en laiterie, sous le nom de *boues d'écrémeuses*.

Fleischmann a, le premier, analysé ces boues, et il leur a trouvé la composition suivante :

Eau	68,20
Matière grasse	1,42
Caséine	25,34
Autres matières organiques	1,82
Matières minérales	3,22
	100,00

Barthel (*Rev. gén. du lait*, 1901-1902, p. 193) a reconnu dans ces boues la présence de leucocytes et d'éléments cellulaires; il a cherché à en extraire la caséine, en traitant les boues par le carbonate de sodium, et en précipitant la caséine dans les liqueurs filtrées par l'acide acétique. Il n'a pu ainsi extraire, à l'état de caséine, que la moitié environ de la matière azotée, accusée par le dosage d'azote et la multiplication du chiffre d'azote par 6,25; en sorte que, d'après Barthel, la boue présente la composition que voici :

Eau.................................... 67,50
Caséine................................ 12,56
Matières cellulaires.................... 13,28
Autres matières organiques.............. 3,99
Matières minérales...................... 2,67
                                        ———
                                       100,00

Lindet et Ammann ont étudié ces boues à un autre point de vue (*Ann. Inst. nat. agr.*, 1906, p. 283) et, laissant de côté la question des éléments cellulaires, ils ont reconnu qu'elles abandonnent, à l'eau seule, environ la moitié de leur poids. Quand on délaie ces boues dans l'eau, et qu'on filtre, on obtient un liquide très limpide, surtout si l'on a soin de le passer sur du kaolin, et qui renferme :

	I.	II.
Matière albuminoïde précipitable par le sulfate de mercure	0,682	0,350
Autre matière azotée (Az × 6,25)	0,219	0,149
Matière organique autre	0,437	0,565
Phosphate de chaux	0,222	0,187
Matières minérales autres	0,178	0,323
Extrait de 100$^{cm^3}$ de solution de boue	1,738	1,574
Phosphate de chaux pour 100 de la matière albuminoïde	32,5	53,4

Lindet et Ammann ont montré que la partie soluble des boues est constituée en grande partie par une solution de phospho-caséinate de chaux.

Cette solution, dont il a été déjà parlé plus haut, se coagule par la chaleur, comme de l'albumine, entraînant une quantité de phosphate de chaux qui représente environ 7 pour 100 de la matière azotée.

La solution précipite mal par l'acide acétique, et le précipité est facilement soluble dans un excès.

Précipitée par un acide minéral, la matière azotée présente tous les caractères et la composition élémentaire de la caséine.

La caséine des boues, dissoute ainsi par le phosphate de chaux, possède un pouvoir rotatoire de $\alpha_D = -119°,5$, c'est-à-dire le pouvoir rotatoire du caséinate de chaux ou du caséinate de soude.

Pour expliquer la formation de ces boues, il faut considérer que le phospho-caséinate de chaux se trouve, dans le lait, à l'état colloïdal et

L. 13

à l'état dissous. À l'état colloïdal, il peut, sous l'influence de la force centrifuge, gagner la périphérie, et, comme la quantité de phosphate de chaux, renfermée dans les boues, est très élevée, le phospho-caséinate peut se redissoudre; on verra plus loin, en effet, à propos de la théorie du caillage que le phosphocaséinate de chaux perd d'autant plus facilement l'état colloïdal pour prendre l'état soluble que la caséine y est accompagnée d'une plus grande quantité de phosphate de chaux; or, l'analyse ci-dessus montre que le phosphate de chaux représente le $\frac{1}{3}$ et même la moitié du poids de la caséine. Il ne faut pas oublier non plus que ces solutions de boues commencent à se troubler vers 30° et que le trouble disparaît par refroidissement; or c'est précisément à cette température que l'on chauffe le lait avant de l'écrémer, et il peut se faire, par conséquent, que la combinaison, dissoute dans le sérum du lait, puis légèrement coagulée par la chaleur, se fixe à la périphérie, et qu'elle se redissolve ensuite dans l'eau froide.

La boue d'écrémeuse recueillie représente de 0ᵍ,25 à 0ᵍ,30 par litre de lait traité.

On a reconnu que l'acidité du lait augmente la formation des boues; cette acidité fait subir, en effet, à la caséine un commencement de caillage.

La quantité de boues augmente par les temps chauds et mous, et diminue par les temps froids. Il est évident que, par les temps chauds, les laits sont plus acides, et qu'en outre ils se refroidissent moins facilement et laissent par conséquent une plus grande quantité de phospho-caséinate de chaux, coagulé par la chaleur au moment où l'on a chauffé le lait pour l'écrémer.

Enfin un lait pasteurisé donne des boues plus dures qu'un lait simplement chauffé. On retrouve là encore l'influence de la coagulation du phospho-caséinate de chaux.

CHAPITRE III.

LE BEURRE.

I. — MATURATION DE LA CRÈME.

PARTIE THÉORIQUE.

Les théories qui précèdent, relatives à la constitution du lait et de la crème, permettent de supposer qu'il suffit d'agglomérer les globules butyreux, au sortir de l'écrémeuse, pour obtenir une masse solide de beurre. Celui qui agirait ainsi ferait erreur; car l'expérience démontre que, si la crème n'a pas atteint spontanément une acidité relativement élevée, le barattage présente des difficultés, et que, d'autre part, le beurre produit est plat et sans parfum. Tant que les fabricants de beurre ont eu recours à l'écrémage spontané, le phénomène a passé inaperçu, puisque la crème s'acidifiait au fur et à mesure qu'elle montait à la surface du lait; mais, quand ils se sont trouvés employer la crème de centrifuges, ils ont constaté qu'ils ne pouvaient obtenir rapidement un beurre de qualité, sans laisser, au préalable, la crème *mûrir,* comme elle mûrit spontanément pendant l'écrémage naturel.

La nature de cette fermentation qui assure la maturation de la crème a été tant soit peu méconnue et, par cela même, discutée.

Duclaux a admis (*Microb.,* t. IV, p. 364) que la maturation est l'œuvre des ferments de matières albuminoïdes, c'est-à-dire des ferments de putréfaction, mais donnant cette fois des odeurs agréables. Il cite, à l'appui de son dire, les travaux de Maassen, qui a isolé, dans la crème en maturation, des ferments qui n'ont aucun rapport avec les ferments lactiques qu'il semblerait naturel de faire figurer tout au moins dans le Tableau des ferments de maturation. Le *B. esterificans* fournit des spores, ce qui le distingue des ferments lactiques; cultivé sur peptone, il donne de l'hydrogène sulfuré et du mercaptan, comme les ferments des matières albuminoïdes; il en est de même du *B. esterificans fluorescens* qui produit de la méthylamine; le *B. prœpotens* fait fermenter l'albumine, et parmi les produits de son action on trouve, comme parmi ceux de l'action des thyrotrix, du propionate, du valérianate, du formiate, du succinate d'ammoniaque, de la leucine, de la tyrosine, de l'hydrogène sulfuré et du mercaptan. La conclusion des travaux de Maassen est donc que les ferments de maturation de la crème sont des ferments de matières albuminoïdes, se rapprochant des Bacilles de Friedlander et du B. coli; mais Maasen ajoute que peut-être la présence des ferments lactiques est nécessaire pour que ces bacilles produisent l'odeur que l'on recherche dans la crème mûre.

Laya a fait intervenir (*Rev. gén. Lait,* 1901, p. 257) dans la maturation de la crème, d'autres bacilles, l'*oïdium lactis,* les *penicillium,* les *mucors,* le *B. fluorescens liquefaciens,* etc. Ces bacilles dédoublent les glycérides et mettent les acides en liberté. Peut-être y a-t-il là confusion entre la maturation de la crème et la rancissure du beurre; il sera question plus loin des causes de ce dernier phénomène.

Aujourd'hui on admet que ce sont les ferments lactiques qui seuls agissent dans la maturation. Hansen a préparé depuis longtemps des ferments lactiques purs, extraits de la crème, et dont l'ensemencement donne de bons résultats; ces ferments purs ont été, pour la première fois, livrés au commerce par Blauenfeld et Tvede; ils ont été préconisés par les savants danois Storch, Segelcke et Lunde, etc. (LINDET, *Rapp.,* cl. 37, Exp. univ., 1900).

On admet également aujourd'hui que ce n'est pas la matière albuminoïde, mais bien le lactose qui est attaqué par les ferments, que le lactose fournit les produits sapides, et spécialement ce goût de noisette que l'on recherche dans le beurre de crème mûre; enfin que la matière grasse n'intervient que pour retenir mécaniquement le parfum développé (MAZÉ, *Ann. Inst. Past.,* 1905, p. 378).

Les ferments qui font mûrir la crème ont, au cours du barattage, un rôle qui a été signalé par Duclaux; ils ont dégagé, pendant leur développement, de l'acide carbonique; celui-ci sature pour ainsi dire la crème, et, soit pendant la maturation, soit pendant le barattage, protège contre l'oxydation les parfums tirés de la maturation même.

PARTIE PRATIQUE.

Il n'est pas besoin de dire ici quelles précautions aseptiques il faut prendre dans toutes les manipulations de la crème. Les vases destinés à contenir la crème en maturation doivent toujours être parfaitement étamés. L'aci de lactique, comme l'a indiqué Marcas (*Bull. offic. rens. Minist. Agric.,* 1905, p. 148), dissout facilement la rouille, et le lactate de fer donne à la crème, puis au beurre, un goût d'une amertume particulière.

Le développement du parfum de la crème étant intimement lié avec le développement de l'acidité, il suffit de suivre celui-ci pour connaître celui-là.

L'expérience démontre que les crèmes acides se barattent plus facilement que les crèmes douces, et que l'acidité des crèmes prêtes à baratter doit s'élever aux environs de 60° Dornic ; ces degrés ont été définis plus haut.

Ce chiffre varie d'une part avec la température extérieure, d'autre part avec la concentration de la crème en matière grasse.

Comme l'acidité augmente au cours du barattage, surtout en été, il est bon de tenir, en été, les crèmes moins acides qu'en hiver et, pour des crèmes à 40 pour 100 de matière grasse, Dornic conseille (*Congrès int. laiterie,* 1905) une acidité de 55°-56° en été, et de 60°-62° en hiver.

D'autre part, la crème épaisse doit être moins acide que la crème légère ; l'acidité, en effet, n'est due qu'au sérum, et celui-ci est en moindre quantité dans la première que dans la seconde ; le dosage de l'acidité se faisant sur la crème entière, on peut donc, avec un sérum d'acidité constante, obtenir des crèmes d'acidité variée. Cela revient à dire que l'acidité d'une crème, au moment du barattage, est proportionnelle à la quantité de petit-lait contenue dans la crème, ou inversement proportionnelle à la quantité de matière grasse. Beau a publié à ce sujet le barème suivant :

Quantité de crème extraite pour 100 du lait.	Quantité de matière grasse pour 100 de la crème.	Acidité que doit atteindre la crème au moment du barattage.
14 à 15	35	65°
12 à 13	40	60
11 à 12	45	55
10	50	50

Cette règle est importante à suivre, car on a vu, dans le Chapitre précédent, que la crème épaisse, renfermant moins de lactose que la crème claire, fermente plus lentement et convient au travail d'été, tandis que la crème claire convient au travail d'hiver. L'écrémeuse fournit donc des crèmes différentes d'épaisseur, qui ne doivent pas être soumises de la même façon à la maturation.

On peut abandonner à elle-même la crème de centrifuge, de préférence dans un endroit froid, et la laisser ainsi mûrir ; mais il est préférable, si l'on veut obtenir un résultat constant, de diriger, pour ainsi dire, la maturation, en ensemençant la crème de ferments en pleine évolution.

Le fabricant de beurre peut ensemencer soit la crème fraîche, soit la crème préalablement pasteurisée.

Ensemencement des crèmes fraîches. — Dans le premier cas, les ferments ensemencés prennent le pas sur ceux qui préexistent dans la crème, au moment de son ensemencement, et exercent une action prépondérante.

En général, on conserve, de la barattée précédente, un peu de babeurre ou lait de beurre, et c'est celui-ci que l'on mélange avec la crème ; naturellement les plus grandes précautions de propreté doivent être prises, aussi bien pendant la conservation que pendant l'ensemencement de ce levain. La quantité de babeurre qu'il convient d'ajouter dépend de la température extérieure et de la rapidité avec laquelle on veut conduire la maturation.

La température doit être maintenue plus fraîche en été qu'en hiver, dans les limites de 14° à 20° au maximum.

En général, à ces températures, il suffit d'une quantité de babeurre représentant environ 5 pour 100 du volume de la crème. Dans ces conditions, la crème doit mûrir en 10 à 12 heures, c'est-à-dire atteindre, au bout de ce temps, l'acidité de 65° à 70° Dornic.

On peut également employer à l'ensemencement des ferments sélectionnés, c'est-à-dire provenant d'un lait de bonne région, d'Isigny, par exemple ; pour cela on récolte le lait choisi avec le plus grand soin ; on le laisse cailler spontanément, et c'est une partie de ce caillé que l'on ensemence sur du lait stérilisé ; on se sert alors de ce lait pour ensemencer la crème comme l'on se sert du babeurre.

On trouve dans le commerce, ainsi qu'il a été dit plus haut, des ferments lactiques, qui se présentent en général sous forme de poudre. Pour employer ceux-ci, il convient d'en préparer un levain sur lait stérilisé, et d'ensemencer la crème avec ce levain. Le levain peut être obtenu de la façon suivante : on prend du lait écrémé à la centrifuge, et on le chauffe une demi-heure à 75°-80°, ou 10 minutes à 100° ; on refroidit brusquement à 30°-35° ; on ajoute du ferment en poudre et l'on brasse ; on abandonne le tout pendant 24 heures et, au bout de ce temps, l'acidité doit être de 40° Dornic environ ; si elle dépasse ce chiffre, on refroidit le liquide de culture ; si au contraire elle ne l'atteint pas, on le réchauffe ; le lendemain, l'acidité s'élève à 75°-80° Dornic. On renouvelle tous les jours le levain, en ajoutant à du lait chauffé 4 à 5 pour 100 du levain de la veille. Quand on veut ensemencer la crème, avec ce levain, on la refroidit d'abord à 17°-20° suivant la saison, puis on ajoute environ 5 pour 100 de levain. Si l'on ensemence le matin, on doit avoir, le soir, une acidité de 35°-40° Dornic; le lendemain matin, une acidité de 60°-65° (DORNIC, *Journ. Ind. lait.*, 1897, p. 147).

On a indiqué plus haut la température qui convient à la maturation.

La température de 14° à 19° est la plus favorable ; cependant les fabricants suédois, dans le but de ne pas avoir à modifier la température au moment du barattage, préfèrent mûrir la crème à 10°-12° en été, 14°-15° en hiver (ROSENGREEN, *Congrès int. lait.*, 1905).

Le beurre fait avec de la crème mûrie à basse température est plus ferme et de meilleur parfum.

Si la fraîcheur de la cave ne permet pas d'obtenir la température indiquée, il convient de refroidir la crème au moyen d'un courant d'eau extérieur.

Ainsi qu'il a été dit dans le Chapitre précédent, la maturation est d'autant plus rapide, pour une même température, que la crème est moins épaisse, c'est-à-dire renferme plus de lactose ; il faut donc avoir la précaution de produire en hiver des crèmes moins épaisses qu'en été et, en été, des crèmes plus épaisses qu'en hiver.

On a signalé plus haut que les crèmes acides se barattent mieux et plus vite que les crèmes douces, et donnent un beurre plus parfumé. L'Ecole de laiterie de Sainte-Hyacinthe (Canada) est parvenue cependant à supprimer le travail de la maturation et à baratter des crèmes douces, au moyen d'un procédé dû à Leclair, et qu'a fait connaître Lezé au Congrès international de laiterie (*Journ. Agric. prat.*, t. II, 1905, p. 525). Ce procédé consiste à ensemencer la crème douce, sortant de l'écrémeuse, dans la baratte même, avec une large quantité d'un levain (25 à 30 pour 100), fabriqué dans les conditions qui ont été indiquées plus haut. Evidemment, dans ce cas, la crème mûrit pendant le barattage même et l'action se continue dans le beurre même; mais il est possible que l'acide lactique du levain ait également son action ; on sait depuis longtemps qu'une crème douce, barattée avec un peu d'acide chlorhydrique, donne un assez bon beurre.

Ensemencement des crèmes pasteurisées. — On ne s'est occupé, dans ce qui précède, que de l'ensemencement des crèmes fraîches ; il faut maintenant prendre en considération l'ensemencement des crèmes préalablement pasteurisées.

Cette pasteurisation préalable n'est guère pratiquée quand le lait reste dans la laiterie à partir du moment où il est recueilli jusqu'au moment où il est transformé en beurre. Mais elle devient indispensable quand le lait ou la crème sont ramassés au dehors et amenés ensuite à la fabrique de beurre; souvent même, la fabrique établit autour d'elle, et pour éviter le transport du lait, des stations d'écrémage, et la crème, même dans le cas où le lait a été pasteurisé avant écrémage, peut se montrer peuplée de microbes. Il convient d'ajouter à cela que le transport du lait, mais surtout de la crème, détermine un léger barattage, qui compromet la maturation.

Cette pasteurisation peut se faire au moyen des appareils qui ont été décrits à propos du chauffage du lait.

Mazé, d'une part, Arthaud-Berthet et Perrier, d'autre part, ont fait connaître au Congrès international de laiterie (1905) des pasteurisateurs, chauffés au moyen de vapeurs saturées (benzine bouillant à 81°, alcool bouillant à 78°,5, etc.) et permettant d'éviter les surchauffages.

D'après ces auteurs un chauffage de 10 à 15 minutes à une température de 65° suffit pour tuer les *oïdium lactis*, les levures, les mycodermes, et certains ferments de la caséine (Mazé, *Ann. Inst. Past.*, 1905, p. 378, et Arthaud-Berthet, *C. R.*, t. CXL, 1905, p. 1475).

Il résulte de nombreuses expériences (Steiner, *Rev. gén. du lait*, 1901-1902, p. 140; Marcas et Henseval, *Rev. gén. du lait*, 1901-1902, p. 38, et *Congrès int. laiterie*, 1905; Guérault, *idem*; Posthuma, *idem*) que la pasteurisation de la crème exerce une influence favorable sur la qualité du beurre et sur sa conservation, qu'elle diminue la durée du barattage, et même qu'elle augmente quelquefois le rendement en beurre; mais ce résultat, d'après Marcas et Henseval (*loc. cit.*), n'est qu'apparent : il tient à ce que le beurre de crème pasteurisée renferme souvent plus d'eau. Cependant Steiner (*loc. cit.*) a constaté que le lait de beurre est mieux épuisé dans le cas de la crème pasteurisée (0,88 pour 100 de matière grasse au lieu de 1,23).

La crème pasteurisée doit être refroidie aussitôt après pasteurisation ; les réfrigérants à tôle ondulée servent dans ce cas : on peut les couvrir d'une caisse de tôle étamée pour éviter le réensemencement par l'air de la laiterie.

Puis la crème pasteurisée est ensemencée par les procédés qui viennent d'être indiqués pour la crème fraîche.

II. — FABRICATION DU BEURRE.

THÉORIE DU BARATTAGE.

Les phénomènes qui ont lieu au moment où, sous l'influence du barattage, les globules gras se soudent et forment la masse compacte, à laquelle on donne le nom de *beurre,* doivent trouver leur explication dans l'étude même de la constitution du lait; or, dans un chapitre précédent, on a vu les diverses hypothèses qui ont été mises en avant pour expliquer de quelle façon les globules butyreux restent en suspension dans le sérum.

La plus ancienne de ces hypothèses, que l'on ne peut plus, d'ailleurs, admettre aujourd'hui, consiste à supposer chaque globule gras recouvert d'un sac membraneux; étant donnée cette constitution des globules gras, il était facile d'expliquer le barattage : « L'action du barattage, dit de Romanet (*C. R.,* t. XIV, 1842, p. 604), n'est autre que l'atténuation par le frottement, la rupture mécanique de ces pellicules qui enveloppent la pulpe butyreuse, et la mise à nu de cette pulpe; si le beurre se forme presque tout d'un coup après un certain temps de barattage, c'est parce que cette action mécanique, s'exerçant de la même manière, et à peu près pendant le même espace de temps sur tous les globules que peut atteindre l'instrument de percussion, le déchirement des pellicules doit s'opérer à des instants très rapprochés les uns des autres. Ce sont les débris de ces pellicules qui troublent et blanchissent le lait de beurre, ainsi que les eaux dans lesquelles on lave le beurre qui vient d'être réuni. » Cette théorie, fort ingénieuse et très claire, fut longtemps admise sans contestation; ce qui a été dit plus haut pour réfuter la théorie de la constitution du lait, basée sur l'existence de la membrane, réduit à néant le système décrit dans le Mémoire que l'on vient de citer.

La théorie émise pour la première fois par Duclaux et qui faisait reposer la constitution du lait sur un simple phénomène d'émulsion, se complète par une explication rationnelle du barattage. Ce sont les phénomènes capillaires qui donnent aux globules gras la forme sphérique, qui leur communiquent à la surface une force élastique et rétractile, et cette force les oblige, tant que l'agitation est modérée, à rebondir les uns sur les autres, sans se souder. En outre, le sérum est visqueux, mucilagineux et, pour se réunir à son voisin, chaque globule gras doit traverser l'obstacle que le sérum représente; enfin les constantes capillaires du sérum et de la matière grasse sont très voisines, et l'on démontre, dans l'étude de la capillarité, que ce sont là les meilleures conditions de stabilité pour les émulsions; bref, grâce à la force élastique superficielle des globules, grâce à la viscosité du sérum, grâce enfin à l'égalité des constantes capillaires, les globules gras restent indépendants; c'est ce que l'on constate dans la crème, où ils n'ont été soumis à aucun choc; mais si, par le barattage, on vient à lancer ces globules les uns vers les autres, on leur communique une force vive qui contre-balance la force rétractile dont il a été parlé, qui permet aux globules de traverser la lamelle de sérum et de se souder entre eux. Il est à remarquer que, si tous les globules avaient la même dimension, ils seraient transportés ensemble, avec la même vitesse, par le mouvement de secousses qu'on leur imprime; mais ils sont au contraire de dimensions variables; les plus gros sont animés d'une force vive, mv^2, proportionnelle à leur masse m, et plus considérable que celle dont sont susceptibles les plus petits, et ce sont les premiers qui vont se souder aux seconds; quand le beurre commence à se former, quand la baratte renferme de petites masses de beurre, on voit ces petites masses aller, pour ainsi dire, chercher et ramasser les égarés.

On peut également, pour expliquer la soudure des globules gras par le barattage, invoquer la loi de l'attraction

$$F = K \frac{mm'}{d^2},$$

où K est un coefficient déterminé, m et m' les masses de deux globules voisins, d la distance qui les sépare; d'après cette formule, la force qui tend à réunir les globules est d'autant plus grande que la distance est plus faible; or le barattage diminue la distance des globules, en les forçant à traverser la lamelle de sérum.

La théorie du sac membraneux a reparu, récemment, sous une forme plus scientifique et peut-être plus admissible. On a cité plus haut l'exposé fait par Beau des travaux de Storch, de Siedel, etc., relatifs à l'existence d'une membrane muqueuse (slimmembran), qui ne serait qu'une condensation physique du sérum, autour des globules gras, que Siedel a appelée *Flussig Keitshülle,* et que Richmond a appelée *Condensed liquid layer.*

Pour adapter la théorie du barattage à cette notion d'enveloppe liquide condensée, Storch, puis Siedel (*Rev. gén. du lait,* 1902-1903, p. 417 et 441) admettent que le mouvement communiqué au liquide a pour effet de faire absorber une grande quantité d'eau à la membrane;

quand celle-ci est devenue suffisamment molle, elle subit une véritable usure progressive, perd sa cohésion et se détache des globules; une partie de cette matière azotée mucilagineuse reste emprisonnée dans le beurre; une autre, plus importante, se retrouve dans le babeurre.

La vitesse de la baratte, la température du barattage sont autant d'éléments qui interviennent dans la liquéfaction de la membrane muqueuse et dans sa dislocation.

Cette théorie de la constitution des globules gras, et cette théorie du barattage sont-elles incompatibles avec celles dont Duclaux s'est fait le vulgarisateur et qui sont basées uniquement sur la capillarité? Il n'est pas impossible que l'attraction moléculaire qu'exercent les globules gras vis-à-vis des éléments du sérum attire autour d'eux une partie de la matière azotée, dans un état muqueux, dont la caséine nous donne de nombreux exemples. Il n'est pas non plus impossible que les globules, mis en contact par le barattage, se dégarnissent peu à peu de leur enveloppe azotée. Mais pourquoi n'admettrait-on pas que ces globules *vêtus* soient, dans le sérum, en émulsion, au même titre que des globules *nus* d'une matière grasse quelconque, dont il est facile de produire l'émulsion dans des liquides appropriés et pourquoi oublierait-on que ces globules, débarrassés de leur auréole disloquée, ont encore, pour se réunir, à rompre la lamelle de sérum visqueux qui les sépare?

On a vu également l'hypothèse de Soxhlet qui admet que les globules gras sont en état de surfusion dans le lait, et qu'ils ne cristallisent qu'au moment où ils se réunissent par le barattage. Pour donner une preuve de cette manière de voir, Soxhlet (*Landw. Versuchstation*, 1876) refroidissait du lait à 20° au-dessous de zéro, de façon à détruire la surfusion des globules et à les solidifier, puis il réchauffait le lait et le barattait à 20° au-dessus de zéro; il constatait alors que le lait se barattait cinq fois plus vite que celui qui n'avait pas été préalablement refroidi; la matière grasse, en effet, était déjà solidifiée au moment du barattage.

Storch (*loc. cit.*) a réfuté l'opinion de Soxhlet; il a montré que les globules gras conservent leur forme sphérique, même quand ils sont agglomérés sous forme de beurre, et que leur aspect ne change pas; ils restent bordés de leur fin liséré, auquel on a fait allusion à un chapitre précédent; ils sont, pour ainsi dire, soudés par cette matière visqueuse, dont il vient d'être parlé, la slimmembran, c'est-à-dire la matière azotée des globules.

En outre, on peut, d'après Storch, baratter de la crème à des températures variant entre 30° et 45°, c'est-à-dire à des températures où la matière grasse est fondue, et dans des conditions où il n'y a pas à invoquer la solidification après surfusion.

Quoi qu'il en soit, il faut reconnaître que l'hypothèse de Soxhlet reçoit sa vérification de la pratique; si la crème est trop froide, les globules rebondissent sans se souder; si la crème est trop chaude, au contraire, les globules restent à l'état de surfusion; ils se souderont, il est vrai, comme l'a dit Storch, mais ils se souderont avant d'avoir perdu leur état liquide; ils emprisonneront alors du petit-lait, et le beurre restera mou; la température doit donc être telle que les globules se solidifient au moment même où ils se soudent; la masse est alors poreuse; elle peut se laver et, après malaxage, elle est compacte et dure; cette température est comprise entre 15° et 18°. Il faut, en outre, considérer que, pendant le barattage, la masse s'échauffe légèrement.

Avant de quitter les questions relatives à la théorie du barattage, il est intéressant de rechercher par quel mécanisme l'acidité de la crème favorise la production du beurre. Gouin (*Journ. Ind. lait.*, 1899, p. 277) a admis que cette acidité, en précipitant une partie de la caséine soluble, diminue la viscosité du milieu, et, d'après la théorie de Duclaux, les globules auront d'autant moins de peine à se réunir que le milieu qui les sépare sera moins mucilagineux; le barattage se fera dès lors plus aisément, et le rendement sera plus élevé.

Mais les beurres faits ainsi avec des crèmes légèrement caillées retiennent à la fois plus de caséine et par conséquent plus d'eau, et c'est à cet excès d'eau qu'il convient d'attribuer l'augmentation, souvent constatée, du rendement.

BARATTAGE DE LA CRÈME ET DÉLAITAGE DU BEURRE.

Les instruments au moyen desquels on agglomère les globules butyreux, c'est-à-dire les barattes, sont d'une construction si simple et d'un fonctionnement si facile qu'on ne saurait en donner une longue description.

Les barattes sont en bois, et construites de telle façon que l'on puisse, soit par le va-et-vient d'un piston ou la rotation d'un agitateur dans un caisson, soit par la rotation du corps de la baratte elle-même, projeter, avec une violence modérée, les différentes particules de la crème les unes contre les autres, en un mot imprimer à la masse de crème un mouvement régulier de secousses.

La qualité essentielle d'une baratte est d'être simple, facile à démonter, si elle comporte un agitateur et, dans tous les cas, facile à nettoyer.

La baratte à piston, la plus anciennement connue, est une caisse cylindro-conique, verticale; à l'intérieur se meut, soit à la main, soit mécaniquement (baratte Savary), une tige de bois, à l'extrémité de laquelle est un disque percé de trous (bat-beurre).

La baratte Danoise comporte un seau en bois, de forme tronconique, d'un diamètre plus large que la caisse de la baratte à piston; à l'intérieur, un agitateur, formé d'un simple cadre de bois, tournant autour d'un axe vertical, vient battre la masse de crème contre les parois du seau. Là, et pour éviter un entraînement circulaire de la crème, sous l'influence de l'agitateur, sont disposées, suivant les génératrices, des lames de bois en saillie, qui suffisent pour rompre le flot de liquide, l'obliger à se replier sur lui-même et qui impriment les secousses nécessaires à l'agglomération des globules. Les barattes Danoises travaillent à la fois de 200^l à 500^l de crème et sont mues mécaniquement.

La baratte normande est un tonneau en bois de chêne, disposé horizontalement et susceptible de tourner sur lui-même. Contre ses fonds, et suivant son axe, sont fixés deux tourillons qui reposent sur des coussinets à billes. La baratte est montée sur un bâti de bois. A l'intérieur, et pour rompre le courant qui tend à suivre le mouvement de la baratte, on dispose, contre les parois, trois planchettes équidistantes dirigées suivant les génératrices et éloignées quelque peu des parois. Quelquefois aussi, on place à l'intérieur de la baratte une planchette que l'on introduit par la bonde dont il va être parlé, et que l'on maintient dans un plan qui contient l'axe; cette planchette est ajourée (mono-batteur Simon). La baratte porte un trou d'homme ou bonde, qui est fermé au moyen d'une pièce métallique à baïonnette, ou d'un couvercle assujetti par une traverse; ce trou d'homme sert pour le nettoyage, l'introduction du mono-batteur, l'introduction de la crème, et la sortie du beurre; elle porte également une tubulure, fermée d'un bouchon, qui sert pour l'évacuation du babeurre et de l'eau de lavage; elle est munie enfin quelquefois (Simon) d'une glace destinée à suivre l'opération et d'un thermomètre intérieur. La capacité des barattes normandes représente deux fois le volume de la crème que l'on se propose de travailler; quand on traite de 5^l à 200^l de crème, la baratte est mue à la main avec une ou deux manivelles; si la baratte doit travailler de 200^l à 500^l de crème, elle reçoit son mouvement d'une transmission mécanique.

On parvient à supprimer complètement le cloisonnement, auquel il vient d'être fait allusion, en obligeant le tonnelet à produire lui-même les secousses nécessaires à l'agglomération du beurre; il suffit pour cela de fixer les tourillons, non plus sur les fonds, mais sur la partie rebondie du tonnelet et obliquement par rapport à l'axe du tonneau (baratte Victoria). Dans ces conditions, et à chaque rotation, le tonnelet bascule sur lui-même, rejette la crème tantôt sur l'un de ses fonds, tant sur l'autre et assure le barattage. L'un des fonds ou quelquefois les deux fonds sont mobiles et assujettis au moyen de boulons ou d'agrafes à rabattement (Baratte Garin). Ces barattes, qui peuvent recevoir de 5^l à 150^l de crème, sont, en général, mues à la main.

Il convient encore de citer la baratte Chappelier, caisse prismatique tournant dans un plan vertical, à la façon du tonnelet normand ; la baratte Baquet, seau tronconique en bois, placé obliquement par rapport à son axe, et tournant sur lui-même autour de celui-ci, etc. Ces barattes sont de moins en moins employées.

Quelle que soit la forme de la baratte, les règles qui président au barattage sont les mêmes, et il convient d'examiner les différents facteurs qui ont sur le barattage une influence déterminée, pasteurisation, acidité, concentration, température, vitesse de rotation, etc. (HENSEVAL et MARCAS, *Rev. gén. du lait,* 1902-1903, p. 463, 489 et 519).

Il a été question plus haut de la pasteurisation et de l'ensemencement préalables de la crème et l'on a dit, qu'en général, la crème pasteurisée, puis ensemencée, se baratte plus vite que celle qui a subi une maturation spontanée.

Il a été question également du rôle que joue l'acidité de la crème ; on a observé bien des fois que les crèmes acides se barattent plus vite que les crèmes douces et donnent un meilleur rendement.

A ces différents facteurs, s'en ajoute un autre, la concentration. On a vu que la maturation des crèmes doit être poussée d'autant plus loin que la crème est plus riche en matières grasses et plus pauvre par conséquent en lactose, et que les crèmes doivent être tenues plus épaisses en été qu'en hiver.

En outre, la durée du barattage est moindre avec les crèmes concentrées qu'avec les crèmes étendues ; il est évident, d'ailleurs, que, plus la composition de la crème s'éloigne de la composition du lait, c'est-à-dire plus les globules sont nombreux, plus il est facile de les agglomérer. D'après Marcas (*Congrès int. lait.,* 1905), les beurres de crème concentrée donnent un babeurre plus riche que le babeurre des crèmes fluides ; mais, si l'on rapporte la quantité de matière grasse au volume de babeurre obtenu, on voit en réalité que la différence n'est qu'apparente.

La température de la crème, de la baratte et de la pièce dans laquelle se fait le barattage, est encore un facteur de la bonne qualité du travail. Il convient de se rapprocher en été de la température de 15°, et de la température de 18° en hiver. Si la baratte est trop chaude, on y introduit, avant de baratter, de l'eau très fraîche, qu'on y laisse séjourner jusqu'à ce que la baratte soit suffisamment refroidie ; ou bien, on pile de la glace que l'on mélange avec la crème de barattage (10^{ks} à 20^{kg} par 150^{kg} de crème) ; en hiver, on réchauffe la baratte avec de l'eau chaude ; il convient de ne jamais mélanger l'eau chaude avec la crème. La beurrerie est même chauffée et il vaut mieux faire usage de calorifères à vapeur et à ailettes que d'employer des poêles ; ceux-ci dessèchent l'air de la beurrerie et peuvent dégager de mauvaises odeurs.

Le nombre de secousses qu'il convient d'imprimer à la crème, que ces secousses soient données par un agitateur à piston ou à cadre, ou par la baratte elle-même, est encore à considérer ; il varie dans une certaine mesure avec la forme de la baratte, la température, l'épaisseur de la crème, etc. ; en tout cas, il faut éviter de les produire avec trop de fréquence, si l'on veut que le beurre s'agglomère dans de bonnes conditions et « ne brûle pas ». En général, on règle l'agitteaur ou la manivelle de la baratte, de façon à produire soixante oscillations ou rotations par minute. Cependant, on doit augmenter la vitesse de la baratte, quand la crème est peu riche en beurre ou quand la température est trop faible. Il est bon à la fin du barattage, quand le beurre est presque formé, d'accélérer le mouvement de rotation. Si l'on veut que le beurre soit de bonne qualité, il faut baratter en 35 minutes ou 40 minutes.

Les globules butyreux, durant cette agitation, s'agglomèrent progressivement en masses spongieuses. Lindet a recherché la quantité de matière grasse, qui traverse, à différents moments du barattage, une soie n° 70 (70 mailles au pouce linéaire) et il a constaté que la soie laisse passer toute la matière grasse de la crème primitive, et retient au contraire des agglomérations de beurre, d'un diamètre supérieur aux mailles de la soie, en quantités sensiblement proportionnelles aux temps où l'échantillon est prélevé ; l'agglomération est donc régulièrement progressive ; mais il est évident que les masses deviennent de plus en plus grosses, en se soudant entre elles, en sorte que la production du beurre semble marcher en raison géométrique par rapport au temps ; et ce phénomène a laissé croire que, comme on le dit couramment, le beurre se forme tout d'un coup.

C'est, en effet, en l'espace de quelques minutes que se transforme le bruit produit, à l'intérieur de la baratte, par la crème qui retombe à chaque coup de piston ou à chaque révolution de la baratte ; le bruit devient sourd, il rappelle le bruit de la chute d'un corps dans un liquide et indique à l'ouvrier que le beurre est fait.

A ce moment on arrête et l'on évacue le lait de beurre ou babeurre. Si l'on s'est servi d'une baratte à piston, on incline le vase ; si l'on a travaillé avec une baratte rotative, on ouvre la tubulure dont il a été parlé.

La masse spongieuse, encore mal égouttée de son babeurre, ne ressemble en rien au beurre que l'on consomme. De plus, la présence de ce babeurre, c'est-à-dire d'un liquide renfermant du lactose, suffirait pour rendre le beurre très altérable. Il est donc nécessaire d'abord d'éliminer ce babeurre, ensuite de souder mécaniquement les agglomérations encore spongieuses de la matière grasse.

La première de ces opérations, à laquelle on donne le nom de *délaitage*, se fait dans la baratte même, en substituant, au babeurre qui s'est écoulé, de l'eau, amenée à la même température que le beurre et que la baratte ; si l'eau est trop froide, les globules trop durs et insuffisamment spongieux ne se lavent pas ; si l'eau est trop chaude, les globules fondent et s'émulsionnent.

Il est inutile de faire remarquer ici que l'eau employée doit être pure ; toute eau chargée de matières organiques et de microbes compromet la qualité et la conservation du beurre. Au besoin, on devra filtrer ces eaux sur des filtres à sable.

On procède, en général, à quatre ou cinq lavages successifs, en ayant soin de faire faire, chaque fois, quelques tours à la baratte de façon à renouveler les contacts et à éliminer le plus complètement possible, par égouttage, les eaux qui ont servi à déplacer le babeurre.

Au fur et à mesure de ces lavages, la masse spongieuse se resserre et forme des mottes de plus en plus grosses. Les lavages ne doivent se terminer que quand les eaux sortent limpides de la baratte.

On peut encore délaiter le beurre et le laver, en plaçant la motte dans une caisse, analogue aux caisses de turbines, montée sur un arbre vertical et animée d'une grande vitesse (délaiteuse centrifuge) ; la surface de la caisse est ajourée et garnie d'un linge fin à l'intérieur (construction Pilter).

BARATTAGE CONTINU AU RADIATEUR.

Les efforts des ingénieurs devaient naturellement se porter sur le problème si intéressant du barattage continu.

Déjà, en 1889, la Société de construction de Stockholm faisai

connaître une baratte continue (Lezé, *Journ. ind. lait.*, 1889, p. 25).
Celle-ci était formée d'un cylindre vertical que traversait un agitateur, muni de palettes horizontales, et qui était animé d'un mouvement de 1000 tours à la minute ; les palettes passaient entre des planchettes de bois, fixées à la paroi du cylindre, suivant les rayons, et
formant contrebatteurs ; la crème arrivait par la partie inférieure,
d'une façon continue, se barattait entre les palettes et les contrebatteurs et sortait barattée par la partie supérieure. Le cylindre était
entouré d'eau.

L'extracteur Johannson (*Journ. ind. lait.*, 1892, p. 213-227) comportait deux bols concentriques ; le bol extérieur fonctionnait comme
écrémeuse et déversait la crème dans le bol intérieur. Celle-ci y était
barattée par un tambour garni de lames d'acier. Cet appareil, essayé
à l'Institut agricole de l'État belge, par Tedaldi et Marcas, a donné de
bons résultats.

Un peu plus tard, un ingénieur suédois, Salénius, imagina un appareil formé par l'ensemble de deux pièces accouplées, une écrémeuse
et une baratte continue ou *radiateur* et permettant par conséquent
de transformer directement le lait en beurre.

La baratte est placée au-dessus de l'écrémeuse et sur le même
axe ; les deux pièces sont solidaires et tournent toutes deux avec une
vitesse de 6000 tours à la minute.

L'écrémeuse n'offre rien de spécial, elle est quelconque ; le lait,
pasteurisé préalablement et refroidi à 28° environ, y pénètre par un
tube qui traverse la baratte ; le lait écrémé sort par quatre tubes qui
garnissent la périphérie du bol de l'écrémeuse, et la crème, réunie au
centre, se déverse, par de petits orifices, dans le radiateur.

Celui-ci est cylindro-conique et porte à sa périphérie une série de
tubes dans lesquels circule de l'eau froide ; il s'agit, en effet, de faire
tomber brusquement la crème à la température du barattage. Le radiateur, en dehors de sa garniture tubulaire, ne porte aucun cloisonnement et l'instrument qui assure le barattage est un simple tube
vertical, creux et percé de 120 trous de 2^{mm} ; ce tube se termine à
son extrémité par un bec d'emprise recourbé, que l'on amène, au
moyen d'une manette, contre la paroi où s'accumule la crème, sous
l'influence de la force centrifuge.

Le rôle de ce tube baratteur est d'absorber, pour ainsi dire, par son
bec d'emprise, de la crème qui s'élève à l'intérieur et se trouve immédiatement, par les trous de 2^{mm}, rejetée avec force contre la périphérie du radiateur et les tubes qui la garnissent. De là, une série de
chocs qui suffisent à agglomérer les globules gras. La crème, devenue

L.   14

granuleuse, sort, d'une façon continue, du radiateur; on la reçoit dans
un baquet à l'intérieur duquel un batteur, mû mécaniquement, permet
d'achever l'agglomération et d'éliminer le babeurre.

Cet appareil a été essayé, pour la première fois en France, par
Friant et Houdet (*Bull. min. agr.*, 1895, p. 816), qui ont obtenu des
résultats satisfaisants.

Gouin a confirmé ces résultats (*Journ. ind. lait.*, 1899, p. 57).

Theunis a repris plus récemment la question (*Rev. gén. du lait,*
1901-1902, p. 225 et 249), et il a constaté que la perte en matière
grasse dans le babeurre est plus considérable avec le radiateur qu'avec
une écrémeuse Laval et une baratte Victoria combinées :

	Radiateur.	Laval et Victoria.
Matière grasse extraite, à l'état de beurre, pour 100 de la matière grasse existante dans le lait.............................	93,2	94,3

Le délaitage du beurre *radié* est plus difficile que celui du beurre
ordinaire et celui-ci devient, dès lors, plus altérable.

Enfin, il y a lieu de remarquer que le beurre au sortir du radiateur
n'est pas *mûr*, puisqu'il provient de lait qui n'a pu, comme la crème,
être préalablement soumis à la fermentation. Il est donc nécessaire
de mélanger dans le baquet de délaitage un peu de babeurre acidifié,
de le laisser en contact quelque temps avec le beurre, et d'abandonner ensuite celui-ci à la maturation.

Ce ne sont là que des inconvénients de détail; le prix élevé de l'appareil, la délicatesse du réglage, la difficulté de surveillance, le large
débit de l'appareil qui le réserve aux grandes beurreries, sont les véritables raisons qui ont empêché cet appareil d'être plus souvent
adopté. Peut-être y aurait-il intérêt à séparer le radiateur de son
écrémeuse et à opérer sur la crème acidifiée.

PÉTRISSAGE, LISSAGE, MÉLANGE ET MOULAGE DES BEURRES.

La fabrication du beurre n'est pas terminée au dernier lavage; il
convient de pétrir celui-ci dans le but de faire sortir de la masse
spongieuse les dernières traces de liquide et de rendre la pâte plus
homogène et plus plastique.

Ce pétrissage ou malaxage s'exécute en plaçant la motte de beurre
à la surface d'une table de bois, munie de trous pour l'écoulement des

liquides, et en faisant agir sur elle un rouleau de bois fortement cannelé ; on peut, pendant ce malaxage, arroser d'eau froide le beurre, de façon à le laver encore et à rendre la masse plus ferme.

Aujourd'hui, on fait usage de malaxeurs rotatifs ; la table est circulaire, faite de lames de bois taillées à angle aigu et se réunissant au centre. La table elle-même est conique et en général la pente, partant du centre, se dirige vers l'extérieur. Cependant, il est avantageux, surtout pour les petits malaxeurs, de construire la table de façon que la pente soit au contraire dirigée vers le centre (malaxeur Simon, de Cherbourg); les liquides qui s'écoulent pendant le malaxage, au lieu de se répandre extérieurement à l'appareil, glissent et s'écoulent par un orifice percé au centre, dans un seau destiné à les recevoir.

Dans l'un ou l'autre appareil, la table circulaire tourne autour de son axe, au moyen d'une manivelle extérieure, d'un mouvement lent ; pour cela, la périphérie de la table est garnie d'une couronne dentée sur laquelle on engrène un pignon denté, calé sur l'axe de la manivelle.

Dirigé suivant un des rayons de la circonférence de la table, est établi un rouleau, fortement cannelé, de forme conique et dont l'axe est horizontal ; sa surface conique vient appuyer sur la table de travail. Quand celle-ci est concave (Simon), le rouleau cannelé, dirigé non plus suivant le rayon, mais suivant une corde au cercle, a la forme d'un fuseau.

C'est naturellement en exposant la motte de beurre à la compression du rouleau rotatif, sur la table également rotative, que l'on parvient à agglomérer la masse spongieuse et à faire sortir les dernières portions de liquide ; mais il est nécessaire de placer au-dessus de la table de travail des raclettes qui ramassent le beurre étalé et l'obligent à repasser sous le rouleau. Le fuseau Simon, dont il a été parlé, a l'avantage de relever la nappe de beurre, par son extrémité pointue et de faciliter l'écoulement du liquide qui est immobilisé sous cette nappe. Simon, de Cherbourg, et Hubert, de Saumur, ajoutent même, sur la table de travail de leurs malaxeurs, un socle de charrue en bois, qui fait l'office de retourneur.

Le beurre peut alors être livré au commerce ; cependant, on lui fait subir encore quelquefois le lissage, dans le but d'écraser des agglomérations qui rendent le beurre insuffisamment homogène. Ce lissage s'exécute en obligeant le beurre à passer entre deux rouleaux de bois, tournant comme les cylindres d'un laminoir, presque au contact de l'autre. L'appareil porte le nom de *lisseuse*.

Le mélange des beurres, souvent utile, peut se faire soit dans un malaxeur, soit dans une lisseuse, soit mieux encore dans un appareil spécial; celui-ci est constitué, ou bien par un laminoir à cylindres fortement cannelés, ou bien par un seau en bois, cylindrique, disposé verticalement, à la partie inférieure duquel est une porte, dont on peut régler l'ouverture au moyen d'un volet. A l'intérieur est un arbre à palettes qui malaxe et entraîne le beurre et l'oblige à sortir par cette ouverture (Simon); cet appareil rappelle, par sa forme et par le travail qu'il exécute, les malaxeurs employés, dans la fabrication des briques, pour affiner les terres.

Il ne reste plus qu'à mouler le beurre. On fait usage de moules en bois, creusés soit de figurines, soit de caractères d'imprimerie, et permettant d'obtenir en relief, sur la motte de beurre, la marque de fabrique. Simon construit de petits moules automatiques à parois mobiles, dans lesquelles s'enfonce un piston compresseur; les parois du moule s'écartent au moment du démoulage.

Le beurre est alors enveloppé pour l'expédition dans des calicots, puis dans des papiers imperméables, dits sulfurisés.

RENDEMENTS EN BEURRE.

On admet que, pour fabriquer 1^{kg} de beurre, il faut employer la crème de 28^l à 30^l de lait, si l'on écrème à l'air libre et de 20^l à 25^l, si l'on emploie la centrifuge. En été, comme on prélève la crème plus épaisse et qu'on épuise moins le lait, il faut compter sur 25^l, tandis qu'en hiver et pour la raison contraire, 20^l suffisent; d'ailleurs, le lait est en général plus gras l'hiver que l'été.

On peut se demander, avec Dornic (*Journ. ind. lait.*, 1897, p. 9), ce que l'on peut extraire de beurre d'un lait dont on connaît la teneur en matière grasse. Après écrémage, le lait ne doit plus contenir que 0,25 pour 100 de matière grasse, et on laisse, dans le babeurre, une quantité qui représente au minimum 0,50 pour 100 de la crème, soit 0,05 pour 100 du lait employé. Il n'y aura donc, à l'état de beurre, que 92 à 93 pour 100 de la matière grasse dosée dans le lait. Or, ainsi qu'il sera dit plus loin, le beurre renferme environ de 10 à 14 pour 100 d'eau et 2 pour 100 de matières étrangères, et le calcul montre que 100^{kg} de matière grasse fourniront 116^{kg} à 122^{kg} de beurre commercial; il faudra donc multiplier par le facteur 1,16 ou 1,22 les $\frac{92}{100}$ ou $\frac{93}{100}$ de la quantité de matière grasse dosée, pour estimer la quantité de beurre que l'on pourra extraire; cette quantité représente de 106 à 112 pour 100 de la matière grasse dosée dans le lait.

III. — COMPOSITION DU BEURRE ET DU LAIT DÉBEURRÉ.

LE BEURRE.

Ce qui a été dit au premier Chapitre de la composition de la matière grasse, considérée dans le lait, peut être répété ici, à propos de cette même matière grasse réunie maintenant sous forme de beurre. La maturation de la crème a fait naître évidemment des produits odo-rants, des éthers; mais ceux-ci sont en si faible quantité que l'analyse chimique n'a pu jusqu'ici en apprécier ni la nature ni la quantité.

Le beurre reste donc un mélange de glycérides ou éthers de la glycérine, tristéarine, tripalmitine, trioléine, tributyrine, tricaproïne, tricapryline, tricaprine. Il a été dit que ces quatre derniers éthers, à acides volatils, représentent 7 à 8 pour 100 de la matière grasse sup-posée sèche, et que le reste, c'est-à-dire 92 à 93 pour 100, constitue le mélange des trois éthers à acides non volatils, stéarine, palmitine et oléine, cette dernière représentant environ la moitié de ce mélange.

Mais les chiffres qui viennent d'être donnés changent, quand on les rapporte, non plus à la matière grasse supposée sèche, mais au beurre hydraté à 10, 12 et même 14 pour 100 d'eau; dans ces conditions, on estime que le beurre renferme de 5 à 6,5 pour 100 d'acides volatils, soit 5,5 à 7 pour 100 de glycérides à acides volatils, butyrine, caproïne, capryline et caprine, le reste formant les glycérides à acides fixes et l'eau dont le beurre est imprégné.

On reviendra plus loin sur ces acides volatils, sur les acides non sa-turés, et sur la capacité de saponification des acides gras du beurre.

Il convient cependant, et dès à présent, de faire connaître quelle est la proportion de ces éthers à acides volatils; ce sont ceux qui ont été le mieux étudiés.

Les différents auteurs ont, pour les doser, opéré par des méthodes différentes. Duclaux a employé (*Ann. Inst. nat. agr.*, 1883-1884, p. 25) sa méthode des distillations fractionnées; Spallanzani (*Staz. speriment. agr. ital.*, 1890, p. 417-433) a eu recours à l'entraînement par la vapeur d'eau; Orla Jensen (*Ann. agr. de la Suisse*, 1905) a extrait les acides à l'état de sels d'argent, et il a déduit la nature des acides d'après la teneur de ces sels en argent métallique et d'après leur solubilité.

Voici les chiffres obtenus par ces différents auteurs :

	Duclaux.	Spallanzani.	Orla Jensen.
Acide butyrique	3,40	3,80	3,91
Acide caproïque	2,16	0,81	0,96
Acide caprylique et caprique	1,51	0,25	2,19

Ces nombres doivent être augmentés de $\frac{1}{10}$ environ pour être exprimés en éthers de la glycérine.

Mais le beurre ne renferme pas que de la matière grasse ; il emprisonne de l'eau, dont la quantité peut être représentée par 10 ou 14 pour 100 de son poids. D'après Shust, Whitley et Charron (*Rev. gén. du lait,* 1905-1906, p. 450), la quantité d'eau incorporée dans le beurre est d'autant plus grande que la crème a été barattée, et le beurre lavé à plus haute température. Cet avantage pour le producteur est un peu illusoire ; car il perd, dans ces conditions, plus de matière grasse dans le babeurre. Le beurre emprisonne également un peu de lactose, un peu de caséine et des sels ; le lavage même prolongé ne le débarrasse pas complètement de son petit lait.

Parmi les nombreuses analyses qui ont été faites, il convient de citer celles de Duclaux, qui représentent la composition de beurres purs de la Manche et du Calvados, pris à l'état frais (*Ann. Inst. nat. agron.,* 1883-1884, p. 42, 43).

Eau	14,24	12,40	13,36	10,72	11,62
Matière grasse	84,82	86,71	85,48	88,30	86,52
Lactose	0,50	0,16	0,20	0,13	0,30
Caséine et sels	0,44	0,73	0,96	0,85	1,56
	100,00	100,00	100,00	100,00	100,00

LE LAIT DÉBEURRÉ OU BABEURRE.

Le lait débeurré ou babeurre renferme une quantité de matière grasse représentant de 0,5 à 0,8 pour 100 (Boussingault, *Agr. chim. agr.,* t. IV, 1868, p. 174).

Rolet a donné du babeurre une analyse complète (*Ind. lait., sous-produits et résidus,* p. 278).

Matière grasse	0,60
Lactose et acide lactique	4,50
Matières azotées	3,85
» minérales	0,75
Extrait	9,70

IV. — ANALYSE DU BEURRE ET RECHERCHE DE SES FALSIFICATIONS; SURCHARGE D'EAU : ADDITION DE MARGARINE, BEURRE DE COCO, ETC.

Le dosage des éléments du lait que retient mécaniquement le beurre n'offre pas grand intérêt, et il est rare que l'on y recourt dans les laboratoires. Le dosage de l'eau au contraire doit attirer l'attention du chimiste, en ce sens que l'on peut, ainsi qu'on le verra plus loin, surcharger d'eau les beurres commerciaux.

Cette surcharge d'eau ne constitue pas la seule fraude à laquelle le beurre est exposé; on le mélange souvent de graisses étrangères, spécialement de margarine et de beurre de coco, et, pour reconnaître ce genre de fraudes, il importe de savoir quelle est la quantité normale d'acides gras totaux et volatils que le beurre pur renferme, quel est son indice d'iode, la déviation qu'il produit au réfractomètre, en un mot quelles sont les constantes chimiques et physiques des beurres, de façon à comparer celles-ci avec les constantes des beurres incriminés. De là un ensemble de dosages qui vont être décrits.

DOSAGE D'EAU.

Le procédé le plus simple consiste à introduire 100^g ou 200^g de beurre dans une éprouvette graduée et bouchée, et de fondre celui-ci dans une étuve ou un bain-marie chauffé à 50° environ; on lit la quantité d'eau sous-nageante et on la rapporte au poids de beurre employé.

Ce procédé est rapide, mais il manque d'exactitude; la présence d'une petite quantité de caséine empêche souvent la séparation des deux liquides de se faire avec netteté, et cette caséine retient de la matière grasse qui augmente le volume de l'eau; en outre, des flocons de caséine nagent au milieu du beurre fondu, retenant de l'eau; les liquides, en un mot, ne s'éclaircissent pas. On peut, avec avantage, activer la séparation, en appliquant la force centrifuge; mais il faut alors employer des appareils capables de centrifuger de grandes quantités de matières.

Le dosage de l'eau en poids est plus exact. On a conseillé de répandre le beurre que l'on veut sécher, soit sur des éponges (Duclaux), soit sur des feuilles de papier découpées et froissées, à l'intérieur d'une capsule ou d'un vase à extrait, soit sur de la pierre ponce, etc. Mais il semble préférable de ne pas employer de substances poreuses, qui favorisent toujours l'oxydation du beurre pendant l'étuvage, et déterminent une perte de poids. Le beurre est chauffé à nu, dans un vase à extrait. Il convient d'opérer sur une dizaine de grammes, et de régler l'étuve à une température voisine de 100°. D'après Vuaflard (*Bull. stat. agr. Pas-de-Calais,* 1904), cette température est préférable à celle de 105° que l'on conseille souvent. Au bout de 24 heures, la dessiccation est complète; mais elle peut être, sans inconvénient, prolongée jusqu'à 80 et 96 heures, tandis que l'on ne peut pousser au delà de 40 heures la dessiccation à 105° sans voir la matière grasse perdre du poids par oxydation.

La dessiccation du beurre, dans le vide à froid, en présence de l'acide sulfurique, donne des résultats identiques à ceux obtenus par le chauffage à 100°.

Vuaflard a analysé (*loc. cit.*) 37 beurres d'origine authentique et il a constaté que la teneur en eau y variait dans les proportions suivantes :

2 fois entre 11 et 12 pour 100
10 » 12 et 13 »
9 » 13 et 14 »
4 » 14 et 15 »
7 » 15 et 16 »
1 » 16 et 17 »
2 » 17 et 18 »
1 fois à 20,5 »
1 » 23,3 »

On peut donc admettre que la généralité des beurres ne contient pas une quantité d'eau supérieure à 15 ou 16 pour 100, et qu'il y a présomption de fraude quand l'hydratation dépasse ce chiffre.

DOSAGE DE LA MATIÈRE GRASSE, DE LA CASÉINE, DU LACTOSE,
DE L'ACIDITÉ, DES SELS, ETC.

Ces dosages ne présentent guère d'intérêt pour l'analyse ordinaire des beurres et pour la recherche de leurs falsifications.

La matière grasse peut être aisément dosée par l'épuisement au moyen d'un dissolvant quelconque, éther, éther de pétrole, etc., et par l'évaporation de ce dissolvant. Solstein (*Rev. gén. du lait,* 1905-1906, p. 205) a préconisé l'emploi d'un mélange à parties égales d'acétone et d'éther ordinaire.

Cet épuisement offre l'avantage de permettre la récolte sur un filtre de toutes les impuretés insolubles d'un beurre, impuretés dont le poids, d'après Hesse (*Rev. gén. du lait,* 1904-1905, p. 371) représente de 1,54 à 4,28 pour 100 du beurre.

Le même auteur a proposé (*Rev. gén. du lait,* 1905-1906, p. 139) de traiter 10ᵍ de beurre dans un tube gradué par de l'essence de pétrole et de la glycérine, et de laisser décanter à chaud pendant 4 heures; l'examen de la couche sous-jacente permet de reconnaître la nature des impuretés contenues dans un beurre.

La recherche du lactose doit être faite en épuisant tout d'abord, par agitation, du beurre au moyen de l'eau chaude; l'eau est décantée, filtrée sur un filtre mouillé, et dans le liquide on dose le lactose par les procédés ordinaires.

La même liqueur peut servir pour doser les acides solubles, dans le cas où le beurre est devenu rance.

Quant au dosage des matières azotées et des matières minérales, il se fait, par les procédés ordinaires, soit sur le résidu que la filtration de la liqueur éthérée a laissé, soit sur le beurre lui-même.

Dans le paragraphe précédent il n'a été question parmi les fraudes du beurre, que de l'addition d'un excès d'eau; la quantité d'eau qu'un beurre peut absorber varie dans d'assez grandes limites, et les procédés de dosage dont il vient d'être question sont mis en pratique tant pour reconnaître si le beurre est de qualité marchande que pour reconnaître s'il a été falsifié par addition d'eau.

Il n'en est pas de même des recherches relatives à l'addition de graisses étrangères; si l'on peut tolérer une forte teneur en eau, quand on juge qu'elle a été incorporée au beurre pendant le travail même, on doit soupçonner au contraire tous les beurres dont les constantes physiques et chimiques ne répondent pas à celles du beurre pur, et qui par conséquent ont été vraisemblablement additionnés soit d'oléo-margarine, soit de beurre de coco, soit de toute autre graisse ou huile étrangère.

Ce sont les procédés ordinaires d'analyse des corps gras (HALPHEN, *Analyse des matières grasses,* Paris) qui permettent de déceler ces fraudes; ceux qui sont applicables aux beurres, dans les limites des falsifications dont ils sont l'objet, forment deux catégories, et l'on distingue les procédés physiques (indice de réfraction, température critique de dissolution, etc.) et les procédés chimiques (estimation du poids moléculaire des acides gras par le chiffre de saponification, dosage des acides volatils solubles et insolubles, recherche des acides non saturés, etc.).

OLÉORÉFRACTOMÉTRIE.

On sait que les rayons lumineux se réfractent en passant à travers les liquides, mais que leur indice de réfraction, c'est-à-dire le rapport du sinus de l'angle d'incidence au sinus de l'angle de réfraction, par rapport à la normale, diffère suivant le liquide considéré; c'est cette propriété que l'on utilise dans la recherche de la pureté des corps gras.

L'oléoréfractomètre dont on fait usage en France est celui de Amagat et Ferdinand Jean. Il ne mesure pas l'indice vrai de réfraction, mais une différence de déviation entre celle qui est fournie par une huile type (huile de pieds de mouton pure), et celle que produit la matière grasse à étudier. C'est l'examen de l'huile type qui permet de mettre l'appareil au zéro, et la déviation due à l'autre matière grasse est mesurée sur la graduation de l'appareil, mais ne représente qu'une valeur conventionnelle.

Le réfractomètre Amagat et Ferdinand Jean porte sur un pied unique trois cuves concentriques. La cuve intérieure est prismatique et présente, sur deux des côtés du prisme, des glaces qui laissent traverser les rayons. Autour de cette cuve prismatique est disposée une cuve métallique, cylindrique, munie de glaces parallèles, à l'endroit où passent les rayons; et enfin, autour de cette seconde cuve, une troisième, également cylindrique, mais d'un diamètre beaucoup plus large, munie de glaces, comme les deux premières. Les deux cuves intérieures reçoivent la matière grasse; la cuve extérieure reçoit de l'eau chaude, dont on maintient la température au moyen d'une petite lampe à veilleuse. S'il s'agit d'une huile, on fait l'observation à 22°; s'il s'agit d'un beurre, on la fait à 45°, et les trois cuves doivent être rigoureusement maintenues à cette température. Les cuves peuvent être vidées au moyen de petits robinets placés en dessous.

La lumière qui permet de faire les observations est une lumière jaune, produite par le passage de la flamme d'un bec Bunsen sur une nacelle garnie de sel marin. On sait, en effet, que l'indice de réfraction varie avec la longueur d'onde des rayons; on obtient de cette façon une lumière monochromatique dont la longueur d'onde est fixe et correspond à la raie D du sodium.

Cette lumière est reçue dans un collimateur, dont l'ouverture circuculaire est à moitié bouchée par un volet plein, que l'on peut, au moyen d'une vis micrométrique, déplacer de droite à gauche, ou de gauche à droite, dans un plan vertical. Cette lumière traverse les cuves, comme il va être dit, et est reçue dans une lunette à l'intérieur de laquelle s'aperçoivent deux graduations parallèles, obtenues par la photographie, et que l'on emploie séparément suivant que l'on a affaire à une huile ou à une graisse fondue; c'est la graduation inférieure qu'il s'agit de consulter dans le cas d'un beurre.

On commence par remplir les deux cuves intérieures de l'huile type, chauffée à 45° et l'on maintient la température de l'eau de la cuve extérieure à 45° également; on regarde à la lunette, et au moyen de la vis micrométrique, on amène l'image du bord du volet à coïncider avec le zéro de la graduation. Dans ce cas, puisque, d'une part, le rayon tombe normalement sur les deux premières cuves et que l'indice de réfraction est nul; puisque, d'autre part, il n'y a pas de différences de composition entre la matière grasse contenue dans la cuve intérieure prismatique et dans la cuve intermédiaire, et que, dans ces conditions, $\sin i = \sin r$, le rayon ne subit aucune déviation et traverse droit.

Puis on vide la cuve prismatique au moyen du robinet inférieur, et l'on remplace l'huile type par du beurre, chauffé à 45°. Les deux milieux de la cuve intérieure et de la cuve intermédiaire n'étant plus les mêmes, il y a réfraction par le prisme de la cuve intérieure, soit d'un côté, soit de l'autre par rapport à la ligne droite, et l'image du bord du volet se déplace à droite ou à gauche du zéro; c'est ce déplacement qu'on lit et qui constitue la déviation.

Si le beurre est acide, par le fait de la rancissure, il convient d'enlever préalablement les acides gras par un lavage à l'alcool.

On admet que la déviation obtenue avec le beurre pur de vaches doit représenter, à l'oléoréfractomètre Amagat et F. Jean, de — 25° à — 34°, tandis que la margarine donne, dans les mêmes conditions, de — 16° à — 18° et le beurre de coco, — 54°; au contraire, les huiles végétales fournissent, en général, une déviation positive; celle que produit la margarine de coton est positive et de + 25°.

La limite minima de — 25° pour le beurre est peut-être encore trop élevée; Vuaflard (*loc. cit.*) a trouvé, sur 46 échantillons de beurre provenant du Pas-de-Calais, 13 échantillons qui marquaient de — 20° à — 24°.

CRYOSCOPIE.

L'emploi de la cryoscopie, dont on a parlé à propos du lait, a été indiqué par Garelli et Carcano (*Rev. gén. du lait*, 1903-1904, p. 426). La cryoscopie et la spectroscopie, basées toutes deux sur l'état moléculaire des matières examinées, doivent conduire à des résultats analogues. Le beurre est dissous dans le benzol et la solution examinée dans les mêmes conditions que le lait. Quartaroli (même Revue, même page) substitue l'acide acétique cristallisable au benzol. L'abaissement du point de congélation, dans ces conditions, serait de 0,52 à 0,57 pour les beurres purs et de 0,17 à 0,20 pour la margarine.

DENSITÉ.

La densité des matières grasses peut être déterminée au moyen de la balance aérothermique de Moor (MÜNTZ, DURAND et MILLIAU, *Bull. min. Agr.*, 1896, p. 741).

Brullé a proposé l'emploi d'une balance très sensible pour prendre la densité des beurres (*C. R.*, t. CXXII, 1896, p. 325). Les différences de densité que présentent le beurre et ses succédanés ne sont pas assez accentuées pour que l'on puisse espérer une suffisante précision dans la recherche de la fraude.

TEMPÉRATURE CRITIQUE DE DISSOLUTION OU INDICE DE CRISMER.

Le beurre, comme d'ailleurs toutes les matières grasses, est légèrement soluble dans l'alcool, plus soluble à chaud qu'à froid. Le principe du procédé, imaginé par Crismer, consiste donc à prendre une solution saturée à chaud de matière grasse dans l'alcool absolu ou tout au moins très concentré, à la laisser se refroidir spontanément et à noter la température à laquelle le liquide commence à se troubler ; cette température est désignée sous le nom d'*indice de Crismer*.

Ce principe peut être appliqué dans la recherche de la margarine, et il convient, d'après Müntz (*Rapp. sur la fraude des beurres,* 1897), d'opérer de la façon suivante :

Dans un tube à essai, on verse 20 gouttes de beurre fondu, à 40°, et 50 gouttes d'alcool absolu ou tout au moins à 99°,5. Il est indispensable, si l'on veut obtenir des résultats comparatifs, d'opérer avec les mêmes pipettes et le même alcool. Le tube est fermé d'un bouchon de liège, dans lequel passe un thermomètre à petit réservoir, gradué en $\frac{1}{10}$ de degré ; on chauffe avec précaution et l'on agite de façon à dissoudre le beurre, et quand la solution est limpide, on laisse le tube se refroidir ; on note la température à laquelle l'alcool commence à se troubler. On doit opérer comparativement avec des beurres purs, des margarines pures et des mélanges. Pour fixer les idées, la température critique, quand on opère avec de l'alcool à 99°,5, s'établit entre 52° et 54°, tandis que celle des margarines de diverses provenances est comprise entre 64° et 78°.

POIDS MOLÉCULAIRE DES ACIDES GRAS OU CHIFFRE DE SAPONIFICATION OU INDICE DE KŒTTSTORFER.

Les acides gras, qui constituent la majeure partie des glycérides, ont des poids moléculaires différents, et les poids moléculaires moyens varient dans un même corps gras, puisque les corps gras sont constitués par des mélanges, mais varient également d'un corps gras à l'autre; on peut donc, en estimant la grandeur du poids moléculaire des acides gras totaux, se faire une idée de la nature de la matière grasse en litige.

Cette estimation se fait d'une façon indirecte, en mesurant la quantité de soude ou de potasse nécessaire pour saturer l'acidité de ces acides gras. Ceux-ci sont tous monobasiques, c'est-à-dire que chaque molécule d'acide absorbe une molécule d'alcali, 56,1 de potasse (KOH), par exemple; la quantité de potasse absorbée par un poids déterminé d'acides gras est donc inversement proportionnelle au poids moléculaire de ceux-ci. Dans la pratique, on ne s'adresse pas naturellement aux acides gras isolés; on traite par la potasse la graisse que l'on veut étudier; les acides se saponifient, donnent des sels gras de potasse, et la glycérine est mise en liberté; on ne mesure pas la quantité de potasse ainsi fixée; on emploie à la réaction un excès connu d'alcali et, la saponification terminée, on dose, par alcalimétrie, la quantité de potasse qui ne s'est pas combinée et par différence celle que les acides gras ont absorbée; c'est cette dernière qui, rapportée à 1^g de la substance grasse primitive, et exprimée en prenant en général le milligramme pour unité, constitue l'indice de Kœttstorfer.

Les acides gras libres, quand le beurre en renferme de trop grandes proportions du fait de sa rancissure, doivent être, par un lavage à l'alcool, éliminés comme ci-dessus.

La solution de potasse est préparée en dissolvant 70^g à 80^g de potasse dans très peu d'eau et en complétant à un litre, avec de l'alcool concentré. Quand le carbonate de potasse que la potasse renferme s'est déposé, par suite de son insolubilité dans l'alcool, on filtre.

Dans une fiole conique, dite d'Erlenmeyer, de 250$^{cm^3}$ et tarée à l'avance, on pèse exactement 5^g de beurre. Pour obtenir cette pesée exacte, on fait tomber, au moyen d'un tube effilé, le beurre préalablement fondu, on dépasse un peu le poids et l'on enlève l'excès au moyen d'un papier buvard. On verse sur le beurre 25$^{cm^3}$ de solution alcoolique de potasse et en même temps on introduit 25$^{cm^3}$ de cette même solution dans un vase semblable, qui permettra le titrage de la liqueur alcaline dans des conditions comparables. On ferme les vases au moyen d'un verre de montre ou d'une boule de verre et l'on chauffe sur la plaque d'un bain-marie environ 20 minutes, pendant lesquelles on agite fréquemment; il est préférable de munir les fioles d'un réfrigérant ascendant; on peut, pour régulariser l'ébullition, introduire des fragments de pierre ponce.

Les vases sont ensuite abandonnés au refroidissement et, dans l'un comme dans l'autre, on ajoute une certaine quantité d'eau, puis une liqueur acide titrée et un indicateur coloré; il est nécessaire que les deux titrages soient faits dans des conditions comparables de dilution et de température; Vuaflard (*loc. cit.*) conseille d'ajouter 50^{cm^3} d'eau et d'opérer à $50°$. Quelques opérateurs emploient une solution d'acide chlorhydrique (42^{cm^3} à 45^{cm^3} d'acide par litre), titrée au moyen d'une liqueur normale de potasse; mais on peut opérer directement le titrage de la potasse contenue dans les deux vases, au moyen de l'acide sulfurique demi-normal, par exemple, sachant que chaque centimètre cube de cette liqueur correspond à $0,028$ de **KOH**. La différence des quantités de potasse ajoutées à l'un et à l'autre vase donne immédiatement la quantité qui s'est combinée aux acides gras de 5^g de beurre; cette quantité doit être ramenée par le calcul à 1^g de matière.

L'indice de Kœttstorfer, qui est basé sur la grandeur du poids moléculaire des acides gras, varie naturellement avec la quantité d'acides volatils que le beurre renferme à l'état de glycérides; ceux-ci, représentant des acides butyrique, caproïque, etc., ont des molécules peu élevées et absorbent une quantité relativement importante de potasse par rapport à leurs poids. Vuaflard (*loc. cit.*) a montré que pour des beurres renfermant de 5 à 6 pour 100 d'acides gras volatils, l'indice de Kœttstorfer représente 219 à 225 ($0^g,219$ à $0^g,225$), qu'il s'élève de 225 à 230 pour des beurres riches de 6 à 7 pour 100 d'acides gras volatils et de 230 à 238 pour des beurres riches de 7 à 7,8 pour 100.

Les chiffres trouvés pour la margarine sont moins élevés et ils se tiennent dans les limites de 195 ($0^g,194$ à $0^g,197$); ils sont semblables à ceux que fournit le saindoux; quant aux indices qui se rapportent aux beurres de coco, ils sont, d'une façon constante, plus élevés au contraire et représentent 256-257.

ACIDES VOLATILS SOLUBLES; INDICE DE REICHERT-MEISSL-WOLNY;
ACIDES VOLATILS SOLUBLES ET INSOLUBLES;
MÉTHODE DE MÜNTZ OU DES STATIONS AGRONOMIQUES.

Le dosage des acides volatils présente pour la recherche des échantillons de beurre margariné la plus haute importance; ce dosage peut être fait par deux méthodes différentes, celle de Reichert-Meissl-Wolny et celle que Müntz a déterminée et qui a été adoptée par toutes les stations agronomiques, par les experts aux tribunaux, etc. Ces deux méthodes donnent évidemment des chiffres différents, mais ceux-ci concordent entre eux.

Méthode de Reichert-Meissl-Wolny. — Pour suivre la première de ces méthodes, on traite, au bain-marie et en agitant de temps à autre, 5ᵍ de beurre, exactement pesés, par 2ᵍ,5 de potasse, préalablement dissoute dans 50ᶜᵐ³ d'alcool à 90°; on chasse ainsi l'alcool, et l'on détache, après refroidissement, le savon obtenu; on l'introduit dans une fiole conique ou dans un ballon, on le couvre de 100ᶜᵐ³ d'eau bouillante, mesurés à l'éprouvette et, quand le savon est bien redissous, on ajoute 40ᶜᵐ³ d'une liqueur acide renfermant 170ᵍ d'acide phosphorique sirupeux par litre, puis quelques fragments de pierre ponce. On relie la fiole ou le ballon, au moyen [d'un bouchon et d'un tube coudé, à un réfrigérant et à une fiole jaugée à 110ᶜᵐ³; on chauffe doucement de façon à distiller exactement 110ᶜᵐ³ en 15 minutes ou 20 minutes; on évite avec soin les projections qui entraîneraient l'acide phosphorique en excès que l'on a ajouté. On filtre le liquide distillé, pour éliminer les acides volatils insolubles; on prélève sur le liquide filtré 100ᶜᵐ³ que l'on titre avec une solution alcaline décinormale, en présence de la phénolphtaléine et l'on rapporte les résultats à 110ᶜᵐ³ du liquide acide, soit aux 5ᵍ de beurre employé.

La potasse renfermant quelquefois du carbonate, il est bon de faire un essai à blanc de façon à se rendre compte de l'influence que peut avoir l'acide carbonique dégagé, sur l'acidité des liquides distillés.

Le nombre de centimètres cubes employés de liqueur alcaline décinormale pour saturer les 110ᶜᵐ³, déduction faite, au besoin, de celui que fournit le témoin, représente l'indice de Reichert-Meissl-Wolny ou indice R.-M.-W.

On admet que l'indice des beurres purs est en moyenne 28, avec un minimum de 25 et un maximum de 32; ce minimum paraît encore trop élevé et Vuaflard a rencontré des beurres du Pas-de-Calais, faibles en acides gras volatils, dont l'indice s'est exceptionnellement abaissé jusqu'à 22 et même 21. L'indice de la margarine est de 0,5 à 3 et celui du beurre de coco, de 6,5 à 8.

Cette méthode est rapide; mais on peut lui reprocher d'être incomplète, puisqu'une simple distillation n'épuise pas complètement les acides gras. De plus, le nombre qui exprime l'indice est purement conventionnel et ne donne pas la quantité exacte d'acides volatils solubles contenus dans les beurres expérimentés.

Méthode de Müntz ou méthode officielle des stations agronomiques. — C'est pour remédier à ces deux défauts qu'a été imaginée par Müntz (*Bull. min. Agric.*, 1894, p. 57) une méthode adoptée officiellement par les stations agronomiques.

La méthode de Müntz épuise les acides volatils contenus dans les liquides de saponification, sépare les acides solubles (butyrique et caproïque) des acides insolubles (caprylique), et en exprime la quantité, non pas en centimètres cubes de liqueur alcaline, mais en grammes d'acide butyrique pour 100 de beurre.

Dans un vase de Bohême, de 5^{cm} de diamètre et 7^{cm} à 8^{cm} de haut, préalablement taré, on place 5^g de beurre, exactement pesés, en faisant usage des tours de main indiqués plus haut, à propos de l'indice de Kœttstorfer; on ajoute $2^{cm^3},5$ de solution concentrée de potasse, obtenue en dissolvant 120^g de potasse pure, dite *à l'alcool*, dans 100^{cm^3} d'eau chaude. En agitant avec une baguette de verre la matière grasse et la lessive de soude et en plaçant le vase à une douce chaleur, on facilite la saponification, et on la rend complète au bout de 15 à 20 minutes. On reprend la masse, dans le vase même, avec 40^{cm^3} d'eau chaude; on chauffe légèrement jusqu'à complète dissolution du savon et l'on fait passer le liquide dans le ballon distillatoire en lavant le vase et en ayant soin que le volume total ne dépasse pas 60^{cm^3}.

Le ballon porte deux tubulures qui doivent être disposées de façon à faire avec l'horizontale un angle de 45°. L'une de ces tubulures est légèrement recourbée, effilée et s'adapte à un réfrigérant incliné; l'autre porte un caoutchouc fermé par une pince. Le ballon est placé dans un bain-marie de chlorure de calcium, assez concentré pour bouillir aux environs de 120°; un ballon renversé et rempli d'eau maintient le niveau constant.

Ce ballon renferme maintenant la solution alcaline des acides gras; on met alors ceux-ci en liberté par une addition d'acide phosphorique. La solution phosphorique est préparée en étendant l'acide sirupeux du commerce de deux ou trois fois son volume d'eau. Un essai alca-

limétrique préparatoire sur $2^{cm^3},5$ de potasse indique la quantité
d'acide phosphorique qu'il convient d'ajouter; il faut éviter d'en
mettre un excès; car l'ébullition pourrait, dans la suite, entraîner de
l'acide phosphorique. Pour régulariser l'ébullition, on introduit dans
le ballon quelques fragments de pierre ponce, préalablement calcinés
à l'acide sulfurique, lavés et séchés.

On fait le vide pendant quelques minutes dans le ballon, pour éliminer l'acide carbonique qui aurait une action sur le dosage des acides
volatils; puis on chauffe le bain-marie, et les acides volatils, entraînés
par la vapeur d'eau, distillent lentement. Les liquides condensés sont
reçus dans une fiole de 400^{cm^3}, surmontée d'un petit filtre qui retient les
acides insolubles. Quand 60^{cm^3} de liquide ont distillé et qu'il ne reste
plus guère dans le ballon que 5^{cm^3}, on verse 20^{cm^3} d'eau chaude, ayant
bouilli et privée ainsi de son acide carbonique. Pour cela, on prend
20^{cm^3} d'eau chaude avec une pipette dont on enfonce l'extrémité dans
le tube de caoutchouc et dont on fait pénétrer le contenu dans le ballon,
en ouvrant la pince qui serre le caoutchouc; on peut aussi adapter
à l'extrémité du caoutchouc un petit entonnoir, dans le fond duquel
on a soin, à chaque addition, de laisser une petite quantité d'eau.
Quand les 20^{cm^3} ajoutés ont ainsi distillé, on les remplace par 20^{cm^3} d'eau
chaude et ainsi de suite jusqu'à ce qu'on ait distillé 400^{cm^3}. L'opération dure 5 heures environ.

Il ne s'agit plus que de doser les acides solubles et insolubles. Le
filtre qui retient les acides insolubles est séparé de la fiole, après avoir
été lavé à l'eau. On dose, par une liqueur titrée d'eau de chaux en
présence de la phénolphtaléine, la quantité d'acide contenue dans la
fiole. Puis on lave à l'alcool le tube du réfrigérant qui a retenu des
acides insolubles et solides, on lave le filtre à l'alcool également, et
la solution alcoolique est titrée au moyen de la même liqueur d'eau
de chaux. Les acides volatils, solubles et insolubles, sont exprimés
en acide butyrique pour 100 de beurre, en multipliant le titre sulfurique par 1,79.

Méthode de Müntz et Coudon. — Müntz et Coudon ont modifié cette
méthode (*Ann. Inst. agr.*, 1904, p. 5; et *Ann. de Ch. anal.*, 1904,
p. 281 et 342). Ils ont renoncé aux distillations successives et ont
montré qu'en se plaçant dans des conditions spéciales on obtient, par
une seule distillation, la totalité des acides volatils.

La saponification du beurre se fait dans les conditions précédentes,
mais sur 10^g de beurre que l'on traite par 5^{cm^3} de lessive alcaline. Le
savon, égrené au moyen d'un agitateur, est introduit directement

dans le ballon; on l'y redissout avec 200^{cm^3} d'eau exactement mesurés, dont une partie sert à laver le vase de Bohême où s'est faite la saponification.

Le ballon est un ballon ordinaire de 500^{cm^3} de capacité; on le surmonte d'un tube de verre de 14^{mm} de diamètre intérieur, d'une longueur de 1^m et recourbé quatre fois à la façon d'un serpentin ascendant ou rétrogradateur; celui-ci, par son extrémité supérieure, communique avec le réfrigérant. Le ballon est chauffé au feu nu d'un bec Bunsen; on dirige la flamme sur le fond même du ballon, en séparant celui-ci du fourneau par une rondelle métallique, percée d'un trou de 6^{cm} de diamètre.

On ajoute dans le ballon 30^{cm^3} d'acide phosphorique (densité $= 1,15$) obtenu en diluant l'acide sirupeux de deux fois son volume d'eau et, après avoir enlevé l'acide carbonique comme précédemment, on chauffe le ballon.

La distillation est conduite de façon à recueillir 200^{cm^3} en 1 heure et demie.

On ne sépare pas les acides insolubles par le filtre; mais on abandonne la fiole, où l'on a recueilli le liquide distillé, 24 heures à elle-même; la majeure partie de ces acides se colle sur les parois de la fiole: on filtre, on dose les acides volatils solubles et, pour doser les acides volatils insolubles, on lave la fiole, le filtre et le réfrigérant, au moyen de l'alcool.

Cette façon d'estimer les acides volatils n'est pas, ainsi qu'il a été dit ci-dessus, incompatible avec celle qui est exprimée par l'indice de Reichert-Meissl-Wolny. On peut passer approximativement de celle-ci à celle-là, en divisant l'indice R.-M.-W. par le facteur $5,67$; l'indice R.-M.-W. de 31, par exemple, représente à peu près $5,5$ pour 100 d'acides volatils exprimés en acide butyrique.

Méthode de Wijman et Reijst ou méthode des indices argentiques. — On a vu plus haut que, dans le procédé Reichert-Meissl-Wolny, les acides volatils du beurre sont presque entièrement logés dans les 110^{cm^3} de distillat. Wijman et Reijst ont montré (*Journ. Pharm. et Ch.*, t. II, 1906, p. 79) que les acides volatils du beurre de coco renferment beaucoup plus d'acide caproïque et d'acide caprylique que le beurre de vaches, et qu'une partie importante de ceux-ci reste dans le ballon où s'est faite la distillation.

Ces auteurs ont alors imaginé, pour reconnaître la présence du beurre du coco dans le beurre de vaches, de faire une première distillation des acides volatils en suivant la technique de la méthode

Reichert, puis de procéder à une seconde opération, sur 5ᵍ de beurre également, mais en ajoutant dans le ballon de distillation, et à deux reprises différentes, 100$^{cm^3}$ d'eau, de façon à recueillir non plus 110$^{cm^3}$, mais 300$^{cm^3}$. Si l'on a affaire à du beurre pur, la quantité d'acide distillée est sensiblement la même dans les deux liquides ; elle est au contraire, pour le cas d'un beurre cocoté, plus importante dans le second liquide que dans le premier.

La quantité d'acide distillée est estimée non plus par un dosage acidimétrique, mais d'après la quantité d'argent métallique que ces acides sont susceptibles de précipiter d'une solution d'azotate d'argent. On ajoute aux liquides, neutralisés par la soude décime, 40$^{cm^3}$ d'une solution décinormale d'azotate d'argent ; le précipité est filtré ; les liquides de filtration sont amenés par le lavage à 200$^{cm^3}$, additionnés de 50$^{cm^3}$ d'une solution de chlorure de sodium décinormale, et l'excès de chlorure est titré avec la solution d'azotate d'argent, en prenant le chromate de potasse comme indicateur. *L'indice argentique* représente le nombre de centimètres cubes de la liqueur décinormale de nitrate d'argent employé pour la précipitation de chaque distillat préalablement neutralisé.

Un beurre pur (indice R.-M.-W = 28,4) a fourni à ces auteurs, pour l'un et l'autre distillat, un indice argentique de 5,9, et l'addition à ce beurre de 5 pour 100 de beurre de coco a fait monter la valeur de ces indices à 6,4 pour le premier distillat et à 7,3 pour le second.

D'après Ferdinand Jean (*Ann. Ch. anal.,* 1906, p. 121) la méthode des indices argentiques donne de bons résultats, à moins que le beurre ait été additionné, en même temps que de coco, d'autres matières grasses, saindoux, margarine, beurre de karité, huile, etc., susceptibles de corriger, par leurs acides volatils, le chiffre que fournirait seul le beurre de coco.

Résultats. — La teneur des beurres purs en acides volatils solubles, dosés par la méthode officielle ou par celle de Müntz et Coudon, et comptés en acide butyrique, est, en moyenne, de 5,5 pour 100, avec des écarts minima de 5 pour 100 et maxima de 6,5 pour 100; celle de la margarine est, comme il a été dit plus haut, de beaucoup inférieure et ne représente que de 0,06 à 0,12 pour 100, celle du beurre de coco, de 2,26 à 2,70 pour 100, celle du saindoux de 0,08 pour 100 et celle des huiles végétales de 0,07 à 0,08 pour 100 (MÜNTZ et COUDON, *loc. cit.*).

La teneur des beurres en acides volatils insolubles dans les conditions de l'expérience, est fort intéressante également à consulter : elle est de 0,65 à 1,94 pour 100 dans les beurres, de 0,16 dans la margarine et de 8,96 à 10,06 pour 100 dans le beurre de coco (Müntz et Coudon, *loc. cit.*).

Le rapport des acides volatils insolubles aux acides volatils solubles donne également des indications, surtout pour la reconnaissance de la fraude par addition de beurre de coco, puisque celui-ci renferme beaucoup d'acides insolubles pour peu d'acides solubles (rapport de 250 à 314 pour 100), tandis que le beurre renferme au contraire moins d'acides insolubles que d'acides solubles (rapport de 12 à 15 pour 100). On voit alors quel parti on peut tirer de ces considérations, à moins que le fraudeur n'ait, comme cela s'est vu, rajouté au beurre une certaine quantité d'acides volatils solubles (Müntz et Coudon, *loc. cit.*).

Voici à titre d'exemple les constantes obtenues par Vuaflard (*loc. cit.*), sur des beurres additionnés de beurre de coco :

	Acides volatils		Rapport : acides insolubles / acides solubles
	insolubles.	solubles.	
Beurre pur.....................	0,81	5,41	14,9
» avec 5 pour 100 de coco....	0,80	5,15	15,5
» » 10 »	0,99	5,01	19,7
» » 20 »	1,22	4,84	25,2

Voici d'autre part les essais de Müntz et Coudon (*loc. cit.*) :

	Acides volatils		Rapport : acides insolubles / acides solubles
	solubles.	insolubles.	
Beurre...............................	5,34	0,69	12,9
Le même avec 10 pour 100 de beurre de coco...............................	4,90	1,01	20,6
Le même avec 15 pour 100 de beurre de coco et 15 pour 100 de margarine..	3,96	0,93	23,5

Des discussions se sont élevées au sujet de la fixité du chiffre moyen qui représente la teneur des beurres normaux en acides gras volatils solubles; Van Rijn a montré que certains beurres néerlandais ne fournissent, au mois d'octobre et de novembre, que 4 pour 100 d'acides volatils solubles, ce qui est de nature à faire croire qu'ils ont été additionnés de margarine. Le fait a été vérifié par Coudon et Rousseaux, envoyés en mission, à ce sujet, par le Ministère de l'Agriculture (*Bull. min. Agr.*, 1901, p. 302 et 558); mais il ne se produit qu'à une époque bien déterminée (du 15 septembre à la fin de novembre environ); cependant, il convient de ne pas généraliser; car même à cette époque de l'année, certains beurres hollandais présentent une composition normale. D'après Coudon et Rousseaux, l'abaissement de la richesse en acides volatils « tient aux conditions défectueuses d'existence où se trouvent les vaches aux pâturages, à une époque où elles souffrent du froid et de l'humidité, en même temps qu'elles ont une alimentation insuffisante ».

L'influence qu'exercent d'ailleurs l'alimentation et, d'une façon générale, les différents facteurs dont il a été parlé, sur la composition du lait, a son retentissement sur la quantité d'acides gras volatils contenus dans le beurre.

Schrodt et Henzold, Mayer, puis Weigmann et Henzold (*Rev. gén. du lait,* 1905, p. 145) ont étudié cette question. Le passage de la prairie à l'étable, où les vaches sont nourries de foin et de tourteaux, diminue la quantité de lait, et en même temps la proportion d'acides gras volatils dans le beurre; cette proportion s'abaisse également quand les vaches sont à fin de lait.

Une étude fort soignée a été faite par Van Engelen et Wauters (*Journ. ind. lait.,* 1899, p. 237); ces auteurs ont étudié la densité, la déviation au réfractomètre, la quantité d'acides volatils de beurres obtenus avec le lait de neuf vaches, dont on modifiait la nourriture chaque mois; c'est quand on a substitué au pâturage, du trèfle, du maïs vert, de la farine, du tourteau de coton et du son de froment que la déviation à l'oléoréfractomètre et que la teneur en acides volatils se sont montrées les plus faibles.

Swaving a étudié, pendant quatre années consécutives (*Rev. gén. du lait,* 1905-1908, p. 433), l'influence de la nourriture sur l'indice R.-M.-W. Il semble résulter de ce travail considérable que les betteraves, la luzerne ensilée l'augmentent, que le foin, le tourteau de lin, etc. le diminuent, et que la farine d'orge, le sucre, etc. sont sans effet appréciable.

Il ne faudrait pas cependant généraliser ces faits; des expériences nombreuses, entre autres celles de Vuaflard (*loc. cit.*), montrent que les variations dans la teneur des acides volatils ne sont pas intimement liées aux variations dans l'alimentation; le Tableau ci-après présente les analyses qui ont été faites sur le beurre de 12 vaches flamandes, nourries au pâturage pendant l'été, à l'étable pendant l'hiver, avec de la pulpe de presses continues et un peu de grains. Le Tableau donne en outre les différents chiffres dont il a été déjà parlé, ou dont il sera parlé dans la suite de ce paragraphe.

Dates.	Eau pour 100.	Acides volatils. Procédé officiel.	Indice de Kœttstorfer.	Oléo-réfracto-mètre.	Indice d'iode.	Acides volatils		
						solubles.	insolubles.	Rapport.
1903								
Déc....	11,8	7,2	0,234	—32	27,6	»	»	»
1904								
Janv....	12,3	6,2	0,232	—30	28,3	5,41	0,81	14,9
Févr....	12,4	6,3	0,229	—31	27,4	5,85	0,53	9,0
Mars ..	12,1	6,3	0,233	—33	25,9	5,32	0,78	14,6
Avril ..	12,4	5,9	0,227	—29	29,9	5,01	0,67	13,3
Mai ...	12,9	5,6	0,224	—23	41,0	5,12	0,50	9,7
Juin...	15,4	5,3	0,224	—24	37,1	4,70	0,66	14,0
Juillet..	13,5	5,6	0,225	—25	36,0	4,86	0,32	6,5
Août ..	15,9	5,3	0,223	—28	33,2	4,80	0,26	5,3
Sept. ...	14,7	5,5	0,222	—26	36,2	4,69	0,61	13,0
Oct....	12,4	6,7	0,231	—29	31,0	5,91	0,82	13,8
Nov ...	14,0	6,3	0,232	—32	26,8	5,34	1,00	18,7

Dans la pratique, on se contente de doser les acides volatils en bloc; si, pour une étude scientifique, on désire rechercher les proportions relatives d'acide butyrique et d'acide caproïque qui forment l'ensemble des acides solubles volatils, on doit suivre la méthode de Duclaux (*Microbiologie,* t. III, p. 385, et t. IV, p. 685), dont le principe consiste à distiller 110^{cm^3} du liquide acide, et à recueillir huit fractions de 10^{cm^3}, pour mesurer ensuite l'acidité de chacune d'elles. Des Tableaux, qu'il semble inutile de reproduire ici, permettent, d'après les chiffres obtenus, de calculer les doses d'acide butyrique et d'acide caproïque. L'acide caprylique est à peu près insoluble dans l'eau, et la quantité qui s'en dissout peut être négligée.

Quand le beurre renferme de l'acide formique, par suite de sa rancissure, on en est averti par le fait que l'acidité, au lieu de baisser progressivement dans les huit prises, reste stationnaire, ou même remonte; l'acide formique passe en effet à la fin de la distillation. On doit alors pousser la distillation au delà de 80^{cm^3}, recueillir 15^{cm^3} ou 20^{cm^3} supplémentaires, et traiter le distillat par le nitrate d'argent ammoniacal.

Orla Jensen a indiqué une méthode de recherches à laquelle il a été fait déjà allusion, à propos de la composition du beurre (*Ann. agr. de la Suisse,* 1905).

ACIDES INSOLUBLES TOTAUX.

Indice de Hehner. Méthode de Müntz. — Si l'on reprend, par des procédés convenables, le résidu de la distillation des acides volatils, on recueille les acides non volatils ou fixes, qui, ajoutés aux précédents, représentent environ 95,5 pour 100 du beurre supposé sec.

On peut sans grande erreur, quand il s'agit de beurre ou de margarine, et parce que la quantité d'acides volatils insolubles y est faible, compter comme acides fixes les acides insolubles totaux que l'on peut recueillir après saponification, décomposition du savon par les acides, et lavage des acides; d'ailleurs les acides volatils dits *insolubles* ne le sont pas complètement; et le lavage fait dans les conditions qui vont être indiquées doit enlever une partie de ces acides. Le procédé ne pourrait donner au contraire aucune indication en présence du beurre de coco, parce que celui-ci renferme trop d'acides volatils insolubles.

Müntz conseille d'opérer sur 10^g de beurre et de saponifier dans les conditions précisées plus haut, avec 5^{cm^3} de potasse concentrée (*Bull. min. Agr.*, 1894, p. 63). La saponification se fait dans un vase de Bohème, et quand elle est complète, on reprend par l'eau chaude, on ajoute de l'acide sulfurique au $\frac{1}{5}$ en excès; on rassemble les acides gras, qu'on fait passer sur un filtre taré, préalablement mouillé, dans lequel on a soin, autant que possible, de laisser, au cours de la filtration, une couche d'eau sous-nageante, qui maintient le filtre humide et empêche la matière grasse de remonter au delà de la limite du filtre, et même de filtrer à travers le papier; on évite, pour la même raison, de remplir l'entonnoir jusqu'en haut; on fait passer sur le filtre au moins un litre et demi d'eau chaude, en remuant de temps à autre avec l'extrémité du tube qui amène l'eau chaude soit d'une pissette, soit d'un vase à siphon, de façon à renouveler les surfaces, et quand le filtrat n'est plus acide, on place l'entonnoir dans l'eau froide; les acides gras se solidifient, et on laisse alors écouler l'excès d'eau. On détache alors, avec la pointe d'un canif, le bloc d'acides solides, et l'on dessèche séparément les acides gras et le filtre. Celui-ci a pu retenir un peu d'acides gras; le vase de Bohème dans lequel on a fait la saponification et la décomposition peut aussi en conserver; on le dessèche également, et on lave à l'éther le filtre et le vase; l'éther est évaporé, et l'on obtient une certaine quantité d'acides gras que l'on ajoute à celle obtenue directement.

On peut ensuite, pour plus d'exactitude, redissoudre la totalité des acides gras dans l'éther sulfurique ou l'éther de pétrole, évaporer et peser de nouveau.

Le poids de ces acides insolubles représentant les acides insolubles fixes et une partie des acides insolubles volatils, rapporté à 100 de beurre, a été appelé *indice de Hehner*. Cet indice est de 86,5 à 89 pour le beurre pur, de 94,6 à 95,6 pour la margarine.

Méthode de Bellier. — La méthode imaginée tout récemment par Bellier (*Ann. Chim. anal.*, 1906, p. 412) repose sur la précipitation, au moyen de sulfate de cuivre, des acides insolubles, fixes et volatils. Elle a l'avantage vis-à-vis de la précédente de donner des indications sur la présence du beurre du coco.

Les acides insolubles, fixes et volatils, du beurre de coco, exigent pour leur saturation, ainsi qu'on l'a dit à propos de l'indice de Kœttstorfer, une plus grande quantité de base que ceux du beurre pur, et ceux-ci également une quantité de base un peu plus grande que les acides insolubles, fixes et volatils, de la margarine et du saindoux. Le procédé consiste à peser les acides gras précipités par le cuivre, dans les conditions qui vont être indiquées, et à doser le cuivre fixé par une simple incinération.

On opère sur 1^g de beurre bien desséché, filtré, et exactement pesé dans une fiole d'Erlenmeyer de 50^{cm^3} à 75^{cm^3}; on le saponifie en le chauffant à 70°-80°, avec 5^{cm^3} de solution alcoolique normale de potasse; puis, quand la liqueur est refroidie, on ajoute de l'acide sulfurique demi-normal, en présence de la phénolphtaléine, jusqu'à décoloration; une goutte de soude normale ramène la teinte rose.

On verse alors lentement dans la fiole 20^{cm^3} d'une liqueur préparée en dissolvant : 1° $21^g,85$ de sulfate de cuivre pur, récemment cristallisé, et séché à la température ordinaire sur du papier buvard ; 2° 50^g environ de sulfate de sodium cristallisé (destiné à obtenir dans la suite une meilleure filtration) et en étendant le tout à 1000^{cm^3}. On chauffe le contenu de la fiole à 80°, et quand le précipité s'est contracté suffisamment, on le recueille sur un filtre taré.

Ces 20^{cm^3} renferment $0^g,1384$ d'oxyde de cuivre, CuO, quantité exactement suffisante pour précipiter la totalité des acides insolubles, fixes et volatils, dans le cas du beurre pur. Cette quantité est presque suffisante dans le cas où il s'agit de margarine ou de saindoux, mais très insuffisante quand on se trouve en présence du beurre de coco, dont les acides insolubles, fixes et volatils, exigent $0^g,1735$ de CuO ; en sorte que si le filtratum précipite encore sensiblement par le sulfate de cuivre, on doit en conclure que le beurre incriminé renferme du beurre de coco ; c'est là déjà une première indication qualitative.

Dans le cas où le filtratum précipite encore, on ajoute un excès de sulfate de cuivre, et l'on recueille le nouveau précipité sur le même filtre taré. Celui-ci est ensuite séché à 100° exactement et pesé ; puis il est incinéré et le résidu, pesé de nouveau.

Bellier a constaté que les poids des sels gras de cuivre ainsi précipités (P), et de l'oxyde de cuivre (p), provenant de l'incinération de ceux-ci, sont les suivants pour les différents corps gras :

Pour 1^g de corps gras.

	Sels gras de cuivre (P).	Oxyde de cuivre (p).
Beurre.......	0,99	0,141 à 0,142
Margarine....	1,05 à 1,06	»
Saindoux.....	»	»
Coco........	»	0,177 à 0,178

On peut, des chiffres obtenus, tirer les conclusions suivantes :

Si P est voisin de 0,99 et p voisin de 0,142, le beurre est pur;

Si P est voisin de 0,99 et p supérieur à 0,142, le beurre est mélangé d'une petite quantité de coco ;

Si P est légèrement supérieur à 0,99 et si p est voisin de 0,142, on a affaire à de la margarine ou à du saindoux, et si, dans le même cas, p est supérieur à 0,142, cette margarine ou ce saindoux est mélangé de coco, ou bien on se trouve en présence de beurre additionné de coco ; dans ce dernier cas, l'augmentation de P et de p sont proportionnels.

Bellier a fait remarquer que l'on peut reprendre les liqueurs provenant de la filtration des sels gras de cuivre, liqueurs qui renferment les acides volatils solubles, et les doser suivant la méthode de Reichert.

Bellier a fait également des essais intéressants sur la précipitation par la magnésie des acides insolubles fixes ; ces essais ne sont pas encore définitifs.

ACIDES SOLUBLES. INDICE DE PLANCHON.

La plus grande partie des acides volatils des beurres étant soluble dans l'eau, et les acides volatils insolubles ne représentant que 0,65 à 2 pour 100 au maximum, on peut se contenter, pour avoir une indication sur la pureté des beurres, de doser les acides solubles. On ne saurait dans le procédé de Müntz, doser ces acides solubles dans le filtrat, puisqu'on a employé pour la décomposition du savon, un excès d'acide; il ne faut donc décomposer celui-ci qu'avec une quantité d'acide équivalente à la quantité de potasse employée.

Le dosage des acides solubles totaux se fait par une méthode que Vandam, d'une part (*Journ. ind. lait.*, 1902, p, 382), et Planchon (HALPHEN, *loc. cit.*, p. 74) d'autre part, ont préconisée. Quand on recherche l'indice de Kœttstorfer, on détermine, par un essai parallèle au dosage, la quantité d'acide nécessaire pour saturer à la fois l'alcali combiné et l'alcali libre en excès; si donc on ajoute d'un coup sur un savon, obtenu dans les conditions qui ont été précisées, toute la dose d'acide, les acides gras, préalablement engagés dans le savon, seront mis en liberté; il ne restera plus qu'à les doser acidimétriquement. L'opération a lieu dans une fiole conique de 200^{cm^3} à 250^{cm^3}, que l'on peut fermer d'un bouchon de caoutchouc; on détermine au préalable par un trait de jauge, le volume qu'occuperait dans la fiole 150^{cm^3}. Le savon est préparé, puis acidifié dans la fiole même, additionné d'eau chaude jusqu'au volume de 150^{cm^3}; on ferme la fiole, et l'on agite violemment. Les acides solubles se dissolvent, à l'exception d'une petite quantité qui reste dissoute dans les acides insolubles; on place la fiole dans un courant d'eau froide pour solidifier les corps gras, on filtre et l'on dose l'acidité sur 50^{cm^3} ou 100^{cm^3}. Le chiffre d'acidité, exprimé en acide butyrique et rapporté à 100 de beurre, représente l'indice de Planchon.

Les résultats sont inférieurs à ceux que donne le dosage par distillation, mais ils sont comparables entre eux; on ne trouve que de 3,85 à 4,41, pour le beurre normal, de 0,16 à 0,26, pour l'oléomargarine, et 2,90 pour le beurre de coco.

Vandam (*loc. cit.*), en adoptant la façon de compter de Reichert-Meissl-Wolny, a trouvé 25,4 pour les acides solubles du beurre, obtenus comme précédemment, et 30,2 pour les acides obtenus par distillation (procédé R.-M.-W.).

ACIDES SOLUBLES DANS L'ALCOOL A 60°.

Méthode de Robin. — Robin a basé une nouvelle méthode de recherche de la margarine et du beurre de coco (*C. R.*, t. CXLIII, 1906, p. 512, et *Rev. gén. du lait,* 1906-1907, p. 19) sur la différence de solubilité dans l'eau et dans l'alcool à 56°-57° environ des acides que ces graisses fournissent. Ces différences sont indiquées dans le Tableau ci-dessous :

Pour 100^g de matière grasse :

	soluble dans l'alcool à 56°-57°.	soluble dans l'eau.
Beurre pur......	11,7 à 14,8	5,9 à 6,7
Margarine.......	2,7	0,1
Coco...........	46,7	2,0

On saponifie, dans un ballon de 150$^{cm^3}$, 5^g de beurre séché et filtré, par 25$^{cm^3}$ de liqueur alcoolique de potasse pure ; on fait bouillir 5 minutes au réfrigérant ascendant et, après refroidissement, on ajoute de l'eau distillée, de façon à ramener la liqueur alcoolique au titre approximitatif de 56°-57°.

Dans un second ballon, non jaugé, on fait un essai à blanc, avec 25$^{cm^3}$ de la même solution alcoolique de potasse.

L'alcali est ensuite saturé dans l'un et l'autre ballon, au moyen d'une liqueur chlorhydrique demi-normale, d'un titre alcoolique de 56°-57°. La différence indique la quantité d'acide chlorhydrique qui est nécessaire pour mettre en liberté les acides gras contenus dans le premier ballon. On verse dans celui-ci cette quantité ; on complète à 150$^{cm^3}$ avec de l'alcool à 56°-57°, et l'on refroidit à 15°.

On prélève du liquide filtré deux portions de 50$^{cm^3}$.

La première permet de doser les acides solubles dans l'alcool à 56°-57° ; elle est titrée avec de la potasse déci-normale.

La seconde est évaporée au bain-marie jusqu'à 15$^{cm^3}$ environ, reprise par l'eau chaude, filtrée sur filtre mouillé, lavée à l'eau chaude. Le résidu est redissous dans un mélange de deux parties d'alcool à 95° et d'une partie d'éther, et l'acidité des acides insolubles dans l'eau, mais provenant d'acides solubles dans l'alcool à 56°-57°, est mesurée comme précédemment ; les acides solubles dans l'eau sont représentés par la différence entre les deux résultats précédents.

INDICE D'IODE OU INDICE DE HÜBL.

Les corps gras renferment, parmi les acides gras insolubles, des acides dits *non saturés,* c'est-à-dire dans lesquels il y a place pour un certain nombre d'atomes d'oxygène, de chlore, de brome ou d'iode ; les atomes non saturés forment avec les atomes voisins une double liaison que l'absorption des métalloïdes fait disparaître et ramène à la simple liaison ; aussi, ces acides non saturés sont-ils désignés également sous le nom d'*acides à doubles liaisons.*

L'acide oléique, $C^{18}H^{34}O^2$, est le type des acides non saturés que l'on rencontre dans les corps gras alimentaires; à côté de lui figurent les acides linoléique et linolénique.

L'estimation du nombre de ces doubles liaisons peut donc se faire en recherchant la quantité d'iode, par exemple, que les acides gras peuvent absorber, et comme cette quantité varie d'un corps gras à l'autre, elle permet d'apprécier la pureté du produit.

Le procédé consiste à mettre le corps gras ou de préférence les acides de ce corps gras en présence d'un excès d'iode et de doser ensuite l'iode non absorbé, au moyen d'hyposulfite de soude.

On prépare d'abord une solution d'iode bisublimé dans l'alcool, à raison de 50^g d'iode par litre; on filtre et la solution doit être conservée dans un endroit obscur, pour éviter la formation d'acide iodhydrique.

D'autre part, on fait une solution d'hyposulfite de soude neutre, à $24^g,8$ par litre, et l'on titre cette solution au moyen d'une solution déci-normale d'iode; pour obtenir cette solution, on fait agir 10^{cm^3} d'acide sulfurique déci-normal sur 4^{cm^3} à 5^{cm^3} d'une solution d'iodure de potassium à 200^g par litre et sur 5^{cm^3} d'une solution d'iodate de potasse à 9^g par litre; l'iodure est décomposé par l'iodate en présence de l'acide sulfurique et l'iode est mis en liberté :

$$KIO^3 + 5KI + 3SO^4H^2 = 3SO^4K^2 + 3H^2O + 6I.$$

Par suite de cette réaction, une quantité d'iode, correspondant à $0^g,049$ d'acide sulfurique, c'est-à-dire $0^g,127$ d'iode, est mise en liberté; on ajoute quelques centimètres cubes d'empois léger d'amidon à 2 pour 100 et l'on fait tomber la solution d'hyposulfite contenue dans une burette graduée, jusqu'à ce que la coloration due à l'iodure d'amidon disparaisse, c'est-à-dire jusqu'à ce qu'il n'y ait plus d'iode en liberté; à ce moment l'hyposulfite s'est oxydé à l'état de sulfate acide, en donnant de l'acide iodhydrique :

$$S^2O^3Na^2 + I^2 + 5H^2O = 8HI + 2SO^4HNa.$$

On note le volume de la solution d'hyposulfite employée pour transformer l'iode en acide iodhydrique et l'on calcule ce que 1^{cm^3} de la liqueur d'hyposulfite représente d'iode. C'est la liqueur titrée qui va servir tout à l'heure pour doser l'iode en excès.

On prend alors $0^g,3$ ou $0^g,5$ de beurre; on a vu plus haut quels procédés on peut suivre pour faire une pesée exacte; on le dissout dans 10^{cm^3} de chloroforme et l'on verse la solution dans un flacon de 500^{cm^3}. On prépare un flacon semblable, dans lequel on introduit également

10$^{cm^3}$ de chloroforme et l'on fait tomber dans l'un et l'autre flacon 20$^{cm^3}$ de la liqueur d'iode à 50^g par litre et 20$^{cm^3}$ d'une solution alcoolique (alcool à 95°) de bichlorure de mercure à 60^g par litre; Hübl a montré, en effet, que l'absorption de l'iode par la matière grasse se fait mieux dans ces conditions. On abandonne 2 heures au repos et l'on ajoute, toujours dans chaque flacon, 25$^{cm^3}$ de la solution d'iodure de potassium, dont il a été parlé et dont le rôle est de redissoudre l'iode en excès: on agite et l'on étend chacun des liquides de 100$^{cm^3}$ d'eau. On verse goutte à goutte la solution titrée d'hyposulfite et, quand le liquide ne présente plus qu'une teinte légèrement jaune, on achève le titrage en présence de 5$^{cm^3}$ à 10$^{cm^3}$ d'empois léger d'amidon.

La différence des volumes d'hyposulfite ajoutés dans l'un et l'autre flacon permet de calculer la quantité d'iode absorbée.

L'indice d'iode représente la quantité d'iode absorbée par 100^g de beurre.

Müntz, Durand et Milliau (*Bull. minist. Agric.*, 1896, p. 744) ont modifié ce mode opératoire de la façon suivante :

La liqueur d'hyposulfite de soude est titrée, non plus en faisant agir l'acide sulfurique sur un mélange d'iodure et d'iodate, mais en attaquant l'iodure par un mélange de bichromate de potassium et d'acide chlorhydrique, c'est-à-dire par l'acide chromique.

L'acide chromique met en liberté l'iode, en formant du sesquichlorure de chrome, du chlorure de potassium et de l'eau :

$$2(CrO^3) + 12HCl + 6KI = 6I + Cr^2Cl^6 + 6KCl + 6H^2O.$$

A 10$^{cm^3}$ d'une solution de 0^g,5 de bichromate, chimiquement pur, dans 100$^{cm^3}$, on ajoute 3$^{cm^3}$ à 4$^{cm^3}$ de solution d'iodure à 10 pour 100 et 4$^{cm^3}$ à 5$^{cm^3}$ d'acide chlorhydrique; on verse goutte à goutte une solution d'hyposulfite de soude à 24^g,8 par litre, jusqu'à ce que l'empois d'amidon ne donne plus de coloration. Sachant qu'une molécule de bichromate, $K^2Cr^2O^7$, dont le poids est 295, met en liberté six atomes d'iode, dont le poids est 6×127, c'est-à-dire 762, on peut calculer ce que 1$^{cm^3}$ de la solution d'hyposulfite sature d'iode.

D'autre part, on titre une liqueur d'iode à 50^g environ (iode bisublimé) par litre; pour cela, on prend 5$^{cm^3}$ de cette liqueur, on ajoute une quantité d'iodure de potassium suffisante pour redissoudre l'iode, puis on ajoute la solution titrée d'hyposulfite; on connaît alors la quantité d'iode contenue dans la liqueur.

L'indice d'iode est alors déterminé, non pas sur la matière grasse, mais sur les acides extraits. Pour cela, on saponifie 20^g de beurre par la potasse alcoolique, on reprend le savon par l'eau et on le décompose par l'acide sulfurique étendu; les acides gras isolés sont lavés, puis séchés; on en prélève 5^g que l'on introduit dans un ballon jaugé à 100$^{cm^3}$; on dissout ces 5^g d'acides gras dans l'alcool à 92°, et l'on parfait le volume avec le même alcool. On prélève alors 10$^{cm^3}$ de cette liqueur, que l'on verse dans un flacon; on y ajoute 20$^{cm^3}$ de la liqueur titrée d'iode, puis 20$^{cm^3}$ d'une solution alcoolique de bichlorure de mercure à 60^g par litre; on bouche le flacon et on laisse reposer exactement pendant 3 heures, la durée du contact influençant nettement l'absorption d'iode; on titre alors l'iode non absorbé par l'hyposulfite, en ayant soin d'ajouter 20$^{cm^3}$ de la solution d'iodure à 10 pour 100, pour maintenir l'iode dissous.

Le calcul donne la quantité d'iode absorbée par 100^g d'acides gras; il est facile de ramener ce nombre au beurre primitif, en multipliant par 0,955.

L'indice d'iode des beurres purs varie de 25 à 38. Quelquefois même, il peut s'élever jusqu'à 44; l'oléo-margarine donne un chiffre plus élevé, 50, et le beurre de coco, 8 à 9 seulement.

DOSAGE DE L'ACIDE OLÉIQUE.

Von Asboth a proposé (*Journ. ind. lait.*, 1898, p. 34) de doser l'acide oléique dans les beurres, en transformant par saponification les acides gras en savon de plomb. L'oléate de plomb est dissous par l'éther; on chasse celui-ci et l'on décompose l'oléate de plomb par l'acide chlorhydrique; on le dissout dans l'alcool et on le titre par la soude décinormale. Le beurre pur contiendrait de 33,7 à 37,4 pour 100 d'acide oléique, tandis que la margarine en renfermerait de 42,6 à 45,9 pour 100. La recherche de l'indice d'iode tient lieu de ce dosage.

RECHERCHE DES HUILES VÉGÉTALES.

On mêle quelquefois au beurre, pour lui donner de la fluidité, des huiles végétales, sésame, coton, etc. La quantité que l'on y ajoute est tellement faible qu'on ne peut guère reconnaître ces huiles par la mesure des différents indices dont il vient d'être parlé. Il vaut mieux les rechercher par certains réactifs appropriés et très sensibles.

L'huile de sésame se reconnaît (procédé Villavecchia et Fabris) en versant, sur une solution alcoolique de quelques gouttes de furfurol, 10$^{cm^3}$ du beurre à essayer et 10$^{cm^3}$ d'acide chlorhydrique ($D = 1,125$);

on chauffe à 30°-40° et l'on agite; si le beurre renferme de l'huile de
sésame, la couche inférieure se colore en rouge cramoisi.

Le procédé Halphen permet de même de déceler l'huile de coton.
On introduit dans un tube à essai 1^{cm^3} ou 2^{cm^3} de beurre, puis un égal
volume d'alcool amylique, puis 1^{cm^3} à 2^{cm^3} de sulfure de carbone, dans
lequel on a préalablement fait dissoudre 1 pour 100 de soufre en canon.
On chauffe au bain-marie et l'on voit peu à peu se produire une coloration rouge, quand le beurre a été additionné d'huile de coton.

Wauters a annoncé, cependant, que des vaches nourries avec des
tourteaux de coton fournissent un beurre qui donne au réactif d'Halphen cette coloration.

CONSTATATION DE LA PRÉSENCE DES GRAISSES ÉTRANGÈRES PAR LA RECHERCHE
DES SUBSTANCES DITES RÉVÉLATRICES.

Pour permettre de constater rapidement la présence de la margarine, du beurre de coco, etc., dans le beurre de vaches, certains gou-
vernements ont imposé aux fabricants d'introduire dans les graisses
alimentaires, autres que le beurre, des substances dites *révélatrices*,
faciles à reconnaître, telles que de la fécule ou de l'amidon (Allemagne, Autriche), telles que de l'huile de sésame, telles que les deux
produits mélangés (Belgique). La France n'a pas encore adopté cette
manière de faire.

L'amidon ou la fécule se reconnaît facilement au microscope, surtout quand on ajoute un peu d'iode; quant à l'huile de sésame, elle
est décelée par les réactions qui ont été indiquées ci-dessus.

On a prétendu que le lait provenant de vaches nourries avec des
tourteaux de sésame donne directement la réaction. Les expériences
de Weigmann, de Raum, de Hintrop, l'enquête du Ministère de l'Agriculture en France (1904) ont établi qu'il n'en est rien (MARCAS, *Cong.
intern. du lait*, 1905). Le fait a été confirmé encore par Denoël (*Rev.
gén. du lait*, 1904-1905, p. 464 et 490).

V. — RANCISSURE DU BEURRE.

Quand le beurre frais est abandonné à lui-même, il s'altère et prend
une odeur et un goût que l'on qualifie de *rances*.

La rancidité d'une graisse et particulièrement d'un beurre est la
résultante de deux actions, l'une purement chimique, qui aboutit à

son oxydation partielle, l'autre biologique et surtout microbiologique, qui détermine une saponification partielle de la matière grasse avec mise en liberté d'acides gras et de glycérine. Ces deux phénomènes se superposent : le premier débute pour s'atténuer peu à peu ; l'autre entre en jeu dès que le premier a produit quelque effet utile, c'est-à-dire quand il a préparé un terrain de culture pour les microorganismes ; ceux-ci évoluent, dédoublent la matière grasse et, par l'acide carbonique qu'ils dégagent, arrêtent ou ralentissent l'oxydation.

Il y a donc lieu de distinguer les phénomènes d'oxydation et les phénomènes de saponification ou de dédoublement.

PHÉNOMÈNES D'OXYDATION.

Ces phénomènes ont été signalés pour la première fois par Chevreul.

Duclaux (*Ann. de l'Inst. nat. agr.*, 1886, p. 49) a tout d'abord montré que l'oxydation, insignifiante à l'obscurité, était sensible à la lumière diffuse et considérable au soleil. La quantité d'oxygène absorbée augmente avec le temps et s'arrête à une limite qui représente en poids 1,3 à 1,5 pour 100 du beurre. Une certaine quantité d'acide carbonique se dégage en même temps ; mais celle-ci est plus faible quand le beurre est resté à la lumière diffuse que quand il a été exposé au soleil. En tout cas, elle n'est jamais en rapport avec la quantité d'oxygène fixée ; ce n'est pas une combustion, une respiration en face de laquelle on se trouve. La lumière solaire joue, dans cette oxydation, un rôle que la chaleur ne saurait remplir ; deux échantillons de beurre, l'un placé au soleil, l'autre maintenu dans une étuve à 35°, c'est-à-dire à une température supérieure à celle que le soleil fournissait à l'époque de l'expérience, ont éprouvé des oxydations inégales ; le second a absorbé moins d'oxygène et a dégagé plus d'acide carbonique.

Orla Jensen (*Journ. ind. lait.*, 1901, p. 363 et suiv.), a confirmé les observations de Duclaux et il a reconnu qu'à l'obscurité l'oxydation est nulle, très marquée à l'étuve à 35°, maxima au soleil.

Rissert (*Ueber das Ranzigwerden der Fette*) a, de plus, affirmé que la graisse était susceptible d'absorber, dans une certaine mesure, l'acide carbonique ; elle devient acide sans présenter pour cela le goût de rance.

Ce sont les produits sapides du beurre qui, d'après Duclaux, sont les premiers atteints par l'oxydation ; puis c'est la matière colorante qui disparaît ; le beurre devient blanc ; enfin, l'oxydation se porte sur la matière grasse.

Si l'on dose les acides volatils libres contenus dans ces beurres insolés, en épuisant la matière grasse par l'eau et en distillant ensuite le liquide filtré, on constate qu'ils ont augmenté d'une façon considérable. Cette augmentation semble avoir été faite surtout au détriment des glycérides à acides volatils (butyrine, caproïne); ils se sont transformés en acide formique, dont Duclaux a reconnu la présence par la distillation fractionnée, et par l'action réductrice qu'il exerce sur le nitrate d'argent et sur le bichlorure de mercure. La production de ces acides volatils libres n'est pas cependant considérable ; d'après Duclaux, un beurre frais fondu n'en a gagné que 1,03 pour 100 après trois mois d'insolation. La présence de carbonate de chaux délayé dans la masse n'a pas, en saturant les acides, activé leur production; les alcalins (magnésie, carbonate d'ammoniaque) ont déterminé une augmentation plus notable des acides volatils libres (1,5 à 2 pour 100).

La production d'acide formique débute; mais on voit l'oxydation aller plus loin et attaquer les acides *non saturés*, l'acide oléique, qui se transforme en acide oxyoléique (Duclaux). Le fait a été vérifié par Grœger (*Zeitschrift für angewandte Chemie*, 1889, p. 61) et par Fahrion (*Chem. Zeit.*, 1893, p. 434).

Cette dernière observation a permis à Orla Jensen (*loc. cit.*, p. 380) de mesurer l'intensité du phénomène d'oxydation en recherchant, avant et après oxydation, la quantité d'iode absorbée; il est évident que la molécule d'acide oléique se combinera à une quantité d'iode d'autant plus faible qu'elle aura préalablement absorbé plus d'oxygène; c'est la méthode dite de l'*indice d'iode,* dont il a été parlé plus haut, qui permet de faire ces mesures.

Orla Jensen s'est également servi d'une autre méthode qui repose sur ce fait que la glycérine mise en liberté est oxydée, comme l'a montré Schmidt (*Zeitsch. für anal. Chem.*, 1898, p. 301) et fournit les réactions ordinaires des aldéhydes.

L'odeur et le goût que cette oxydation impose au beurre ne sont pas ceux que l'on désigne d'ordinaire sous le nom de *rances;* le beurre oxydé présente plutôt le goût de suifs vieux ou mal préparés; on dit que la saveur en est *suifeuse.* C'est aux phénomènes de dédoublement qu'il faut s'adresser pour constater dans le beurre la véritable rancissure.

PHÉNOMÈNES DE DÉDOUBLEMENT.

Ainsi qu'il a été dit plus haut, dès que l'oxydation a préparé aux microorganismes un liquide nutritif, où figurent les acides dont il a été question, où figurent également l'eau, les matières azotées et les sels que le beurre a apportés avec lui, ces microorganismes entrent en jeu, scindent les matières grasses en acides gras et glycérine, et ce sont ces acides gras qui, même en faible quantité, donnent au beurre sa saveur et son odeur rances.

Il peut se faire que ce dédoublement des matières grasses ait lieu sans l'intervention des microbes ; nous connaissons aujourd'hui, depuis les travaux du Dr Hanriot, l'existence dans le sang d'une diastase, la *lipase,* capable de saponifier, ou plutôt de dédoubler les matières grasses ; on a signalé des lipases dans un grand nombre de graines grasses ; Nicloux les a étudiées spécialement ; pourquoi le lait n'en contiendrait-il pas comme le sérum du sang ? Nous savons que les ferments solubles s'attachent d'ordinaire aux matières qu'ils sont chargés de transformer ; la présence d'une lipase dans le beurre devient possible dans cette hypothèse. Il a été dit au Chapitre I, p. 26, que Gillet l'a recherchée dans le lait et a fait des réserves sur son existence.

Mais, à côté de l'existence d'une lacto-lipase normale, on ne saurait négliger celle que sont susceptibles de sécréter les microbes qui pullulent dans le beurre, et spécialement les *Torula* (ROGERS, *Rev. gén. du lait,* 1904-1905, p. 261). L'existence d'une lipase microbienne est également admise par Reimann, dont les travaux seront rappelés plus bas.

Aucun travail n'a été fait dans cette direction ; c'est qu'il n'est pas aisé de séparer l'action microbienne de l'action diastasique, et que les antiseptiques qui arrêtent les microbes ralentissent singulièrement les diastases ; la chaleur tue les uns et les autres. On ne sait donc pas quelle part revient aux lipases naturelles, si elles existent, et aux lipases microbiennes, dans le phénomène du dédoublement de la matière grasse. D'ailleurs, ce travail ne présente qu'un intérêt biologique, car un beurre n'est jamais stérilisé, et il se trouve immédiatement envahi par les microbes, dont la lipase exerce une action prédominante.

Sommaruga (*Zeitsch. für Hyg.,* t. XVIII, 1894, p. 441), puis Reimann (*Centralb. für Bact.,* t. II, 1900, p. 131) ont signalé de nombreuses espèces microbiennes susceptibles de dédoubler la matière grasse ; Reimann a cité un bacille (*B. fluorescens liquefaciens*), un oïdium (*Oïdium lactis*), un mucor, ou levure non déterminée ; mais Reimann ne conclut pas d'une façon ferme ; car ces microbes, ensemencés sur du beurre fabriqué avec de la crème stérilisée, ne donnent pas nettement l'odeur du beurre rance.

A cette liste de microbes, Orla Jensen (*loc. cit.*, p. 404) a ajouté : des bactéries liquéfiantes de la gélatine (*Micrococcus acidi lactici* Kruger, *B. microbutyricus liquefaciens*, *B. prodigiosus*, *Cladosporium butyri*) et des bactéries non liquéfiantes (*B. lactis acidi*, *B. ac. de Freudenreich*, *B. aerogenes*, *Streptothrix alba*, *Streptothrix chromogena*, *Penicillium glaucum*, etc.). On ne saurait affirmer que tous ces microbes apportent de la lipase.

Il convient de faire remarquer ici que la lipase microbienne doit être rendue plus active par la présence de faibles quantités d'acides dans le beurre ; on sait en effet aujourd'hui que la lipase des graines grasses ne saponifie qu'en présence de liquides acides (CONSTEIN, HOYER et WARTENBERG, *Mon. sc.*, 1903, p. 573, et NICLOUX, *Rev. gén. des Sc.*, 1905, p. 1029).

Il n'est pas impossible, comme l'a supposé Duclaux, que, sous l'influence de la fermentation ammoniacale de la caséine que renferme le beurre, une partie de la graisse soit saponifiée et que cette action s'ajoute à la saponification microbienne.

La production d'acides libres pendant la rancissure du beurre a été l'objet des observations de Chevreul.

Plus tard, en 1886, Duclaux, analysant des beurres d'exposition, qui avaient été conservés pendant des temps variables en boîtes closes, à l'abri de l'air et de la lumière, constata que la quantité d'acides libres contenue dans les beurres augmentait avec leur degré de rancissure apparente (*loc. cit.*, p. 47 et suivantes). Les beurres à l'état frais renferment environ 0,100 pour 100 d'acides volatils libres ou combinés à l'état de sels ; Duclaux a rencontré des beurres rances dont la teneur en acides volatils, libres ou combinés, variait depuis ce chiffre jusqu'à 1,045 pour 100. D'après lui, c'est aux dépens des glycérides à acides volatils que ces acides libres se forment, et ce sont eux qui sont attaqués les premiers par la saponification, celle-ci ne se portant qu'ensuite sur les glycérides à acides fixes.

Il a été dit plus haut de quelle façon s'exécute le dosage des acides volatils libres ; mais, pour connaître la teneur des beurres en acides totaux libres, il fallait recourir à un autre procédé. Duclaux employait celui de Payen, qui consiste à précipiter les acides gras libres, par la chaux, en présence de l'éther ; ce procédé a été modifié par Duclaux (*loc. cit.*, p. 48). Le beurre est dissous dans l'éther, et, avant d'y ajouter la chaux, on prélève 10$^{cm^3}$ de la solution éthérée, que l'on évapore ; puis on introduit dans le reste de la solution de la chaux éteinte, en poudre ; on abandonne le liquide 24 heures, en agitant de temps à autre ; on filtre et l'on prélève de nouveau 10$^{cm^3}$, que l'on évapore ; la différence entre les deux poids de matière grasse obtenus indique la quantité d'acides libres précipités par la chaux.

L'opinion de Duclaux au sujet de la prédominance des acides volatils libres dans les produits de saponification bactérienne a été contredite par Bondzynski et Rufi (*Bull. de l'Herbier Boissier*, t. **VI**, n° 9), puis par Orla Jensen (*loc. cit.*, p. 397). D'après ces auteurs, les acides fixes seraient, au contraire, mis en liberté en plus grande quantité que les acides volatils.

Quelle que soit la nature de ces acides, on ne saurait méconnaître la présence de l'acide butyrique et de l'acide caproïque, signalés par Duclaux; ce sont eux surtout qui produisent l'impression de rancissure; ce sont les seuls acides solubles, et les acides ne peuvent donner au palais l'impression de rancissure que s'ils sont solubles.

La glycérine semble disparaître au cours de la saponification. Schaffer (*Ber. über die Thätigkeit des kantonalen Chemie*, 1899) a recherché la réaction de l'aldéhyde que l'oxydation de la glycérine donnerait; il ne l'a pas rencontrée; il est probable que la glycérine est brûlée par les microbes, et spécialement par les mucédinées.

La présence du butyrate d'éthyle dans les produits du beurre ranci a été signalée par Amthor (*Zeitsch. für an. Ch.*, 1899, p. 10), qui l'a considérée comme caractéristique de la rancissure. La crème douce n'en renferme pas; la crème acide et surtout la crème rance se montrent riches en butyrate d'éthyle. Dans la flore qui peuple le beurre rance, on rencontre des levures; il n'est donc pas étonnant qu'il se forme de l'alcool et que l'acide butyrique signalé plus haut fournisse l'éther correspondant. Le butyrate d'éthyle peut être dosé dans les liquides provenant de la distillation des acides volatils; après saturation à la soude titrée, le liquide est soumis à l'ébullition, en présence d'une quantité déterminée de soude, dans un réfrigérant à reflux, de façon à saponifier l'éther; un simple dosage alcalimétrique donne la quantité de soude libre après saponification et, par différence avec la quantité employée, la quantité de soude saturée par l'acide butyrique; il est alors facile d'en déduire le poids de butyrate d'éthyle.

Amthor a retiré d'un beurre rance de l'alcool qu'il a caractérisé par la réduction du bichromate de potassium en présence de l'acide sulfurique. Il a montré, en outre, que la quantité d'éther augmente au début de la rancissure, puis diminue, tandis que l'acidité ne cesse de croître. Ses essais sont consignés dans le Tableau suivant :

Exprimés en centimètres cubes
de potasse $\frac{1}{10}$ normale.

	Éthers.	Acides volatils.
11 août (beurre frais).........	o	o,o
1er septembre................	13	o,7
21 septembre................	65	o,8
20 novembre.	56	1,o
15 décembre.	20	1,2
24 avril.....................	o	1,2

On doit à Henseval l'analyse complète de deux beurres rances
(*Rev. gén. du lait*, 1903-1904, p. 535). Il a dosé les acides totaux, les
acides volatils et les éthers par le procédé d'Amthor, l'ammoniaque
par le procédé d'Orla Jensen; il a recherché l'acide formique par la
méthode de Duclaux, les aldéhydes par le sulfite de rosaniline ou le
chlorhydrate de métaphénylènediamine.

Les résultats sont les suivants :

	Beurre frais.	Beurre I.	Beurre II.
Acidité totale...........	1,7	31,6	54,2
Acides volatils libres.....	o,6	6,2	7,5
Éthers................	3,7	18,4	3,8
Aldéhydes.............	absence	présence	présence
Acide formique.	absence	absence	absence
Ammoniaque combinée...	absence	traces	traces
Indice R. M. W.........	31,9	27,9	3o,2
Indice d'iode. ....,...	31,2	3o,9	32,1

Analyse bactériologique.	{ Oïdium lactis, B. fluorescens liq. Ferm. lactiques.	Penicillium glaucum, Oïdium lactis, B. fluorescens liquefaciens, levures, Microc. prodigiosus, etc.

Les phénomènes qui s'accomplissent pendant le vieillissement du
beurre, l'oxydation et le dédoublement des matières grasses, diffèrent
donc nettement. L'oxydation des glycérides à acides volatils prépare
le terrain aux microbes, et ceux-ci, en attaquant tous les glycérides
et spécialement ceux à acides fixes, dégagent assez d'acide carbonique
pour s'opposer à l'oxydation subséquente; le processus des deux
phénomènes est donc contradictoire, et les conditions de la rancissure sont en raison inverse des conditions d'oxydation. Les produits
ne sont pas les mêmes : l'oxydation augmente faiblement l'acidité et la
rancissure la développe, au contraire, dans les plus larges limites;
l'indice d'iode s'abaisse beaucoup dans les beurres insolés, c'est-

à-dire que l'acide oléique y est en partie saturé par l'oxygène, tandis qu'il s'abaisse à peine dans les beurres rancis ; les acides gras libres sont surtout des acides volatils dans les beurres insolés, et des acides fixes dans les beurres rancis ; les premiers ne contiennent pas de butyrate d'éthyle ; on trouve, au contraire, cet éther dans les seconds. L'oxydation décolore le beurre ; la rancidité lui laisse, au contraire, sa couleur jaune ; le beurre oxydé prend une saveur *suifeuse ;* le beurre rance seul présente la saveur caractéristique.

VI. — CONSERVATION DU BEURRE ET RECHERCHE DES CONSERVATEURS EMPLOYÉS. — RECHERCHE DES COLORANTS.

CONSERVATION PAR LE FROID.

Le beurre peut être refroidi dans les boîtes d'expédition et transporté en wagon-glacière. Il est évident que la conservation sera d'autant mieux assurée que le beurre sera moins peuplé d'organismes au moment où on le soumettra au froid. On devra donc ne conserver que des beurres bien préparés, ne renfermant que le minimum d'eau, de lactose et de caséine.

CONSERVATION PAR LA CHALEUR.

Ce procédé est employé dans les ménages ; il consiste à faire fondre le beurre en présence de l'eau ; la vapeur d'eau traverse la couche de beurre fondu et le stérilise.

Il est utilisé également par l'industrie pour les besoins de la marine ; les boîtes de beurre sont, comme les boîtes de conserves en général, stérilisées en autoclaves.

CONSERVATION PAR LE SEL.

Le sel représente le seul antiseptique dont on puisse autoriser l'emploi ; il a fait ses preuves depuis longtemps et les produits obtenus sont d'un goût encore agréable et d'une conservation très prolongée. Le sel est égrugé et, dans la proportion de 5 à 10 pour 100, mélangé avec le beurre soit à la main, dans un pétrin, soit dans les malaxeurs dont il a été question. Lorsque la quantité de sel employé représente 5 pour 100 du poids du beurre, il se dissout presque entièrement dans l'eau que celui-ci apporte et forme une solution saturée ; une partie de la saumure s'écoule même, pendant le malaxage, quand le beurre est trop hydraté. Les beurres salés renferment de 8 à 14 pour 100 d'eau. Là encore, la conservation du beurre par le sel sera plus efficace si l'on choisit un beurre fraîchement et proprement préparé. On peut même, avec les beurres de crèmes pasteurisées, abaisser la proportion de sel.

Rien n'est plus simple que de doser le sel dans ces produits. On agite 20^g de beurre avec 100$^{cm^3}$ d'eau chaude à 60° environ. On filtre et l'on prend 10$^{cm^3}$ de liquide pour y doser le chlore par le nitrate d'argent. On peut également doser le chlore dans le résidu calciné du traitement du beurre par l'essence de pétrole ; on aura soin de calciner à basse température, pour éviter la volatilisation du sel marin.

CONSERVATION PAR L'ACIDE BORIQUE, LES FLUORURES, FLUOSILICATES, FLUOBORATES, L'ACIDE SALICYLIQUE, LE FORMOL, ETC.

L'acide borique et le borax sont introduits dans le beurre que l'on désire conserver, à une dose d'environ 5^g par kilogramme. On reconnaît aisément ces conservateurs en traitant le beurre par l'eau chaude, en évaporant celle-ci en présence du carbonate de soude, et en calcinant le résidu ; après refroidissement, on verse sur ce résidu 1$^{cm^3}$ d'acide sulfurique, on laisse agir l'acide 1 ou 2 minutes, et l'on poursuit la recherche comme il a été indiqué plus haut à propos du lait.

La recherche des fluorures, fluosilicates et fluoborates consiste à préparer les cendres comme précédemment, à ajouter de l'eau et un excès léger de chaux, à évaporer et calciner de nouveau ; on reprend par l'eau additionnée d'acide acétique, on filtre ; la partie soluble renferme l'acide borique, si le fluor a été employé à l'état de fluoborate ; la partie insoluble, desséchée et calcinée, est additionnée de sable et d'acide sulfurique ; si l'on a employé des sels contenant du fluor, à un état quelconque, les vapeurs renferment du fluorure de silicium ; elles sont dirigées dans un tube en U contenant un peu d'eau ; là, elles se décomposent en acide hydrofluosilicique et en silice gélatineuse, dont le dépôt se perçoit nettement. De nombreuses expériences ont été faites pour prouver l'innocuité du fluorure de sodium comme conservateur, notamment par le Dr Perret (*Journ. ind. lait.*, 1898, p. 249-257). Mais il convient de se rappeler que l'addition d'un antiseptique, dans la vente courante du beurre, cache toujours une fabrication défectueuse.

L'acide salicylique est ajouté au beurre à la dose de 0^g,5 par kilogramme. La méthode générale, basée sur la coloration que donne le perchlorure de fer neutre, doit être employée pour la recherche de cet antiseptique ; mais il ne faut pas opérer directement sur le beurre, puisque celui-ci est soluble dans l'éther ; on agite le beurre avec de l'eau chaude, dans laquelle on a dissous un peu de bicarbonate de soude de façon à transformer l'acide salicylique, peu soluble, en sel de soude. Le procédé de dosage quantitatif n'offre pas d'intérêt, puisque la moindre trace d'acide salicylique doit être interdite.

L'aldéhyde formique s'emploie peu pour conserver le beurre. On peut la rechercher par les procédés généraux, indiqués à propos du lait.

COLORANTS.

L'addition au beurre de colorants végétaux n'est pas interdite. Pour reconnaître ces colorants, on les épuise par l'alcool étendu et chaud, et l'on évapore le dissolvant. Le rocou donne un résidu rouge brun, bleuissant en présence d'acide sulfurique concentré ; le curcuma, un résidu jaune, devenant jaune brun en présence de l'ammoniaque et rouge brun en présence d'acide chlorhydrique ; le safran fournit, avec le sous-acétate de plomb, un précipité orangé.

CHAPITRE IV.

I. — LA PRÉSURE ET SON ACTION.

ORIGINES DE LA PRÉSURE.

Les propriétés coagulantes de la caillette de veau et, d'une façon générale, des caillettes des jeunes mammifères, nourris de lait, sont connues depuis longtemps. On sait depuis longtemps aussi que la caillette agit par un ferment soluble qu'elle sécrète, la présure.

Duclaux a montré (*Ann. Inst. agron.*, 1879-1880, p. 79, et *Microbiologie*, 1883, p. 131) que les ferments capables d'attaquer la caséine et de la dissoudre, comme il sera indiqué plus loin, les *tyrothrix*, sécrètent de la présure.

Ce fait explique, en partie, la coagulation spontanée que l'on constate trop souvent dans le lait abandonné à lui-même. Le lait est, peu à peu, envahi par les tyrothrix, en même temps qu'il se peuple de ferments lactiques; à l'action de la présure, sécrétée par les premiers, s'ajoute celle de l'acide lactique, formé par les seconds, et l'on verra plus bas que les deux actions s'additionnent.

Il convient donc de distinguer les ferments qui coagulent le lait par la présure qu'ils sécrètent en milieu neutre et ceux qui le coagulent par l'acidité qu'ils produisent. On verra plus loin que ces ferments, surtout ceux qui sécrètent la présure, sécrètent en même temps un ferment soluble, la *caséase*, capable de liquéfier la caséine qu'ils ont coagulée.

La production de la présure par les microbes explique également comment les présures que les fromagers préparent en faisant macérer des caillettes dans du petit lait, deviennent de plus en plus actives avec le temps : ce sont les tyrothrix qui y pullulent et qui ajoutent leur présure à la présure de la caillette, jusqu'au moment où ils sont paralysés à leur tour par les ferments de putréfaction.

Le règne végétal produit également une présure susceptible de cailler le lait et Duclaux (*Microb.*, 1899, t. II, p. 592), cite, comme renfermant de la présure, les végétaux suivants :

Fleurs d'artichaut (Bouchardat et Sandraz) ; Fonds d'artichaut (Bouchardat et Quévenne) ; *Carica papaya* (Baginski) ; Graines de *Whitania coagulans* (Léa) ; Graines de *Datura stramonium, Pisum sativum, Lupinus hirsutus, Ricinis communis* (Green), etc.

Ces présures, qu'elles soient d'origine animale, d'origine microbienne, ou d'origine végétale, donnent naissance aux mêmes phénomènes de coagulation.

LA COAGULATION DU LAIT.

La coagulation du lait est un phénomène maintes fois observé. Sous l'influence de la présure, et dans les conditions qui seront spécifiées plus bas, le lait se prend en une masse blanche, porcelanée, tremblotante, qui avec le temps se rétracte et laisse suinter, sous la forme d'un liquide légèrement coloré, muqueux, un peu opalescent, le sérum qu'elle avait emprisonné dans son réseau.

C'est la caséine qui, sous l'influence de la présure, passe de l'état colloïdal à l'état coagulé ; quant à l'albumine, elle se retrouve dans le sérum qui s'écoule, en même temps qu'une partie du phospho-caséinate de chaux.

Théories physiques. — La rapidité avec laquelle le lait se caille dans certaines circonstances n'implique pas que ce phénomène soit brusque et comparable à une précipitation chimique. Le phénomène est, au contraire, continu et, pour Duclaux (*Microb.*, t. II, 1899, p. 257 et suiv.), on peut, dans un lait qui est sur le point de se cailler, constater, au microscope, un précipité fin, granuleux, d'aspect chagriné ; les granules grossissent en se soudant et en formant peu à peu le coagulum qui va bientôt comprendre toute la masse de lait. On a vu plus haut, dans le Chapitre consacré à la caséine, que ce phénomène de coagulation progressive peut s'apercevoir, au microscope, dans les conditions d'éclairage qui ont été définies.

Tant qu'un agent ne vient pas accélérer ce mouvement d'agrégation, les molécules fines de caséine coagulée restent en suspension dans le liquide. Elles ne se précipitent pas au fond du vase où le lait est renfermé ; elles ne se décantent pas, parce que « leur adhésion aux molécules du liquide les soustrait aux lois de la pesanteur ». Mais quand on ajoute un agent dit *coagulant* comme une solution de chlorure de calcium, « l'équilibre entre la pesanteur et les forces moléculaires est troublé, et, soit que l'adhésion entre le solide et le liquide ait diminué, soit, ce qui est plus probable, que la force d'attraction entre les particules du solide ait augmenté, celui-ci se réunit en agrégats, de plus en plus volumineux, qui deviennent visibles à l'œil nu et se précipitent. » (Duclaux, *loc. cit.,* p. 263.)

Les idées émises par Duclaux ont pris aujourd'hui plus de précision et les travaux de Perrin sur l'électrisation de contact (*C. R.,* t. CXXXVII, 1903, p. 513 et 564) ont montré que les corpuscules, au contact des liquides, s'électrisent, se chargent d'ions provenant de la décomposition de l'eau, ions H^+ et ions OH^-. Ces ions se repoussent et s'appliquent à distendre le granule et à le segmenter en granules plus petits. Mais, d'autre part, la cohésion et surtout la tension superficielle agissent en sens contraire et tendent à réunir les granules ; « la tension superficielle et la cohésion favorisent l'accroissement d'un granule ; mais l'électrisation de ce granule est une cause interne de dislocation et l'on conçoit qu'il existe un diamètre de granule pour lequel ces deux influences opposées s'équilibrent ». Si une substance prend au contact de l'eau une faible tension superficielle et une forte électrisation, il y a émulsion ; et cette émulsion présentera des granules d'autant plus fins que l'électrisation de contact sera plus considérable ; mais, si l'on vient à diminuer celle-ci, les granules grossissent et finissent par s'agglomérer. Quand la charge est faite par des ions de signe contraire et de même concentration électrique, elle devient nulle. Or, les acides, les alcalis, les sels, et probablement aussi la présure, apportent des ions de signe tantôt semblable, tantôt contraire à ceux qui chargent les granules ; si les ions du réactif neutralisent les ions des granules, ils paralysent l'émulsion et activent la coagulation ; si les ions du réactif sont au contraire de même signe que les ions des granules, ils augmentent la charge et diminuent par conséquent la tension superficielle ; ils rendent l'émulsion stable et arrêtent la coagulation.

La tendance à la coagulation est d'autant plus grande que la concentration en ions est plus forte et que l'ion présente une valeur plus élevée.

Ces théories peuvent s'appliquer à la coagulation du lait, et l'on peut dire que le caillage du lait est dû à l'apport d'ions du signe contraire à ceux qui chargent les granules en émulsion ; la charge électrique diminue et rend la tension superficielle prédominante.

En tout cas, et sans même avoir recours à cette théorie électro-mécanique, on peut se rendre compte du phénomène en le comparant à la coagulation d'autres colloïdes connus (Jacques DUCLAUX, *Conf. Soc. ch.,* 1905).

L'oxyde de fer colloïdal se précipite, quand on ajoute des traces d'acide, de sels, qui rompent pour ainsi dire l'équilibre des molécules, extrêmement divisées et tenues en suspension ; le coagulum d'oxyde de fer absorbe alors le précipitant et même les corps dissous dans le liquide environnant, les sels solubles par exemple. L'argile en suspension colloïdale se précipite, sous l'influence d'une trace de chlorure de calcium, et absorbe celui-ci. Des phénomènes de ce genre sont nombreux ; ils caractérisent la coagulation des colloïdes.

Or, la caséine est, en grande partie du moins, en suspension colloïdale dans le lait ; sous l'influence de la présure, les molécules très divisées se groupent en s'attirant les unes les autres, et forment le coagulum qui absorbe les phosphates et les sels, à la façon dont l'oxyde de fer, l'argile absorbent les sels qu'ils peuvent attirer et retenir dans leur molécule complexe. Un colloïde n'est jamais une substance pure, c'est une éponge qui puise ce qu'elle trouve autour d'elle, et les substances absorbées font dès lors partie de sa constitution ; elle peut, sous certaines influences, en abandonner ou en reprendre ; c'est une molécule de constitution variable.

Théories chimiques. — La disproportion entre la quantité de substance précipitante et la masse précipitée exclut l'idée d'une explication purement chimique de la coagulation.

Plusieurs tentatives ont été faites cependant pour expliquer chimiquement le caillage du lait.

Hammarsten a reconnu que les solutions de caséine dans l'eau de chaux, saturées légèrement par l'acide phosphorique, caillent comme le lait ; de là l'hypothèse qu'il a émise, et qui a servi de point de départ à la théorie de la coagulation chimique : la caséine est, dans le lait, à l'état de sel de chaux.

Hammarsten a fait voir qu'une solution de caséine sans chaux, additionnée de présure, maintenue à 40°, ne se coagule pas ; si l'on fait bouillir cette solution, c'est-à-dire si l'on tue par la chaleur la présure, et si l'on ajoute, après refroidissement, du phosphate de chaux, le lait se caille ; la présure a donc préparé la caséine à se coaguler sous l'influence des sels de chaux. (DUCLAUX, *loc. cit.,* p. 290.)

Arthus et Pagès ont confirmé les recherches d'Hammarsten en démontrant qu'un lait, privé de chaux par l'oxalate d'ammoniaque ou le fluorure de potassium, ne caille pas sous l'action de la présure.

Duclaux (*loc. cit.,* p. 293) a constaté que les sels minéraux et spécialement les sels de chaux se comportent, vis-à-vis de la caséine du lait, comme la présure, et que la coagulation de celle-ci par les sels est soumise aux mêmes influences des quantités relatives et de température. Dans ces conditions, il convient d'admettre que les deux actions parallèles se superposent pour assurer l'agrégation moléculaire de la caséine. On peut admettre que dans l'expérience de Hammarsten qui a consisté à additionner de présure une solution de caséine sans chaux, à faire bouillir et à ajouter un sel de chaux, la présure a commencé l'agrégation des granules de caséine et qu'après la disparition de la présure, le sel de chaux l'a achevée. (DUCLAUX, *loc. cit.*, p. 301.)

Pour rendre compte de ce phénomène si curieux de la coagulation, certains auteurs, parmi lesquels Hammarsten, ainsi qu'il a été dit à propos de la constitution de la caséine, ont soulevé l'hypothèse d'un dédoublement de cette matière azotée, sous l'influence de la pepsine, en une substance insoluble, la paracaséine, et une protéine soluble. Pour Hammarsten, la première de ces substances, se précipitant sous forme de coagulum, entraîne des quantités variables de chaux et d'acide phosphorique. Pour Arthus et Pagès, celle-ci est une combinaison calcique; quand on introduit de la présure dans du lait, la présure transforme la caséine en paracaséine, et quand, sur le liquide bouilli et refroidi, on ajoute un sel de chaux, on produit la combinaison calcique de paracaséine; quant à la matière soluble, Hammarsten l'appelle *protéine du sérum;* Arthus et Pagès la désignent sous le nom d'*albuminose.*

Duclaux a montré (*Ann. Inst. nat. agr.*, 1883, p. 77 et 126, et *Ann. Inst. Pasteur*, 1893, p. 2), en filtrant à travers la bougie de porcelaine soit du lait cru, soit du lait caillé à la présure, que la quantité de matières azotées solubles est la même dans les deux cas. Il en est ainsi du phosphate de chaux; le sérum de lait emprésuré en renferme tout autant que le sérum de lait filtré.

		Sérum de lait	
		filtré.	emprésuré.
Caséine soluble	I........	0,55	0,57
	II........	0,37	0,36
Phosphate de chaux.	I........	0,14	0,15
	II........	0,16	0,17
	III.......	0,18	0,18
	IV.......	0,20	0,18

Il est impossible d'admettre, dans ces conditions, que la caséine ait, par son dédoublement, fourni de la matière albuminoïde soluble, puisque l'on ne retrouve pas, dans le sérum du lait emprésuré, une quantité de matières azotées supérieure à celle que renferme le sérum de lait simplement filtré.

Les objections soulevées par Duclaux contre la théorie d'Hammarsten ont reçu une nouvelle confirmation dans les travaux de Lindet et L. Ammann (*Ann. Inst. nat. agr.*, 1906, p. 283).

Ces auteurs ont montré que la quantité de matières azotées du sérum de lait filtré est non pas égale, mais supérieure à celle que le sérum de lait emprésuré renferme, ce qui ne permet pas de supposer la formation d'une protéine soluble :

	Sérum de lait	
	filtré.	emprésuré.
I	0,643	0,595
II	0,665	0,523

Duclaux (*Ann. Inst. nat. agr.*, 1884, p. 72) a fait la même observation à propos du sérum de lait caillé à l'acide acétique :

Sérum de lait	
filtré.	caillé à l'acide.
0,490	0,520

Lindet et Ammann ont trouvé dans le sérum de lait caillé à l'acide un abaissement beaucoup plus considérable de la teneur en matières azotées :

Sérum de lait	
filtré.	caillé à l'acide.
0,666	0,459
0,644	0,480

La différence dans les résultats obtenus par ces auteurs tient probablement à ce que Duclaux comparait le sérum du lait filtré à la bougie au sérum du lait emprésuré ou caillé par l'acide, simplement filtré au papier et contenant de la caséine colloïdale, tandis que Lindet et Ammann filtraient l'un et l'autre, dans les mêmes conditions, sur du kaolin.

Ils ont également caillé à la présure des sérums de lait filtré au kaolin, et ils ont constaté que la différence dans la teneur des liquides en matières azotées est la même que quand on fait agir la présure sur le lait entier, et que cette différence représente la caséine colloïdale que le lait filtré tient en suspension.

Sérum de lait filtré

nature.	emprésuré et filtré.
0,644	0,532

Ils ont, de plus, montré que le pouvoir rotatoire des matières azotées contenues dans l'un et l'autre sérum s'accorde avec l'hypothèse de la séparation, par la présure, de phosphocaséinate de chaux.

La théorie d'Hammarsten relative au dédoublement de la caséine en paracaséine et protéine soluble a été encore combattue par Lindet et Ammann au moyen de l'expérience suivante :

On prend de la caséine pure que l'on dissout dans l'eau de chaux et l'on sature exactement la chaux par l'acide phosphorique. On caille par la présure et l'on recherche le pouvoir rotatoire de la matière azotée contenue dans ce sérum; ce pouvoir rotatoire est presque exactement celui du phosphocaséinate de chaux primitif, c'est-à-dire — 119°. Il faudrait alors admettre que la présure a déterminé la formation d'une protéine soluble ayant le même pouvoir rotatoire que la caséine employée.

Il convient donc de considérer que, dans la solution artificielle de caséine, une partie de la caséine, environ les $\frac{4}{5}$, se trouve à l'état colloïdal et le $\frac{1}{5}$ à l'état dissous. La caséine colloïdale caille seule, par la présure, laissant un sérum qui renferme du phosphocaséinate de chaux parfaitement soluble.

Reste à définir pourquoi le phosphocaséinate de chaux prend ces deux états simultanément. Les notions que l'on possède à l'égard de la formation des corps colloïdaux et des corps solubles sont très incomplètes; mais on ne peut s'empêcher de remarquer que le caillé obtenu dans ces conditions renferme moins de phosphate de chaux, par rapport aux matières azotées, que le sérum auquel il donne naissance.

Le même fait se reproduit vis-à-vis d'un sérum naturel de lait filtré au kaolin, que l'on soumet à l'action de la présure :

	Pour 100 de matières azotées.	
	Phosphate de chaux	
	dans le caillé.	dans le sérum.
Sérum de lait filtré, emprésuré	8,4	18,2
Solution de phosphocaséinate de chaux. I....	14,6	24,5
Solution de phosphocaséinate de chaux. II ...	19,1	29,6

Parmi les théories chimiques qui ont été émises encore pour expliquer le caillage à la présure, on peut citer celle de Soxhlet (*Soc. ch.*, t. II, 1873, p. 415). La coagulation de la caséine, sous l'influence de la présure, serait due à la formation d'acide lactique susceptible de précipiter le caséinate. Cette théorie n'est pas admissible.

Elle a été reprise cependant, mais pour expliquer seulement le caillage spontané, par Van Slyke et Hart (*Soc. chim.*, t. II, 1905, p. 1310), puis par Laxa (*Rev. gén. du Lait,* 1905-1906, p. 185). Il se formerait un lactate et un dilactate de caséine, insoluble dans l'eau, soluble dans l'eau salée.

Ces théories chimiques doivent donc être écartées, et le caillage à la présure doit être attribué aux phénomènes purement physiques que l'on constate tous les jours dans la coagulation des corps colloïdaux. Dans un lait, la caséine colloïdale seule est susceptible de cailler, c'est-à-dire de former, sous l'influence des électrolytes ou des diastases présurantes, des masses compactes, par la réunion de ses granules indépendants. Une partie de la caséine, dissoute à la faveur du phosphate de chaux, reste soluble en présence de la présure et constitue, avec l'albumine, les matières azotées du sérum.

INFLUENCE DES CONDITIONS EXTÉRIEURES SUR LE CAILLAGE.

Influence de l'acidité. — La pratique fromagère a, depuis longtemps, reconnu que la présure doit être employée en d'autant moindre quantité que le lait est plus acide. L'acidité augmente donc l'activité de la présure; là encore les deux actions se superposent. On sait aussi que les laits à forte acidité donnent un caillé ferme, et si ce caillé est cuit, comme on le cuit dans la fabrication du fromage de Gruyère, il devient grenu et cassant; les laits à faible acidité, au contraire, fournissent un caillé qui manque de cohésion, de contractilité, et qui, pour cette raison, ne laisse pas facilement égoutter son petit-lait. L'acidité des laits influence donc le temps de l'emprésurage, comme elle détermine la qualité du caillé.

Influence des quantités de présure. — La quantité de présure employée, toutes choses égales d'ailleurs, agit sur la rapidité de la coagulation. Dans certaines limites, on peut dire que le temps nécessaire à l'emprésurage est en raison inverse des quantités employées. Quand les quantités de présure sont trop faibles, de même quand elles sont excessives, la loi précédente n'est plus observée; mais, dans les teneurs moyennes, cette loi est exacte et le produit du temps t par

la quantité de présure employée m est constant. Voici les chiffres
obtenus par Duclaux (*Microb.*, t. II, p. 163) :

Quantité de lait employé en cent. cubes pour 1 cm³ de présure (m).	Durée de la coagulation (t).	Produit $m \times t$.	
	m s		
$\frac{1}{24000}$	2.40	100	
$\frac{1}{12000}$	44	275	
$\frac{1}{8000}$	30	266	
$\frac{1}{6000}$	21.30	270	
$\frac{1}{4000}$	15	266	$m \times t = \text{const.}$
$\frac{1}{3000}$	11	275	
$\frac{1}{2000}$	7.30	266	
$\frac{1}{1500}$	6.20	240	
$\frac{1}{500}$	4.20	120	
$\frac{1}{250}$	3.30	80	
$\frac{1}{175}$	3.20	40	

Influence de la température. — L'influence qu'exerce la température sur la durée du caillage et sur la qualité du caillé a été étudiée
par Fleischmann. Il a constaté que la présure ne fait sentir son action
qu'à partir de 20°C.; cette action devient de plus en plus énergique
jusqu'à 41° environ, température où elle est maxima; à partir de cette
température, elle s'affaiblit progressivement pour devenir nulle aux
approches de 60°. Le Tableau ci-dessous résume les expériences de
Fleischmann (Duclaux, *Microb.*, t. II, p. 175). Les chiffres de la dernière colonne mesurent l'action de la présure, le chiffre 100, relatif
à cette action vers la température de 41°, étant pris comme unité.

Température.	Durée de la coagulation en minutes.	Mesure de l'action de la présure (l'action maxima = 100).
20°	32,17	18
25	14,00	44
30	8,47	71
31	8,15	74
32	7,79	77
33	7,47	80
34	7,19	83
35	6,95	86
36	6,74	89

L.

Température.	Durée de la coagulation en minutes.	Mesure de l'action de la présure (l'action maxima = 100).
37°	6,55	92
38	6,39	94
39	6,26	96
40	6,15	98
41	6,06	100
42	6,12	98
43	6,24	96
44	6,44	93
45	6,74	89
46	7,16	84
47	7,72	78
48	8,44	70
49	10,00	60
50	12,00	50

Ces chiffres ne peuvent être considérés comme ayant une valeur absolue; ils ne seraient pas identiques avec un lait d'une composition différente en acidité et en teneur saline, avec une présure autre que celle dont Fleischmann a fait usage.

Duclaux a montré que la présure n'est pas tuée par le froid; il a pu conserver, pendant quelques semaines, à 8° ou 10°, du lait stérile, en présence de doses de présure qui le coagulaient rapidement dès qu'on le réchauffait vers 35°.

Si les températures situées en dessous du maximum ne semblent pas atteindre les propriétés coagulantes de la présure, il n'en est pas de même des températures supérieures à ce maximum; la présure s'affaiblit de plus en plus, comme d'ailleurs tous les ferments solubles, au fur et à mesure qu'elle est exposée à une température plus voisine de 60°. Mais là encore, il faut faire intervenir des facteurs variables; la durée pendant laquelle la présure est chauffée à une température choisie, la composition du lait dans lequel elle est dissoute, son état d'acidité, tous ces facteurs tendent à modifier quelque peu la courbe que l'on pourrait tirer de l'observation faite sur un lait déterminé et pendant le même temps. Camus et Gley (*Arch. de Phys.*, 1897, n° 4) ont constaté que la présure résiste mieux à la chaleur quand le milieu où elle se trouve est acide.

La présure, comme tous les ferments solubles, supporte, quand elle a été préalablement desséchée, des températures supérieures à 100°.

Influence des sels. — Le rôle que peuvent jouer les sels de chaux a été indiqué plus haut ; ils agissent non seulement en activant la coagulation et en diminuant sa durée, toutes conditions égales d'ailleurs, mais encore en donnant un coagulum plus compact et plus rétractile.

Parmi les sels de chaux, c'est le chlorure de calcium dont l'action est la plus nette ; d'après Lörcher (*Pflügers Arch.*, t. IL, 1897, p. 141), à qui l'on doit une étude très complète sur ce sujet, il en est de même des chlorures de baryum et de strontium parmi les sels de baryte et de strontiane ; le sulfate de magnésie, le nitrate de baryte avancent la coagulation, les chlorures de magnésium, de zinc l'avancent ou la retardent, suivant la concentration qu'ils présentent vis-à-vis du lait ; le phosphate de soude la retarde, tandis que le phosphate de potasse, de même concentration, l'avance ; les alcalis caustiques et carbonatés et en général tous les sels des métaux alcalins, sulfates, nitrates, iodures, bromures, chlorures, fluorures et oxalates retardent la coagulation.

On sait que le caillage du lait pasteurisé à 85°-90° se fait mal et fournit un coagulum mou ; cela tient à ce que, comme l'ont rappelé Klein et Kirsten (*Rev. gén. du lait*, 1901-1902, p. 19), certains sels de chaux se sont insolubilisés pendant le chauffage ; il suffit, pour donner au lait ses propriétés primitives, de l'additionner de $\frac{1}{1000}$ de chlorure de calcium.

Les substances retardatrices de la coagulation déterminent un caillé mou, comme celles qui l'activent fournissent un caillé rétractile ; on constate que l'égouttage d'un fromage fabriqué avec du lait chargé de la plus petite dose de bicarbonate de soude est plus lent que quand le fromage provient d'un lait normal.

Influence des antiseptiques. — De Freudenreich (*Ann. de Microg.*, sept. 1897) a fait voir que le chloroforme et le thymol, à l'encontre des autres ferments solubles, détruisent la présure. M. Pottevin (*Ann. Inst. Pasteur*, t. VIII, 1894, p. 807) a constaté que le formol (aldéhyde formique) n'a, vis-à-vis de la présure, qu'une action retardatrice.

Influences individuelles et retards à la coagulation. — La durée de la coagulation n'est pas toujours la même pour le lait d'un même animal ; la nature de l'alimentation modifie cette durée ; d'après Pagès (*C. R.*, t. CXVIII, 1894, p. 1291), les fourrages artificiels, la luzerne, le regain, le son, les betteraves donnent un lait qui se caille vite ; l'herbe et le foin de certaines prairies donnent au contraire un lait paresseux. Le lait d'une femelle jeune caille plus rapidement que celui d'une femelle déjà vieille; le lait sécrété récemment, plus rapidement aussi que celui qui est resté longtemps dans la mamelle; enfin le lait du commencement de la traite est plus lent à cailler que celui de la fin.

Il faut donc admettre qu'il existe dans le lait des substances susceptibles de retarder la coagulation, à côté de celles qui l'activent. On sait d'ailleurs aujourd'hui que le sérum sanguin de certains animaux inférieurs, poissons et invertébrés (torpille, congre, seiche, poulpe, homard, crabe, etc.), présente des propriétés antiprésurantes, c'est-à-dire neutralisant l'action de la présure (SELLIER, *C. R.*, t. CXLII, 1905, p. 409).

II. — LA MATURATION DES FROMAGES CONSIDÉRÉE AU POINT DE VUE MICROBIOLOGIQUE.

Quand le caillé, dont on vient de suivre la coagulation, est égoutté, salé, et recouvert, par le hâlage, d'une croûte demi ferme, il est descendu en caves, et là il subit une série de transformations qui assurent ce que l'on est convenu d'appeler *sa maturation*.

Cette maturation peut alors être considérée comme la somme des effets produits par la fermentation de toutes les substances contenues dans le caillé, aussi bien du lactose qu'un égouttage imparfait a laissé dans la pâte, que de la matière grasse et de la caséine qui forment la grosse masse de celle-ci.

Les seuls agents de la maturation sont des microbes, et ce sont ceux-ci qu'il convient d'abord d'étudier, quand on veut se rendre compte des phénomènes qui transforment le fromage, à partir du moment où il est rassemblé; mais l'action des différents microbes ne peut être considérée comme spécifique; les ferments lactiques, par exemple, ne sont pas seuls capables de détruire le lactose; les moisissures entrent en jeu, à un certain moment de la fabrication, pour achever ce que ceux-ci n'ont pas fait; de même, la solubilisation de la caséine, la production des acides volatils ne sont pas réservées aux tyrothrix, mais elles sont l'œuvre également des ferments lactiques et des moisissures. Quand chacun des microbes aura été étudié, et que son influence aura été définie, on pourra mesurer, par l'analyse chimique, l'œuvre que l'association microbienne aura accomplie, aux différentes phases de la maturation.

LA CASÉASE.

Quand un fromage mûrit, sa pâte perd progressivement son opacité, son aspect porcelané et devient transparente ; elle perd sa nature sèche, cesse de s'émietter, et devient coulante. Ce phénomène capital, mis en lumière pour la première fois par Duclaux (*Ann. de l'Inst. nat. agron.*, 1882, p. 60), est le résultat du développement de plusieurs microbes, dont on étudiera plus loin la nature et la morphologie ; ceux-ci sécrètent une diastase ou ferment soluble, désignée par Duclaux sous le nom de *caséase*, et cette caséase a la propriété singulière de digérer, de solubiliser la caséine ; Duclaux a appelé *caséone* la matière azotée ainsi solubilisée.

Dès que la caséine a pris la forme soluble, c'est-à-dire une forme plus assimilable, elle est attaquée par les mêmes microbes ou par d'autres microbes, et ceux-ci dégradent à leur profit la caséine et la transforment en produits plus simples (leucine, tyrosine, ammoniaque et ammoniaques composées, acides gras volatils, etc.), produits en général plus sapides et plus odorants, qui donnent au fromage son parfum et son odeur caractéristiques.

Il y a donc dans la maturation deux phases qui se succèdent de près : l'une qui aboutit à la solubilisation de la caséine, l'autre à sa dégradation et par conséquent à l'élaboration des produits parfumés qui caractérisent sa maturation.

Il y a tout d'abord intérêt à connaître cette caséase, et à rapprocher ses propriétés de celles des autres ferments solubles.

C'est en cultivant des microbes dont il sera parlé plus loin sous le nom de *tyrothrix,* que Duclaux a découvert ce ferment soluble ; quand on précipite par l'alcool le bouillon de culture de ces microbes, on obtient un précipité renfermant à la fois de la présure, ferment susceptible de coaguler la caséine, et de la caséase, ferment susceptible de la décoaguler, c'est-à-dire de la solubiliser. Duclaux a montré qu'en cultivant ces tyrothrix non plus sur du lait, mais sur du bouillon, on obtient une caséase plus pure. Celle-ci, mise en contact du lait à 20°-25°, coagule, puis liquéfie le lait, en fournissant un liquide semi-transparent, filtrable à la bougie de porcelaine et qui, par le repos, se sépare des globules gras, qu'il tenait émulsionnés.

La caséase des tyrothrix semble identique à la diastase que sécrètent certains microbes dits *liquéfiants,* quand on les cultive sur gélatine, identique également avec la trypsine du pancréas.

Orla Jensen a tenté d'introduire dans des fromages en maturation de la pepsine et de la trypsine (*Journ. ind. lait.*, 1901, p. 236). La pepsine n'a eu aucune influence; quant à la trypsine (trypsine Merck), ajoutée à la dose de 25ᵉ par 100ˡ, elle a produit une digestion très active du caillé; le fromage à la trypsine renfermait une quantité d'azote soluble, représentant 44,7 pour 100 de l'azote total, tandis que le fromage témoin n'en renfermait que 18,6 pour 100; mais le fromage est devenu amer, aussi bien avec du lait cru qu'avec du lait chauffé. Ces recherches confirment l'identité, ou tout au moins l'analogie de la trypsine du pancréas et de la caséase des microbes.

Cependant certains auteurs se sont demandé si le lait ne contiendrait pas, avant même toute action microbienne, une diastase capable de liquéfier la caséine.

Babcok et Russel (*Centralb. für Bact.*, 2. Ab., t. III, p. 615, *Journ. ind. lait.*, 1901, p. 181, et *Rev. gén. du lait*, 1901-1902, p. 280) ont montré que le lait dans lequel on a paralysé l'action des ferments, au moyen du chloroforme ou de l'éther, renferme une caséase liquéfiante, qu'ils ont nommée la *galactase*, et dont il a été parlé au Chapitre I, page 26. Cette galactase serait même capable d'agir à 0°, et ces expérimentateurs ont préparé un fromage qui a mûri à 4° dans un espace de 18 mois. Babcok et Russell conseillent de prélever le ferment soluble dans le dépôt qui se forme sur les parois des écrémeuses, c'est-à-dire dans les boues dont on a donné la composition au Chapitre II (p. 192).

De Freudenreich (*Journ. ind. lait.*, 1901, p. 185-193) a confirmé l'existence de la galactase; mais il ne croit pas qu'elle ait une grande influence sur la maturation. Peut-être, en liquéfiant la caséine, facilite-t-elle la tâche des microbes chargés de faire mûrir le fromage.

Les recherches d'Orla Jensen (*Journ. ind. lait.*, 1901, p. 227-236) conduisent au même résultat négatif. Un lait, chauffé, puis ensemencé avec la galactase prise dans la boue des écrémeuses, donne un fromage qui ne mûrit pas mieux que celui fabriqué avec du lait nature.

C'est également en faisant usage du chloroforme que Van Slyke, Harding et Hart (*Rev. gén. du lait*, 1901-1902, p. 330) ont cherché à séparer, dans la maturation, l'action des bacilles et l'action des ferments solubles. Les fromages non additionnés de chloroforme ont, comme l'on devait s'y attendre, donné plus de matières azotées solubles que les fromages antiseptisés contre les microbes.

LES TYROTHRIX.

Les tyrothrix sont les premiers microbes, répondant à la définition ci-dessus, qui aient été découverts et étudiés. Dans un magistral travail (*Ann. de l'Inst. nat. agron.*, 1879-1880, p. 79), Duclaux a pu isoler un grand nombre de ces tyrothrix, les uns aérobies, comme les *T. tenuis, T. filiformis, T. distortus, T. geniculatus, T. turgidus, T. scaber, T. virgula;* les autres anaérobies, *T. urocephalus, T. claviformis, T. catenula.*

Le *T. tenuis* forme de petits bâtonnets de o$^\mu$,6 de largeur, et d'une longueur variable qui peut descendre jusqu'à 3$^\mu$. Les bâtonnets du *T. filiformis* ont o$^\mu$,8 de diamètre, ceux du *T. distortus* o$^\mu$,9, ceux du *T. geniculatus* et ceux du *T. turgidus,* 1$^\mu$, et enfin ceux du *T. scaber,* 1$^\mu$,1 à 1$^\mu$,2. Ces microbes possèdent le mouvement onduleux et lent des vibrions. Le *T. virgula* est un bâtonnet dont les dimensions diamétrales se rapprochent de celles du *T. tenuis;* il prend rapidement une forme irrégulière par suite de la formation de renflements; il est, au début tout au moins, raide et immobile.

Les tyrothrix anaérobies sont également des bâtonnets de 1$^\mu$ de diamètre, qui s'enchevêtrent avec facilité et qui sont également doués du mouvement flexueux. Le *T. urocephalus* peut vivre également au contact de l'air comme les microbes précédents; mais, à l'abri de l'oxygène, il devient ferment et produit des dégagements gazeux, dans lesquels on rencontre de l'acide carbonique, de l'hydrogène et de l'hydrogène sulfuré. C'est un ferment de putréfaction comme le vibrion butyrique, avec lequel d'ailleurs il présente une grande ressemblance. Le *T. claviformis* est purement anaérobie; il en est à peu près de même du *T. catenula.* Tous deux fournissent, quand ils vivent en profondeur dans le lait, les mêmes gaz que le *T. urocephalus.*

Tous ces microbes sont producteurs de présure; les aérobies en sécrètent plus que les anaérobies; cela explique, d'après Duclaux, que la présure, préparée avec du lait, et qui se peuple rapidement de tyrothrix, devient de plus en plus active, pendant les premiers jours, tant qu'il reste de l'air dissous, puis perd sa force quand la culture est livrée exclusivement aux anaérobies.

Tous ces microbes sont producteurs de caséase; mais les anaérobies présentent, à ce point de vue, une grande infériorité sur les aérobies.

Tous vivent aux dépens de la caséine, mais ils ne la digèrent pas avec la même facilité. Les uns, comme le *T. tenuis,* peuvent attaquer la caséine non solubilisée; d'autres, comme le *T. catenula,* exigent que cette caséine ait reçu l'action préalable de la caséase; d'autres enfin, comme le *T. scaber*, ne l'assimilent que quand elle a subi une transformation plus profonde encore, et qu'elle est gélatinisée. Ces tyrothrix, en même temps que la leucine, la tyrosine et peut-être l'urée, produisent de l'acide acétique (*T. claviformis*), de l'acide butyrique (*T. catenula*), de l'acide valérianique, tantôt seul [(*T. urocephalus, scaber, tenuis*), tantôt associé à l'acide acétique (*T. filiformis, distortus, geniculatus*).

« Chacun de ces êtres, prenant la caséine à un certain point de son échelle de destruction, la fait descendre de quelques degrés; après quoi son action s'arrête, quand il l'a amenée à un état tel qu'il ne s'en accommode plus que difficilement et, en principe, la destruction complète de la caséine exigera le concours de plusieurs espèces.

« Nous sommes bien préparés maintenant à comprendre le mécanisme de la disparition de la caséine dans un lait qui ne serait envahi que par les divers ferments de cette substance, ou dans une masse de caillé provenant d'un lait envahi, comme il l'est d'ordinaire, par une foule d'êtres de nature diverse. A la surface de la masse, que ce soit du lait ou du caillé, pulluleront les êtres aérobies, empruntant à l'air son oxygène et l'employant à brûler les matières organiques en contact.

« Quelques-uns, qui peuvent s'accommoder d'une privation plus ou moins complète d'oxygène, s'enfonceront plus ou moins loin dans les profondeurs de la masse et s'y mélangeront avec des anaérobies purs. Là, il y aura une fermentation et dégagement gazeux.

« Une fois développés dans la masse, tous ces êtres forment en quelque sorte une société de secours mutuels; ceux de la surface préparent des diastases pour ceux de la profondeur et les préservent de l'action de l'oxygène; ceux de la profondeur produisent des gaz qui brassent le liquide, favorisent la volatilisation du carbonate d'ammoniaque et rendent la vie plus facile aux aérobies. Quelques-uns de ces êtres prennent comme point de départ les matériaux élaborés par d'autres et respectés ensuite, parce qu'ils sont devenus impropres ou même nuisibles. Ils les détruisent, les décomposent, les amènent à une forme plus simplifiée, sous laquelle ces aliments sont repris par une espèce moins difficile. » (*Loc. cit.*, p. 108.)

Depuis les travaux de Duclaux, un autre élément, l'ammoniaque, a été pris en considération pour expliquer l'énergie plus ou moins grande avec laquelle les microbes, et spécialement les tyrothrix, attaquent la caséine. La caséase, d'une façon générale, agit mieux en milieu alcalin qu'en milieu neutre, mieux en milieu neutre qu'en milieu acide, et comme les tyrothrix ne sécrètent pas d'acidité et qu'ils n'entrent en jeu que quand le milieu est devenu neutre et même alcalin du fait de la production de l'ammoniaque sécrétée par les moisissures et les bactéries de la surface, ils ont vis-à-vis de la caséine une puissance dissolvante considérable. Si certains tyrothrix ne peuvent détruire que la caséine préalablement liquéfiée, alors que d'autres attaquent la caséine fraîche, c'est que les premiers ont besoin pour agir d'une quantité d'ammoniaque plus grande que les seconds. On verra plus loin que Lindet et Ammann ont pu activer la maturation d'un Gruyère en introduisant dans la pâte de l'ammoniaque liquide, et qu'il est d'usage, en fromagerie, de porter dans les étables les fromages qui sont longs à mûrir.

On vend d'ailleurs dans le commerce des produits susceptibles d'activer la solubilisation de la caséine, et qui sont à base de bicarbonate de soude : *Maturin, Firmitas, Käse-präparat* (Reiss, *Rev. gén. du lait,* 1904-1905, p. 502).

G. Roger a extrait d'un fromage de Brie un bacille, qui doit être un tyrothrix, qu'il a nommé *B. Firmitatis* (de La Ferté), qui est rouge orangé, qui sécrète une caséase légèrement glaireuse, et qui fournit des produits ammoniacaux capables de saturer les couches profondes (Fleurent, *Journ. ind. lait.,* 1901, p. 59). C'est lui qui, d'après Roger, détermine la couleur jaune de la pâte de Brie. Le fait a été contesté par Mazé, ainsi qu'on le verra plus loin.

Adametz a lancé dans le commerce, sous le nom de *tyrogène,* des cultures pures d'un tyrothrix, le *Bacillus nobilis.* Ces cultures étaient fabriquées par Becrend, à Brème.

LES FERMENTS LACTIQUES.

Un très grand nombre de ferments susceptibles de donner de l'acide lactique a été décrit, et la classification de ces ferments est impossible à établir, les produits de leur transformation variant avec les matériaux qu'ils sont chargés de transformer.

Ils appartiennent soit à la famille des *Coccacées,* c'est-à-dire ont la forme sphérique, soit à la famille des *Bacillées,* c'est-à-dire ont la forme de microbes allongés. D'après Kayser, les ferments lactiques que l'on rencontre dans le fromage sont surtout des Coccacées.

Ils sont tous capables de décomposer le glucose ou le lactose en le dédoublant et en fournissant, comme l'indique l'équation, 2^{mol} d'acide lactique :

$$C^6 H^{12} O^6 = 2(C^3 H^6 O^3).$$

En outre, ainsi que l'a montré Kayser (*Ann. Inst. Past.*, 1894, p. 737), tous les ferments lactiques donnent de l'acide acétique; on a pu penser que celui-ci provenait de l'oxydation de l'acide lactique; mais Kayser a constaté cette formation de l'acide acétique même dans le vide, ce qui amène à conclure qu'un certain nombre de molécules de sucre, pendant la fermentation lactique, se détriplent en acide acétique, comme elles se sont dédoublées plus haut en acide lactique :

$$C^6H^{12}O^6 = 3(C^2H^4O^2).$$

Kayser a vu que la quantité d'acide acétique produit augmente quand la fermentation a lieu en présence du carbonate de chaux. Il est admissible que, dans la maturation du fromage, cet acide acétique rencontre de même l'ammoniaque, qui se chargera de le saturer au fur et à mesure de sa formation.

Bertrand a reconnu que la yokhourt ou ferment bulgare dont il a été parlé (p. 188) forme, à côté de grandes quantités d'acide lactique, un peu d'acide succinique (*Ann. Inst. Pasteur,* 1906, p. 977).

On a signalé également, mais à titre exceptionnel et toujours en petites quantités, la présence de l'alcool, de l'acétone, de l'acide formique, parmi les produits de la fermentation lactique.

On peut admettre avec Duclaux (*Microb.*, t. IV, 1901, p. 338) que le dédoublement de la molécule sucrée se fait par l'intermédiaire d'un ferment soluble sécrété par les bacilles en présence du glucose ou du lactose.

Le rendement en acide lactique peut s'élever jusqu'à 94 pour 100 du sucre disparu quand le ferment vit en profondeur. Le calcul que l'on peut faire du rendement ne saurait être rigoureux. Tout ferment est ensemencé dans un bouillon de culture peptonisé, et il emprunte fatalement à la matière azotée, qu'il dégrade pour son alimentation, une partie de son carbone, en même temps qu'il prélève du carbone sur la provision sucrée que l'on met à sa disposition. La quantité de cellules élaborées représente, dans ces conditions, environ 5 pour 100 du sucre disparu.

Les chimistes distinguent trois acides lactiques, identiques dans leur constitution chimique, mais différents par leur constitution moléculaire. L'un est susceptible de faire tourner à droite le plan de vibration de la lumière polarisée; un autre, de le faire tourner à gauche; un autre enfin, de n'exercer sur lui aucune action. Cette distinction entre les acides droit, gauche et inactif, trouve ici son application. Kayser a constaté que les divers ferments lactiques, dont il a (*loc. cit.*, p. 736) spécifié la personnalité, décomposent les différents sucres, glucose, lévulose, saccharose, lactose, galactose, en fournissant l'un ou l'autre de ces acides lactiques. Avec le lactose, par exemple, le seul sucre qui nous intéresse ici, en présence d'eau de touraillon, il a vu trois ferments produire de l'acide droit, un ferment produire de l'acide inactif. Il a montré que cette expérience n'a rien d'absolu, car la nature de l'acide est influencée non seulement par l'individualité du ferment, mais aussi par la nature de son alimentation hydrocarbonée et azotée.

Les ferments du fromage fournissent plutôt des acides droits.

Pottevin a constaté (*Ann. Inst. Past.*, 1898, p. 49) qu'un ferment, produisant de l'acide inactif, est susceptible de donner de l'acide droit, quand on diminue la teneur du liquide en peptone.

D'après Kozai (*Rev. gén. du lait.* 1901-1902, p. 161), quand le lait caille spontanément, il se forme plutôt de l'acide lactique droit si le caillage a lieu à la température ordinaire, et plutôt de l'acide gauche quand on le provoque à la chaleur de l'étuve. Le bacille qui donne l'acide droit serait le *Bacterium lactis acidi* de Leichmann, et celui qui donne l'acide gauche serait le *B. acidi lœvolactici* de Halensis.

Tous les ferments sont gênés dans leur action par les produits mêmes qu'ils élaborent; la levure ne peut supporter une dose d'alcool supérieure à 12 ou 14 pour 100; de même les ferments lactiques sont entravés par la présence même de l'acide lactique. D'après Duclaux (*loc. cit.*, p. 350), il y a lieu de distinguer dans l'étude de la fermentation lactique, comme d'ailleurs dans celle de toutes les fermentations, l'*activité du ferment*, c'est-à-dire la rapidité qu'il met à atteindre le niveau d'acidité, auquel il cesse de produire de l'acide lactique et au delà duquel il est paralysé, et la *puissance du ferment*, c'est-à-dire la grandeur du niveau d'acidité auquel il peut résister.

Les ferments lactiques, comme tous autres ferments d'ailleurs, exigent pour leur développement une nourriture azotée; il n'est donc pas étonnant qu'ils deviennent plus actifs vis-à-vis des sucres en présence des peptones, et que le rendement même du sucre en acide lactique s'élève, ainsi que l'a vu Kayser, proportionnellement à la teneur en peptone du moût en fermentation lactique. Kayser (*loc. cit.*, p. 759) a démontré en outre que l'addition de peptone augmente la *puissance du ferment*, c'est-à-dire recule les limites d'acidité au delà desquelles il est paralysé.

Cette considération permet de comprendre comment les ferments lactiques pourront se développer en présence de la caséine solubilisée par les microbes liquéfiants; l'analogie que présentent cette caséine soluble et la peptone permet de comprendre également que le ferment lactique soit capable de puiser à cette nouvelle source une énergie comparable à celle que lui donne la peptone, et, dans ce cas, il est admissible que ce ferment dégrade cette caséine et en transforme l'azote en ammoniaque, susceptible de saturer et au delà l'acide lactique produit.

Il convient de remarquer, au moment où l'on va fixer le rôle des ferments lactiques, que ceux-ci, ensemencés dans le lait par l'atmosphère, les ustensiles, et souvent la présure, se développent immédiatement dès que, avant d'emprésurer le lait, on le chauffe à 28°-38°. Quand, dans la fabrication du Gruyère, on prépare les présures avec de l'aizy, c'est-à-dire du lait aigri, on ensemence la pâte avec des ferments lactiques en pleine activité.

Le rôle des ferments lactiques dans la destruction du lactose, destruction que l'on constate dès les premières heures de la fermentation, a été signalé par Duclaux (*Ann. de l'Inst. nat. agr.*, 1882, p. 109); peut-être ce rôle n'est-il pas général; car Lindet et L. Ammann (*Ann. de l'Inst. nat. agr.*, 1904, p. 222) n'ont pas rencontré d'acide lactique, précisément dans le Camembert, c'est-à-dire dans le fromage où, par suite du défaut d'égouttage, il y a le plus de chance d'en supposer la formation. Il est vrai que Duclaux (*loc. cit.*, p. 128) a admis que l'acide lactique était en partie brûlé, en partie transformé par une fermentation butyrique. Lindet et Ammann ont, dans ce fromage de Camembert, reconnu en effet la présence de l'acide butyrique au début même de la maturation, et les ferments butyriques pullulent à ce moment; or, la fermentation butyrique paraît incompatible avec la fermentation lactique, la première étant arrêtée par la présence des acides. Il y a peut-être lieu plutôt d'admettre dans ce cas, puisque le lactose disparaît, que celui-ci est attaqué directement par les moisissures et les bactéries de la surface et qu'il est brûlé au lieu d'être transformé en acide lactique.

La production d'acide lactique, que l'on constate souvent au début, est de nature à arrêter le développement des ferments de putréfaction, et, comme l'a fait remarquer Mazé (*Ann. Inst. Past.*, 1905, p. 378), c'est à cette acidité que l'on doit la conservation des fromages que l'on mange à l'état de caillé frais (gros lait de Bretagne, Leben d'Égypte, etc.); c'est elle qui préserve de la putréfaction les fromages soumis à la maturation.

En outre, d'après cet auteur, et comme il a été dit à propos de la maturation de la crème, les ferments lactiques produisent, aux dépens du lactose, peut-être aussi aux dépens des matières grasses

que l'acide lactique saponifie, des acides volatils et des produits
sapides, et ce sont ces produits qui, absorbés et retenus par la graisse
du fromage, donnent à celui-ci, comme ils le donnent au beurre, le
goût de noisette.

Enfin, et c'est là, pour certains fromages du moins, l'intervention
la plus intéressante : ils solubilisent la caséine, la détruisent et donnent naissance à des produits sapides de décomposition, acides volatils, etc., au même titre que les tyrothrix. Mais leur puissance dissolvante est ordinairement moindre, parce qu'ils travaillent dans un
milieu qu'ils rendent acide; ce n'est que quand le milieu devient alcalin qu'ils prennent vis-à-vis de la caséine toute leur énergie. C'est le
cas où l'on associe les ferments lactiques aux moisissures productrices
d'ammoniaque.

Il a été dit plus haut que les ferments lactiques sont capables de
détruire la caséine pour satisfaire à leur alimentation, et de la transformer en éléments azotés appartenant au groupe des corps amidés et
à l'ammoniaque.

Mais on ne saurait admettre *a priori* que ceux-ci aient l'obligation
préalable de la solubiliser avant de la dégrader, et rien ne s'oppose à
ce qu'ils l'attaquent quand elle est encore à l'état coagulé.

De Freudenreich s'est, depuis plusieurs années, attaché à ce problème de la fermentation de la caséine par les ferments lactiques, et
il a affirmé à plusieurs reprises que la maturation des fromages cuits
de Gruyère et d'Emmenthal est due à ces ferments.

En 1897 (*Ann. de Micr.*, 1897, t. IX, p. 385-385, et *Journ. ind.
lait.*, 1897, p. 237), il a reconnu que la quantité de caséine solubilisée par les ferments lactiques est réelle; elle ne peut évidemment
pas être comparée à celle que fournissent les tyrothrix, mais elle représente encore la moitié de celle que solubilise le *T. tenuis* pendant
le même temps.

Il constata, d'autre part, que l'on rencontre, dans les fromages
frais, un micrococque liquéfiant, auquel on pourrait attribuer la solubilisation de la caséine; mais celui-ci disparaît rapidement par la
maturation. Les bacilles lactiques deviennent, au contraire, de plus en
plus nombreux. En ensemençant des laits avec divers ferments lactiques, il a obtenu les quantités suivantes de caséine soluble :

	Caséine soluble pour 100 du lait.	
	I.	II.
Témoin.................................	0,227	0,205
A..	0,289	0,730
B..	1,225	»
C....................................	1,178	0,996

Les ferments lactiques sont donc capables, d'après de Freuden-reich, d'attaquer la caséine et de la transformer en substances albu-minoïdes et en amides, et cet expérimentateur, après avoir constaté que les ferments lactiques pullulent dans le fromage de Gruyère, fut amené à conclure qu'ils jouent un rôle prépondérant dans la matura-tion de ce fromage.

De Freudenreich revint, à plusieurs reprises, sur ses premières expériences, dans le but surtout de combattre ses contradicteurs. En 1900 (*Journ. ind. lait.*, 1901, p. 115), par exemple, il prépara un certain nombre de fromages ensemencés soit avec des ferments lactiques seuls pris dans une culture pure, soit avec un mélange de ferments lactiques et de bacilles liquéfiants (microcoques) pris dans une pré-sure naturelle; les fromages d'essai n'ont pas donné, à l'analyse micro-graphique, de bacilles liquéfiants, et cependant la quantité de caséine solubilisée, ainsi que le montre le Tableau ci-dessous, est à peu près la même que dans les fromages témoins, où le bacille liquéfiant s'est spontanément développé; mais la quantité d'ammoniaque produite a été plus élevée; les ferments lactiques ont donc eu une influence sur la maturation.

	Azote soluble pour 100 de l'azote total.	Azote (à l'état d'ammoniaque) pour 100 de l'azote total.
Témoin................	9,31	0,75
»	16,38	1,70
A......................	9,77	3,00
B	12,88	3,52
C	13,89	2,55

L'action liquéfiante des bacilles lactiques était évidente, mais elle n'était pas supérieure à celle des microcoques. En 1901, de nouvelles expériences (*Rev. gén. du lait,* 1901-1902, p. 78 et 104) lui permirent de conclure que le microcoque liquéfiant facilite le travail des fer-ments lactiques en amenant la solubilisation de la caséine.

Un des principaux contradicteurs de Freudenreich fut Adametz,

(*OEsterreichische Molkereizeitung,* 1899, n° 7), qui affirma à plusieurs reprises qu'un tyrothrix découvert par lui, le *Bacillus nobilis,* était l'agent de la maturation des fromages cuits d'Emmenthal; Adametz cultiva industriellement ce bacille sous le nom de *tyrogène.* Il annonça que l'on rencontre toujours dans un fromage cuit, en maturation, plus de tyrothrix dans la croûte et que la maturation se fait progressivement de la périphérie vers le centre. Dans ces conditions, rien ne s'oppose, d'après Adametz, à admettre que ces tyrothrix soient seuls à provoquer la maturation.

De Freudenreich (*Journ. ind. lait.,* 1900, p. 305, 325, 333, 341, et *Rev. gén. du lait,* 1901-1902, p. 78 et 104), a émis l'opinion exactement contraire. Il y a moins de bactéries du côté de la croûte que dans le centre, et reprenant d'anciennes expériences, qu'il avait publiées en 1892 avec la collaboration du Dr Scheffer, il démontra, au moyen de fromages mis à l'abri de l'air par une couche de paraffine ou par un bain de mercure, que la maturation peut avoir lieu dans toute la masse et en dehors de toute végétation bactérienne aérobie.

Les tyrothrix même, inoculés dans des fromages d'essai (il s'agit toujours ici des fromages cuits), ne se développent pas ou disparaissent rapidement, tandis que les fromages non inoculés ne présentent, après maturation, aucune colonie de tyrothrix. En tout cas, la faible quantité de tyrothrix que l'on trouve sur la croûte ne permet pas de supposer que ceux-ci sécrètent la quantité de |caséase dont on constate les effets dans la maturation.

Ces expériences ont été confirmées nettement par Winkler, qui a constaté que les tyrothrix ne se développent qu'aux premières heures de la fabrication; par Mlle Troili-Petersson, qui a ensemencé sans résultat, dans des fromages, le *tyrogène* d'Adametz (*Rev. gén. du lait,* 1901, p. 113), et enfin par Orla Jensen (*Journ. ind. lait.,* 1900, p. 333), qui dosa, à trois niveaux différents de la pâte, la matière azotée soluble, la matière azotée des produits de décomposition et enfin l'azote des sels ammoniacaux, et qui constata, dans ces conditions, que la maturation est moins active à la périphérie qu'au centre. Les résultats obtenus par Orla Jensen et rapportés à 100 d'azote total sont d'ailleurs consignés ci-dessous :

	Azote		
	soluble.	des produits de décomposition.	des sels ammoniacaux.
Couche extérieure.....	19,81	5,81	0,79
» médiane	23,35	8,88	1,15
» interne	28,96	10,53	1,60

De Freudenreich a publié plus récemment une nouvelle série d'expériences, mises plus que jamais à l'abri des critiques relatives au mode opératoire (*Rev. gén. du lait,* 1901, p. 289, 313, 346); les résultats ont confirmé les recherches précédentes; le *Bacillus nobilis* et le *tyrogène* ne peuvent avoir qu'une action nuisible dans la maturation des fromages à pâte cuite.

La question de la maturation des fromages à pâte ferme n'était cependant pas encore considérée comme tranchée; d'autres contradicteurs devaient opposer leurs expériences à celles de **De Freudenreich.**

Ce furent d'abord Bœkhout et Ott de Vries (*Centralblatt für Bact.,* 1899, p. 304), qui n'obtinrent aucune maturation en ensemençant un ferment lactique dans des fromages stérilisés. Mais de Freudenreich répondit (*Rev. gén. du lait,* 1901-1902, p. 164) que le ferment lactique était probablement mal choisi, que tous n'avaient pas la même énergie vis-à-vis de la caséine, que celui-ci pouvait être le *Bacterium lactis acidi,* dont il avait maintes fois constaté la faiblesse.

Bœkhout et Ott de Vries revinrent plus tard sur leur travail (*Centralb. für Bact.,* 1901, p. 817) et annoncèrent des résultats contraires à ceux qu'ils avaient obtenus en 1899; les ferments lactiques jouent un rôle prépondérant dans la maturation du fromage cuit.

Chodat et Hofman-Bang (*Ann. Inst. Past.,* 1901, p. 36) entrèrent également dans la discussion. Ils constatèrent tout d'abord que de Freudenreich avait bien démontré que les ferments lactiques attaquaient la caséine; mais les preuves qu'il avait données de leur puissance à la solubiliser leur semblèrent insuffisantes. Ils prélevèrent dans un fromage d'Emmenthal cinq espèces de ferments lactiques, nettement définies, et les cultivèrent tantôt sur de la caséine lavée, séchée, stérilisée et redélayée dans l'eau; tantôt sur un mélange de cette caséine et de caséine préalablement dissoute par des tyrothrix et filtrée à la bougie; tantôt, enfin, sur une caséine partiellement digérée par des tyrothrix et stérilisée à 120°. En aucun cas le dosage de l'azote des matières azotées solubles n'a été plus élevé que celui exécuté sur les témoins; quelquefois même il a donné des résultats inférieurs qui tiennent à ce que le ferment lactique a utilisé cet azote pour son alimentation.

Il est sage, devant ces résultats, de faire quelques réserves qui sont d'ailleurs indiquées par Chodat et Hofman-Bang : d'une part, de Freudenreich a peut-être opéré sur des bactéries différentes et douées d'un pouvoir liquéfiant plus considérable. Ainsi qu'il a été dit plus haut le *Bacterium lactis acidi* ne liquéfie pas la caséine. D'autre part,

Chodat et Hofman-Bang ont opéré sur des produits préparés d'une façon toute différente de la façon dont sont fabriquées les pâtes des fromages, dans lesquelles il reste du lactose, tout au moins au début de la maturation, des sels solubles et dans lesquelles la caséine n'a pas été chauffée à plus de 60°.

Sous ces réserves, le travail de Chodat et Hofman-Bang tend à démontrer que les ferments lactiques sont incapables de dissoudre la caséine.

Cette conclusion est-elle aussi opposée qu'on pourrait le croire à celles de Freudenreich. Il a été dit plus haut que celui-ci admet l'influence liquéfiante exercée par les microcoques et on lit, dans le Mémoire de Chodat et Hofman-Bang, que l'un de leurs ferments lactiques avait toutes les apparences d'un microcoque. D'autre part, Chodat et Hofman-Bang reconnaissent que l'amertume des produits liquéfiés par les tyrothrix fait supposer « que d'autres microorganismes, peut-être des ferments lactiques, influent sur la saveur ».

On ne se trouve donc pas loin d'admettre que si ce sont les tyrothrix ou les microcoques qui solubilisent la caséine, les ferments lactiques qui entrent alors en jeu deviennent des agents sérieux de la maturation.

On s'accorde aujourd'hui à donner aux ferments lactiques un rôle très important vis-à-vis de la liquéfaction de la caséine, et nou seulement dans la fabrication du Gruyère, mais dans celle du Camembert, où ils opèrent en milieu alcalin.

Or la Jensen a fait récemment (*Ann. agr. de la Suisse*, 1906, et *Rev. gén. du lait,* 1905-1906, p. 464, 481 et 508) une longue étude de la maturation de l'Emmenthal par les ferments lactiques et spécialement par le *bacillus casei,* ε. C'est aux premières heures de la fabrication, quand le fromage est chaud et mal égoutté, que ceux-ci se développent; il y a donc intérêt à laisser le lait s'acidifier, avant de le cailler, de façon que les ferments lactiques prennent la prédominance sur les autres ferments : on peut l'ensemencer artificiellement. Le chauffage du caillé à une température trop élevée modifie la vigueur des ferments lactiques et nuit à la maturation.

Eckles a étudié (*Ann. agr. de la Suisse,* 1905, et *Rev. gén. du lait,* 1905-1906, p. 9 et 33) la maturation des fromages faits avec du lait caillé spontanément (fromages du canton de Saint-Gall, de Mayence, de Mecklembourg, de Berlin), et il a rencontré dans ceux-ci de nombreux ferments lactiques. Mais il admet que la liquéfaction de la caséine, qui est presque totale, comme dans un fromage de Camembert, est due surtout à l'*Oïdium lactis* qui peuple la surface et qui se développe dès le début de la maturation, en même temps qu'il sature l'acidité de la pâte par l'ammoniaque qu'il dégage.

Bœkhout et Ott de Vries ont étudié la maturation du fromage d'Edam (*Rev. gén. du lait,* 1905-1906, p. 1, 25 et suiv. et 1906-1907, p. 1), et ils considèrent que les bacilles lactiques, dont on rencontre de nombreuses colonies dans ces fromages, provoquent l'acidification de la pâte, mais ne déterminent pas sa maturation, qui est due à des bacilles sécrétant des enzymes liquéfiants.

La présence de l'acide propionique dans les fromages, dont il sera parlé plus loin, a été récemment expliquée par de Freudenreich et Orla Jensen (*Rev. gén. du lait,* 1905-1906, p. 522). Ces expérimentateurs ont isolé trois microbes, *Bacterium acidi propionici, a, b, c,* qui attaquent le lactate de chaux, provenant de la fermentation lactique, et donnent de l'acide acétique, de l'acide carbonique et de l'eau,

$$3(C^3H^6O^3) = 2(C^3H^6O^2) + C^2H^4O^2 + CO^2 + H^2O.$$

Les trous du Gruyère et de l'Emmenthal seraient formés par le développement de l'acide carbonique.

LES MICROCOQUES.

On a vu plus haut que de Freudenreich avait, à plusieurs reprises, constaté la présence, dans les pâtes en maturation, des microcoques, dont quelques-uns seulement ont la propriété de liquéfier la caséine et probablement de vivre à ses dépens. On a vu, d'autre part, que Chodat et Hofman-Bang avaient opéré sur des ferments lactiques que l'on pouvait prendre pour des microcoques. Or, la différenciation des deux espèces est délicate; car ainsi qu'il a été dit ci-dessus, les ferments lactiques du fromage appartiennent surtout à la famille des *Coccacées,* dont les microcoques font partie, et plusieurs microbiologistes considèrent les microcoques comme des ferments lactiques.

Roger, qui a étudié avec le plus grand soin la maturation du fromage de Brie (*Journ. ind. laitière,* 1901, p. 59), a signalé l'existence du *Micrococcus Meldensis* (de Meaux); celui-ci, par un processus que l'on ne connait pas, rendrait la pâte plus plastique et empêcherait le fromage de couler: on ne le rencontre pas en effet dans les pâtes coulantes.

De Freudenreich, puis Orla Jensen (*Ann. agr. de la Suisse,* 1900 et 1904) ont étudié le *Micrococcus casei liquefaciens,* qui se développe surtout dans les premiers jours de la maturation de l'Emmenthal, et qui a la propriété d'attaquer énergiquement la matière azotée du lait pour la liquéfier.

De Freudenreich et Thöni, dans de nouvelles études (*Rev. gén. du lait*, 1904-1905, p. 169, 225, 247) considèrent ce microcoque comme un ferment lactique; ils le comparent à d'autres ferments lactiques isolés (*Bacillus casei, Bacillus lactis acidi*), puis ils comparent différents *B. casei* entre eux, au point de vue de leur puissance à liquéfier la caséine, de la production du boursouflement, de l'amertume, etc.

On peut rapprocher de ces ferments ceux qui ont été signalés par Gorini (*Rev. gén. du lait*, 1901-1902, p. 170 et 1903-1904, p. 505, 560), ferments producteurs d'acide et de présure, et en même temps susceptibles de peptoniser la caséine en milieu acide; ces bacilles fonctionnent comme ferments lactiques, à haute température, et comme ferments peptonisants, à basse température au contraire. On doit les distinguer des bactéries acidifiantes, mais non peptonisantes et des bactéries productrices de présure et peptonisantes. Parmi ces bactéries, Gorini a étudié le *B. prodigiosius*, le *B. indicus*, le *Proteus mirabilis*, l'*Ascobacillus citreus*, le *B. acidificans prisamigenes casei*. Samarani a ensemencé avec succès les microcoques de Gorini dans la fabrication du Parmesan (*Rev. gén. du lait*, 1905-1906, p. 46).

Weigmann a signalé également un microbe producteur d'acide et peptonisant, le *paraplectrum fœtidum*.

LES FERMENTS BUTYRIQUES.

Les ferments butyriques doivent avoir leur place parmi les microbes qui président à la fabrication du fromage. On a vu plus haut la présence de ces ferments dans le Camembert.

De Freudenreich et Orla Jensen (*Ann. agr. de la Suisse*, 1906) ont extrait du fromage de Schabzieger des ferments qui produisent de l'acide butyrique, de l'acide propionique et de l'acide formique, mais qui ne liquéfient que très peu la caséine.

LES MOISISSURES.

Les moisissures jouent un rôle capital dans la formation de la croûte des fromages et certainement aussi, bien que leur action ne soit pas nettement définie, dans le goût que ces fromages acquièrent par la maturation; malheureusement, il est difficile de séparer l'action de ces moisissures de celle des ferments intérieurs, ferments lactiques et tyrothrix; ceux-ci préparent le travail de ceux-là, et l'ensemencement exclusif des uns ou des autres sur un caillé stérile ne donnerait aucun résultat.

Les principales moisissures que l'on rencontre à la surface des fromages appartiennent au groupe *Penicillium* excepté l'*Oïdium lactis*.

Il convient, d'après Mazé (*Ann. Inst. Past.*, 1905, p. 378 et 481) de distinguer trois espèces principales de *Penicillium* :

1° Le *P. candidum,* propre aux fromages dits *moisis,* tels que Bondons, double-crème de Coulommiers, etc. L'aspect de ce *Penicillium* demeure invariable pendant toute la maturation ; ses spores restent blanches ;

2° Le *P. album* ou de Epsteim se développe sur les fromages à pâte tendre, Brie, Camembert, Coulommiers, etc. Ce *Penicillium* est blanc, comme le précédent ; mais ses spores sont naturellement vert bleuâtre. En fromagerie, on doit imposer au développement de ce champignon, des conditions qui l'obligent à ne produire que des spores blanches ; les spores colorées, qu'on traduit généralement par le *bleu,* sont considérées, surtout quand elles sont trop accentuées, comme un signe de mauvaise fabrication ; l'apparition du bleu ne représente donc pas la substitution d'un microbe à un autre, mais un développement exagéré des spores du *Penicillium album.* Celui-ci a été étudié par Duclaux (*loc. cit.*); il pousse sur des caillés acides, et détruit l'acide lactique et le lactose ; il ne donne pas sensiblement de caséase ; les milieux alcalins et même neutres retardent l'évolution du champignon. Les *saccharomyces,* les mycodermes, les *Oïdium lactis,* présents dans la pâte, gênent également son développement et lui disputent le lactose et l'acide lactique.

C'est le *P. album* qui se développe au début du hâlage des fromages à pâte tendre. La couche de moisissure rend la croûte poreuse et permet aux produits, diastases, etc., qu'elle élabore de pénétrer dans la masse ; l'acidité du caillé assure son existence : puis, quand la pâte est neutralisée, du fait de la combustion de l'acide lactique, et surtout du fait de la production d'ammoniaque par les ferments et sous l'influence de l'atmosphère ammoniacale de la cave, on voit apparaître la couleur rouge. Celle-ci est simultanée avec le développement des ferments lactiques et des tyrothrix liquéfiants, et indique au fromager que la maturation véritable se développe. Roger a signalé (*Ind. lait,* 1901, p. 59) un bacille chromogène, le *B. Firmitatis,* qui assure à la croûte du Brie sa couleur rouge. Pour Mazé ce bacille est banal et ce n'est pas à lui qu'il convient d'attribuer ce que l'on nomme en fromagerie, *le rouge.* L'envahissement du rouge, dit Mazé, tient à la neutralité, et surtout à l'atmosphère ammoniacale des caves. Dans la croûte rouge qui se forme, on rencontre un grand nombre de bactéries différentes qui ont un faible pouvoir dissolvant de la caséine, mais qui produisent de l'ammoniaque; c'est cette ammoniaque, ainsi que celle élaborée par les *Penicillium* qui facilite la digestion de la caséine dans les couches superficielles. Quant à la couleur rouge, elle se forme sous l'influence des bactéries et de l'oxygène, agissant sur les produits de la dégradation de la caséine, en milieu alcalin; ce serait donc une oxydation des produits. En tout cas l'apparition du rouge annonce la liquéfaction de la caséine; cette dernière considération explique pourquoi les fromagers, qui veulent activer la production du rouge, placent, pendant quelque temps, leurs fromages dans des étables ou des bergeries. Au contraire, si la couche de rouge est trop développée, il se forme trop d'ammoniaque et le fromage tend à couler. A partir du moment où le rouge apparaît, le *P. album* semble se fondre dans la couche glaireuse que produisent à la surface les ferments de la caséine. En tout cas, cette croûte formée par le rouge préserve le fromage contre l'oxydation.

On peut, ainsi qu'on le verra plus loin, supprimer le développement extérieur des moisissures, par un lavage continuel de la surface, et ne laisser subsister que la couche glaireuse du rouge; la fermentation est plus lente, la pâte reste légèrement acide (Mazé, *loc. cit.*); c'est de cette façon que sont traités les fromages de Livarot, Pont-l'Évêque, Géromé, Marolles, Munster, Langres, Port-Salut, etc.

3° Le *P. glaucum* donne des spores vertes; c'est lui qui assure la fabrication du fromage de Roquefort. Il se présente sous la forme de filaments entrecroisés dans tous sens; chaque rameau porte deux ou trois petits rameaux couronnés, à leur extrémité de trois ou quatre ramuscules, appelés *stérigmates,* et qui portent les spores. Le *Penicillium* vit de préférence en milieu acide et brûle l'acide lactique.

D'après Duclaux (*loc. cit.,* 1882, p. 69), il sécrète à la fois de la présure et de la caséase; quelquefois celle-ci se trouve en plus grande abondance que celle-là et elle en masque même l'action, en ce sens qu'elle transforme en substance incoagulable la caséine, avant que la présure puisse agir. Mais généralement « on voit le liquide se coaguler, puis le coagulum se redissoudre très régulièrement, par couches horizontales à partir de la surface ». Les mucédinées fournissent moins de caséase que les tyrothrix. Mais le *P. glaucum,* d'après Mazé (*loc. cit.*), liquéfie plus facilement la caséine que le *P. candidum,* et celui-ci plus facilement que le *P. album.* La caséine est attaquée la première, avec formation d'oxalate de chaux et d'ammoniaque; puis le lactose est à son tour l'objet de la fermentation; il se produit des acides et notamment de l'acide oxalique qui se trouve quelquefois en quantité excessive pour saturer l'ammoniaque.

L'*Oïdium lactis* est une moisissure très commune que l'on rencontre dans le lait, la crème, le beurre, le caillé; il donne sur les cultures de caillé une couche veloutée, formée d'articles volumineux qui s'allongent et se cloisonnent. Il peut vivre également en profondeur; chaque article s'arrondit à ses extrémités, se sectionne et ressemble à certains mucors ou à certaines levures allongées. Il brûle l'acide lactique, fournit de la caséase et liquéfie la caséine. Il est tué, comme d'ailleurs les levures et les mycodermes, par un chauffage à 70°. Les ferments lactiques gênent le développement de l'*Oïdium lactis*.

Cette moisissure, d'après Arthaud-Berthet (*C. R.,* t. CXL, 1905, p. 1475) a une action favorable sur le goût de certains fromages (Camembert, Pont-l'Évêque, Marolles, Herve, etc.), et doit être considérée, au contraire, dans les fromages à mucédinées, Brie, Coulommiers, etc., comme un ferment de maladie, et comme engendrant les maladies connues sous les noms de *graisse* et de *frisure*. Pour Mazé (*C. R.,* t. CXL, 1905, p. 1612), les deux maladies ne doivent pas être confondues, et il n'est pas démontré qu'elles soient dues uniquement à l'*Oïdium lactis*.

On a vu plus haut que Eckles attribue à l'*Oïdium lactis* une grande part dans la maturation des fromages de lait caillé sans présure.

En tout cas, c'est le salage des fromages qui sélectionne, pour ainsi dire, les moisissures, et c'est souvent à un défaut de salage qu'il faut attribuer l'envahissement de la croûte par une moisissure étrangère à celle que l'on veut développer.

On verra, dans la suite, que le fromage doit être séché superficiellement avant d'être descendu en caves. Si le fromage n'est pas *hâlé*, au moment où les moisissures se développent, la couche devient glaireuse, et l'*Oïdium lactis* apparaît (Paul GUÉRAULT, *C. R. Cong. int. laiterie,* 1905).

LES LEVURES.

Les levures elles-mêmes sont susceptibles, d'après Boullanger (*Ann. Inst. Past.,* t. X, 1896, p. 598), de coaguler le lait et de liquéfier ensuite le coagulum.

Le phénomène devient donc de plus en plus général. En outre Boullanger a montré que les levures qui liquéfient le mieux la gélatine sont celles qui liquéfient également le mieux la caséine. En tout cas, les levures ne semblent pas jouer de rôle important dans la maturation des fromages.

TRAVAIL AU MOYEN DES FERMENTS SÉLECTIONNÉS.

Les considérations qui viennent d'être développées, jointes à nos connaissances actuelles de la bactériologie, ont amené plusieurs expérimentateurs à ensemencer artificiellement le lait avec des ferments purs.

On peut, comme l'a proposé Roger (*Journ. Ind. lait.,* 1901, p. 59) ensemencer le lait directement. Les ferments purs, surtout si la culture en est récente, se montrent capables d'évoluer rapidement; ils se multiplient et paralysent ceux qui se sont trouvés ensemencés naturellement.

Mais si le lait n'est pas livré à la laiterie aussitôt après la traite, et s'il est, de ce fait, peuplé de microorganismes, un chauffage, préalable à son ensemencement, s'impose, ainsi que Mazé l'a démontré (*C. R. Cong. int. laiterie,* 1905). Mazé a fait en outre remarquer que la pasteurisation ne doit pas se faire à une température supérieure à 65°, sous peine de modifier l'état des sels de chaux et d'empêcher le caillage par la présure. Le pasteurisateur, dit *à vapeur saturée,* c'est-à-dire chauffé par des vapeurs d'alcool, de benzène, etc., se prête très bien à cette pasteurisation ménagée.

D'après Mazé (*loc. cit.*), le chauffage à 65° tue les ferments lactiques, et laisse subsister les spores des tyrothrix et des moisissures; mais les ferments cultivés se développent avant que celles-ci aient évolué. D'ailleurs les ferments que Mazé conseille d'introduire dans le lait sont spécialement des ferments lactiques et l'acide lactique, formé par eux, s'oppose au développement des tyrothrix, des ferments butyriques et des moisissures.

En outre la formation de l'acide lactique facilite l'emprésurage, en ce sens que le caillé lactique est plus ferme et qu'il s'égoutte plus facilement (P. Guérault, *C. R. Cong. int. lait.,* 1905).

Van der Zande emploie également, dans la fabrication du fromage d'Edam, une culture acide de ferments lactiques (*C. R. Cong. int. lait.,* 1905).

Il y a intérêt, dans la fabrication des fromages à pâte molle, à ensemencer la surface de ces fromages avec des moisissures cultivées; Mazé et Arthaud-Berthet conseillent, dans ce but, de pulvériser, à l'intérieur de la cave, au moyen d'un pulvérisateur, le bouillon de culture renfermant les spores des moisissures choisies.

III. — LA MATURATION DES FROMAGES CONSIDÉRÉE
AU POINT DE VUE CHIMIQUE.

Il est intéressant, maintenant que l'on connaît le rôle des microbes dans la maturation des fromages, de suivre celle-ci par l'analyse chimique. Il est impossible, dans l'état actuel de nos connaissances, de doser avec certitude un certain nombre des éléments qui seront énumérés dans le Chapitre relatif à la composition des fromages; mais on peut suivre les plus importants d'entre eux et mesurer les différentes étapes que suit la liquéfaction de la caséine et sa dégradation, en dosant la caséine solubilisée, l'ammoniaque et les acides volatils.

Une étude de ce genre a été faite par Rolet (*Bull. Soc. Enc. Ind. nat.*, t. II, 1901, p. 87), qui a procédé à l'analyse de trois variétés de fromages (Camembert, Port-Salut et Gruyère), pris à l'état frais et à l'état mûr.

L'étude de Lindet et L. Ammann (*Ann. Inst. nat. agr.*, 1904, p. 222) est plus complète; ils se sont adressés également à ces trois variétés de fromages, qui ont été préparées spécialement par Houdet, à l'Ecole de Mamirolle; mais ils les ont analysés à plusieurs reprises au cours de la maturation.

SOLUBILISATION PROGRESSIVE DE LA CASÉINE ET FORMATION D'AMMONIAQUE.

Les auteurs ont renoncé à la méthode de séparation par le filtre en porcelaine des produits azotés solubles, telle qu'elle est indiquée par Duclaux (*Principes de laiterie*, p. 274). Le filtre s'obstrue trop rapidement pour pouvoir obtenir sans altération une quantité suffisante de liquide. 50^g de fromage sont triturés dans un mortier avec 250^g d'eau tiède, de façon à émulsionner la matière grasse; le liquide est additionné de quelques gouttes de formol et filtré. Dans le calcul des matières dosées, on tient compte naturellement de l'eau apportée par le fromage et l'on ajoute le volume de celle-ci au volume de l'eau employée.

On prend 50$^{cm^3}$ de liquide filtré pour doser l'ammoniaque par l'ébullition en présence de la magnésie. D'autre part, 50$^{cm^3}$ du même liquide sont évaporés à sec, additionnés d'acide sulfurique pour y doser l'azote par le procédé Kjeldahl.

La leucine et la tyrosine contenant une quantité d'azote inférieure à celle de la caséine, les auteurs ont cru ne pas devoir exprimer les résultats en multipliant le chiffre d'azote par 6,25. D'ailleurs, ce qu'il importe de connaître, c'est la proportion d'azote solubilisé pour 100 de l'azote total, déduction faite de l'azote ammoniacal.

L'azote total, obtenu directement sur le fromage par le procédé Kjeldahl, a seul été multiplié par 6,25 et compté en caséine; cet azote soluble, déduction faite de l'azote de l'ammoniaque, comprend l'azote de la caséine solubilisée et des acides amidés, leucine et tyrosine, que, dans les conditions actuelles de l'analyse organique, on ne saurait séparer quantitativement. L'ébullition en présence de la soude donne en effet, ainsi que les auteurs l'ont vérifié, en même temps que la moitié de l'azote de l'amide, une partie de l'azote de la caséine.

Les résultats obtenus sont consignés dans les Tableaux suivants :

| | Pour 100 de fromage humide. | | | | | Azote soluble pour 100 de l'az. total. | Azote ammoniacal pour 100 de l'az. solub. |
	Eau.	Caséine totale.	Azote total.	Azote soluble.	Azote ammon.	Ammoniaque.		
Camembert.								
3 mars	62,60	13,92	2,22	0,18	traces	traces	8,1	»
1 avril	60,56	14,68	2,35	0,49	0,023	0,027	20,8	4,5
1 avril	52,74	14,81	2,37	1,84	0,236	0,286	77,6	12,8
7 avril	53,17	14,30	2,32	2,00	0,284	0,345	86,1	14,2
1 mai (extra-mûr)	47,41	17,68	2,83	2,39	0,398	0,484	80,9	16,6
Port-Salut.								
3 mars	43,61	24,08	3,85	0,23	traces	traces	5,9	»
1 avril	43,50	24,18	3,87	0,59	0,009	0,010	15,3	1,5
7 avril	40,26	26,31	4,21	0,68	0,012	0,014	16,5	1,7
1 mai	38,11	24,78	4,11	0,83	0,019	0,022	20,2	2,3
Gruyère.								
3 mars	38,34	25,48	4,08	0,15	traces	traces	3,7	»
1 avril	34,83	25,28	4,05	0,33	0,005	0,006	8,1	1,5
1 mai	31,43	27,37	4,38	0,62	0,012	0,014	14,1	1,9
8 juin	31,56	27,37	4,38	0,66	0,024	0,029	15,1	3,6
Gros Gruyère	35,12	26,44	4,23	0,97	0,046	0,056	22,9	4,7

Les Tableaux qui précèdent permettent de mesurer la quantité de caséine solubilisée et d'ammoniaques produites à chaque période de la maturation, c'est-à-dire de connaître, en se servant de ses témoins chimiques, la marche progressive que suit le double phénomène de la liquéfaction de la caséine et de sa dégradation.

Dans les trois cas étudiés, la transformation de la caséine en caséine soluble, de même que la production d'ammoniaques, est progressive. Mais elle est beaucoup plus rapide et atteint un niveau beaucoup plus élevé dans le Camembert que dans les deux autres fromages.

Du 23 mars au 27 avril, c'est-à-dire en un mois, 86,1 pour 100 de l'azote total renfermé dans le Camembert a été solubilisé, et 12,2 pour 100 a été transformé en ammoniaque, en sorte qu'il ne reste plus rien de l'ancienne caséine. Si on laisse mûrir le fromage au delà d'une limite normale, du 27 avril au 11 mai par exemple, on voit la production de l'ammoniaque augmenter encore aux dépens de la caséine solubilisée, l'azote soluble et l'azote ammoniacal représentant là encore 98,5 pour 100 de l'azote total.

La maturation de la pâte du Port-Salut a été moins accentuée et moins rapide. Du 23 mars au 11 mai, c'est-à-dire en 6 semaines, le rapport de l'azote soluble à l'azote total (déduction faite de l'azote ammoniacal) se trouve être non plus de 86,10 pour 100, comme dans le Camembert, mais de 20,14 pour 100 seulement; et la maturation du Gruyère a été encore beaucoup plus lente, car il a fallu 3 mois (du 23 mars au 18 juin) pour que la liquéfaction de la caséine atteigne un niveau (15,10 pour 100) même inférieur à celui du Port-Salut. Si l'on fait la somme de l'azote soluble et de l'azote ammoniacal, on constate que la transformation de l'azote total a été de 20,7 pour 100 dans le Port-Salut et de 15,9 pour 100 dans le Gruyère (¹).

Ces différences que l'on constate dans la production de la caséine soluble doivent être en partie imputées à la nature des pâtes. La pâte de Camembert devient rapidement neutre et même ammoniacale. La pâte de Gruyère et de Port-Salut restent acides, et Duclaux a montré que les tyrothrix ont beaucoup plus de peine à vivre dans celles-ci que dans celles-là.

Une expérience simple donne une nouvelle confirmation de ce fait : Houdet a fabriqué deux petits fromages de Gruyère; l'un d'eux, au moment où le caillé venait d'être rassemblé, a été injecté d'ammoniaque liquide en faible quantité. Ce fromage a parfaitement mûri et, chose curieuse, il s'est montré plus onctueux, d'un goût plus agréable que le fromage témoin. La pâte n'étant plus acide, les tyrothrix ont évolué plus librement; la solubilisation de la caséine a été de 19,1 au lieu de 16,1 pour 100.

(¹) Il convient de faire remarquer que les petits fromages d'expérience. pesant 3ᵏᵍ, ont mûri moins vite que ne l'auraient fait des fromages de taille normale. Dans les fragments analysés provenant d'un gros Gruyère de même fabrication, le rapport de l'azote soluble à l'azote total était de 23,0 pour 100, et l'ammoniaque représentait 0,056 au lieu de 0,029.

Il convient encore de faire intervenir dans la production de la caséine soluble la quantité d'eau retenue par la pâte, peut-être même la présence de la matière grasse. En même temps que les deux fromages dont il vient d'être parlé, on préparait un petit fromage de Gruyère avec du lait totalement écrémé; la pâte s'est peu égouttée et le fromage mûr renfermait 45,17 pour 100 d'eau au lieu de 29,95 pour 100 que renfermait le Gruyère normal; l'azote s'est solubilisé deux fois plus vite que dans celui-ci (azote soluble pour 100 de l'azote total : 35 pour 100 au lieu de 16,1 pour 100) et la quantité d'ammoniaque produite a été de 0,118 pour 100 du fromage au lieu de 0,037. Le fromage était persillé de trous, ce qui indique une fermentation plus vive. Mais si l'on rapporte ces derniers chiffres à ceux de la caséine soluble, on voit que la production de l'ammoniaque aux dépens de la caséine soluble a été la même. La caséine se trouve, dans les deux cas, au même état de dégradation.

Ces deux dernières observations sont consignées dans le Tableau ci-dessous :

| | Pour 100 de fromage humide. | | | | | Azote | |
	Eau.	Caséine totale.	Azote total.	Azote soluble.	Azote ammon.	soluble pour 100 de l'az. total.	ammoniacal pour 100 de l'az. solub.
Gruyère normal........	29,95	27,69	4,43	0,71	0,037	16,1	5,2
» ammoniacal....	31,20	27,18	4,35	0,83	»	19,1	»
» maigre........	45,17	38,94	6,23	2,18	0,118	35,0	5,4

Cette observation relative à l'augmentation de l'azote soluble dans les fromages maigres, ne concorde pas avec les expériences récentes d'Orla Jensen (*Ann. agric. de la Suisse*, 1906); celui-ci a reconnu que les fromages d'Emmenthal présentent un coefficient de maturation d'autant plus grand que le lait qui a servi à les préparer était plus gras; il attribue ce fait à ce que la caséine est divisée par la matière grasse et est plus perméable aux diastases. Voici les chiffres obtenus par Orla Jensen :

	Matière grasse dans le lait.	Azote soluble pour 100 d'azote total dans le fromage.
I....................	3,20	28,5
II....................	3,50	30,6
III....................	3,75	32,9
IV....................	4,00	35,2

Il est probable que les ferments qui ont fait mûrir les deux fro-

mages (maigres et gras), analysés par Lindet et Ammann, n'aient pas
été les mêmes ou que les conditions de leur développement se soient
ressenties de la présence et de l'absence totale de matière grasse.

Ce que nous savons de l'origine de l'ammoniaque et des ammoniaques composées, que les microbes élaborent aux dépens de la
caséine, pourrait faire supposer que cette production suit de près la
liquéfaction et que les nombres qui représentent l'azote soluble (azote
ammoniacal non compris) et ceux qui expriment l'azote ammoniacal
sont proportionnels : il n'en est rien; le rapport de ces deux nombres
atteint 14,20 pour 100 dans le Camembert mûr, et 16,65 pour 100 dans
le Camembert extra mûr, alors qu'il n'est que de 2,29 pour 100 dans
le Port-Salut, et de 3,60 pour 100 dans le Gruyère d'essai.

La production d'ammoniaque au détriment de la caséine solubilisée n'est que l'une des manifestations de l'état de dégradation dans
lequel se trouve la caséine. On constate aisément, en effet, qu'à une
caséine riche en ammoniaque correspond une caséine dans un état
de digestion avancée, et cet état peut être mis aisément en évidence
au moyen de la chaleur ou des réactifs faibles.

Les liquides provenant de l'épuisement du Camembert, chauffés
à l'ébullition, deviennent légèrement louches, tandis que les liquides
analogues, provenant de l'épuisement du Gruyère et du Port-Salut,
se caillent avant que l'ébullition soit atteinte.

Dans ces mêmes liquides, l'acide sulfurique et l'acide chlorhydrique
faibles donnent avec le Camembert un précipité fin, à peine sensible,
et un précipité floconneux, abondant, avec le Gruyère; la soude caustique produit un louche dans les premiers, et détermine, dans les
seconds, une gelée consistante.

La digestion de la caséine est donc plus avancée dans le Camembert que dans le Gruyère, puisque la matière azotée soluble de l'un
résiste à l'action de la chaleur et des réactifs faibles, tandis que celle
de l'autre est facilement atteinte par la chaleur et par ces réactifs.
Or, cette différence de solubilité des produits azotés concorde avec
leur teneur en ammoniaque.

Lindet et Ammann ont, en outre, recherché comment se répar-
tissent les éléments analysés ci-dessus dans les différentes couches
du Camembert et du Gruyère; les résultats obtenus confirment les
faits qui viennent d'être signalés.

| | Pour 100 de fromage frais. | | | | | Azote | |
	Eau.	Caséine totale.	Azote total.	Azote soluble.	Azote ammon.	Ammoniaque.	soluble pour 100 de l'az. total.	ammoniacal pour 100 de l'az. solub.
Camembert.								
...uches extérieures (¹).	48,68	13,13	2.08	1,43	0,32	0,39	68,7	22,3
...uche intérieure	53,26	16,74	2,68	2,36	0,20	0,24	88,0	8,5
Gruyère.								
...uches extérieures (¹).	30,10	30,29	4,85	1,03	0,06	0.08	21,2	5,8
...uche intérieure	37,64	25,98	4,15	1,07	0,09	0,11	25,8	8,4

Tout d'abord on constate, dans les deux cas, que la quantité de caséine soluble par rapport à la caséine totale est d'autant plus grande que les parties sont plus aqueuses et plus profondes. Les tyrothrix s'y développent avec plus de rapidité.

La teneur des couches extérieures et intérieure en caséine totale semble anormale dans le Camembert, puisque ce sont les parties les plus humides qui en renferment davantage; mais il faut considérer que les parties superficielles du fromage se dessèchent et que la caséine, solubilisée dans des couches d'hydratation différente, se diffuse peu à peu, à la façon de toute substance dissoute jusqu'au moment où les deux solutions prennent la même concentration.

Le même phénomène n'a pas lieu dans le Gruyère, où la pâte est plus sèche, où la caséine, moins solubilisée d'ailleurs, n'a pas la même mobilité.

Cette différence de teneur en caséine amène nécessairement, au pourcentage, un écart considérable dans la teneur en matière grasse. Un Camembert nous a donné :

	Matière grasse pour 100 de fromage frais.
Couches extérieures............	30,0
Couche intérieure.............	23,0

La quantité de matière grasse du Gruyère est sensiblement la même dans toutes ses parties.

Il convient, comme précédemment, de considérer l'état de la caséine soluble. Ce sont les couches extérieures qui, dans le Camembert

---

(¹) Croûte comprise.

comme dans le Gruyère, sont les plus digérées, c'est-à-dire celles qui, traitées par les acides faibles, donnent le moindre précipité :

	Pour 100 de fromage frais.	
	Camembert.	Gruyère.
Couches extérieures	1,85	0,74
Couche intérieure	14,09	1,02

Or, ce sont également les couches extérieures, du moins dans le Camembert, qui présentent la plus grande quantité d'ammoniaque.

Lindet et Ammann ont reconnu que l'état filant, présenté par le Gruyère quand on le met au contact de l'eau à 45°-50°, ne vient pas d'une modification spéciale de la caséine, subie au cours de la maturation.

Cet état résulte de la présence de petites quantités d'acide. On peut rendre la caséine du Camembert filante comme celle du Gruyère en chauffant la pâte en solution légèrement acide par l'acide lactique, de même que la caséine du Gruyère cesse d'être filante en présence d'une solution ammoniacale.

En résumé, la solubilisation de la caséine et la production de l'ammoniaque sont toujours progressives, et la hauteur du niveau que ces transformations atteignent doit être attribué à l'acidité ou à l'alcalinité de la pâte, ainsi qu'à son hydratation. En outre, la quantité d'ammoniaque n'est pas proportionnelle à celle de la caséine soluble dont elle provient; elle est le témoin d'une digestion avancée de la caséine. La solution de caséine d'un Camembert se trouve, dans les couches profondes et humides et dans les couches superficielles et relativement sèches, à une concentration analogue. Il y a donc, au centre, plus de caséine et, par conséquent, moins de beurre. Enfin, l'état filant que prend la caséine dans l'eau est due à l'acidité de la pâte.

La plupart des auteurs, depuis Duclaux jusqu'à Lindet et Ammann, se sont contentés de mesurer le degré de solubilisation de la caséine, c'est-à-dire de doser la caséine soluble et d'en rapporter le chiffre à 100 de caséine totale; c'est ce chiffre que Duclaux a appelé *coefficient de maturation*. En même temps, ils dosent l'azote ammoniacal dans les produits solubles et rapportent celui-ci soit à la caséine totale, soit à la caséine solubilisée.

Bondzynski a été plus loin (*Landw. Jahr. der Schweiz.*, 1894, p. 189); il a dosé, dans les matières solubles, celles qui ne sont pas précipitables par l'acide phosphotungstique et qui correspondent à une digestion avancée de la caséine; ce sont des produits de décomposition qu'il désigne par les lettres **Az.D**, en les comparant aux produits solubilisés totaux **Az.S**. Bondzynski représente, en outre, le premier terme par le mot *profondeur* de la maturation (*tiefe*), et le second, par le mot *étendue* de la maturation (*umfang*).

On trouvera plus loin, à propos de la composition des fromages, deux Tableaux qui indiquent, d'après cet auteur, l'état de la caséine dans un certain nombre de fromages.

D'autres éléments ont été rencontrés parmi les produits de la décomposition de la caséine, mais il convient de reconnaître que certains de ceux qui ont été signalés semblent présenter une existence douteuse.

Weidmann a isolé un corps insoluble dans l'eau salée, qu'il a nommé la *caséo-glutine* (*Landw. Versuchsstation*, t. XXXI, 1885, p. 115); Beneke, Schulze ont extrait du fromage de la *tyrosine*, de la *leucine* et de la *phénylalanine* (*Landw. Jahrbucher*, t. XXII, 1887, p. 317).

Enfin on trouve dans les fromages mûrs, d'après Steinegger (*Landw. Jahrb. der Schweiz.*, t. XX, 1901, p. 132, et d'après Thöni et Winterstein (*Zeitzch. für Phys. Ch.*, t. XXXVI, 1902, p. 28, et *Soc. ch.*, t. II, 1904, p. 1227), du glycocolle, de l'alanine, de l'acide amino-valérique, de l'acide pyrocarbolidique, de l'acide aspartique, de l'acide glutaminique, du tryptophane, de l'histidine, de la lysine, de la putrescine, de la cadavérine, de la guanidine, etc.

FORMATION D'ACIDES VOLATILS.

Duclaux a, le premier, signalé (*loc. cit.*, 1882, p. 79) la présence des acides gras volatils, acétique, butyrique, valérianique, etc., dans les fromages mûrs, et attribué leur production aux microbes qui dégradent la caséine; la formation de ces acides doit donc être considérée comme un phénomène nécessaire et typique de la maturation.

Mais tous ne sécrètent pas aux dépens de la caséine, les mêmes acides, et Duclaux semble avoir considéré les acides produits comme caractéristiques dès différents tyrothrix. C'est ainsi que les *T. claviformis* donnent de l'acide acétique; les *T. turgidus, virgula, catenula*, de l'acide butyrique; les *T. tenuis, urocephalus, scaber*, de l'acide valérianique; les *T. filiformis, distortus, geniculatus*, un mélange d'acides acétique et valérianique. Peut-être ne doit-on pas être exclusif et ne pas réserver à tel microbe la production de tel acide, à l'exclusion de tout autre; les circonstances extérieures, les milieux, peuvent modifier à l'infini la vie des microbes et, par conséquent, la nature de leurs produits de sécrétion.

On reviendra plus loin sur la présence de l'acide butyrique et de l'acide caproïque qui semblent, d'après Orla Jensen, dus à la transformation de la matière grasse.

A ces acides gras volatils il convient d'ajouter le premier de la série grasse, l'acide formique, que Orla Jensen (*Annuaire agr. de la Suisse,* 1884, et *Rev. gén. du lait,* 1903-1904, p. 548) a rencontré, en faible quantité il est vrai, associé à l'acide acétique dans beaucoup de fromages (Brie, Camembert, Roquefort, Edam, Limbourg, Schabzieger). Dans l'Emmenthal, l'acide formique fait défaut et n'accompagne pas, comme dans les autres fromages, l'acide acétique. Ces acides ont été caractérisés au moyen de leurs sels d'argent et de la teneur de ceux-ci en argent métallique.

Lindet et Ammann (*loc. cit.*) ont obtenu en distillant, en présence de vapeur d'eau, de grandes quantités de fromage de Gruyère, et en ne recueillant que les premières portions, des acides volatils qui, saturés par l'oxyde de zinc, ont été analysés et ont donné des chiffres de carbone, d'hydrogène et d'oxygène, correspondant à un mélange d'acides acétique et propionique.

Cet acide propionique est, d'après Orla Jensen (*loc. cit.*), dont les recherches ont été concomitantes de celles de Lindet et Ammann, caractéristique des fromages qui, comme l'Emmenthal, le fromage d'Edam, le Limbourg, ne contiennent pas de moisissures, on a vu plus haut que cet acide propionique provient de la fermentation du lactate de chaux. L'acide propionique ne se rencontre ni dans le Brie, ni dans le Camembert, ni dans le Roquefort. L'acide valérianique a été signalé par Orla Jensen dans le fromage de Limbourg.

On trouvera plus loin, à propos de la composition des fromages, les résultats d'Orla Jensen.

La présence de l'acide lactique dans les fromages de Gruyère a été découverte par Lindet et Ammann (*loc. cit.*), qui ont pu, par simple entraînement dans la vapeur d'eau, et en opérant sur les dernières portions distillées, obtenir assez d'acide lactique pour en préparer le sel de zinc et l'analyser. La distillation de cet acide lactique, si peu volatil, se fait avec une extrême lenteur; mais les expériences comparatives faites sur un fromage de Gruyère, pris à trois époques successives de sa maturation, ont montré que la formation de cet acide est progressive, et qu'il est accompagné par les acides acétique et propionique; ceux-ci se forment au début de la maturation et passent dans les premières portions distillées. Dans le Tableau suivant, les acides volatils, recueillis, à la distillation, par fractions de 50^{cm^3}, sont exprimés en centimètres cubes de soude décinormale :

Acides volatils du Gruyère (en centimètres cubes de soude décime).

cm³	23 mars.	1ᵉʳ avril.	11 mai.	18 juin.
	cm³	cm²	cm³	cm³
100	1,4	1,5	2,1	2,3
50	0,2	0,8	0,8	1,2
50	0,0	0,4	0,7	0,9
50	″	0,5	0,7	0,7
50	″	0,3	0,7	0,7
50	″	0,3	0,8	0,8
50	″	0,6	0,5	0,7
50	″	0,6	0,4	0,6
50	″	0,4	0,4	0,8
50	″	0,8	0,3	0,4
50	″	0,2	0,2	0,4
50	″	0,0	0,2	0,5
50	″	″	0,3	0,5
50	″	″	0,2	0,4
50	″	″	0,2	0,4
50	″	″	0,1	0,4
50	″	″	0,1	0,2
50	″	″	0,1	0,3
50	″	″	0,1	0,3
50	″	″	″	0,3
50	″	″	″	0,3
	1,6	6,4	8,9	13,1
En acide sulfurique pour 100	0,08	0,31	0,43	0,64

La présence de l'acide lactique dans les fromages de Gruyère a été en même temps confirmée, au moyen de l'analyse du sel de zinc, par Orla Jensen (*loc. cit.*), qui a fait une étude très complète de la question, au moyen des ferments lactiques, que de Freudenreich et lui ont retirés du Gruyère. Il a montré que ceux-ci n'ont de sucre de lait à leur disposition que dans les premiers jours de la fabrication, et qu'ils peuvent élaborer de l'acide lactique en dehors de toute matière hydrocarbonée; la formation de lactate de chaux se fait donc en partie au détriment de la caséine. Il est probable également que les acides acétique et propionique proviennent d'une fermentation subséquente de l'acide lactique et peut-être même de l'acide succinique; l'acide lactique et l'acide succinique seraient alors des intermédiaires.

Orla Jensen a distingué parmi les microbes de l'Emmenthal trois groupes :

1° Les microcoques, parmi lesquels le *Micrococcus casei liquefaciens;* 2° les bacterium ou bacilles courts, *Bacillus lactis acidi* et *Bacillus casei* α; 3° les bacilles proprement dits, *Bacillus casei* δ, γ, ε. Les deux premiers groupes donnent de l'acide lactique droit, le dernier groupe, de l'acide lactique inactif. Il a, en outre, rencontré dans les cultures de ces bacilles, en présence de la peptone, les acides volatils dont il a été parlé ci-dessus et dont une partie, tout au moins, semble dérivée de l'acide lactique; le *Micrococcus casei liquefaciens* a fourni un mélange d'acides formique, acétique, butyrique et isovalérianique; le *B. lactis acidi,* un mélange d'acides acétique et propionique avec des traces d'acide formique; les *B. casei* α, β, γ. δ, ε, un mélange d'acides propionique et formique.

Le *B. nobilis* Adametz, que l'on doit considérer plutôt comme un ferment acétique que comme un ferment lactique, a produit, en culture sur peptone, de l'acide acétique, de l'acide butyrique et de l'acide valérianique.

Winterstein a rencontré également l'acide lactique dans l'Emmenthal, associé avec l'acide succinique (*Soc. chim.,* t. II, 1904, p. 1227).

Slyke et Hart ont admis l'existence, au début de la maturation, d'une combinaison de l'acide lactique et de la caséine (paracaséine); le produit est soluble dans l'eau salée (New-York, *Agric. exp. Station,* n° 214, 1902).

L'acide lactique que l'on rencontre, ainsi qu'il vient d'être dit, en proportions notables dans le Gruyère, semble, au contraire, faire défaut dans le fromage de Camembert. Duclaux a dit que le premier acte de la fermentation était la formation de l'acide lactique; Lindet et Ammann (*loc. cit.*) n'en ont pas rencontré, même dans le début de la fabrication; si l'on consulte le Tableau ci-dessous, on voit évidemment que la distillation se prolonge plus dans les premiers échantillons que dans les derniers; mais la différence est insignifiante et la marche de la distillation ne ressemble en rien à celle qui vient d'être exposée à propos de la maturation du Gruyère.

Acides gras volatils du Camembert (en centimètres cubes de soude décime).

cm³	23 mars.	1ᵉʳ avril.	21 avril.	27 avril.	11 mai.
	cm³	cm³	cm³	cm³	cm³
100..................	1,1	0,5	1,0	1,2	1,2
50..................	0,2	0,2	0,1	0,1	0,0
50..................	0,1	0,2	0,0	0,0	"
50..................	0,2	0,1	"	"	"
50..................	0,0	0,0	"	"	"
	1,6	1,0	1,1	1,3	1,2
En acide sulfurique pour 100.......	0,09	0,06	0,06	0,07	0,07

L'acidité, dont la distillation révèle la présence aux différents stades de la fabrication du Camembert, est due à l'acide butyrique. Celui-ci est constant pendant toute la maturation, et si l'acidité de la pâte du Camembert diminue du début à la fin, c'est que celle-ci est progressivement saturée par l'ammoniaque.

Il semble donc naturel de renoncer à la théorie qui consiste à admettre la production de l'acide lactique au moment de l'égouttage et, en conséquence, à la combustion de celui-ci par les moisissures. L'acide lactique, comme la plupart des acides volatils est l'œuvre des microbes qui dégradent la caséine.

FERMENTATION DE LA MATIÈRE GRASSE.

La participation de la matière grasse à la maturation des fromages est un peu contestable, et les faits, relevés par différents auteurs, sur ce sujet, manquent un peu de précision. On a vu que la matière azotée est susceptible de fournir des acides volatils pendant sa dégradation, et l'on ne possède pas de moyens précis pour distinguer ceux qui proviennent de la matière azotée de ceux que la matière grasse du fromage saponifiée par une lipase, peut mettre en liberté.

Duclaux (*loc. cit.*) a émis l'idée que l'ammoniaque, au fur et à mesure de sa formation, saponifie la matière grasse neutre, et forme des butyrate et caproate d'ammoniaque; mais il n'a constaté nettement cette formation de sels ammoniacaux solubles que quand le fromage arrive à dépasser la maturité, et à ce moment on voit les moisissures brûler les acides mis en liberté.

Orla Jensen (*loc. cit.*), à l'appui de cette théorie de la dégradation butyreuse, fait valoir que, dans les fromages, l'acide butyrique et l'acide caproïque se rencontrent, à l'état libre, précisément en proportions égales à celles où ils se trouvent dans les beurres, à l'état de glycérides. Partant de cette idée, il s'est attaché à doser l'acidité des graisses, isolées du fromage.

Reprenant le procédé indiqué par Windisch (*Arbeiten aus dem Kaiserlichen Gesundheitsamte,* Berlin, t. XVII), il a montré que la séparation de la matière grasse par l'éther laisse à l'état insoluble les sels ammoniacaux d'acides volatils, et que l'on ne peut obtenir la matière grasse totale qu'en traitant le fromage par l'acide chlorhydrique, qui met les acides gras en liberté, qu'en les dissolvant ensuite dans l'éther et en lavant à plusieurs reprises par l'eau, pour éliminer l'acide chlorhydrique en excès. Les lavages n'enlèvent que très peu d'acides gras, parce que ceux-ci, solubles dans la matière grasse, sont retenus par elle. L'acidité de la matière grasse ainsi mise en liberté donne une idée de sa dégradation et, par conséquent, de la maturation du fromage. Mais il faut bien remarquer que si la caséine a fourni des acides gras, ceux-ci peuvent, comme les précédents, se dissoudre dans la matière grasse isolée et s'y fixer.

Orla Jensen a fait remarquer que l'odeur des acides gras et surtout de leurs sels ammoniacaux est d'autant plus accentuée que l'acide est plus rapproché des premiers termes de la série; c'est donc, en grande partie à la matière grasse transformée qu'il faut attribuer l'odeur des fromages mûrs.

Dans cet ordre d'idées, Orla Jensen a dosé dans les fromages cités plus haut l'acide butyrique et l'acide caproïque libres, et leur a attribué une origine butyreuse.

Le Tableau suivant résume les résultats obtenus par cet auteur :

| | | Dans 1^{kg} de fromage en grammes. | |
| | | Acides | |
		caproïque.	butyrique.
Emmenthal	intérieur	0,12	0,17
	extérieur	0,93	1,23
Fromage suisse maigre	intérieur	0,99	1,50
	extérieur	1,68	2,55
Roquefort, tout le fromage		0,93	1,67
Camembert, intérieur		0,08	0,24
Brie	intérieur	0,14	0,57
	extérieur	0,13	0,46
Limbourg	intérieur	0,06	0,44
	extérieur	0,23	1,00

On voit, d'après ces résultats, que la matière grasse est plus disso-
ciée dans les couches externes que dans les couches internes, ce qui
semble donner aux moisissures une action prépondérante. La saponification est également très active dans les fromages maigres ainsi
que dans les fromages à moisissures, comme le Roquefort, fait qui
d'ailleurs a été vérifié sur les fromages de Gorgonzola, par Giovanni
(*Ricerche sulla fermentazione dei caci Lodi,* 1879). On a dit plus haut
que Duclaux avait constaté la dégradation de la graisse dans les fromages avancés, ceux sur lesquels les moisissures ont porté toute leur
action.

Une objection que l'on peut faire à cette théorie de la saponification
du beurre pendant la maturation, c'est que même dans les fromages
très avancés, on ne constate pas trace de glycérine; on admet alors
que cette glycérine est brûlée au fur et à mesure de son apparition.

Les partisans de cette théorie s'appuient encore sur les travaux,
fort intéressants, de Weigmann et Backe (*Landw. Versuchsstation,*
1898), qui ont fait remarquer que la maturation des fromages produit,
en même temps que des acides volatils, des acides non volatils,
oléique, stéarique, palmitique, et qu'il est difficile d'admettre pour
ces acides gras une autre origine que la matière grasse elle-même.

Cependant Weigmann lui-même reconnaît que, dans les fromages
d'Emmenthal, la matière grasse est très peu décomposée.

C'est à une conclusion négative au contraire que conduisent les
travaux de Lindet et Ammann. Ces deux expérimentateurs ont pris
un fromage de Gruyère qui venait d'être moulé et un fromage de
même fabrication, 4 mois après, ont séparé la matière grasse par la
résorcine et ont appliqué, à la recherche de ses acides volatils, le procédé employé d'ordinaire dans l'analyse des beurres; ils ont constaté
que la quantité d'acides volatils a été la même, ainsi que l'indique le
Tableau suivant :

	Exprimé en acide butyrique pour 100 de la matière grasse.
Fromage frais.........	5,76
Fromage mûr.........	5,63

Cette expérience est sujette à critique; car dans l'un et l'autre cas,
on se trouve en présence des acides volatils des mêmes glycérides,
qui étaient peut-être à l'état combiné dans le fromage frais, à l'état
libre dans le fromage mûr; la potasse employée à la saponification
les a amenés au même état.

Les expériences suivantes sont plus probantes :

Si l'on traite un fromage mûr de Gruyère par l'eau tiède et si l'on précipite les liquides filtrés par un acide, on devrait obtenir, en même temps que de la matière azotée, un peu des acides gras, surtout ceux qui ne sont pas ou peu solubles, provenant de leurs sels ammoniacaux ; or, le précipité obtenu ainsi ne renferme pas trace de matière grasse.

Lindet et Ammann ont analysé, au point de vue de la teneur en acides gras volatils, un fromage de Gruyère préparé par Houdet, directeur de l'École de Mamirolle, avec du lait complètement écrémé. Ce fromage a très bien mûri et présentait une odeur franche, bien que peu délicate. Il renfermait, ainsi que les chiffres ci-dessous le font voir, autant d'acides gras volatils que le fromage témoin fait avec du lait entier.

	Caséine totale.	Acides volatils (en acide sulfurique).	pour 100 de la caséine totale.	Ammoniaque.
Gruyère normal.....	27,69	0,43	1,5	0,05
Gruyère maigre......	38,94	0,58	1,5	0,14

On ne peut donc être affirmatif sur la question de savoir si la matière grasse participe à la maturation du fromage, puisque les acides gras dont on constate la présence peuvent avoir pour origine la caséine, qui accompagne toujours la matière grasse dans le fromage. Si l'on isole cette matière grasse et si l'on y trouve des acides volatils, rien ne prouvera que ceux-ci, produits aux dépens de la caséine, n'ont pas été dissous par la matière grasse elle-même.

IV. — PRINCIPES DE LA FABRICATION DES FROMAGES.

GÉNÉRALITÉS.

Ce qui distingue les opérations de récolte, d'écrémage, de barattage, etc. qui ont été passées en revue dans les Chapitres précédents, et celles qui président à la fabrication des fromages, c'est que les premières sont d'ordre général, et peuvent être pratiquées de la même façon et avec le même succès dans toutes les régions, et que les secondes, au contraire, guidées par des habitudes locales, se différencient d'un pays à l'autre.

Sans doute, la valeur des laits et des herbages sur lesquels ceux-ci sont produits, sans doute les conditions climatériques en présence desquelles on se trouve, peuvent avoir quelque influence sur la nature et la qualité des fromages ; mais il ne faut pas exagérer l'importance de ces facteurs de la fabrication ; ce sont plutôt les usages établis dans le pays, l'habileté professionnelle des habitants, les débouchés commerciaux qui localisent telle ou telle fabrication. On produit des fromages de Gruyère dans plus de 14 départements, situés dans toutes les régions de la France ; il en est de même du Camembert, du Brie, etc.

Il convient, avant d'étudier les principes qui président à la fabrication pratique des fromages, et sans se préoccuper des procédés par lesquels ils sont obtenus, de passer en revue les différents produits qu'offre le commerce, et de se reporter aux Tableaux statistiques publiés en tête de cet Ouvrage. Les fromages divers y sont classés d'après la quantité que l'on en fabrique, et les départements sont cités dans un ordre qui indique l'importance de leur production. (Voir *Enquête sur l'ind. lait. Minist. Agr.*, 1903.)

On distingue, en général, deux grandes classes de fromages, celles dont la pâte n'est pas fermentée (fromages frais, à la pie, à la crème, double-crème, etc.) et ceux dont la pâte est au contraire fermentée ; ce sont les plus nombreux et parmi ceux-ci on peut encore faire des distinctions, suivant que la pâte a été simplement égouttée (Camembert, Brie, etc.) ou a été pressée (Port-Salut, Hollande, etc.) ou a été cuite et pressée (Emmenthal et Gruyère).

Mais ces distinctions sont un peu précaires ; on ne peut en effet établir de catégories d'après la température à laquelle le lait a été caillé, d'après la température à laquelle le caillé a été réchauffé. On ne peut guère non plus cataloguer les fromages d'après la façon dont, au début, on sépare le caillé du petit lait ; certains fromages à pâte molle sont traités, à cet égard, comme on traite les fromages à pâte dure ; le pressurage qui est plus ou moins accentué, et s'exécuter à la main ou à la presse, n'est pas autre chose qu'un égouttage ou l'achèvement de l'égouttage ; enfin le fromage est consommé à tous les stades de la maturation, fromage simplement égoutté, légèrement ou complètement fermenté.

On ne saurait donc pas établir une classification des fromages qui permette de faire une monographie de chacun d'eux, et il convient plutôt de passer en revue chacune des opérations de la fromagerie, caillage, séparation du caillé et moulage, maturation, en indiquant, dans chacun de ces Chapitres, les habitudes locales, les variantes de ces différentes opérations. Celui qui lira ce Chapitre ne saura pas fabriquer tel ou tel fromage, mais il connaîtra les procédés généraux, de telle façon qu'il pourra introduire dans telle fabrication, telle pratique qu'il aura reconnu bonne dans une autre.

PRÉPARATION DE LA PRÉSURE.

Quel que soit le fromage que l'on désire fabriquer, il y a une opération commune, qui est la préparation de la présure.

Aujourd'hui la fromagerie tend à faire usage de présures préparées industriellement, et l'on trouve dans le commerce des présures liquides et des présures en poudre.

Les caillettes des jeunes veaux sont légèrement grattées pour enlever les grumeaux de lait caillé qui adhèrent à la muqueuse interne ; on doit éviter d'employer de l'eau à ce nettoyage, sous peine de dissoudre la présure. Les caillettes, ficelées à l'une des extrémités, sont alors gonflées à l'air, puis ficelées à l'autre extrémité ; on les abandonne, suspendues en dehors de l'usine, sous un hangar bien ventilé, et là, elles se dessèchent peu à peu. Ce sont ces caillettes sèches qui servent à la préparation de la présure industrielle.

On les découpe en lanières au moyen d'un hache-viande, puis on les met à macérer dans de l'eau froide et aussi exempte de germes que possible. On ajoute à la solution un antiseptique, ou plusieurs antiseptiques, sel marin, acide borique, alcool ; l'aldéhyde formique n'est pas à recommander, en ce sens qu'il détruit la présure. Les liquides sont filtrés, soit sur du papier, soit à travers des toiles de filtres-presses. Les résidus sont lavés une seconde fois à l'eau, et la solution sert à faire des présures de seconde qualité ; celles-ci sont ou bien vendues, ou bien employées à diminuer la force des présures de première macération et à les amener au titre ordinaire de 10000, c'est-à-dire à une concentration qui permet de coaguler 10^l de lait au moyen d'un centimètre cube de présure. Cette *mise au point* ne doit pas être faite immédiatement après l'extraction ; car la présure perd, dans les premiers jours, une partie de sa force.

Pour faire de la présure en poudre, on peut précipiter la présure par un mélange de chlorure de calcium et de phosphate de soude ; le phosphate de chaux qui se forme entraîne la présure ; c'est là un procédé qui a été imaginé pour séparer la diastase de l'orge. Puis, le précipité est recueilli et séché. On obtient ainsi des présures d'une force considérable, force qui peut atteindre 300000 et même 500000, c'est-à-dire coaguler, par centimètre cube, jusqu'à 500^l de lait ; ces présures sont pratiquement inaltérables.

Bien des fromagers n'ont pas encore adopté l'emploi des présures industrielles, et c'est surtout dans les régions à Gruyère (Suisse, Doubs, Jura, Ain, etc.) que ceux-ci sont le plus soucieux de conserver le monopole de la fabrication des présures qu'ils emploient : ils mettent même souvent dans cette fabrication un amour propre personnel, ne confiant pas aux voisins et aux concurrents ce qu'ils considèrent comme les secrets de leur supériorité; ils peuvent, en effet, avoir quelques tours de main, qui, en réalité, n'exercent pas une grande influence sur la qualité de leurs fromages; mais les principes généraux, suivis par tous, restent les mêmes, et jouent certainement un rôle que l'on ne doit pas méconnaître.

Voici de quelle façon on opère d'ordinaire dans les régions à Gruyère. Les caillettes sont nettoyées; on enlève les collets, la partie inférieure, les veines, la graisse; on en superpose une douzaine, tête bêche, de façon à répartir la force coagulante, puis on les roule en paquets que l'on ficelle; les paquets sont placés dans des pots de grès, que l'on peut recouvrir d'une planche, et que l'on dispose dans un endroit chaud de la fromagerie; on plonge le paquet de caillettes dans un liquide, dit *recuite,* et qui n'est en réalité que du petit-lait, débarrassé de la plus grande partie de sa matière azotée par une addition de lait aigre (*Aizy*); cette recuite est introduite chaude à 35°-40°, et l'on évite que la température du pot ne descende au-dessous de 20°-25°; après 48 heures, la présure est à point, et l'on peut en faire usage. Un litre de cette présure doit coaguler 100^l de lait en 40 minutes. Si la présure est trop faible, le grain du caillé est mou, irrégulier, difficile à égoutter; si elle est trop forte, le caillé est dur, se soude mal; la pâte est sèche, cassante, le fromage tend à se *lainer*. Quelquefois on ne fait usage de la présure que 2 jours après sa fabrication; on ne remplit alors le pot qu'à moitié avec la recuite, et le lendemain on achève de le remplir avec une nouvelle quantité de recuite chaude; le surlendemain, on en prélève la moitié pour l'usage, et l'on ajoute quantité égale de recuite nouvelle; ces méthodes exigent, bien entendu, la fabrication journalière de la présure.

On emploie également dans l'industrie du Roquefort des présures faites sur place. Ce sont les caillettes des jeunes agneaux qui fournissent, dans ce cas, la présure; mais les présures industrielles de veau réussiraient tout aussi bien. Il convient de choisir les caillettes de jeunes agneaux, n'ayant encore pris que du lait. On les remplit de sel, d'aromates (thym, poivre, girofle), et on les dessèche en présence de ces antiseptiques, sous la hotte d'une cheminée, pour servir en temps voulu. On fait alors macérer 2 à 3 caillettes dans 1^l d'eau additionné de vin blanc ou de vinaigre; on décante après 5 ou 6 jours. On doit faire en sorte qu'une cuiller à café (5$^{cm^2}$) emprésure 10^l de lait en 1 heure et demie.

Dans le Cantal, les caillettes (*présous*) sont mises à digérer dans l'eau tiède ou dans du petit-lait (2^l à 3^l par caillette); on ajoute du sel; le liquide peut servir au bout de 24 ou 48 heures, et l'on remplace par de l'eau ou du petit-lait la quantité de liquide que l'on a soutirée.

Dans les régions à Camembert, à Livarot, à Pont-l'Évêque, dans les régions à Brie, à Coulommiers, on fait usage de présures industrielles.

CAILLAGE DU LAIT.

Préparation du lait à l'emprésurage. — Le lait qui doit entrer dans la fabrication des fromages et être tout d'abord soumis au caillage n'est pas toujours pris en l'état où la traite l'a fourni.

Le Coulommiers, le Pont-l'Évêque et, en général, le Camembert sont fabriqués avec du lait entier; quelquefois ce dernier représente du lait légèrement écrémé; mais le Brie, le Livarot, etc. sont préparés avec le mélange de la traite du soir, partiellement écrémée, pendant la nuit, et de la traite du matin. Cette manière de faire est une règle dans la fabrication du fromage de Hollande, de Port-Salut, du Cantal, de Chester, c'est-à-dire des fromages à pâte dure, en général; le lait de brebis, qui est destiné à la fabrication des fromages de Roquefort est partiellement écrémé, jusqu'en mai; à partir de cette époque, la nourriture que les brebis prennent extérieurement à l'étable fournit au fromager un lait moins gras.

Les fromages de chèvres (chevrotins des Alpes) sont en général obtenus avec le lait entier.

L'Emmenthal et le Gruyère se distinguent par ce fait que l'un exige l'emploi du lait entier, et que l'autre autorise l'emploi du lait partiellement écrémé.

L'industrie utilise également le lait complètement écrémé pour préparer les fromages maigres, dits *à la pie,* les canquoillotes (Franche-Comté), etc.

D'autre part, le lait peut être, avant son emprésurage, non plus séparé de sa crème, mais rechargé de crème au contraire; dans la fabrication des fromages dits Suisses, de Neufchâtel ou Gervais, on ajoute au lait 33 pour 100 de son volume de crème, et l'on met en présure.

L'emprésurage a lieu dans des vases en général métalliques, en fer-blanc, par exemple; ce sont des cuves (*baquettes,* en Normandie) d'une capacité de 50^l à 100^l. Dans certaines régions, on a conservé des cuves en bois (*poëles* et *cuveaux* de Livarot, *gerles* du Cantal) qui sont moins faciles à nettoyer. On emploie des pots de grès de 50^l à 60^l dans la fabrication du Maroilles ou Marolles (Nord). Dans les fromageries de Gruyère, la mise en présure se fait dans le chaudron même de la fabrication.

Quelquefois on ajoute au lait, avant son emprésurage, un peu de matière colorante pour que la pâte du fromage conserve une coloration jaune; la pâte du Brie, du Camembert, du Pont-l'Évêque, du Hollande, du Chester, etc. est colorée de cette façon, et la matière colorante est en général préparée par le commerce avec du rocou, c'est-à-dire des graines de rocouyer, quelquefois avec du jus de carottes ou Annato (fromage de Chester).

Les fromages à la pie, les Coulommiers, les Melun, etc. ne sont pas colorés.

Dans des cas spéciaux, par exemple dans la fabrication du fromage d'Edam ou de Hollande, on dissout dans le lait, en même temps que la matière colorante, du salpêtre, $0^{kg},500$ par 1000^l de lait. On ajoute quelquefois aussi du petit-lait de la veille.

Enfin il y a lieu de rappeler ici que l'on peut pasteuriser le lait avant de l'emprésurer, de façon à donner aux ferments que l'on y ensemence une plus grande vitalité. Mais il ne faut pas chauffer au delà de 65° pour éviter de modifier l'état des sels de chaux et de compromettre ainsi l'emprésurage.

Emprésurage. — L'emprésurage n'est pas une opération toujours identique à elle-même. Le travail varie en effet d'après l'acidité du lait, d'après sa teneur en matière grasse, d'après la compacité du caillé que l'on veut obtenir, et d'après la température extérieure.

Le fromager, pour tenir compte des différences en présence desquelles il se trouve, n'a à sa disposition que deux éléments à faire varier : la quantité de présure et la température d'emprésurage.

La quantité de présure qu'il s'agit d'ajouter ne saurait être fixée, puisque l'on n'a pas de notion mathématique de la force des présures, et qu'on ne peut doser une diastase. On a vu plus haut les quantités de présure que les fromagers des régions à Gruyère, les fromagers de l'Aveyron, du Cantal emploient dans les conditions de force et d'activité, où ils les ont préparées. Avec les présures industrielles, dont la force est pratiquement déterminée, on peut avoir des données plus exactes et ajouter au lait la présure, en quantité inversement proportionnelle à la force indiquée par le fabricant ; dans la préparation du Brie, par exemple, on ajoute la valeur d'une cuiller à café de présure Fabre ou Hansen (5^{cm^3}) par 100^l de lait.

Mais cette quantité de présure, fixée pour un lait d'acidité nor-

male, de 18° à 20° Dornic, doit être diminuée au fur et à mesure que
s'élève l'acidité du lait. Il faut, autant que possible, éviter d'emprésurer des laits acides ; car le caillé obtenu cesse d'être souple, et ne
se soude plus aisément. Le caillage spontané du lait, sous l'influence
de l'acidité acquise, ne donne pas de caillés homogènes et plastiques.

La dose de présure varie également avec la température extérieure.
En été, on met moins de présure qu'en hiver, d'abord parce que la
température extérieure supplée, pour ainsi dire, au défaut de
présure, ensuite parce que le lait, en été, s'acidifie pendant l'emprésurage.

Mais c'est surtout en faisant varier la température de caillage que le
fromager devient maître de son caillé. Il abaisse la température du
lait, si ce lait est acide ; il l'élève s'il est très gras, de façon à avoir
un caillé moins mou ; il l'élève encore s'il veut obtenir un caillé ferme,
facile à égoutter et à presser ; il l'élève enfin si la température extérieure est trop froide.

Dans la fabrication des fromages à pâte molle, du Camembert par
exemple, il est nécessaire que les premières couches de caillé, déposées dans le moule, soient plus fermes que celles qui seront déposées
ensuite, de façon qu'elles puissent supporter celles-ci et faciliter
leur égouttage ; les couches déposées à la partie supérieure, au contraire, doivent être tenues molles, pour éviter que le fromage ne se
dessèche superficiellement ; ces deux effets sont obtenus par un
chauffage plus ou moins accentué des laits destinés à remplir les fonds
des moules, ou les parties supérieures ; on doit également, dans le
même but, mettre plus de présure pour le caillé des couches infé-
rieures.

Voici d'ailleurs, à titre de renseignements, les températures auxquelles on caille d'ordinaire le lait destiné à la fabrication des différents fromages :

Suisses et Bondons...........................	16-17°
Camembert	26-31
Brie.......................................	27-30
Coulommiers...............................	28-30
Brie de Melun..............................	18-25
Pont-l'Évêque..............................	32-38
Livarot....................................	36-38
Maroilles..................................	18-20
Mont-d'Or.................................	18-20
Géromé....................................	26-32
Hollande..................................	30-32

Port-Salut	28-34°
Cantal, Laguiole	30-35
Creuse	38-40
Roquefort (Lait de brebis)	23-25
Gruyère, Emmenthal	28-35

La durée de la coagulation dépend naturellement de la température du caillage ; il convient, étant donné ce qui vient d'être dit des températures adoptées dans la fabrication des fromages à pâte molle, de compter, en présence de quantités de présure analogues, deux heures pour l'emprésurage du Brie, du Camembert, et une heure, une heure et demie pour celui du Livarot, du Pont-l'Évêque. La durée de coagulation dépend aussi de l'acidité du lait et de la quantité de présure ; c'est ainsi que le lait de Gruyère, emprésuré à 33°, ne doit mettre que 25 à 30 minutes pour cailler. Si le caillage est trop rapide, on a un caillé trop ferme, qui ne se divise pas et ne se soude pas, et l'on a à craindre de faire des fromages dits *montés* ou *éraillés;* s'il est trop lent, la matière grasse crème pendant le caillage et l'on risque d'avoir des fromages *lainés* ou *multipliés.* (MARTIN, *Laiterie,* Paris, 1904, p. 257.)

On reconnaît pratiquement qu'un lait est caillé et que le caillé est prêt à être moulé ou préparé, quand, en appuyant le revers de la main ou des doigts sur la masse tremblotante de celui-ci, le liquide ne s'attache pas à la peau ; on peut également enfoncer dans le caillé un doigt ; celui-ci doit pouvoir être retiré sans emporter une goutte de liquide (fromagerie de Roquefort).

SÉPARATION DU CAILLÉ ET DU PETIT-LAIT.

Le caillage, dont il vient d'être question, constitue une opération commune à la fabrication de tous les fromages ; les conditions dans lesquelles elle se poursuit ne varient guère. Le fromage étant constitué par les éléments caillés du lait, il est une seconde opération commune, celle qui a pour but de séparer le caillé du petit-lait; contrairement à la première, celle-ci revêt des formes très variées, et donne des produits très différents les uns des autres.

Égouttage pendant la mise en moules (fromages à la crème, à la pie. fromages de crème, Camembert, Brie, Coulommiers, Mont-d'Or, Olivet, etc.). — Dans la fabrication des fromages frais, non fermentés, comme dans celle de la plupart des fromages à pâte molle et fermentée, la séparation du caillé et du petit-lait se trouve réalisée par le fait même du moulage.

Les fromages frais de lait entier, dits *fromages à la crème* (c'est-à-dire devant être mangés avec de la crème) sont, en général, moulés dans des cageots d'osier, en forme de cœur ; on garnit l'intérieur de ces formes d'une toile fine de coton, et l'on y dépose le caillé, que l'on a soin de prélever, du vase où il s'est formé, avec une cuiller plate, avec une écumoire.

Immédiatement le caillé se recroqueville, laisse suinter son petit-lait, qui s'écoule à travers la toile et le cageot ; les tranches de caillé, ainsi prélevées, se soudent les unes sur les autres; mais il faut éviter de les retourner en les introduisant dans le moule, sous peine de produire un fromage feuilleté. Elles ne doivent être déposées dans le moule que progressivement, et au fur et à mesure que le caillé se tasse dans le cageot ; si l'on versait tout le caillé d'un coup, on gênerait l'écoulement du petit-lait ; les fragments de caillé se souderaient trop vite et ne laisseraient pas assez longtemps, entre eux, les surfaces de glissement nécessaires pour le drainage du petit-lait. Le cageot est enfaîté d'une quantité de caillé supérieure à sa contenance; peu à peu le caillé s'affaisse, et quand il a pris une solidité suffisante, on le retourne et l'on enlève la toile.

C'est en suivant la même méthode que, dans les Alpes, on prépare des fromages frais de lait de chèvre, dits *chevrotins* ; le caillé obtenu à 27°-28° est, en évitant de briser les fragments, mis dans des moules, en bois, en terre cuite ou en fer-blanc, percés sur le fond et sur les bords, mesurant 8^{cm} à 12^{cm} de diamètre, et 5^{cm} à 6^{cm} de profondeur ; le fromage peut être consommé après 4 heures d'égouttage.

La fabrication du fromage maigre ou à la pie se poursuit de la même manière ; le cageot a une forme ronde et peut affecter des dimensions très variables, depuis 20^{cm} jusqu'à 40^{cm} de diamètre.

Il convient ici de citer certains fromages, dits *à la crème,* que l'on fabrique surtout en Normandie ; ce ne sont pas de véritables fromages; constitués par de la crème battue et mise en moules, sans avoir subi l'emprésurage, représentant du beurre à l'état spongieux et émulsionné, ce sont plutôt des fromages de crème que des fromages à la crème. Pour fabriquer ces fromages, on descend en cave fraîche la crème, et on l'y abandonne 24 heures environ. Dans ces conditions, la crème fermente quelque peu, et la caséine, qu'elle contient encore, subit un commencement de coagulation, qui donne à la pâte un peu de solidité ; puis la crème est battue, au moyen d'un fouet, à la façon de la crème dite *Chantilly,* et déposée dans un moule en forme de cœur.

Les fromages dits *à la crème, à la pie, fromages de crème,* sont consommés avant toute fermentation, et leur histoire se termine en ce point.

L'histoire des autres fromages ne se borne pas à la séparation du caillé et à son moulage ; il conviendra de les suivre pendant leur maturation.

C'est encore dans le moule même où on leur donne la forme définitive qu'on égoutte le caillé de la plupart des fromages dits à *pâte molle* ; cet égouttage porte en général le nom de *dressage,* et la pièce où il a lieu est désignée par le nom de *dressoir.*

Le dressoir est en général au rez-de-chaussée de la fromagerie ; sa température doit être de 16° à 20°.

Contre le mur ou plus souvent au milieu de la pièce, se trouvent des tablettes en bois légèrement inclinées; quelquefois elles sont recouvertes de plomb. Mais beaucoup de fromagers préfèrent le bois nu, quitte à le laver chaque jour à la brosse, de façon à ne pas introduire de sels de plomb dans le petit-lait que l'on destine aux porcs. De plus, le bois est moins froid que le plomb. Quelques-uns emploient des tables en ciment; on peut faire à celles-ci le même reproche, de trop refroidir le caillé.

Sur ces tablettes sont disposés les moules ; ceux-ci sont de forme et de dimensions variables, tantôt en bois, plus généralement en fer-blanc, percé ou non de trous, ou en tôle galvanisée.

Le moule de Camembert (*Cliche*) qui est en fer-blanc a 11^{cm},5 à 12^{cm} de diamètre et une hauteur égale, il reçoit le caillé de 2^l de lait (un pot); mais ce chiffre n'est qu'une moyenne; il représente 1^l,900 à 1^l,950 en hiver, et 2^l,100 en été.

On emploie, pour le Brie, suivant qu'il doit contenir le caillé de 20^l ou de 13^l de lait, des moules en tôle galvanisée de 35^{cm} à 40^{cm} de large, 6^{cm} de haut, ou de 33^{cm} de large et 5^{cm} de haut ; le moule du Brie de Melun est plus petit, 29^{cm} de diamètre et 10^{cm} de haut; il est en bois ; le moule du Brie de Coulommiers est encore plus petit, 15^{cm} de diamètre, 12^{cm} de haut; il est en général métallique. On pourrait multiplier ces exemples, faciles à déduire des dimensions définitives des fromages que l'on connaît.

Les moules ne sont pas placés directement sur la table du dressoir; pour faciliter l'écoulement du petit lait, et le retournement du fromage, le moule repose sur des *cajets* ou *cageots* de paille (*paillons*) ou de jonc ou sur de petits stores de bois, et ceux-ci, pour les fromages de grande dimension (Brie) sont disposés sur des claies d'osier (*tournettes*), ou sur des *planchots* de hêtre ou de grisard.

Le caillé, en général, aussitôt après qu'il a pris une consistance suffisante, est déposé dans ces moules, avec les mêmes précautions et aussi progressivement que s'il s'agissait des fromages à la crème et des fromages maigres, dont il vient d'être parlé. Quelquefois, quand un peu de crème est remontée à la surface, pendant le caillage, on l'enlève à l'aide d'une saucerette, dans le but d'éviter que le fromage ne rancisse.

Pour remplir un moule de Camembert, c'est-à-dire pour y faire entrer le caillé de 2^l de lait, il convient de mettre 6 heures, et le moule doit être rechargé, à doses égales, toutes les heures. Le même temps est nécessaire pour *pocher* un moule de Brie ; mais celui-ci est peu élevé, 5^{cm} à 6^{cm} ; aussi doit-on superposer deux moules, pour avoir une fois le caillé tassé, un fromage d'une épaisseur suffisante. On peut, au cours du travail, et au fur et à mesure que le fromage diminue de volume, substituer au moule une éclisse en zinc ou en fer-blanc, qu'un système de boutons et d'agrafes permet de resserrer peu à peu comme on resserre une ceinture.

En général, les fromages de Brie et de Camembert sont fabriqués, les premiers avec du lait entier, les seconds avec du lait un peu écrémé.

Préparés le matin après la traite, les caillés doivent être complètement dressés le soir même.

Dans certains cas (Brie de Melun), le caillé n'est pas toujours dressé aussitôt après sa formation ; on le divise, on le *gâche* et on le laisse passer la nuit en présence de son petit-lait ; le caillé se resserre, et l'ouvrier ou l'ouvrière le divise avec la main avant de l'introduire dans le moule.

Le lendemain du jour où l'on a achevé de remplir le moule, le fromage est retourné, pour faciliter son égouttage, puis abandonné dans son moule pendant 12 ou 24 heures encore. Quand il s'agit d'un petit fromage (Camembert), on passe la main gauche sous le moule, et, appuyant la main droite sur la partie supérieure du moule, comme pour en boucher l'orifice, puis, faisant un mouvement de bascule avec les deux mains, on reçoit le fromage dans la main droite et on le dépose sur le cajet. Quand il s'agit au contraire d'un fromage de grande dimension (Brie), on place au-dessus du moule un cajet et un planchot ou une tournette, et l'on enlève le fromage avec son planchot inférieur ; le même mouvement de bascule amène le fromage sur la face opposée.

Le caillé du fromage de Coulommiers est *poché* dans les mêmes conditions que celui du Brie et du Camembert. Le caillé, une fois égoutté, est retourné (*tapé*) trois ou quatre fois en 24 heures.

Les caillés du Mont-d'Or, du Saint-Nectaire, du Pontgibaud (Puy-de-Dôme), de l'Olivet (Loiret), du Saint-Marcellin (Isère), du Rocamadour (Lot), etc., sont traités de la même façon.

Sabrage et égouttage préalable à la mise en moules (Pont-l'Évêque, Livarot, Maroilles, fromages suisses, bondons, demi-sels, etc.). — La séparation du caillé et du petit-lait se fait quelquefois, même dans la fabrication des fromages à pâte tendre, d'une façon différente de celle dont il vient d'être question; le caillé est égoutté avant d'être moulé, et il achève dans le moule son égouttage.

Dans la fabrication du Pont-l'Évêque, le caillé est *sabré*, c'est-à-dire divisé par tranches verticales au moyen d'un sabre de bois ou d'une simple planchette, d'abord dans deux directions perpendiculaires, puis dans deux directions faisant avec les premières un angle de 45°; le caillé, ayant été obtenu à une température relativement élevée (32°-38°), prend une consistance qu'il n'a pas dans la fabrication du Camembert ou du Brie; il se recroqueville et se sépare de son petit-lait; on le jette alors sur un paillasson de paille de seigle (*glotte*), placé au-dessus de la table du dressoir, et séparé de celle-ci par des traverses de bois; le petit-lait s'égoutte; on active cet égouttage en repliant le paillasson sur lui-même et en comprimant le caillé; on l'émiette et on le comprime encore; quand il a pris assez de consistance, on le pétrit dans les moules carrés de 12^{cm} à 13^{cm} de côté (*roulets*), en les remplissant à mi-hauteur; on retourne les fromages presque aussitôt, puis deux ou trois fois dans le courant de la journée même, et deux ou trois fois dans la journée du lendemain. Le fromage de Pont-l'Évêque se fait toujours avec le lait frais que l'on caille et que l'on moule après chaque traite.

Le caillé du Livarot et du Gacé (Orne) est sabré et égoutté de la même façon, mais sur des toiles ou sur des nattes de jonc (*glottes*); il a, par suite du caillage à 36°-38°, assez de consistance pour être introduit dans les éclisses de bois de hêtre, de 15^{cm} de diamètre et 15^{cm} de haut, qui lui servent de moules. Le moule et son contenu sont retournés une dizaine de fois dans les 48 heures qui suivent le dressage.

Le caillé du Gorgonzola (Italie) est également séparé au moyen d'une toile.

Dans la fabrication du Maroilles ou Marolles [arrondissement

L. 20

d'Avesnes (Nord)], le caillé est égoutté sur des vases de bois ou de fer-blanc de 70^{cm} de diamètre et 15^{cm} de haut (*migneaux*), puis le caillé est pris à pleines mains et placé dans des moules en osier (*équinons*), de 13^{cm} à 15^{cm} de diamètre et 8^{cm} à 10^{cm} de haut, quelquefois aussi dans des moules cubiques (Maroilles en pavés, tuiles de Flandre ou Larrons; fromages plats, aussi longs que larges). Les fromages, placés en piles, sont abandonnés 4 jours avant d'être salés.

Le fromage de Herve ou de Limbourg (Belgique, près de Liége) qui est analogue à celui de Maroilles, est préparé à peu près de la même façon.

Le fromage de Géromé ou de Gérardmer (Vosges) se fabrique également avec du caillé, divisé par un tranche-caillé, égoutté dans un premier moule et introduit, quand il est suffisamment tassé, dans un moule définitif, d'une hauteur moitié moindre de celle du précédent.

Il en est de même du fromage de Sassenage (Isère), dans la composition duquel entre un mélange de laits de vache, de brebis et de chèvre; du fromage de Gex (Ain), du fromage de Septmoncel [environs de Saint-Claude (Jura)], du fromage de chèvre, dit *Chevrotin affiné* ou *Chevrotin de montagne,* etc.

L'égouttage du caillé qui est destiné à la fabrication des fromages double-crème dits *Suisses* ou *façon Gervais,* se fait préalablement à la mise en forme. Le caillé est déposé dans des serviettes de coton; celles-ci sont repliées aux quatre coins, de façon à faire un sac, dont on ficelle la tête; les sacs sont placés en piles les uns sur les autres, au-dessus d'une table inclinée, en bois, destinée à l'écoulement du petit-lait; les sacs se pressent doucement par le poids de ceux qui sont au-dessus d'eux; de temps à autre on remet à la partie inférieure ceux qui, étant à la partie supérieure, au contraire, ont supporté moins longtemps le poids des autres et sont moins asséchés. Les serviettes, après 15 heures d'égouttage environ, sont débarrassées de leur pâte et celle-ci, mélangée de crème et pétrie avec elle, est moulée en fromages cylindriques, soit à la main dans des moules, à l'intérieur desquels on place la feuille de papier qui doit les enrouler, soit au moyen d'une machine spéciale, dont le fonctionnement rappelle celui des machines à mouler les briques et les briquettes de charbon; on fabrique d'une façon analogue les fromages dits *Bondons, Malakoffs, Petits carrés,* etc.

Les fromages dits *Demi-sels* sont des fromages double-crème, que l'on sale légèrement et qu'on laisse subir un commencement de fermentation.

Sabrage et prélèvement du petit-lait avant la mise en moules (*Hollande, Port-Salut, etc.*). — Le procédé de récolte du caillé, avec sabrage préalable, auquel il vient d'être fait plusieurs fois allusion, est d'un emploi général dans la fabrication de tous les fromages dits *à pâte ferme*. Le procédé se modifie cependant dans ce cas, en ce sens que le caillé n'est pas séparé du petit-lait par égouttage préalable à travers une toile, une claie, un moule; le caillé, aussitôt après qu'il a été divisé, subit un retrait, se resserre et se recroqueville sur lui-même, en laissant suinter le petit-lait contenu dans ses mailles; au fur et à mesure que ce petit-lait s'échappe on l'enlève avec une puisette, une casserole, etc., et l'on voit alors peu à peu le caillé prendre de la consistance, de la plasticité, et se prêter au moulage. Ce moulage se fait en déposant le caillé dans des moules, en l'y comprimant soit à la main, soit à la presse.

C'est de cette façon que l'on travaille le caillé dans la fabrication du fromage de Hollande et d'Edam ou tête de Maure; la cuve est en tôle étamée, doublée de bois; elle est de forme rectangulaire, son fond est incliné; le tranche-caillé est un instrument à lames tranchantes parallèles; on brasse pendant 25 à 3o minutes, pour activer le retrait du caillé, et former le grain; puis, après avoir abandonné la masse à elle-même pendant 1o minutes, on enlève une certaine quantité de petit-lait (8 à 1o pour 1oo); c'est cette quantité qui sera ajoutée, le lendemain, à la cuve que l'on caillera. Après repos, on brasse de nouveau, pendant 15 à 2o minutes, on enlève encore du petit-lait, on réchauffe la cuve, qui est à double fond, au moyen de la vapeur, de façon que le caillé atteigne la température de 32°; le caillé achève de suinter et, au fur et à mesure qu'il prend de la consistance, on le ramasse dans la partie la plus élevée de la cuve; puis on le met en forme à la main. Les moules sont en bois; ils sont formés de deux parties à fond demi-sphérique, s'emboîtant l'une dans l'autre; le premier moule qui reçoit le caillé plastique est allongé et, quand il a été suffisamment comprimé dans ce premier moule, on le fait passer dans un second moule, de forme plus basse, où il achève de prendre la forme sphérique; c'est là qu'après l'avoir retourné à plusieurs reprises et l'avoir entouré de calicot ou de toile fine, on le soumet à l'action de la presse (*Kaaspers*); l'effort de celle-ci doit être progressif et mesuré; chaque fromage, pesant 2^{kg}, reste 3 ou 4 heures sous la presse et reçoit une pression maxima de 2o^{kg} à 25^{kg}.

On fabrique en Hollande, et dans les mêmes conditions, un fromage ayant la forme d'un sphéroïde aplati, connu sous le nom de *fromage de Gouda,* et dans le Jura suisse, à Bellelay, un fromage dit *tête de Moine.*

Le même travail est appliqué à la préparation des fromages de Port-Salut. Le petit-lait est épuisé, et le caillé réchauffé légèrement dans la chaudière du caillage. Les moules cylindriques, en métal, sont garnis de toile à l'intérieur; on y introduit le caillé à la main et l'on pétrit légèrement; quand le caillé dépasse quelque peu le niveau du moule, on rabat la toile, en évitant les faux plis, et l'on soumet le fromage à une pression graduelle.

Le Reblochon (Savoie et Haute-Savoie) se prépare par des procédés analogues.

Même travail avec addition de moisissures (Roquefort et imitations). — La fabrication du fromage de Roquefort se poursuit au moyen du lait de brebis, dans les départements de l'Hérault, de l'Aveyron, du Tarn; les fromagers se contentent de préparer le caillé, et c'est ce caillé qui est ensuite affiné dans les caves du Roquefort. On fabrique également du Roquefort en Corse. Les fromagers exécutent pour séparer le caillé du petit-lait un travail analogue à celui qui vient d'être décrit; cependant le caillé n'est pressé qu'à la main et, en outre, le caillé, au moment de son moulage, est ensemencé au moyen des spores d'une moisissure que l'on emploie à l'état de pain moisi, et qui n'est autre chose que le *Penicillium glaucum*, à l'état de pureté presque absolue. Le caillé, après avoir été découpé et brassé avec un tranche-caillé ou une pelle de bois, est recouvert de moules employés à la fabrication (*faisselles*), de façon que ceux-ci, par leur poids, forcent le petit-lait à suinter et, comme ces moules sont percés de trous, le petit-lait se réunit alors à l'intérieur de ceux-ci, d'où on le retire à l'aide d'une puisette; on achève l'égouttage du caillé en l'étalant sur une grosse toile, à mailles claires. Les moules sont en général en fer-blanc, rarement en terre; ils ont 20^{cm} de diamètre, 9^{cm} de haut; on y comprime, à la main, du caillé, de façon que celui-ci remplisse le $\frac{1}{3}$ de la hauteur du moule; on saupoudre alors avec du pain moisi, contenu dans une sablière; on ajoute du caillé jusqu'aux $\frac{2}{3}$ de la hauteur du moule; on saupoudre de nouveau et l'on achève de remplir, en ayant soin d'enfaîter légèrement le moule. On retourne le fromage, en couvrant le moule plein d'un moule vide tout semblable, et en renversant le fromage dans celui-ci; on recommence d'ordinaire cette opération trois fois le premier jour, et quatre ou cinq fois le second jour.

Trillat et Forestier ont imaginé d'ensemencer de *Penicillium*, non plus le caillé, mais le lait avant emprésurage (Brevet). Le *Penicillium* est livré aux fromagers sous la forme d'agglomérés en pastilles; la matière agglomérante est du lactose, et les pastilles sont, dès lors, faciles à délayer dans l'eau. On peut, de cette façon, mesurer plus exactement la quantité nécessaire à l'ensemencement, répartir cette quantité d'une façon plus uniforme, et diminuer dans une forte proportion l'emploi du *Penicillium*.

Les fromages imitant le Roquefort sont nombreux; on ne saurait entrer dans les détails de leur fabrication; il suffit d'en rappeler les noms et de dire que leurs caillés sont recueillis et ensemencés de façon analogue. Les imitations les plus fréquentes sont obtenues avec du lait de vache; il convient de citer ici les fromages bleus d'Auvergne, préparés dans les cantons de Pontgibaud, de Rochefort (Puy-de-Dôme); de Marcenet (Cantal); les fromages de Gex (Ain), appelés *bleus* ou *persillés,* de Septmoncel, près de Saint-Claude, de Sassenage, près de Grenoble, les fromages de chèvre, persillés (région de Thones et du Grand-Bornand, Haute-Savoie), les fromages de Gorgonzola (environs de Milan), etc.

Même travail avec mise en fermentation, salage, réchauffage, etc., préalablement à la mise en moules (Cantal, Laguiole, Chester, etc.). — La préparation du caillé, préalablement à la mise en moules, ne comporte pas seulement l'addition de moisissures, comme celle qui vient d'être décrite au sujet de la fabrication du Roquefort. Souvent le caillé est, avant son moulage, abandonné à une légère fermentation, additionné de sel, mis en contact avec du petit-lait, etc.

La fabrication des fromages du Cantal, de Laguiole (montagnes d'Aubrac) est intéressante à cet égard; le caillé est tranché au moyen d'un tranche-caillé (*ménole* ou *affréniale*) formé d'une rondelle de bois percée de trous et emmanchée d'un bâton; sur celui-ci, on fixe ensuite une ailette (*atrassadou* ou *mésadou*), qui permet d'avironner la masse de caillé et de la comprimer en la soudant; le caillé, restant à 30° environ, laisse suinter le petit-lait qu'on enlève avec une puisette (*pouset*); puis, quand le caillé est devenu suffisamment plastique, on le comprime avec les mains et avec les genoux, dans des récipients cylindriques en bois (*faisselles* ou *paillas*), larges de 30^{cm} à 40^{cm} et hauts de 15^{cm}, et portant un faux-fond percé de trous; la masse prend alors le nom de *tome;* la partie supérieure de la tome est chargée d'une grosse pierre et, après 12 heures d'égouttage, on démoule le caillé; pendant ce temps la fermentation commence, qui donne au caillé du liant et de l'onctuosité. Ce caillé légèrement fermenté, cette tome, n'a pas sa forme définitive; il convient de la remettre en moules et de faire, avec plusieurs tomes, un fromage de 30^{kg} ou 40^{kg} (*fourme*). Mais auparavant la pâte doit être salée; elle est étalée sur une table inclinée (*selle* ou *chèvre*); on l'émiette avec une sorte de massue hérissée d'aspérités (*bouc*), on la pétrit à la main avec du sel (1ᵏᵍ à 2ᵏᵍ, suivant la saison, pour 3oᵏᵍ ou 4oᵏᵍ de fromage). Le moule définitif est constitué par une feuille de hêtre (*feuille* ou *tresse*) haute de 2oᶜᵐ à 25ᶜᵐ que l'on roule sous forme cylindrique et que l'on descend dans l'intérieur d'une faisselle, qui en forme le fond; des cordes ou des cercles en bois (*guirlandes, tressous* ou *tressadous*) permettent de maintenir la feuille de hêtre dans sa forme cylindrique. C'est ce moule que l'on remplit de caillé fermenté et salé et que l'on soumet ensuite pendant 12 heures à l'action progressive d'une presse rudimentaire; le fromage est ensuite retourné deux ou trois fois pendant les 24 heures qui suivent (Marre, *Race d'Aubrac et fromage de Laguiole*, Rodez, 1904).

On peut rapprocher du fromage du Cantal celui du Mont-Cenis, fabriqué sur le plateau du Mont-Cenis et dans la Maurienne; le caillé est abandonné 24 heures, en tome, à la fermentation, puis pétri avec du caillé frais et mis sous presse.

On prépare le fromage de Gorgonzola en mélangeant des caillés récemment égouttés avec des caillés plus anciens et plus secs, dans le but d'obtenir des solutions de continuité qui favorisent le cheminement de la moisissure bleue; celle-ci, contrairement à ce qui se fait pour le Roquefort, n'est pas ensemencée artificiellement; elle est apportée par l'atmosphère de la fromagerie, par les instruments, etc. Le caillé, mis en moules, est égoutté pendant quelques jours, à la température de 2o°-25° et, après avoir été roulés dans le sel, les fromages sont *piqués* à la main. On travaille de la même façon les caillés des fromages de Gex, de Sassenage, de Septmoncel. Tous ces fromages sont préparés avec du lait de vache, le Gorgonzola avec du lait entier, les autres avec du lait partiellement écrémé.

Le fromage de Chester a son caillé recueilli de la même façon et celui-ci est également salé, avant d'être mis dans les moules de fer-blanc et pressé.

Le caillé du fromage de Gloucester est, avant le salage, soumis à une légère cuisson; après avoir été rassemblé dans une éclisse, il est égrainé, puis recouvert d'un mélange de 1 partie de petit-lait et de 3 parties d'eau bouillante; il est maintenu ainsi de 1o à 3o minutes. Il est ensuite introduit dans une nouvelle éclisse, où il est salé, non plus en le pétrissant, mais en le saupoudrant dans le moule; le caillé est ensuite pressé.

C'est encore en arrosant le caillé, avant le salage et le pressurage, d'eau bouillante et de petit-lait, que l'on prépare le fromage de Norfolk.

Au lieu de réchauffer le caillé par une infusion chaude, on peut, ainsi qu'on l'a vu à propos du Hollande, le réchauffer dans la cuve même; on retrouve ce procédé dans la fabrication du fromage de Cheddar (comté de Sommerset, Ayrshire, etc.). Le caillé, découpé et brassé, est abandonné à l'acidification; on enlève seulement alors le petit-lait et l'on réchauffe le caillé dans la cuve même. Le caillé brisé et chaud est étalé dans le fond même de la cuve et saupoudré de sel; puis le caillé, ramassé dans des moules, est soumis à la presse.

Le caillé peut encore être travaillé d'une autre façon avant sa mise en moules; on fabrique, par exemple, à Glaris (Suisse), un fromage dit *sérai vert*, dans la préparation duquel entrent des feuilles séchées et pulvérisées de mélilot bleu (*Trifolium Melilotus cœrulea*); le caillé recueilli dans un premier moule est, avant d'être pressé, mélangé avec des feuilles de mélilot et avec du sel.

Sabrage et cuisson du caillé dans le petit-lait, préalablement à la mise en moules (Gruyère et Emmenthal, etc.). — Les procédés employés dans la fromagerie de Gruyère pour la séparation du caillé et l'élimination du petit-lait ne sont pas essentiellement différents de ceux dont il vient d'être parlé. Là, le caillé est encore sabré ou *décaillé*; grâce au retrait qu'il subit sur lui-même, il abandonne son petit-lait; mais, pour activer le phénomène, on chauffe le caillé, non plus quand il est presque égoutté, comme on le fait dans la fromagerie du Hollande, mais avant même d'extraire le petit-lait, c'est-à-dire en présence du petit-lait lui-même.

Le caillé, ainsi qu'on l'a vu plus haut, a été formé dans la chaudière même; on le tranche, et on l'y abandonne quelques minutes.

Il est nécessaire, à ce moment, de s'arrêter dans la description du travail pour dire un mot de ces chaudières ou chaudrons qui constituent les instruments essentiels de la fabrication.

Ces chaudrons sont en cuivre; ils ont une capacité de 3oo¹ à 5oo¹, c'est-à-dire peuvent contenir tout le lait nécessaire à la fabrication d'un fromage.

Dans les anciennes fromageries (fruitières) le chaudron est suspendu par son anse demi-circulaire à une potence mobile, qui permet de le placer au-dessus d'un foyer à air libre, ou de l'en éloigner au contraire, suivant les besoins du travail.

Aujourd'hui encore et même dans les fromageries bien aménagées, ce dispositif a été conservé; mais le foyer n'est plus à l'air libre, il est relié à une cheminée d'appel et entouré d'une pièce métallique circulaire sur laquelle le chaudron vient reposer (*chaudières Lardet,*

Laurioz, etc.). Pour obtenir le même résultat, certains fromagers préfèrent employer une chaudière disposée à poste fixe et rendre le foyer mobile au contraire, en sorte qu'il est facile d'éloigner le foyer quand le chauffage n'est plus jugé nécessaire. Enfin, on peut faire usage de chaudières chauffées par un double fond de vapeur et permettant ainsi de régler la température ou de supprimer le chauffage.

Le brassage du caillé se fait au moyen d'un brassoir que l'ouvrier fait souvent lui-même, en coupant un jeune pin dont il laisse les branches supérieures sur une longueur de 10cm environ. Quelquefois, il perfectionne cet instrument en insérant dans la partie inférieure de la branche une série de demi-cerceaux de bois, faits de baguettes flexibles. Ce brassoir est construit industriellement et les cerceaux sont alors en fil de fer. Quelquefois, on munit la cuve d'un brassoir mécanique que l'on tourne à la main.

Le brassage commence à froid, c'est-à-dire à une température voisine de celle où le lait a été caillé (33°); il y a intérêt, quand le caillé est mou (ce qui se produit quand la température de caillage est insuffisante ou quand les présures sont faibles), de laisser pendant 20 minutes le caillé se rétracter avant de brasser; il faut alors agiter avec le tranche-caillé qui brise les fragments trop gros; sans cela, la surface seule des grumeaux durcirait par le chauffage, emprisonnant du petit-lait; le gruyère serait alors trop chargé des éléments qui permettent aux ferments de maladie de se développer, par exemple à ceux qui produisent des fermentations gazeuses, persillent le fromage de mille trous et donnent des fromages *gonflés*. Si, dans ce cas et pour éviter cet inconvénient, on chauffe trop, on a un caillé dur, sans souplesse, qui se soude mal et produit des fissures (fromages *lainés*). Quand le caillé est dur, au contraire, au moment de sa formation, il convient de brasser aussitôt après sabrage. En tout cas, le brassage doit être lent, si l'on ne veut pas détacher, sous forme de flocons qui troubleraient le liquide, les particules grasses que renferme le caillé. Après un quart d'heure de brassage (*battage*), les grains du caillé se présentent avec la grosseur d'un pois; si les grains sont trop gros, on s'expose à avoir des fromages *gonflés* et des fromages *lainés*, ou à mille trous, s'ils sont trop petits (MARTIN, *loc. cit.*, p. 262). Après le battage, on laisse reposer une demi-heure.

C'est alors que la chaudière est exposée à la chaleur du foyer ou de la vapeur; la température qu'il convient d'observer varie de 52° à 60°; elle dépend de l'acidité du lait avant son caillage, de sa teneur en matière grasse et de la destination du fromage fabriqué; si le fromage doit être consommé en été, immédiatement après sa maturation, il faudra chauffer moins le caillé que s'il doit être, pendant l'hiver, conservé plusieurs mois (52°, par exemple, au lieu de 58°). De toute façon, la température ne doit pas être assez élevée pour stériliser le fromage et compromettre sa maturation. Le chauffage dure de 25 à 35 minutes; il est naturellement d'autant plus prolongé que la température, toutes choses égales d'ailleurs, est moins élevée, et, pendant tout le temps du chauffage, le fromager ne cesse de brasser le liquide; il continue à brasser pendant une demi-heure, 1 heure, après que la chaudière a été retirée du feu ou que le feu a été retiré de la chaudière, et l'opération n'est jugée terminée qu'au moment où les grains cuits de caillé, gros comme des grains de riz, ont pris une certaine élasticité et produisent sous la dent une impression analogue à celle que produirait le caoutchouc. D'autres signes renseignent également le fromager sur la marche de son travail : si l'on prend du caillé à pleine main, si on le comprime et si l'on ouvre ensuite les doigts, le caillé cuit doit s'échapper en se désagrégeant ; il n'a plus qu'une plasticité réduite, suffisante cependant pour que les fragments puissent se réunir sous l'action de la presse.

Le fromager, à ce moment, *donne le tour,* c'est-à-dire imprime au liquide, avec son brassoir, un mouvement giratoire, qui a pour effet de ramener tout le caillé au fond de la chaudière. C'est alors qu'intervient le procédé très original qui permet de séparer d'un coup le caillé du petit-lait; là, encore, la filtration s'exécute à travers une toile, mais dans des conditions différentes de celles qui ont été décrites ; le fromager prend une toile à grosses mailles, il noue par les coins l'un des côtés de cette toile autour de sa ceinture et relie les deux coins opposés à une baguette flexible, en général, en acier ; la toile est repliée sur l'un de ses côtés, autour de cette baguette qu'il tient de ses deux mains, les bras tendus; il plonge les avant-bras dans le liquide encore chaud, qu'il a quelquefois refroidi à l'aide de petit-lait d'une opération précédente, fait contourner à sa baguette le fond de la chaudière et reçoit dans la toile tout le caillé, comme il le recevrait dans un tablier; il la relève, la détache de sa ceinture, lie les quatre coins à un palan et, soulevant la masse au-dessus de la cuve, il la laisse égoutter. Il recommence une seconde fois l'opération pour ramasser le *recherchon.*

Le caillé est alors déposé dans sa toile, à l'intérieur du moule ; celui-ci repose sur une planche (*foncet*); il est formé d'une éclisse de hêtre que l'on peut, à l'aide d'une corde et d'une crémaillère, resserrer sur elle-même au fur et à mesure que le fromage se sèche. Au-dessus du moule, dans les petites exploitations, on place une planche que l'on charge peu à peu de pierres; mais, partout où le progrès a pénétré. on fait usage de presses.

Celles-ci sont de deux sortes : tantôt la pression est obtenue par une tige verticale qui appuie sur la planche supérieure. Cette tige reçoit la pression d'une barre de fer horizontale, fixée d'un côté à une articulation et portant à l'autre extrémité un contre-poids que l'on déplace progressivement (presse Lardet); tantôt la presse comporte une traverse horizontale, placée en travers et au-dessus de la planche, que peuvent tirer verticalement, à droite et à gauche de la table de pression, des systèmes articulés de tiges à contre-poids (presse Laurioz). En tout cas, le pressurage doit être lent et gradué, si l'on veut que les fragments de caillé se soudent. La pression est au début de 3^{kg} à 5^{kg} par kilogramme de fromage et peut être portée, à la fin, à 8^{kg} ou 10^{kg} pour les fromages de 30^{kg} à 40^{kg} et à 10^{kg} ou 13^{kg} pour les fromages de 40^{kg} à 50^{kg}. Le fromage reste sous la presse et dans son cercle de 20 à 24 heures; il est, pendant ce temps, retourné sept fois et l'on doit chaque fois changer le linge qui l'entoure. Les premiers linges sont mis humides.

On fabrique par un procédé analogue, dans le canton de Berne, à Bellelay, un fromage (tête de moine) que l'on peut considérer comme un demi-gruyère, en ce sens qu'il n'est chauffé qu'à 42° ou 45°; il est plus mou que le Gruyère; il ne pèse que 5^{kg} à 7^{kg}.

Le fromage franc-comtois, appelé *canquoillotte, fromagère, tempête, etc.*, offre un procédé de fabrication qui rappelle celui du Gruyère. Le lait est abandonné au caillage spontané et le caillé est chauffé à 50° ou 55° en présence du petit-lait acide. Le caillé séparé (*metton*) est émietté à la main et abandonné à la fermentation dans un pot de faïence ou de porcelaine, en général, une soupière; on le consomme d'ordinaire après l'avoir fait fondre dans l'eau avec du beurre, du sel, du vin blanc, etc.

Le fromage dit *séré* se fabrique dans les régions à Gruyère, au moyen du petit-lait de la fabrication de celui-ci; le petit-lait, chauffé à l'ébullition, est additionné de 2 pour 100 de lait aigri, d'une opération précédente (*aizy*); on voit alors une partie de la matière grasse émulsionnée remonter à la surface (*beurre blanc, briffe, bretze* ou *brèche, second beurre, etc.*), souvent on fait *remonter les brèches* au moyen de la centrifuge; quand celles-ci ont été recueillies, on ajoute 3 pour 100 d'aisy; la matière azotée (albumine et phosphocaséinate de chaux), encore en solution, se coagule sous l'influence d'un excès d'acide; c'est le séré, que l'on recueille à la surface et que l'on fait égoutter dans des moules à trous.

Quel que soit le procédé que l'on ait employé pour séparer le caillé du petit-lait, que l'on ait égoutté le caillé dans le moule même, ou sur une toile, ou sur une claie, ou dans un moule préparatoire; qu'on ait profité du retrait qu'il subit pour enlever le petit-lait à la température ordinaire ou à celle de 55°-6o°; quelle que soit la préparation spéciale qu'on lui ait fait subir avant de le mouler, le fromage est maintenant dans le même stade de sa fabrication; il est moulé, il est même, dans certains cas, sous la presse, et les fragments de caillé crus ou cuits se soudent et fournissent une masse homogène qu'il s'agit maintenant de saler et de faire mûrir.

SALAGE DES FROMAGES.

Tous les fromages qui doivent fermenter subissent, au préalable, le salage, et il convient de s'arrêter ici pour étudier cette opération commune et sans laquelle certains microbes nuisibles prendraient le pas sur ceux qui doivent être considérés comme spécifiques.

Ce salage peut être fait aussitôt après le démoulage et avant la fermentation, c'est le cas de la plupart des fromages à pâte molle; on a vu plus haut qu'il pouvait être fait sur le caillé même que l'on pétrit avant le moulage définitif, c'est le cas des fromages du Cantal, de Chester, etc.; on verra plus loin que le salage, commencé pour certains fromages, aussitôt après le démoulage, se poursuit pendant la maturation, soit au moyen du sel, soit au moyen d'une saumure.

Le lendemain du jour où l'on a démoulé le Camembert, on le place sur une table spéciale, généralement installée au-dessus de la table à dresser; on répand du sel sur l'une de ses faces et l'on frotte celle-ci à la main, de façon à le faire pénétrer; 6 heures après, on fait la même opération sur l'autre face, puis sur la périphérie; l'opération consiste, dans ce dernier cas, à remplir la main gauche de sel, à y placer le fromage sur champ et à le faire tourner sur lui-même. On l'abandonne alors sur les tables à saler jusqu'au lendemain. Il convient d'employer du sel fin et sec.

Les fromages de Brie sont salés 48 heures après qu'ils ont été mis en moules, d'abord sur une face, puis 6 heures après sur l'autre face, en même temps que sur le tour. Quand le fromage est trop mou, il convient d'attendre et de ne le saler que quand il est ressuyé.

Ainsi qu'il a été dit plus haut, si le fromage est insuffisamment salé, la pâte tend à couler; elle se recouvre d'oïdiums lactis et se plisse; s'il est, au contraire, trop salé, la pâte devient sèche et friable. Il faut compter, d'après Mesnil (*C. R. Congrès int. lait.*, 1905), environ 104^g de sel pour un fromage de 13^l de lait, soit 8^g par litre de lait.

Le salage du Pont-l'Évêque, du Géromé, des chevrotins, etc. ne présente avec le salage du Camembert aucune différence. Celui du Livarot se fait sur le fromage blanc également, tel qu'il est apporté par les cultivateurs aux industriels qui possèdent des caves ou *passeries;* ceux-ci salent les deux faces et le tour et superposent trois ou quatre fromages sur les tables à saler; les fromages y demeurent 3 jours environ.

Le fromage de Géromé est salé comme d'ordinaire, puis frotté pendant le cavage avec une solution de sel.

Le fromage de Maroilles est roulé dans un saloir en bois, en pierre ou en ciment rempli de sel; les fromages, placés les uns sur les autres, sont abandonnés une huitaine de jours à eux-mêmes.

Le fromage de Hollande est, pour le salage, déposé sur une planchette à trous; pendant 2 jours, et deux ou trois fois par jour, on frotte la surface du caillé avec du sel, puis, quand il a pris assez de consistance, on le maintient pendant 2 jours encore, dans une solution de sel à 15 pour 100.

Le fromage de Roquefort est, dès qu'il arrive à la cave, salé sur les deux faces et sur la périphérie, comme les fromages à pâte molle.

Les fromages de Gorgonzola, de Gex, de Septmoncel, etc. sont roulés dans le sel, quand ils ont pris, par l'égouttage, une consistance suffisante.

Les fromages de Chester et analogues sont piqués après leur démoulage, plongés pendant plusieurs jours dans une saumure, puis frottés à la surface pendant 8 ou 10 jours.

Le fromage du Cantal, qui a été précédemment salé avant sa mise en moule, est, pendant le cavage, retourné fréquemment et lavé au moyen d'une saumure. Il en est de même du fromage de Port-Salut.

Enfin les fromages de Gruyère et d'Emmenthal sont salés pendant leur séjour en cave; on étale le sel successivement sur les deux faces et sur le tour, à 24 heures d'intervalle, en ayant soin, quand le sel a attiré assez d'humidité pour se dissoudre, de frotter avec un linge de laine et de faire rentrer, à l'intérieur du fromage, la saumure ainsi obtenue.

SÉCHAGE ET CAVAGE DES FROMAGES.

A partir du moment où le fromage, quel qu'il soit, est moulé et salé, les phénomènes de maturation, qui ont été précédemment étudiés, commencent et se développent d'une façon continue. Mais la pratique industrielle veut, dans le cas des fromages à pâte molle du moins, que cette maturation se réalise au cours de deux opérations distinctes : le séchage ou halage et le cavage, et que ces deux opérations soient pratiquées dans deux pièces différentes : le séchoir ou haloir ou hale, et la cave. Dans la première opération, on se préoccupe de dessécher par un courant d'air, par un hale, la partie superficielle du fromage, de façon que la pâte de celui-ci ne coule pas pendant la maturation; durant la seconde on réalise les conditions dans lesquelles le fromage, garanti par sa croûte, s'affine et mûrit, et dans lesquelles la caséine se solubilise. Il n'en est pas de même des fromages à pâte sèche et à pâte cuite; le cavage succède au séchage sans que le fromage change de pièce.

Il convient d'abord de rechercher de quelle façon sont construits les séchoirs et les caves des fromageries, en prenant d'abord comme exemple les séchoirs et les caves destinés à la maturation du Camembert et, d'une façon générale, des fromages à pâte molle.]

Camembert, Brie, Coulommiers, etc. — La pièce qui sert de séchoir est en général disposée au premier étage de la fromagerie, au-dessus de l'atelier de fabrication; elle est, autant que possible, dirigée dans sa grande longueur de l'Est à l'Ouest, de façon à éviter en partie les vents du Nord, qui sont trop froids, et les vents du Sud, qui sont trop chauds; les murs, comme ceux d'ailleurs du rez-de-chaussée, doivent être suffisamment épais, pour atténuer les différences de température. Elle est maintenue dans les environs de 12° à 15°; l'hiver, on évite d'employer des poêles, qui donnent une chaleur irrégulière; il vaut mieux faire usage de tuyaux de calorifère à basse pression de vapeur. Mais, en règle générale, il ne faut pas perdre de vue que le froid est moins préjudiciable que la chaleur à une bonne fabrication; le froid ralentit, mais ne compromet pas la maturation, tandis que la chaleur, en favorisant le développement des microbes étrangers, modifie l'aspect des fromages, compromet la maturation et diminue la qualité.

Le séchoir est éclairé au moyen de petites fenêtres, disposées généralement en échiquier, sur les murs Est et Ouest. Celles-ci, recouvertes de toile métallique pour éviter l'introduction des mouches, peuvent être fermées par un volet de bois, glissant sur coulisseaux, qui règle à volonté, dans la fromagerie, les courants d'air nécessaires au séchage.

Si le temps est brumeux ou venteux, les fenêtres sont fermées;

elles le sont également la nuit pour éviter le brouillard du matin; l'humidité, en effet, sous forme de brouillard, ramollit les fromages et les fait couler; si le temps est humide, surtout au début de la saison, on peut mettre, dans le séchoir, de la paille ou de la chaux vive. La sécheresse a pour effet, au contraire, de dessécher trop rapidement la surface du fromage; on peut alors humidifier l'atmosphère du séchoir, en y plaçant des vases larges remplis d'eau. Il est nécessaire également de ne pas laisser pénétrer dans le séchoir les rayons du soleil, qui déterminent souvent l'altération des fromages.

Dans le séchoir on monte des étagères, sur lesquelles sont établis des châssis à claire-voie (*râteliers, balleuses, casiers, etc.*); ces châssis glissent entre des coulisses, de façon que l'on puisse facilement les amener à soi pour retourner les fromages. Les traverses des étagères sont en bois de section carrée, mais disposées de telle sorte que deux des arêtes opposées soient dans un plan vertical et, sur ces traverses, on étend soit des pailles de seigle, soit des joncs; les pailles et les joncs sont assez espacés pour que le fromage ne soit soutenu que par trois ou quatre brins. Dans ces conditions, la surface inférieure est tout entière, comme la surface supérieure, exposée à l'atmosphère desséchante. Au bout de 4 jours, en général, les moisissures apparaissent; elles se développent, et le fromage séjourne dans le séchoir, 4 à 5 jours en été, 10 à 15 jours en hiver. Le Camembert est retourné une ou deux fois seulement pendant le halage.

Les caves à Camembert présentent en général une température de 12° ou 18°, et un état hygrométrique voisin de la saturation. Elles ne sont pas forcément placées en sous-sol, mais en général au rez-de-chaussée. Elles sont suffisamment aérées, de façon à éliminer constamment l'eau, qui s'évapore. L'air doit arriver par plusieurs ouvertures à la fois, afin de se répartir uniformément et lentement; il faut éviter d'aérer en ouvrant brusquement une porte ou une fenêtre. Les fromages, comme dans le baloir d'ailleurs, coulent si l'atmosphère est trop humide, se dessèchent dans le cas contraire. Aussi les fenêtres, garnies également de toiles métalliques, sont-elles souvent fermées par des volets de bois à glissières, permettant d'établir des ouvertures plus ou moins grandes. Les caves sont tenues dans un état d'obscurité relative. A l'intérieur, les murs sont fréquemment blanchis à la chaux; celle-ci paraît s'opposer au développement du champignon noir, *le noir* que l'on redoute dans la fabrication des fromages à pâte molle; en Normandie, les murs en argile (*bauge*) présentent les mêmes avantages.

Les caves sont garnies d'étagères à tablettes, et celles-ci sont lavées et séchées au soleil avant de servir. Les tablettes sont souvent à coulisses, de façon que l'on puisse amener les planches à hauteur d'homme, pour tâter et retourner les fromages, et de façon que l'on puisse également changer de place les planches, du haut en bas de l'étagère. Les fromages sont placés, côte à côte, sur ces tablettes, où on les retourne de temps à autre. En été, du 15 mai au 15 octobre, les fromages séjournent 10 jours environ dans les caves; on les expédie même avant maturité complète, pour éviter qu'ils ne coulent en cours de route; en hiver, on les garde en cave 15 à 20 jours, et on les expédie complètement mûrs.

Le fromage de Camembert se couvre d'abord, même dans les hales, de champignons blancs (*Penicillum album*); le fromage *prend le blanc* (*Charmi*), il *fleurit,* puis *le rouge* apparaît; celui-ci se développe de plus en plus à la cave sous l'influence de l'ammoniaque.

Ce qui vient d'être dit des séchoirs et des caves à Camembert permet d'être bref au sujet des séchoirs et des caves de Brie. Les étagères sont garnies de planches pleines sur lesquelles reposent les fromages, placés sur leurs cajets de paille. La température y est maintenue autant que possible dans les environs de 12°. Les fromages y séjournent 15 à 20 jours et s'y recouvrent de la moisissure blanche (*Penicillum candidum*).

Les caves sont établies dans des conditions analogues : Les fromages, déposés sur les planches, y prennent peu à peu *le rouge* dont il a été parlé; la maturation est complète au bout de 15 à 20 jours.

Il n'y a rien à dire de spécial relativement aux séchoirs et aux caves des fromages de Coulommiers. Ceux-ci sont rarement cavés complètement par le fabricant, qui les expédie au marchand 12 à 15 jours après la fabrication, quand ils sont bien *fleuris.*

Livarot, Pont-l'Évêque, Maroilles, Géromé, etc. — Les séchoirs et les caves installés pour assurer la maturation de ces fromages ne présentent pas avec les caves et séchoirs précédents de différences essentielles. Mais le travail y est conduit d'une tout autre façon; au lieu de favoriser le développement des moisissures, on l'arrête au contraire par des moyens qui vont être exposés.

Dans les hales de Livarot, les casiers sont faits au moyen de petites lattes de bois, espacées de quelques centimètres. Aussitôt après le salage, on porte au hale, et l'on procède au *remplissage;* au moyen d'une lame plate métallique (*gratteuse*), on gratte la surface du fromage, qui présente toujours, aussi bien sur le tour que sur les plats, des cavités provenant d'une fermentation qui s'est produite chez le cultivateur, ou d'une compression insuffisante du caillé ; la pâte que l'on enlève ainsi sert à combler les trous, de façon que la surface soit parfaitement lisse. Aussitôt après, on le *sauce,* c'est-à-dire qu'à la main, mouillée d'eau, on frotte la surface, pour détruire les moisissures ou tout au moins enfoncer les filaments mycéliens dans la pâte. On entoure alors le fromage sur le tour seulement d'une feuille de laische (*Typha latifolia*), qui le maintient cylindrique ; cette feuille est rubanée, comme celle du raphia, et assez longue pour faire six à sept fois le tour du fromage, puis on abandonne celui-ci dans le hale, de 15 jours à 1 mois, suivant l'épaisseur et suivant la saison ; on le retourne deux fois par semaine, en le *sauçant* chaque fois.

Le travail de la cave dans la fromagerie du Livarot est le même que celui du hale ; les caves sont moins aérées ; on y respire une forte odeur d'ammoniaque ; les fromages, disposés à plat sur des planches, sont retournés, grattés et saucés deux fois par semaine, pendant 4 à 6 mois. Les fromages, qui ont commencé à prendre le rouge dans le hale, acquièrent une teinte de plus en plus accentuée dans la cave. Quand ils sont mûrs, on les teint, en les trempant dans une solution de rocou, et on les enveloppe dans une feuille de papier.

Les hales du Pont-Lévêque sont établis comme ceux du Camembert ; les pailles ou joncs y sont remplacés par de fines baguettes de bois. Les fromages y séjournent de 8 à 20 jours suivant la saison, jusqu'à ce que le blanc apparaisse ; ils sont alors vendus aux négociants, qui les cavent eux-mêmes. Pendant le cavage, les fromages sont fréquemment frottés avec une saumure, de façon à éviter la formation des moisissures superficielles.

Pendant le séchage du Maroilles, on voit se développer des moisissures d'abord blanchâtres, qui se colorent en bleu clair, puis en bleu foncé ; on racle les moisissures ; on frotte la surface du fromage, à la main trempée dans l'eau chaude ; on descend le fromage dans les caves ; celles-ci sont froides (10° à 12°), et l'on voit apparaître sur le fromage des taches rougeâtres qui se développent rapidement.

Le fromage de Sassenage est, comme le précédent, débarrassé de ses moisissures en sortant du séchoir.

Le Gérômé acquiert à la cave également (12°-13°) sa croûte rougeâtre (d'où le nom de *rousseau,* donné au fromage). Il est frotté avec un linge imbibé d'eau salée, pendant le cavage.

Hollande, Port-Salut, Cantal. — Dans la fabrication du fromage de Hollande (Edam ou tête de Maure, Gouda), le séchage et le cavage se font dans la même pièce. La cave est maintenue à 18° ; elle est munie d'ouvertures, permettant l'aération. On retourne fréquemment les fromages, puis, au bout d'une quinzaine de jours, on lave la surface à l'eau chaude, pour enlever les moisissures; on fait sécher et mûrir de nouveau, et on peint à l'huile la surface.

Il n'y a rien de spécial à dire des caves de Port-Salut; les fromages y sont salés au moyen d'une saumure.

Les fromages du Cantal, de Laguiole, sont, en cave, fréquemment retournés, frottés avec de l'eau, de l'eau salée ou du petit lait du pressurage, qui renferme toujours un peu de sel.

Roquefort, Gorgonzola, etc. — Les caves où l'on affine le fromage de Roquefort sont d'autant plus intéressantes à considérer que c'est à leur situation, à leur ventilation et à leur température que l'on doit la qualité particulière de ce fromage. Ces caves sont creusées dans la montagne du Combalou, et à des places telles qu'elles rencontrent les fissures (*florines*) qui, dans des temps préhistoriques, se sont produites au sein de la montagne. Par ces fissures arrive, d'une façon continuelle, l'hiver comme l'été, un vent saturé d'humidité et qui se maintient à une température constante de 8°-12°. On suppose que le tirage se fait l'été de la vallée de Roquefort vers une petite vallée située au-dessus de Roquefort, sur le flanc de la montagne, et qu'il se fait en sens inverse, pendant l'hiver, par suite du réchauffement de la grande vallée. De toute façon, il convient d'admettre que l'air ainsi insufflé passe au-dessus d'un lac glacé, situé à l'intérieur de la montagne.

Ces caves sont forées verticalement et comportent plusieurs étages. A l'entrée est la salle de réception des fromages, qui arrivent des laiteries, à l'état blanc; là, on procède au salage, d'abord sur une face, puis, 2 jours après, sur l'autre face, en ayant soin de saler, chaque fois, la périphérie; 2 jours après le dernier salage, on brosse le fromage et on le transperce, de part en part, de trous d'aiguille dont le nombre varie de 10 à 60, suivant la température et la rapidité de maturation que l'on veut obtenir. Ces trous d'aiguille font autant de cheminées d'appel, qui permettent à la moisissure (*penicillium glaucum*) de se développer.

Les fromages sont ensuite descendus en caves et placés, sur champ, sur les étagères. Là, des femmes (*cabanières*) sont occupées à retourner les fromages et à en gratter (*revérer*) la surface, pour éviter le développement des moisissures superficielles; le produit du grattage (*revérin*) est mis de côté pour fabriquer des fromages inférieurs. Le premier *revérage* ou *revirage* se fait 1 mois après la descente en

L.   21

caves, le second 15 jours après, puis toutes les quinzaines; au bout de 3 à 5 mois le fromage peut être expédié. On a installé à Roquefort des pièces refroidies à la machine à glace, permettant d'arrêter la maturation des fromages blancs et de pouvoir livrer à une époque favorable, c'est-à-dire l'hiver, les fromages fabriqués l'été.

Les caves naturelles réalisent la maturation dans les meilleures conditions; mais elles ne paraissent pas indispensables; on peut leur substituer, pour le cavage des Roquefort et fromages similaires, des caves réfrigérées, dans lesquelles pénètrent des courants d'air froid et humide.

Les fromages de Gorgonzola, Gex, Septmoncel, etc. passent deux ou trois mois dans les caves; ils ne sont pas grattés comme le fromage de Roquefort. Au moment de l'expédition, on les recouvre d'un enduit qui leur donne une dureté superficielle.

Gruyère, Emmenthal, — Dans les bonnes fromageries de Gruyère, on dispose de deux caves, l'une dite *fraîche* (10° environ, et peu humide), l'autre dite *chaude* (16°-18°) et plus humide. Les fromages y sont salés, ainsi qu'il a été dit plus haut, et séjournent 8 à 10 jours en caves fraîches et 3 à 4 mois en caves chaudes. Pendant ce temps, des soins assidus sont nécessaires; les fromages doivent être retournés fréquemment, salés de nouveau, remis en caves fraîches, s'ils tendent à boursoufler, maintenus en éclisses, s'ils tendent à couler.

De nombreuses altérations, pendant ce travail de cave, sont à craindre en effet, dues souvent à un défaut dans la fabrication, mais qui peuvent être en partie arrêtées par des soins spéciaux.

Martin a étudié tous les défauts auxquels les fromages de Gruyère sont exposés et a indiqué les pratiques qui permettent de les éviter. (MARTIN, *loc. cit.,* p. 278).

Les fromages *lainés* présentent des fentes, des déchirures internes; les fromages *gercés* et *chancreux,* des fentes extérieures. Les fromages peuvent être *gonflés* dans toute leur masse, *cuiteux* dans une partie de leur masse seulement; la pâte peut présenter des yeux trop petits (*mille trous*), des yeux trop nombreux (*chargés* ou *multipliés*), des yeux de grosseur inégale (*faux grains*), des yeux déchirés inégaux comme les cavités d'une éponge (*éraillés*); la croûte peut être rouge ou blanche; la croûte jaune est la seule qui dénote un fromage de bonne qualité.

Un bon fromage de Gruyère doit présenter *une ouverture* formée de vacuoles ou yeux ronds et réguliers, de 1^{cm} à 2^{cm} de diamètre, et répartis de telle façon que l'on en compte deux ou trois par trou de sonde.

La pâte doit être douce, grasse et *longue;* elle doit présenter un goût de noisette. Le fromage doit être plat, avec des bords légèrement arrondis; la croûte doit être jaune, résistante et lisse, et présenter peu d'épaisseur (Martin, *C. R. Congrès intern. lait.,* 1905).

V. — ANALYSE, COMPOSITION ET ALTÉRATIONS DES FROMAGES.

ANALYSE DES FROMAGES.

Eau. — Le dosage de l'eau n'offre pas de difficultés; la pâte placée dans une capsule se dessèche bien. On peut, comme Duclaux l'a conseillé, la diviser au moyen de sable de Fontainebleau, préalablement calciné et pesé, puis la dessécher soit dans une capsule, soit en présence d'un courant d'air, dans le tube spécial dont Duclaux a préconisé l'emploi (Duclaux, *Principes de laiterie,* p. 291).

Matière grasse. — La masse ainsi desséchée est épuisée par l'éther, la benzine ou l'éther de pétrole.

L'appareil Gerber peut être employé au dosage de la matière grasse dans le fromage. On chauffe dans un petit ballon $2^g,5$ de fromage avec 10^{cm3} d'acide sulfurique $(D = 1,5)$, on verse dans le butyromètre et on continue l'analyse comme s'il s'agissait de lait (Siegfeld, *Rev. gén. du lait,* 1904-1905, p. 141).

Bondzynski et Fouquet conseillent (*C. R., Congrès intern. lait.,* 1905) de traiter, dans un tube gradué, 1^g de fromage par 20^{cm3} d'acide chlorhydrique $(D = 1,1)$; on chauffe et on agite avec de l'éther, de façon à dissoudre la matière grasse; on mesure la solution éthérée et on en évapore une partie.

Les procédés de Palmqviste et de Weibull (*Rev. gén. du lait,* 1905-1906, p. 136 et 521) reposent sur l'emploi de la méthode Gottlieb, dont il a été question à propos du lait; 1^g de fromage est traité à 70° par 10^{cm} d'ammoniaque à 2,5 pour 100; on ajoute 10^{cm3} d'alcool, puis 25^{cm3} d'éther et 25^{cm3} de benzine; enfin, après repos, on prélève une certaine quantité de solution grasse que l'on évapore.

Le procédé et l'appareil Lindet, dont il a été question à propos du lait (p. 54), donne des résultats rapides. Les tubes employés sont différents de ceux qui servent à doser la matière grasse dans le lait. La quantité de fromage sur laquelle il convient d'opérer est de 1^g exactement pesé. Le tube est gradué en divisions d'une capacité de $0^{cm3},01154$ et chaque division représente 1 pour 100 de matière grasse; il porte 50 divisions.

Il peut être utile de rechercher si le fromage a été fait avec du lait écrémé rechargé de graisses étrangères, margarine, beurre de coco, etc. On doit, dans ce cas, isoler la matière grasse, soit en agitant avec de l'éther de pétrole, soit mieux encore en dissolvant la caséine du fromage au moyen d'une solution de résorcine (100 de résorcine et 100 d'eau), puis traiter la matière grasse par les procédés qui ont été indiqués à propos de la falsification des beurres (LINDET).

Matières azotées, ammoniaque, acides volatils. — Le dosage de l'azote au moyen du procédé Kjeldahl donne la totalité de celui-ci; il convient de multiplier le chiffre obtenu par le coefficient conventionnel de 6,25 pour le transformer en caséine.

On a vu plus haut (p. 280) comment Lindet et Ammann ont opéré pour séparer et doser la caséine solubilisée; 50^{gr} de fromage sont délayés au mortier dans 250^{cm^3} d'eau tiède, et le liquide est filtré sur le kaolin; on prend 50^{cm^3} du liquide clair pour doser l'azote par le procédé Kjeldahl; on tient compte, dans le calcul des résultats, du volume d'eau apportée par le fromage.

Trillat et Sauton, après avoir reconnu que l'aldéhyde formique n'insolubilise pas les produits solubles de la digestion de la caséine, ont appliqué la méthode décrite ci-dessus, page 67, pour séparer les caséopeptones de la caséine non encore digérée (*C. R.*, 1906, t. CXLIII, p. 61 et *Ann. Inst. Past.*, 1906, p. 962). On délaie dans un vase de Bohême 2^g de fromage dans 10^{cm^3} d'eau, on les couvre de 50^{cm^3} d'eau, et on fait bouillir 5 minutes; on ajoute $0^{cm^3},5$ de formol, et après une nouvelle ébullition de 3 minutes, on laisse refroidir; une addition de 5 gouttes d'acide acétique précipite la caséine formolée, on filtre sur filtre taré, et on dégraisse le précipité, comme précédemment, au moyen de l'acétone. Le poids de caséine est rapporté à 100 de matière azotée totale (Az. total $\times$ 6,25). Le complément représente la quantité de caséine solubilisée.

Lindet a constaté que les deux procédés, qui viennent d'être cités, et qui, en réalité, déterminent ce que Duclaux a appelé le coefficient de maturation, donnent, avec un même fromage, des résultats très rapprochés.

Le dosage de l'ammoniaque et des acides volatils est exécuté sur les liquides provenant de la trituration des fromages, en suivant la méthode Lindet et Ammann, indiquée ci-dessus.

Cendres et sel marin. — La combustion de la pâte desséchée présente une certaine difficulté en ce sens que le chlorure de sodium qui

forme la grande masse des cendres est légèrement volatil. Pour éviter
la perte que cette volatilisation entraîne, il convient de calciner à
basse température et d'arrêter la calcination quand la masse est encore
à l'état de charbon poreux.

Celle-ci est reprise par l'eau, qui dissout le sel; la solution est évaporée à 110°, et le résidu laissé sur le filtre est calciné; on obtient
ainsi la somme des matières minérales, solubles et insolubles.

Le dosage du chlorure de sodium se fait sur la partie soluble de ces
cendres par les procédés ordinaires (précipitation à l'état de chlorure
d'argent, par pesée ou par liqueur titrée).

COMPOSITION DES FROMAGES.

Les analyses de fromages qui ont été publiées jusqu'ici, celles de
Duclaux (*Principes de Laiterie*), celles de Rolet (*Soc. Enc. Ind. Nat.*,
1901, p. 644), si exactes qu'elles soient, ne constituent pas un travail
d'ensemble susceptible d'établir des comparaisons générales, et d'expliquer les chiffres mêmes par la nature des opérations et des pratiques qui sont en usage pour telle ou telle variété.

C'est dans ce but qu'ont été entreprises, par Lindet, Ammann et
Brugière, les analyses suivantes, qui offrent l'avantage d'avoir été
conduites par les mêmes méthodes et dans des conditions identiques
(*Rev. gén. du lait,* 1905-1906, p. 416).

Les auteurs n'ont pas cru devoir conserver la classification en fromages frais, en fromages fermentés, à pâte molle, à pâte sèche et à
pâte cuite: car, ainsi qu'il a été dit plus haut, il n'y a pas de limites
bien arrêtées entre un fromage qui doit être consommé aussitôt après
dressage, un fromage qui est livré incomplètement mûr, comme le
demi-sel, et un fromage arrivé à la maturation complète; d'autre part,
les fromages, même poussés à leur maximum de maturation, ne présentent pas tous le même coefficient de maturation (rapport de l'azote
soluble à l'azote total). Quelle différence faire entre deux fromages,
l'un comprimé à la main, l'autre comprimé à la presse? Un fromage
est-il à pâte cuite, quand son caillé est réchauffé à 38°, alors que le
type du fromage à pâte cuite, le Gruyère, n'est chauffé qu'à 55° environ.
Aussi les auteurs ont-ils adopté la classification des fromages qu'ils
ont soumis à l'analyse, d'après leur teneur en eau; la liste qu'ils ont
établie ci-dessous ne s'éloigne pas d'ailleurs beaucoup de l'ancienne
classification, et elle évite de la consacrer.

	Pour 100ᵍ de fromage.					Rapport des matières grasses aux matières azotées.	Azote	
		Matières			Matières minérales			soluble pour 100 de l'azote total.	ammoniacal pour 100 de l'azote soluble.
	Eau.	grasses.	azotées totales.	Ammoniaque.	insolubles.	solubles (sel).			
Fromage de chèvre.........	64,8	9,2	17,1	0,13	0,9	4,9	0,5	64,1	6,3
Romatour (Bavière)........	60,4	11,9	19,6	0,30	1,7	3,9	0,6	43,0	17,8
Fromage de Troyes........	58,7	18,5	14,6	0,19	1,1	3,7	1,3	70,8	9,9
Mont-d'Or................	58,7	9,7	25,3	0,08	2,4	1,9	0,1	39,8	4,6
Coulommiers double crème...	57,8	25,0	13,0	0,13	0,5	3,6	1,9	44,4	11,8
Petit-Suisse................	54,6	35,0	7,3	0,00	0,5	0,1	4,8	3,2	»
Bondon.................	54,3	23,0	16,1	0,11	0,7	4,3	1,4	32,9	10,6
Camembert..............	53,8	22,0	17,1	0,23	1,2	3,2	1,3	86,1	14,2
Brie....................	53,5	22,5	18,0	0,18	0,8	3,2	1,3	58,1	13,1
Reblochon...............	53,2	20,5	19,3	0,02	1,9	1,8	1,1	27,9	1,8
Coulommiers ordinaire......	53,0	21,5	16,9	0,26	0,9	1,8	1,3	60,7	16,0
Munster (Allemagne)	52,4	24,4	15,5	0,19	1,3	3,7	1,6	53,2	12,3
Livarot.................	52,2	15,0	25,9	0,36	1,5	2,9	0,6	55,9	15,5
Pont-l'Évêque............	51,0	23,1	17,8	0,13	2,1	1,9	1,3	43,9	8,1
Demi-Sel	49,6	34,0	11,8	traces	0,6	2,4	2,8	12,2	»
Hollande................	42,6	20,0	23,9	0,02	2,3	3,2	0,8	22,3	2,0
Gorgonzola (Italie)	41,5	29,0	19,7	0,17	2,2	2,6	1,5	27,2	17,1
Cantal..................	40,9	29,3	20,5	0,11	2,2	2,6	1,4	46,0	6,2
Marolles.	40,3	33,5	20,2	0,32	1,2	3,3	1,7	59,4	14,2
Port-Salut.	38,1	24,5	24,8	0,02	3,1	2,2	1,0	20,2	2,3
Roquefort...............	36,9	29,5	20,5	0,14	1,9	5,1	1,4	47,5	8,9
Gruyère.................	35,7	28,0	28,9	0,05	3,1	0,4	1,0	22,9	4,7
Parmesan (Italie)..........	34,0	23,0	35,0	0,14	3,5	1,7	1,6	21,7	9,9
Chester (Angleterre)........	31,1	32,3	30,9	0,20	2,4	1,3	1,0	30,1	11,4

L'examen de ces chiffres conduit aux conclusions suivantes :

1° La teneur en eau, qui oscille de 65 à 30 pour 100, montre que la matière alimentaire varie, dans les différents fromages, du simple au double. On peut considérer les fromages dont l'hydratation est d'environ 50 pour 100 comme des fromages à pâte molle, fermentée ou non, et ceux dont l'hydratation est moindre, comme des fromages à pâte sèche, cuite ou non.

2° Les fromages de la première catégorie ont, quand on les pousse à l'affinage, une maturation supérieure à ceux de la seconde catégorie, la large hydratation assurant le développement des tyrothrix, ferments lactiques, micrococcus et moisissures (Chèvre, Troyes, Camembert, Brie, Coulommiers, Livarot, Pont-l'Évêque, etc.).

3° La quantité de sel absorbée par les fromages dépend aussi de leur hydratation, et cette salure, d'autre part, est de nature à augmenter la liquéfaction de la matière azotée, puisque celle-ci est naturellement plus soluble en présence d'une dose modérée de sel. Si l'on calcule la quantité de sel que renferment, dans un fromage, 100 parties d'eau, on constate qu'il y a une relation assez approchée entre cette quantité et les proportions de matières azotées solubles et d'ammoniaque par rapport aux matières azotées totales. Parmi les fromages à pâte molle, le Coulommiers, le Troyes, le Brie, le Camembert, etc., sont en même temps les fromages les plus salés et les plus affinés; dans la seconde catégorie, celle des fromages à pâte sèche, le Roquefort, le Marolles, etc., se placent en tête sous le rapport de la maturation et de la teneur en sel, tandis que le Chester, le Port-Salut et surtout le Gruyère arrivent les derniers.

4° La production de l'ammoniaque étant, comme l'ont montré Lindet et Ammann subséquente à la fermentation liquéfiante, le rapport de l'azote ammoniacal à l'azote soluble n'est pas constant, surtout dans les fromages à pâte sèche, où de nombreuses causes, dues à la fabrication même, viennent modifier la marche de l'une ou de l'autre fermentation. En tout cas, la destruction ammoniacale de la caséine, créant au sein du fromage un milieu alcalin, facilite, surtout dans les fromages à pâte molle, la liquéfaction de la caséine, au même titre que le maintien de l'humidité de la pâte et son addition de sel marin.

5° Le rapport entre les quantités de matière grasse et de matières azotées permet de se rendre compte de la question de l'écrémage ou de l'addition de crème. Normalement ce rapport est, pour le lait de vaches, de 1,3 à 1,4; on voit qu'il s'élève à 1,9 dans les Coulommiers double crème, à 4,8 dans les Petits-Suisses, à 2,8 dans les demi-sels, qui sont fabriqués avec les Petits-Suisses non vendus, tandis qu'il s'abaisse au-dessous de cette moyenne dans les fromages Mont-d'Or, Reblochon, Pont-l'Évêque, Hollande, Port-Salut, Gruyère, etc. préparés avec du lait partiellement écrémé. Les chiffres fournis par les fromages de chèvre et de brebis (Roquefort) semblent indiquer qu'ils ont été faits avec du lait entier.

6° Les chiffres représentant la proportion des matières minérales insolubles, surtout si on les rapporte au poids du fromage sec, sont également intéressants à étudier; car ils dépendent des procédés de fabrication employés. Ces matières minérales, composées presque entièrement de phosphate de chaux, se sont insolubilisées sous l'influence de la chaleur au moment de l'emprésurage, de l'égouttage du caillé et surtout de sa cuisson; on sait, par exemple, que les fromages Petits-Suisses, Bondons, qui ne renferment que 1 à 1,5 de matières minérales insolubles pour 100 du fromage sec, ont été caillés à 16°-17°; que les Camembert, les Brie, les Coulommiers, etc. (2 à 2,6 pour 100) ont été caillés à 26°-31°; le Pont-l'Évêque (4,3 pour 100), à 32°-38°; le Cantal (3,7 pour 100), à 30°-35°; que le Hollande (4 pour 100), le Port-Salut (5,1 pour 100), le Parmesan (5,3 pour 100), le Gruyère (4,8 pour 100), ont eu leurs caillés réchauffés pendant le travail.

Lindet et Ammann n'ont pas dosé dans ces fromages les acides volatils, et il convient de compléter leur étude par les chiffres qu'Orla Jensen a obtenus :

	Pour 1000 de fromage : acides en grammes			
	for- mique.	acé- tique.	propio- nique.	valé- rianique.
	g	g	g	g
Emmenthal { intérieur	"	1,68	4,22	"
Emmenthal { extérieur	"	0,90	2,81	"
Edam, intérieur	0,06	0,68	0,22	"
Fromage maigre Suisse { intérieur	0,14	1,20	2,40	"
Fromage maigre Suisse { extérieur	0,05	1,08	2,77	"
Roquefort, tout le fromage	0,09	0,54	"	"
Camembert, intérieur	0,08	0,07	"	"
Brie { intérieur	0,01	0,20	"	"
Brie { extérieur	0,01	0,12	"	"
Limbourg { intérieur	0,04	1,14	5,18	1,58
Limbourg { extérieur	0,04	0,52	5,52	1,55

ALTÉRATIONS DES FROMAGES, L'AMERTUME.

es fromages sont en réalité peu altérables; ils deviennent quelquefois putrides quand ils ont été mal préparés ou quand on les a abandonnés à une maturation trop avancée.

Cependant on rencontre quelquefois des fromages qui présentent une amertume plus ou moins prononcée. Trillat et Sauton (*C. R.*, 1907, t. CXLIV, p. 333) ont montré que le développement de cette amertume est lié à la production d'aldéhydes par les levures de lactose; celles-ci se combinent à l'ammoniaque et Trillat a reconnu que l'aldéhydate d'ammoniaque, au contact de l'oxygène de l'air, se transforme en une résine d'une amertume très accentuée. Le phénomène peut être reproduit artificiellement. L'amertume du lait a la même origine.

Tous les fromages ne deviennent pas amers, et cependant ils renferment tous de l'ammoniaque, et toutes les levures semblent produire des aldéhydes. Cette observation permet de supposer que les levures, en fromagerie, constituent des ferments de maladie, dont il convient d'éviter l'ensemencement.

VI. — LE PETIT-LAIT ET SON UTILISATION.

On doit réserver le nom de *petit-lait* au sérum légèrement trouble qui s'écoule pendant l'égouttage du caillé, et ne jamais donner ce nom au lait écrémé et au babeurre.

COMPOSITION CHIMIQUE.

La composition des petits-laits varie nécessairement avec le mode de fabrication des fromages. Aussi Rolet, auquel on doit les analyses ci-dessous (*Industrie laitière, sous-produits et résidus*, p. 284), a-t-il distingué les petits-laits de trois fromages nettement différents.

	Pour 100$^{cm^3}$.		
	Camembert.	Port-Salut.	Gruyère.
Matière grasse.	0,29	0,43	0,61
Lactose	5,31	5,07	5,12
Matières azotées	0,90	1,06	1,04
Matières minérales	0,58	0,57	0,52
	7,08	7.13	7.29
Acidité	24"	12"	11"

On constate que plus la température de caillage et plus la température de chauffage du caillé sont élevées, plus celui-ci laisse échapper de matière grasse. En outre, la matière minérale est plus faible dans le petit-lait du fromage cuit, à cause de l'insolubilisation partielle du phosphate de chaux.

UTILISATION DU PETIT-LAIT.

Extraction de la matière grasse. — Dans la fabrication du Gruyère, on réchauffe le petit-lait, après la séparation du caillé, en ajoutant du lait aigre (aizy); l'écume qui remonte à la surface, connue sous le nom de *brèches* ou *bruchons,* est ensuite barattée.

On peut employer également les écrémeuses centrifuges pour extraire la matière grasse du petit-lait. Rolet (*loc. cit.,* p. 295) donne l'analyse des brèches et du beurre de brèches.

	Pour 100 cm³.	
	Brèches.	Beurre de brèches.
Eau	81,74	15,83
Matière grasse	8,70	83,07
Lactose	3,33	0,36
Matières azotées	5,56	0,67
Matières minérales	0,67	0,07
	100,00	100,00

Farrington a fait récemment (*Rev. gén. du lait,* 1905-1906, p. 501) une étude complète des conditions qui assurent la bonne fabrication des beurres du petit-lait.

Préparation du sérai, ou séré. — Quand on a séparé les brèches, on ajoute encore de l'aizy et l'on porte le liquide à l'ébullition; une partie de la matière azotée se coagule, entraînant du phosphate de chaux, et l'on obtient ainsi du caillé que l'on récolte, que l'on presse et que l'on consomme, en général, à l'état frais.

Alimentation des porcs. — Ainsi qu'il a été dit plus haut, les questions d'alimentation sortent du cadre de ce travail (*voir* l'Ouvrage de Rolet, p. 305).

Extraction du sucre de lait. — C'est par une évaporation directe, et à feu nu, que l'on obtient le sucre de lait brut; l'évaporation est poussée jusqu'à ce que le liquide soit sirupeux; le sucre cristallise par refroidissement.

Il est ensuite raffiné en le redissolvant dans l'eau, puis en clarifiant la solution par le noir animal, l'alumine, etc.; on évapore de nouveau et l'on abandonne le sirop à la cristallisation, après avoir tendu à l'intérieur des vases des baguettes de bois ou des cordes.

Le lactose est spécialement employé en pharmacie.

Préparation de l'acide lactique. — On peut enfin, au moyen du petit-lait de fromagerie, préparer de l'acide lactique par les procédés ordinaires de la microbiologie (stérilisation du petit lait, addition de craie, ensemencement de ferments lactiques, transformation du lactate de chaux en lactate de zinc, décomposable par l'acide oxalique ou par l'hydrogène sulfuré). (*C. R. Congrès nat. ind. lait.*, 1906, p. 56.)

L'acide lactique trouve également dans la pharmacie son principal débouché.

FIN.

TABLE DES MATIÈRES.

CHAPITRE I.

LE LAIT.

CHAPITRE II.

LA CRÈME ET LE LAIT ÉCRÉMÉ.

CHAPITRE III.

LE BEURRE.

L.   22

FIN DE LA TABLE DES MATIÈRES.

INDEX ALPHABÉTIQUE.

L.   22.

PARIS. — IMPRIMERIE GAUTHIER-VILLARS,

38775   Quai des Grands-Augustins, 55.